河流污染物的水–沙界面过程及环境效应

夏星辉　著

U0303851

科学出版社

北京

内 容 简 介

本书将污染物的微观界面过程和河流的宏观水沙条件相结合，深入系统地阐述有机污染物的水-沙界面过程及环境效应，主要包括以下几方面的内容：①概述世界河流的水沙条件，以黄河为例，分析多泥沙河流典型有毒有机污染物在水相、悬浮颗粒相和沉积相的分布特征及影响因素；②分析泥沙对有机污染物吸附的颗粒浓度效应和不可逆吸附作用，剖析颗粒浓度效应的产生机制，研究悬浮泥沙对污染物生物降解和光降解作用的影响；③剖析悬浮泥沙结合态污染物的生物有效性和毒性效应，分析泥沙的粒径和组成对泥沙结合态污染物生物有效性的影响，进而阐述泥沙对水质评价的影响；④分析沉积物组成对污染物生物降解和生物富集作用的影响，阐明吸附态污染物的解吸作用与生物降解作用之间的关系；⑤分析由于水动力条件改变导致沉积物再悬浮作用下污染物的释放作用，进而以黄河小浪底调水调沙为例，分析水利工程对河流沉积物再悬浮作用、水沙条件及污染物生物有效性的影响。

本书可作为高等院校环境科学与工程、地球化学、自然地理学、水利工程等专业研究生和高年级本科生的教材或参考书，同时也可供环保和水利等部门的研究和管理人员参考。

图书在版编目(CIP)数据

河流污染物的水-沙界面过程及环境效应/夏星辉著.—北京：科学出版社，2021.3

ISBN 978-7-03-067089-2

Ⅰ.①河… Ⅱ.①夏… Ⅲ.①河流污染-污染物-研究 Ⅳ.①X522

中国版本图书馆 CIP 数据核字（2020）第 241632 号

责任编辑：杨逢渤 高 微/责任校对：樊雅琼
责任印制：吴兆东/封面设计：无极书装

科学出版社 出版
北京东黄城根北街 16 号
邮政编码：100717
http://www.sciencep.com

北京建宏印刷有限公司 印刷
科学出版社发行 各地新华书店经销

*

2021 年 3 月第 一 版 开本：787×1092 1/16
2021 年 3 月第一次印刷 印张：18 1/2
字数：440 000

定价：218.00 元
（如有印装质量问题，我社负责调换）

前　言

　　地球上河流的河道面积约占陆地面积的 0.5%，河流不仅是连接陆地和海洋生态系统的纽带，同时也是连接陆地上的湖泊、水库和湿地的重要纽带。河流不仅在水-沙、污染物及营养盐的输移方面起着关键的作用，同时也对污染物的转化作用有着重要的影响。世界上许多河流具有高泥沙含量的特征，河流中的泥沙作为众多污染物的载体，既是污染物的源，也是污染物的汇。同时泥沙还是微生物的载体，能为污染物的生物降解提供反应床，水体大部分污染物的生物转化过程都发生在水-沉积物/悬浮颗粒物界面，且在水动力条件发生改变时沉积物和悬浮颗粒物间能发生转化，因此，河流泥沙对污染物的迁移转化和生物降解等过程起着重要的作用，直接影响污染物的自净作用和河流的水环境质量，进一步影响到其他内陆水体及海洋的生态环境质量。而且泥沙还会影响污染物的赋存形态，不同赋存形态的污染物具有不同的生物有效性，因此，泥沙还会影响污染物的生态环境风险以及水环境质量的评价。因此，研究河流污染物的水-沙界面过程及环境效应具有重要的理论和实践意义。

　　作者一直从事河流水环境研究，曾主持和参与完成了 10 余个与河流水环境相关的科研项目，其中最早的是 1999 年启动的黄河"973"项目，这个项目让作者开启了对多泥沙河流水环境过程和效应的研究。随后在国家自然科学基金面上项目、重点项目、国家杰出青年科学基金项目等的资助下，作者将污染物的微观界面过程与河流的宏观水沙条件相结合，在河流水、沙、污染物相互作用方面开展了系统的研究，所研究的污染物主要包括有毒有机污染物和含氮化合物。作者与作者的研究生在这一领域合作发表了100 余篇论文，本书试图对有关有毒有机污染物的水-沙界面过程及环境效应的成果做全面系统的整理和总结。

　　本书主要包括以下几方面的内容：①概述世界河流的水沙条件，以黄河为例，分析多泥沙河流典型有毒有机污染物在水相、悬浮颗粒相和沉积相的分布特征及影响因素；②分析泥沙对有机污染物吸附的颗粒浓度效应和不可逆吸附作用，剖析颗粒浓度效应的产生机制；研究悬浮泥沙对污染物生物降解和光降解作用的影响；③剖析悬浮泥沙结合态污染物的生物有效性和毒性效应，分析泥沙的粒径和组成对泥沙结合态污染物生物有效性的影响，进而阐述泥沙对水质评价的影响；④分析沉积物组成对污染物生物降解和生物富集作用的影响，阐明吸附态污染物的解吸作用与生物降解作用之间的关系；⑤分析由于水动力条件改变导致沉积物再悬浮作用下污染物的释放作用，进而以黄河小浪底调水调沙为例，分析水利工程对河流沉积物再悬浮作用、水沙条件及污染物生物有效性的影响。

　　本书得以完成，要感谢许多同行和同事的支持与帮助。特别要感谢数届博士、硕士研究生陈曦、吴山、董建玮、张晓甜、林慧、余晖、张曦、王然、李恭臣、冯承莲、沙玉娟、周追、李亦然、张菊、王凡、卜庆伟、翟亚威、周传辉、赵秀丽、朱宝彤、赵璞君等与作者共同完成相关研究课题，并合作发表了系列科技论文。这些论文以及他（她）们的学位论文是本书的写作基础。

由于作者水平有限，在研究和撰写过程中难免存在一些不足之处，且环境科学等相关学科在不断发展，书中有些认识可能存在偏差，敬请广大读者批评指正，以便进一步完善和提高。

作　者

2020 年 3 月

目　　录

第1章 | 绪 论

1.1 河流水沙条件

河流是陆地–内陆水体–海洋连续系统的重要组成部分，不仅能将水、沙、主要离子、营养盐及污染物从陆地输送到湖泊和海洋，而且还是营养盐和污染物发生转化作用的重要场所。河流水沙条件包括来水来沙量，来水来沙组成及过程，流量，流速，水深，悬浮泥沙（SPS）的含量、粒径和组成，沉积相的厚度、粒径和组成等特征。另外，由于河流的来水来沙过程直接影响了河水中有机质的含量和组成以及其他主要离子的组成，因此水沙条件还应该包括水体有机质的含量和组成以及主要离子的含量和组成等参数。河流径流主要由降水形成，其次是融雪（冰）水补给、地下水补给等，具体的贡献比受各流域自然地理特征和复杂气候特性的影响而有所不同。河流中的悬浮泥沙主要有两个来源：一是由地表径流带入河流的土壤颗粒，二是来源于河流沉积物的再悬浮作用。由于河流沿程汇入河道的土壤颗粒及流速和水位等发生变化，河道中悬浮泥沙的含量、粒径和组成也将随之发生变化。

世界河流平均泥沙含量约为 0.420g/L，其中各个地区和各条河流之间的差异很大（表 1-1-1 ~ 表 1-1-3）。平均泥沙含量最高的是大洋洲（1.557g/L），其次就是亚洲（0.702g/L），最低的是欧亚北极（0.041g/L）。多泥沙河流如黄河可高达数十克每升，密西西比河泥沙含量（1967 ~ 2007 年）基本维持在约 0.3g/L（Meade and Moody, 2010），而欧洲河流如泰晤士河均值则为 0.014g/L（Neal et al., 2006）。整体来说，我国河流水少沙多，占世界 5% 的水量输送了 30% 的泥沙（方红卫等，2019），我国许多河流具有高泥沙含量的特征，其中黄河、海河、辽河、塔里木河和黑河等河流的多年平均含沙量都在 1g/L 以上（表 1-1-3）。

表 1-1-1 世界各大洲河流的径流量及输沙量

资料来源	非洲	亚洲	欧亚北极	欧洲	北美洲	大洋洲	南美洲	全球
径流量/(km³/a)								
Baumgartner and Reichel, 1975	3400	12200	—	2800	5900	2400	11100	37800
Fekete et al., 2002	4306	12681	—	2461	5883	1320	11663	38314
Syvitski et al., 2005	3800	9810	—	2680	5820	4890	11540	38540
Syed et al., 2009	3624	7432	—	1495	6463	476	10154	30354
Milliman and Farnsworth, 2011	2800	7000	2800	2100	6400	3800	11000	36000
Li et al., 2020	2346	5268	2810	1956	5544	3633	10072	31629
文献平均值	3379	9065	2805	2249	6002	2753	10922	35440

续表

资料来源	非洲	亚洲	欧亚北极	欧洲	北美洲	大洋洲	南美洲	全球
输沙量/（Mt/a）								
Holeman，1968	490	14500	—	290	1800	—	1100	18300
Milliman and Meade，1983	530	6300	84	230	1500	3100	1800	13500
Syvitski et al.，2005	800	4740	—	680	1910	2028	2450	12610
Syvitski and Ketther，2011	1100	4800	—	400	1500	2684	2400	12884
Milliman and Farnsworth，2011	1500	5300	150	850	1900	7100	2300	19100
Li et al.，2020	407	2517	108	233	1486	6517	1541	12809
文献平均值	805	6360	114	447	1683	4286	1932	14867
泥沙含量/（g/L）								
平均值	0.238	0.702	0.041	0.199	0.280	1.557	0.177	0.420

表 1-1-2 世界河流的悬浮泥沙和有机碳特征

河流名称	采样时间	DOC** 含量/（mg/L）	SPS 含量/（g/L）	TOC* 含量/%	参考文献
戈达瓦里（Godavari）河	1998~1999 年		0.007~0.013	1.5~16.9	Balakrishna and Probst，2005
杜迈（Dumai）河		60.6			Alkhatib and Samiaja，2007
Lower Fox 河（威斯康星）	1994~1995 年	6.62~9.33	0.023	4.3~39.1	Hurley et al.，1998
沃尔夫（Wolf）河	1991~1994 年	4.9~16	0.002		Shafer et al.，1997
密尔沃基（Milwaukee）河	1991~1994 年	4.2~17.6	0.018±0.008		Shafer et al.，1997
哈德逊河		3~4			Findlay，2005
渥太华（Ottawa）河	2004~2005 年	6.1	0.007		Hudon and Carignan，2008
亚马斯卡（Yamaska）河	2000~2005 年	7.5	0.044		Hudon and Carignan，2008
圣劳伦斯河	2000~2005 年	2.5	0.001		Hudon and Carignan，2008
麦肯齐河（Mackenzie）河	2002 年	4.9~5.7	0.028~0.043		Galand et al.，2006
哥伦比亚（Columbia）河下游	1992 年	1.5~2.0	0.012	7.4±1.2	Prahl et al.，1997
红河	1994 年	13~18	0.001~0.005		Wen et al.，1997
科罗拉多（Colorado）河	1994 年	4.9~6.2	0.015~0.048		Wen et al.，1997
圣哈辛托（San Jacinto）河	1994 年	6.6~12	0.013~0.034		Wen et al.，1997
特里尼蒂（Trinity）河	1994 年	97	0.018~0.037		Wen et al.，1997
布拉索斯（Brazos）河	1994 年	12~30	0.003~0.008		Wen et al.，1997
Black Fork 河	1994 年	—	0.015~0.016		Wen et al.，1997
纽埃西斯（Nueces）河	1994 年	27~44	0.061~0.441		Wen et al.，1997
圣安东尼奥（San Antonio）河	1994 年	—	0.005~0.100		Wen et al.，1997
亚马孙河	1999~2005 年	3.7~5.9	0.05~0.25	1.1~4.2	Moreira-Turcq et al.，2013

续表

河流名称	采样时间	DOC** 含量/(mg/L)	SPS 含量/(g/L)	TOC* 含量/%	参考文献
密西西比河	1967～2007 年 2000～2001 年 1998～2000 年 2003～2004 年	3.3～5.4	～0.3 0.112±0.04	 2.2 1.6±0.2%	Meade and Moody，2010 Wang et al.，2004 Bianchi et al.，2002 Bianchi et al.，2007
刚果（Congo）河	1990～1993 年	10.6	0.026	6.5	Coynel et al.，2005
埃布罗河	2003 年		0.01		Négrel et al.，2007
波（Po）河	2011 年 11 月		0.33±0.27	1.50±0.57	Tesi et al.，2013
易北（Elbe）河	1996～1997 年	4	0.008～0.112		Winkler et al.，1998
罗纳河	2004～2005 年		0.005～0.026	2.1～4.3	Harmelin-Vivien et al.，2010
塞纳河	1993 年		0.048±0.066	5.8±2.6	Fernandes et al.，1997
卢瓦尔（Loire）河				3.3	Etcheber et al.，2007
吉伦特（Gironde）河				1.5	Etcheber et al.，2007
多瑙河			0.02～0.058		Onderka and Pekárová，2008
泰晤士河及支流	1997～2002 年 2009～2014 年		0.0001～0.44 <0.1		Neal et al.，2006
墨累河	2010～2011 年	3～20			Whitworth et al.，2012
阿德莱德（Adelaide）河	1999 年		0.003～0.069（0.034）		Munksgaard and Parry，2001
南鳄（South Alligator）河	2000 年		0.065～0.306（0.167）		Munksgaard and Parry，2001
Bynoe 河	1998～1999 年		0.011～0.324（0.097）		Munksgaard and Parry，2001
诺曼（Norman）河	1998～1999 年		0.005～0.221（0.040）		Munksgaard and Parry，2001
达令（Darling）河	1990s		0.254		Taylor et al.，1992
亚拉（Yarra）河	1990s		0.074		Taylor et al.，1992

注：括号中数值为均值。

* 悬浮泥沙中的 TOC（总有机碳）含量（TOC content in SPS，%）。

** DOC 表示溶解性有机碳。

表 1-1-3　我国主要河流的泥沙含量（原始数据来自《中国河流泥沙公报》）

主要河流	2005～2018 年均值范围/(g/L)	2005～2018 年多年平均值/(g/L)	建站以来多年平均值/(g/L)
长江	0.104～0.24	0.149	0.414
黄河	2.789～14.21	7.617	29.100
淮河	0.027～0.24	0.137	0.380

主要河流	2005~2018 年均值范围/（g/L）	2005~2018 年多年平均值/（g/L）	建站以来多年平均值/（g/L）
海河	0.008~1.35	0.527	6.669
珠江	0.041~0.16	0.093	0.233
松花江	0.106~0.41	0.217	0.197
辽河	0.220~1.77	0.628	4.546
钱塘江	0.053~0.27	0.142	0.131
闽江	0.010~0.13	0.051	0.105
塔里木河	0.820~3.25	2.062	3.003
黑河	0.020~1.79	0.427	1.220

近年来，人类活动及气候变化的综合影响已导致全球河流水沙条件发生变异。气候变化对河流水沙条件的影响主要表现在以下几方面：一是降水量减少或增加导致河流径流量发生相应的变化；二是降水和气温的变化影响流域植被生长进而影响水土流失；三是降水强度的变化直接影响单次降水期间坡面的水土流失情况。人类活动包括水土保持措施、水利工程（水库和大坝的修建）建设、引水调水工程和采砂活动等。其中，修建水库从根本上改变了河流的水沙条件。截至 2014 年底在世界范围内建有大约 800 000 座水库，其中将近有 50 000 座大型水坝，超过 37 600 座水坝高于 15m（数据来自 International Commission on Large Dams）。截至 2017 年，我国现有水库 9.8 万余座。水库是介于河流和湖泊特征之间的水体，其水力滞留时间比河流长。受水库调蓄影响，河流年内年际径流量均有所改变，通常年内丰水期下泄洪峰流量削减；枯水期流量增加、平水期流量略增且时间延长；丰水、平水、枯水年径流量变幅减小。水库下游泥沙含量与粒径组成发生明显变化归结于水库的拦沙和冲沙作用。

研究发现，世界河流的悬浮泥沙含量在近半个世纪以来均存在逐渐减小的趋势。如我国黄河泥沙含量由建站以来多年平均值 29.100g/L 下降到 2005~2018 年的多年平均值 7.617g/L，海河的泥沙含量由 6.669g/L 下降到 0.527g/L，长江的泥沙含量由 0.414g/L 下降至 0.149g/L。其中水库修建与运行是导致泥沙含量减少的一个主要原因，以长江为例，随着长江上游大规模水利工程的建设和运行，长江中下游的水沙过程发生了较大变化，河道普遍发生冲刷，且出现了长江向洞庭湖的分流分沙比持续下降、鄱阳湖枯水期提前、长江口咸潮增加等现象（方红卫等，2019）。值得关注的是，大坝的影响并不是泥沙含量减少的唯一主要原因。以密西西比河为例，所建大坝每年拦截 1.0 亿~1.5 亿 t 的泥沙，约占密西西比河口泥沙减少量的一半。由径流量和悬浮泥沙含量间的关系变化图推测，密苏里河−密西西比河体系的泥沙已经从输移受限（transport-limited）型转变为供应受限（supply-limited）型（Meade and Moody，2010）。因此，其他工程活动如水土保持措施、护岸工程以及河道整治工程等也起到了重要作用，如黄河泥沙含量的降低很大程度归因于黄土高原水土保持工作的提升。

1.2　河流泥沙的特征及有机污染物在水–沙界面的主要过程

河流中的颗粒物既包括固体颗粒，也包括各种油滴和气泡等液体或气体颗粒，是指能与水相形成液–固界面、液–液界面、气–液界面的物质。因此，河流颗粒物的组成也多种多样，包括矿物微粒、有机质、有机残渣、藻类、微生物聚集体、油滴和气泡等。在不同水环境条件下，颗粒物的组成存在显著差异。我们在水力学和河流动力学中所说的泥沙，也就是 1.1 节所说的水沙条件中的泥沙，也是一种河流颗粒物。对于泥沙含量较高的水体，河流中的悬浮颗粒物经常被称为悬浮泥沙，因为这部分颗粒物绝大部分来自河道外的土壤侵蚀作用或河道内的沉积物再悬浮作用。本书主要针对泥沙含量较高的水体，因此本书中所说的悬浮泥沙也就是悬浮颗粒物。泥沙颗粒由矿物质、有机质及其上附着的微生物等组成，不同河流不同水动力条件下泥沙颗粒的组成不同。另外，这些自然来源的泥沙颗粒中还会夹杂着人工来源的颗粒物质，包括目前备受关注的各种碳质材料和微塑料等。我们一般采用 0.45μm 滤膜过滤获得水体的悬浮颗粒物，但实际上水体中还存在粒径小于 0.45μm 的颗粒物，这部分颗粒物被称为胶体物质，组成也与粒径大于 0.45μm 的颗粒物存在显著差异。对于悬浮颗粒物含量低的河流，这部分胶体物质可能对污染物的迁移转化过程起主导作用。

当河流泥沙来源丰富时，河水流速是悬浮泥沙含量的控制因素，河流中悬浮泥沙的含量与河流流速相关。我们对黄河下游河段的研究发现，不论是小浪底调水调沙期间还是非调水调沙期间（图 1-2-1），悬浮泥沙含量（$[SPS]$，g/L）随河水流速（V，m/s）的增加呈幂函数增大（河水流速范围为 0.6 ~ 3.2m/s），如式（1-2-1）所示（$N=144$，$r=0.947$，$p<0.01$）。

$$[SPS] = 1.348V^{2.519} \tag{1-2-1}$$

而且不论是在小浪底调水调沙期间还是非调水调沙期间，下游悬浮泥沙粒径与河水流速间存在显著的正相关关系（$p<0.01$），表明悬浮泥沙的粒径会随河水流速的减小而减小，且黄河下游悬浮泥沙粒径在 200μm 以下，其中粒径为 0 ~ 50μm 的部分占 68.0% ~ 93.7%。此外，一些学者对世界其他河流悬浮泥沙的粒径分布也进行了研究，长江悬浮泥沙中粒径 <2μm 和 2 ~ 63μm 的部分分别为 48.1% 和 51.9%（Yu et al.，2011）。美国红河、Maple 河、雪延尼（Sheyenne）河和 Wild Rice 河中 75% ~ 99% 的悬浮泥沙粒径都小于 62μm（Blanchard et al.，2011）。英国亨伯（Humber）河和特威德（Tweed）河中粒径小于 63μm 的悬浮泥沙占比大于 95%（Walling et al.，2000）。根据 Davide 等（2003）的研究结果，意大利波（Po）河在平水期和丰水期悬浮泥沙中粒径为 0 ~ 63μm 的部分占 64% ~ 99%。综上所述，河流中悬浮泥沙粒径多在 200μm 以下，且悬浮泥沙中粒径 <50μm 的细颗粒平均占比为 64% ~ 99%。

根据表 1-1-2 的结果，河流悬浮泥沙中有机碳含量范围很大，高的能达到百分之十以

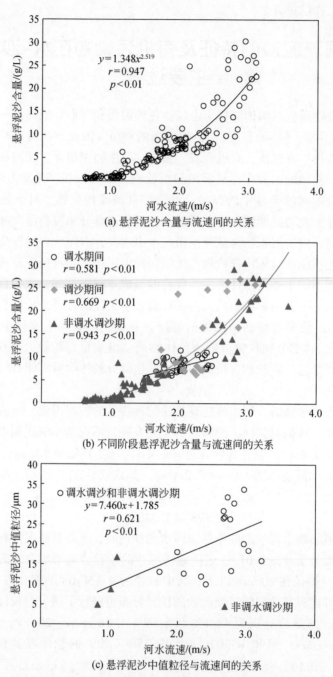

(a) 悬浮泥沙含量与流速间的关系

(b) 不同阶段悬浮泥沙含量与流速间的关系

(c) 悬浮泥沙中值粒径与流速间的关系

图 1-2-1　黄河河水流速与悬浮泥沙含量及中值粒径的关系

上，比较低的是黄河的悬浮泥沙，其有机碳含量仅 0.18% ，显著低于世界其他河流（亚马孙河、密西西比河和波河等）的平均水平。这是由于黄河泥沙主要来自黄土高原，而黄土高原土壤中 20~200μm 组分占 75%~90% ，其有机碳含量仅为 0.22%~0.58% （张孝中，2002；任广琦等，2018）。另外，一般来说悬浮泥沙中总有机碳含量与悬浮泥沙粒径呈显著负相关关系。

河水及其中的悬浮泥沙（颗粒）和有机质不仅是挟带营养盐及污染物入海的主要载体，水沙条件还影响着各种物质的赋存形态、转化过程及生态环境效应。已有研究表明，诸多环境物质的化学和生物转化过程都发生在各种界面，其在环境中迁移和转化过程的发生、发展和速度决定步骤都在微界面上。同样地，河流中污染物的各种物理、化学和生物过程也主要发生在水-悬浮颗粒物界面以及水-沉积物界面，而且悬浮颗粒相和沉积相在水动力作用下可相互转化，进一步影响污染物的迁移和转化过程。具体来说，河流污染物的水-悬浮颗粒物（沉积物）界面过程主要包括吸附/解吸作用、生物降解作用、光降解作用、氧化还原作用、生物富集作用、絮凝-沉淀作用等。这些界面过程直接影响了水体污染物的赋存形态和生物有效性以及所产生的生态环境风险和在水体的自净作用等。

1.3　水体有机污染物的赋存形态及生物有效性

传统上评价沉积物或颗粒物中有机污染物的环境风险往往是根据其在环境介质中的"总量"，因此常常采用强烈的耗竭提取法如索氏抽提来提取环境介质中的有机污染物。然而由于有些赋存形态的污染物不能为生物所利用，也不会产生生态环境风险，这些方法提取出的有机污染物的总量与其被生物吸收利用的程度、对生物的毒性效应以及所产生的生态环境风险间没有明显的相关性，因而很可能夸大有机污染物的环境风险。因此，研究者提出采用生物有效性来表征环境中污染物的污染水平，是指环境介质中能被生物利用或对生物产生效应的那部分污染物，有机污染物的赋存形态直接影响其生物有效性。

1.3.1　水体有机污染物的赋存形态

水体有机污染物的赋存形态大体上可分为自由溶解态（freely dissolved）、溶解性有机质（DOM）结合态和颗粒结合态。其中，自由溶解态是指自由溶解在水相，而不与任何介质或系统组分结合的有机污染物赋存形态。总溶解态污染物是指能通过 $0.45\,\mu m$ 滤膜的污染物，除自由溶解态污染物外，还包括与溶解性有机质和胶体颗粒结合的污染物。目前普遍认为，只有自由溶解态的有机污染物才能被生物利用，具有生物有效性。在自然水体中，疏水性有机物的自由溶解态浓度占其总溶解态的比例与疏水性有机物本身的性质、水体溶解性有机质的含量和组成以及粒径小于 $0.45\,\mu m$ 颗粒物的含量和性质等相关。如河流中多环芳烃的自由溶解态浓度占总溶解态浓度的比例与其辛醇-水分配系数（$\lg K_{ow}$）呈负相关。

溶解性有机质是天然水体中的常见组分，通常被定义为能够通过 $0.45\,\mu m$ 滤膜的有机质。水体中的溶解性有机质能够通过多种作用与有机污染物结合，包括离子键结合、氢键、电荷转移、范德瓦耳斯力、配位体交换、疏水分配、共价键结合、螯合等结合方式。这些相互作用将显著影响有机污染物的迁移转化和生物有效性。溶解性有机质结合态是指与有机质结合的、能通过 $0.45\,\mu m$ 滤膜的有机污染物。由于水体溶解性有机质的种类繁多、分子量大小各异，与溶解性有机质结合的有机污染物还可以根据有机质的种类和分子量大小进一步细分。

颗粒结合态包括与不同粒径大小颗粒结合的污染物，既包括粒径大于 $0.45\,\mu m$ 的颗粒物，也包括粒径小于 $0.45\,\mu m$ 的颗粒物，且不同粒径颗粒物的组成也存在显著差异。污染物与颗粒物的结合形式直接影响污染物的存在形态，因此颗粒结合态有机污染物的形态研究与有机污染物的吸附机理研究紧密相关。针对疏水性有机污染物的吸附机理，目前已提出了许多理论和模型（Bounchard，1998；Kopinke et al.，2001；Xia and Pignatello，2001；Lei et al.，2003），包括 20 世纪 70 年代提出的线性分配模型，90 年代提出的非线性模型，以及近年来提出的吸附–分配复合模型（Xia and Ball，1999）。对应的颗粒结合态有机污染物也由 20 世纪 70 年代的有机质结合态，发展到近年来提出的无定形有机质（或软碳）结合态和黑炭结合态等。其中黑炭是生物质和化石燃料等燃烧过程中排放出的一种含碳颗粒物，具有较大的比表面积，且具有化学稳定性和生物惰性。目前认为，有机污染物在无定形有机质上的吸附为分配作用，在黑炭上的吸附为表面吸附作用（Accardi-dey and Gschwend，2003）。近来研究者又关注新的人工碳质材料，这些人工碳质材料进入环境后，对有机污染物的吸附作用很强（Yang et al.，2006；Chen et al.，2011）。另外，关于矿物质对有机污染物的吸附一直存在争论，许多研究者认为，非极性有机污染物不可能与矿物质结合，但也有部分研究结果发现，矿物质能吸附有机污染物（Zhu et al.，2004；Zhang et al.，2015）。因此，与颗粒物结合污染物的赋存形态可以包括无定形有机质结合态、黑炭结合态、碳纳米材料结合态、矿物结合态等，而且每种形态还可以进一步根据有机质、碳质材料和矿物的组成细分。上述这些不同存在形态的污染物，其生物有效性将存在显著差异。

1.3.2　水体有机污染物生物有效性研究方法

目前研究水体疏水性有机污染物生物有效性的方法有化学方法和生物方法，且主要从以下五个层次来研究。

1.3.2.1　自由溶解态浓度分析法

对于河流、湖泊或水库的上覆水体，目前主要采用下述两种被动采样方法来分析疏水性有机污染物的自由溶解态浓度。一种是固相微萃取（solid phase microextraction，SPME），这是一种平衡萃取采样技术（Hawthorne et al.，2005），得到了广泛的应用（Lang et al.，2015；Maruya et al.，2015）。但由于纤维棒比较脆弱，所以用这种方法进行现场分析有一定的风险，近来有学者对该技术进行了改进，在固相微萃取纤维棒外层加了防护装置（Witt et al.，2013）。另一种是近年来提出的聚乙烯装置（polyethylene device，PED）或者低密度聚乙烯（low-density polyethylene，LDPE）装置，该方法具有成本低且不需要达到平衡状态（放置时间比较短）就能反映污染物的浓度平均值等优点，因此表现出很好的应用前景（Gschwend et al., 2011；Friedman and Lohmann, 2014；Lai et al., 2015）。

对于水体沉积物，目前普遍认为，沉积物中吸附态的有机污染物只有先溶解于水后，才能进一步为生物体所利用。因此如何确定溶解态有机污染物的浓度，也就是孔隙水的浓度（或称水相平衡溶解态），成为研究沉积物中污染物生物有效性的关键之一。目前分析孔隙水的浓度常采用的方法有：①直接采用沉积物离心的方法获取孔隙水，然后分析水相污染物的浓度，这种方法的不足之处是需要采集较大量的沉积物样品，获取足够量的孔隙水，而且还存在离心不彻底导致水相中仍包含部分胶体颗粒物，致使分析结果偏高等情况（Gschwend et al., 2011；Fernandez et al., 2009）；②直接采用固相微萃取和聚乙烯膜装置现场采样分析。

1.3.2.2　温和溶剂提取法

由于传统采用耗竭提取法所获得的环境介质中污染物的"总量"很可能夸大有机污染物的环境风险，因此为了能更好地反映污染物的生物有效性部分，一些学者开始尝试用非耗竭提取法——温和溶剂提取法来分析吸附态污染物（Cornelissen et al., 1997；Kelsey and Alexander, 1997；Reid et al., 1999；Sakai et al., 2009；Hong et al., 2016），甲醇、丁醇、乙酸乙酯等很多中等极性溶剂已被用来提取沉积物或土壤中的污染物，以研究污染物的生物有效性，且研究发现污染物的提取量与蚯蚓的吸收量或细菌的矿化率之间有很好的相关性。环糊精由于具有一个环外亲水、环内疏水且有一定尺寸的立体手性空腔，可以和许多底物分子包络形成包合配合物，也被用作评价沉积物或土壤中有机污染物生物有效性的温和溶剂之一（Reid et al., 2000）。另外，还有研究者应用超临界流体萃取（supercritical fluid extraction）技术（Sun and Li, 2005；Bielska et al., 2013）和碳 18 覆膜过滤器（C_{18} coated filters）（Fredrickson et al., 2004）等研究了沉积物中污染物的生物有效性。

1.3.2.3　解吸方法

虽然只有溶解态的有机物才能为生物体所利用，但溶解态与吸附态之间存在动态平衡的关系，吸附态的有机污染物可以通过解吸作用转换为溶解态，其转化速率很大程度上决定了水体污染物的生物有效性，且与沉积物或颗粒物中不同组分结合的有机污染物的解吸特征可能存在显著差异。因此，沉积物中有机污染物的吸附/解吸过程是影响其生物有效性的重要机制。目前多数研究将污染物的解吸过程分为快解吸和慢解吸两部分，而且认为黑炭的存在会降低污染物的解吸速率和生物有效性。研究者普遍认为沉积物中能迅速解吸进入水相中的化合物都有潜力为生物所利用，因此这部分化合物接近其生物可利用部分。有研究者用水以及树脂［如 Tenax TA（Cornelissen et al., 1997；Zhu et al., 2016a；Zhu et al., 2016b）、XAD-4（Carroll et al., 1994）和 XAD-2（Li et al., 2004）］，来研究沉积物或土壤中吸附态有机污染物的解吸作用和生物有效性，结果表明土壤或沉积物中有机污染物的生物降解率与用树脂辅助解吸的快速解吸量呈良好的线性关系。

1.3.2.4　微生物有效性评价法

微生物降解是有机污染物从水体中去除的重要途径，因此研究有机污染物对微生物的有效性是其生物有效性研究的一个重要方面，能为有机污染物的生物治理提供重要依据。目前多采用^{14}C放射性标记物的矿化度、生化需氧量、母体化合物的消失速率和产物的生成速率等来反映有机污染物的微生物降解情况。研究中所用的微生物包括两种来源，即研究地点的本土微生物和人工富集培养的微生物。

1.3.2.5　生物富集或生物毒性评价法

生物富集和生物毒性是直接表征污染物生物有效性的方法。对于沉积物中污染物生物有效性的研究目前大多采用底栖无脊椎动物来进行实验，包括寡毛纲动物（如夹杂带丝蚓）、微型无脊椎动物（如摇蚊幼虫）、甲壳纲动物（如糠虾）、双壳纲动物贝类和端足类动物（如 Ampelisca abdita）等。其中生物富集法的原理是基于分配平衡法，即污染物的生物有效性由污染物在沉积相、水相和生物体内三相间的分配平衡决定。关于水相有毒有机污染物的生物有效性研究常采用鱼类如斑马鱼等进行实验（Djomo et al.，1996；Berends et al.，1997；Xia et al.，2015；Fang et al.，2016）。另外，运用发光细菌进行有机污染物的生物毒性评价也是重要研究方法之一。目前污染物的生物毒性研究同时向微观和宏观两个方向发展，包括从 DNA、酶学、细胞等微观的角度来研究污染物的生物有效性，也包括从种群和群落等宏观角度来研究污染物的毒性。另外，半透膜装置（semi-permeable membrane devices，SPMDs）是在 20 世纪 80 年代末发展起来的一种仿生工具，假定有机污染物在水生生物体内的富集很大程度上由污染物的脂水分配过程决定，利用装有三油酸甘油酯的纤维素透析膜装置模拟采集亲脂、生物有效的有机污染物。由于 SPMDs 能够有效分析水相中能被生物利用的疏水性有机物的浓度，近年来也一直被许多研究者使用。虽然大部分研究表明，化学方法和生物方法所得到的生物有效性研究结果比较吻合，但也有部分研究发现二者之间的相关性不好，这可能是由于不同生物吸收污染物的途径和机制不同，因此如何运用化学方法来研究污染物对某一生物的有效性值得进一步探讨。

目前有关疏水性有机污染物赋存形态和生物有效性的研究结果表明，污染物的自由溶解态浓度是表征其生物有效性大小的有效指标，但是也有一些研究迹象表明与颗粒结合和与溶解性有机质结合的污染物可能部分具有生物有效性，能被生物利用。另外，目前的水质基准和水质评价主要是基于溶解态污染物的含量，没有考虑与粒径大于 0.45 μm 颗粒物结合污染物的含量，而世界上许多河流具有高泥沙含量的特征，那么这部分颗粒结合态的污染物是否会影响水质评价，如何考虑这部分形态污染物的生物有效性，以准确评价污染物的生态环境风险。针对这一需求，还需要进一步量化与不同粒径和组成颗粒物结合污染物的生物有效性。

近 20 年来，我们针对河流高泥沙含量的特征，围绕河流有机污染物（包括有机污染物和含氮化合物）的水-沙界面过程及环境效应开展了系列研究。本书重点总结有机污染物的水-沙界面过程及生物有效性方面的研究成果，主要包括以下几方面：①多泥沙河流中典型污染物的分布特征及影响因素；②有机污染物在泥沙上的吸附/解吸作用及固体浓度效应；③悬浮泥沙对污染物生物降解和光降解作用的影响；④悬浮泥沙结合态污染物的生物有效性和毒性效应以及对水质评价的影响；⑤沉积物组成对污染物生物降解作用的影响；⑥沉积物组成对污染物生物富集作用的影响；⑦沉积物再悬浮作用下污染物的释放作用；⑧河流水利工程对水沙条件及污染物生物有效性的影响。

参 考 文 献

方红卫，何国建，黄磊，等．2019．生态河流动力学研究的进展与挑战．水利学报，43（5）：571-579.

任广琦，贾小旭，贾玉华，等．2018．黄土高原南北样带土壤有机碳空间变异及其影响因素．干旱区研究，35（3）：524-531.

张孝中．2002．黄土高原土壤颗粒组成及质地分区研究．中国水土保持，（3）：11-13.

Accardi-Dey A, Gschwend P M. 2003. Reinterpreting literature sorption data considering both absorption into organic carbon and adsorption onto black carbon. Environmental Science & Technology, 37: 99-106.

Alkhatib M, Samiaji J J. 2007. Biogeochemistry of the Dumai River estuary, Sumatra, Indonesia, a tropical black-water river. Limnology and Oceanography, 52 (6): 2410-2417.

Balakrishna K, Probst K B L. 2005. Organic carbon transport and C/N ratio variations in a large tropical river: Godavari as a case study, India. Biogeochemistry, 73 (3): 457-473.

Baumgartner A, Reichel E. 1975. The world water balance: mean annual global, continental and maritime precipitation, evaporation and run-off. Amsterdam: Elsevier.

Berends A G, Boelhouwers E J, Thus J L G, et al. 1997. Bioaccumulation and lack of toxicity of octachlorodibenzofuran (OCDF) and octachlorodibenzo-p-dioxin (OCDD) to early-life stages of zebra fish (Brachydanio rerio). Chemosphere, 35: 853-865.

Bianchi T S, Mitra S, McKee B A. 2002. Sources of terrestrially-derived organic carbon in lower Mississippi River and Louisiana shelf sediments: implications for differential sedimentation and transport at the coastal margin. Marine Chemistry, 77 (2): 211-223.

Bianchi T S, Wysocki L A, Stewart M, et al. 2007. Temporal variability in terrestrially-derived sources of particulate organic carbon in the lower Mississippi River and its upper tributaries. Geochimica et Cosmochimica Acta, 71 (18): 4425-4437.

Bielska L, Smidova K, Hofman J. 2013. Supercritical fluid extraction of persistent organic pollutants from natural and artificial soils and comparison with bioaccumulation in earthworms. Environmental Pollution, 176: 48-54.

Blanchard R A, Ellison C A, Galloway J M, et al. 2011. Sediment concentrations, loads, and particle-size distributions in the Red River of the North and selected tributaries near Fargo, North Dakota, during the 2010 spring high-flow event. U. S. Geological Survey.

Bounchard D C. 1998. Sorption kinetics of PAHs in methanol-water systems. Journal of Contaminant Hydrology, 34: 107-120.

Carroll K M, Harkness M R, Bracco A A, et al. 1994. Application of a permeant/polymer diffusional model to the description of polychlorinated biphenyls from Hudson River sediments. Environmental Science & Technology, 28: 253-258.

Chen X, Xia X H, Wang X L, et al. 2011. A comparative study on sorption of perfluorooctane sulfonate (PFOS) by chars, ash and carbon nanotubes. Chemosphere, 83 (10): 1313-1319.

Cornelissen G, van Noort P C M, Grovers H A J. 1997. Desorption kinetics of chlorobenzenes, polycyclic aromatic hydrocarbons, and polychlorinated biphenyls: sediment extraction with Tenax and effects of contact time and solute hydrophobicity. Environmental Toxicology and Chemistry, 16: 1351-1357.

Coynel A, Seyler P, Etcheber H, et al. 2005. Spatial and seasonal dynamics of total suspended sediment and organic carbon species in the Congo River. Global Biogeochemical Cycles, 19 (4): GB4019.

Davide V, Pardos M, Diserens J, et al. 2003. Characterization of bed sediments and suspension of the river Po (Italy) during normal and high flow conditions. Water Research, 37 (12): 2847-2864.

Djomo J E, Garrigues P, Narbonne J F. 1996. Uptake and depuration of polycyclic aromatic hydrocarbons from sediment by the zebrafish (*Brachydanio rerio*) . Environmental Toxicology and Chemistry, 15: 1177-1181.

Etcheber H, Taillez A, Abril G, et al. 2007. Particulate organic carbon in the estuarine turbidity maxima of the Gironde, Loire and Seine estuaries: origin and lability. Hydrobiologia, 588 (1): 245-259.

Fang Q, Shi Q, Guo Y, et al. 2016. Enhanced bioconcentration of bisphenol a in the presence of nano-TiO_2 can lead to adverse reproductive outcomes in zebrafish. Environmental Science & Technology, 50 (2): 1005-1013.

Fekete B M, Vörösmarty C J, Grabs W. 2002. High-resolution fields of global runoff combining observed river discharge and simulated water balances. Global Biogeochemical Cycles, 16 (3): 1042.

Fernandes M B, Sicre M A, Boireau A, et al. 1997. Polyaromatic hydrocarbon (PAH) distributions in the Seine River and its estuary. Marine Pollution Bulletin, 34 (11): 857-867.

Fernandez L A, Macfarlane J K, Tcaciuc A P, et al. 2009. Measurement of freely dissolved PAH concentrations in sediment beds using passive sampling with low-density polyethylene strips. Environmental Science & Technology, 43: 1430-1436.

Findlay S E. 2005. Increased carbon transport in the Hudson River: unexpected consequence of nitrogen deposition? Frontiers in Ecology and the Envionment, 3: 133-137.

Fredrickson H L, Furey J, Talley J W. 2004. Bioavailability of hydrophobic organic contaminants and quality of organic carbon. Environmental Chemistry Letter, 2: 77-81.

Friedman C L, Lohmann R. 2014. Comparing sediment equilibrium partitioning and passive sampling techniques to estimate benthic biota PCDD/F concentrations in Newark Bay, New Jersey (USA) . Environmental Pollution, 186: 172-179.

Galand P E, Lovejoy C, Vincent W F. 2006. Remarkably diverse and contrasting archaeal communities in a large arctic river and the coastal Arctic Ocean. Aquatic Microbial Ecology, 44: 115-126.

Gschwend P M, MacFarlane J K, Reible D D, et al. 2011. Comparison of polymeric samplers for accurately assessing PCBs in pore waters. Environmental Toxicology and Chemistry, 30: 1288-1296.

Harmelin-Vivien M, Dierking J, Bănaru D, et al. 2010. Seasonal variation in stable C and N isotope ratios of the Rhone River inputs to the Mediterranean Sea (2004-2005) . Biogeochemistry (Dordrecht), 100 (1-3): 139-150.

Hawthorne S B, Grabancki C B, Miller D J, et al. 2005. Solid-phase microextraction measurement of parent and alkyl polycyclic aromatic hydrocarbons in milliliter sediment pore water samples and determination of K_{DOC} values. Environmental Science & Technology, 39: 2795-2803.

Holeman J N. 1968. The sediment yield of major rivers of the world. Water Resources Research, 4 (4): 737-747.

Hong S, Yim U H, Ha S Y, et al. 2016. Bioaccessibility of AhR-active PAHs in sediments contaminated by the Hebei Spirit oil spill: application of Tenax extraction in effect-directed analysis. Chemosphere, 144: 706-712.

Hudon C, Carignan R. 2008. Cumulative impacts of hydrology and human activities on water quality in the St. Lawrence River (Lake Saint-Pierre, Quebec, Canada) . Canadian Journal of Fisheries and Aquatic Sciences, 65 (6): 1165-1180.

Hurley J P, Cowell S E, Shafer M M, et al. 1998. Partitioning and transport of total and methyl mercury in the Lower Fox River, Wisconsin. Environmental Science and Technology, 32 (10): 1424-1432.

Kelsey J W, Alexander M. 1997. Declining bioavailability and inappropriate estimation of risk of persistent compounds. Environmental Toxicology and Chemistry, 16: 582-585.

Kopinke F D, Georgi A, Mackenzie K. 2001. Sorption of pyrene to dissolved humic substances and related model polymers. 1. Structure-property correlation. Environmental Science & Technology, 35: 2536-2542.

Lai Y J, Xia X H, Dong J W, et al. 2015. Equilibrium state of PAHs in bottom sediment-water-suspended sediment system of a large river considering freely dissolved concentrations. Journal of Environmental Quality, 44 (3): 823-832.

Lang S C, Hursthouse A, Mayer P, et al. 2015. Equilibrium passive sampling as a tool to study polycyclic aromatic hydrocarbons in Baltic Sea sediment pore-water systems. Marine Pollution Bulletin, 101: 296-303.

Lei H, Ghosh U, Mahajan T, et al. 2003. PAH sorption mechanism and partition behavior in lampblack-impacted soils from former oil-gas plant sites. Environmental Science & Technology, 37: 3625-3634.

Li L, Ni J, Chang F, et al. 2020. Global trends in water and sediment fluxes of the world's large rivers. Chinese Science Bulletin, 65 (1): 62-69.

Li L, Suidan M T, Khodadoust A P, et al. 2004. Assessing the bioavailability of PAHs in field-contaminated sediment using XAD-2 assisted desorption. Environmental Science & Technology, 38: 1786-1793.

Maruya K A, Lao W J, Tsukada D, et al. 2015. A passive sampler based on solid phase microextraction (SPME) for sediment-associated organic pollutants: comparing freely-dissolved concentration with bioaccumulation. Chemosphere, 137: 192-197.

Meade R H, Moody J A. 2010. Causes for the decline of suspended-sediment discharge in the Mississippi River system, 1940-2007. Hydrological Processes, 24 (1): 35-49.

Milliman J D, Farnsworth K L. 2011. River Discharge to the Coastal Ocean: A Global Synthesis. New York: Cambridge University Press.

Milliman J D, Meade R H. 1983. World-wide delivery of river sediment to the oceans. The Journal of Geology, 91 (1): 1-21.

Moreira-Turcq P, Bonnet M P, Amorim M, et al. 2013. Seasonal variability in concentration, composition, age, and fluxes of particulate organic carbon exchanged between the floodplain and Amazon River. Global Biogeochemical Cycles, 27 (1): 119-130.

Munksgaard N C, Parry D L. 2001. Trace metals, arsenic and lead isotopes in dissolved and particulate phases of North Australian coastal and estuarine seawater. Marine Chemistry, 75 (3): 165-184.

Neal C, Neal M, Leeks G J L, et al. 2006. Suspended sediment and particulate phosphorus in surface waters of the upper Thames Basin, UK. Journal of Hydrology, 330 (1-2): 142-154.

Négrel P, Roy S, Petelet-Giraud E, et al. 2007. Long-term fluxes of dissolved and suspended matter in the Ebro River Basin (Spain). Journal of Hydrology (Amsterdam), 342 (3-4): 249-260.

Onderka M, Pekárová P. 2008. Retrieval of suspended particulate matter concentrations in the Danube River from Landsat ETM data. Science of the Total Environment, 397 (1-3): 238-243.

Prahl F, Small L, Sullivan B, et al. 1997. Biogeochemical gradients in the lower Columbia River. Hydrobiologia, 361: 37-52.

Reid B J, Jones K C, Semple K T. 1999. Can bioavailability of PAHs be assessed by a chemical means? // Leeson A, Alleman B. Proceedings for the Fifth *In Situ* and On-site Bioremediation International Symposium. Columbus: Battelle Press, 8: 253-258.

Reid B J, Jones K C, Semple K T. 2000. Bioavailability of persistent organic pollutants in soils and sediments: a perspective on mechanisms, consequences and assessment. Environmental Pollution, 108: 103-112.

Sakai M, Seike N, Murano H, et al. 2009. Relationship between dieldrin uptake in cucumber and solvent-extractable residue in soil. Journal of Agricultural and Food Chemistry, 57: 11261-11266.

Shafer M M, Overdier J T, Hurley J P, et al. 1997. The influence of dissolved organic carbon, suspended particulates, and hydrology on the concentration, partitioning and variability of trace metals in two contrasting Wisconsin watersheds (U.S.A.). Chemical Geology, 136 (1-2): 71-97.

Sun H W, Li J G. 2005. Availability of pyrene in unaged and aged soils to earthworm uptake, butanol extraction and SFE. Water, Air, and Soil Pollution, 166: 353-365.

Syed T H, Famiglietti J S, Chambers D P. 2009. GRACE-based estimates of terrestrial freshwater discharge from basin to continental scales. Journal of Hydrometeorology, 10 (1): 22-40.

Syvitski J P M, Kettner A. 2011. Sediment flux and the Anthropocene. Philosophical Transactions of the Royal Society A, 369 (1938): 957-975.

Syvitski J P M, Vörösmarty C J, Kettner A J, et al. 2005. Impact of humans on the flux of terrestrial sediment to the global coastal ocean. Science, 308 (5720): 376-380.

Taylor H E, Garbarino J R, Murphy D M, et al. 1992. Inductively coupled plasma-mass spectrometry as an element-specific detector for field-flow fractionation particle separation. Analytical Chemistry, 64 (18): 2036-2041.

Tesi T, Miserocchi S, Acri F, et al. 2013. Flood-driven transport of sediment, particulate organic matter, and nutrients from the Po River watershed to the Mediterranean Sea. Journal of Hydrology, 498 (12): 144-152.

Walling D E, Owens P N, Waterfall B D, et al. 2000. The particle size characteristics of fluvial suspended sediment in the Humber and Tweed catchments, UK. Science of the Total Environment, 251-252: 205-222.

Wang X C, Chen R F, Gardner G B. 2004. Sources and transport of dissolved and particulate organic carbon in the Mississippi River estuary and adjacent coastal waters of the northern Gulf of Mexico. Marine Chemistry, 89 (1): 241-256.

Wen L S, Santschi P H, Gill G A, et al. 1997. Colloidal and particulate silver in river and estuarine waters of Texas. Environmental Science & Technology, 31 (3): 723-731.

Whitworth K L, Baldwin D S, Kerr J L. 2012. Drought, floods and water quality: drivers of a severe hypoxic blackwater event in a major river system (the southern Murray-Darling Basin, Australia). Journal of Hydrology, 450-451: 190-198.

Winkler M, Kopf G, Hauptvogel C, et al. 1998. Fate of artificial musk fragrances associated with suspended particulate matter (SPM) from the river Elbe (Germany) in comparison to other organic contaminants. Chemosphere, 37 (6): 1139-1156.

Witt G, Lang S C, Ullmann D, et al. 2013. Passive equilibrium sampler for *in situ* measurements of freely dissolved concentrations of hydrophobic organic chemicals in sediments. Environmental Science & Technology, 47: 7830-7839.

Xia G S, Ball W P. 1999. Adsorption-partitioning uptake of nine low-polarity organic chemicals on a natural sorbent. Environmental Science & Technology, 33: 262-269.

Xia G S, Pignatello J J. 2001. Detailed sorption isotherms of polar and apolar compounds in a high-organic soil. Environmental Science & Technology, 35: 84-94.

Xia X H, Li H S, Yang Z F, et al. 2015. How does predation affect the bioaccumulation of hydrophobic organic compounds in aquatic organisms? Environmental Science & Technology, 49: 4911-4920.

Yang K, Zhu L Z, Xing B S. 2006. Adsorption of polycyclic aromatic hydrocarbons by carbon nanomaterial. Environment Science & Technology, 40: 1855-1861.

Yu H, Wu Y, Zhang J, et al. 2011. Impact of extreme drought and the Three Gorges Dam on transport of particulate terrestrial organic carbon in the Changjiang (Yangtze) River. Journal of Geophysical Research Earth Surface, 116: F04029.

Zhang X T, Xia X H, Li H S, et al. 2015. Bioavailability of pyrene associated with suspended sediment of different grain sizes to *Daphnia magna* as investigated by passive dosing devices. Environmental Science & Technology, 49 (16): 10127-10135.

Zhu B T, Wu S, Xia X H, et al. 2016a. Microbial bioavailability of 2,2′,4,4′-tetrabromodiphenyl ether (BDE-47) in natural sediments from major rivers of China. Chemosphere, 153: 386-393.

Zhu B T, Xia X H, Wu S, et al. 2016b. Effects of carbonaceous materials on microbial bioavailability of 2,2′,4,4′-tetrabromodiphenyl ether (BDE-47) in sediments. Journal of Hazardous Materials, 312: 216-223.

Zhu D Q, Herbert B E, Schlautman M A, et al. 2004. Cation-π bonding: a new perspective on the sorption of polycyclic aromatic hydrocarbons to mineral surfaces. Journal of Environment Quality, 33: 1322-1330.

|第2章| 多泥沙河流典型有毒有机污染物的分布特征

2.1 引 言

随着经济的高速发展和城市人口的急剧膨胀，大量有毒有机污染物汇入环境，甚至在一些人迹罕至的极地和高山地区也发现了有毒有机污染物的存在（Chiuchiolo et al.，2004；Young et al.，2007）。有毒有机污染物的毒性包括内分泌干扰性、致癌、致畸、致突变作用等，严重危害生物体和人类健康（Lahvis et al.，1993；Toppari et al.，1996）。大多数有毒有机污染物为持久性有机污染物（POPs），具有长期残留性和半挥发性，能在大气环境中长距离迁移并能沉积到地球的偏远极地地区，从而导致全球范围内的污染传播（UN-ECE，1998）。有毒有机污染物一般具有很强的亲脂性，一旦通过各种途径进入生物体就会在生物体内的脂肪组织、胚胎和肝脏等器官中发生积累，并沿食物链逐级放大，最终威胁人类健康（Jones and de Voogt，1999）。有毒有机污染物给人体和环境带来的危害已成为世界各国关注的环境焦点。2001年5月23日，包括中国在内的127个国家和地区的代表在瑞典斯德哥尔摩签署了旨在减少和消除持久性有机污染物排放和释放的《关于持久性有机污染物的斯德哥尔摩公约》，首先对12种持久性有机污染物给以限制或禁止生产和使用，近年来列入名单的污染物种类在逐渐增加。

有毒有机污染物种类很多，非故意生产的以多环芳烃（PAHs）排放量最大，工业品主要有邻苯二甲酸酯（PAEs）和全氟化合物（PFASs）等。多环芳烃是指含有两个或两个以上的苯环以链状、角状或串状排列组成的稠环化合物。多环芳烃是广泛分布于环境中且危害很大的一类半挥发的非极性化合物，其中一些具有强烈的致癌、致突变性，在环境中能够长期存在，已被列为持久性有机污染物。多环芳烃主要来源于人类活动和能源利用过程，如石油、煤、木材等的燃烧以及石油、石化产品的生产过程，且不同过程中产生的多环芳烃类型有一定差异，这种来源和类型间的关系为多环芳烃的来源分析提供了重要依据。

PAEs是一类重要的有机化合物，过去一致被认为毒性低而在世界各地广泛使用，主要用作塑料的增塑剂（Yuan et al.，2002）。但20世纪80年代以来，国内外对PAEs污染环境、生物与食品的报道日渐增多，且研究结果表明，多种PAEs具有毒性，是环境激素类物质（胡晓宇等，2003；夏星辉等，2001；Kambia et al.，2001；Katherine et al.，2003），对人体具有潜在的危害，可导致内分泌紊乱、生殖机能失常等。因此，有关PAEs在环境中的存在水平成为国内外的研究热点。据报道，国外的海洋表层水和淡水中PAEs

含量为 0.10 ~ 300μg/L，河流沉积物中 PAEs 含量为 0.10×10^{-3} ~ 100μg/g（Sung et al.，2003）。

PFASs 是指烷烃链上的氢原子全部被氟原子取代而形成的有机物。氟原子有很强的电负性，使得 PFASs 具有极其优异的热力学稳定性，难以水解、光解、生物转化或降解。同时，碳氟键具有极性，使得 PFASs 不仅具有烷烃链的疏水性质，还具有疏油的性质。因此，PFASs 用作纺织品、防污剂、个人护理品、杀虫剂、灭火剂、乳化剂等的保护剂，在过去的几十年里被广泛使用（Zushi et al.，2012）。全球范围内的不同环境介质（包括两极地区的雪水中）及生物体内都发现存在 PFASs（Young et al.，2007）。很多文献已报道了自来水（Schwanz et al.，2016）、地下水（Loos et al.，2010）、地表水（Lorenzo et al.，2016；Sharma et al.，2016）、雪水和生物体（Yeung et al.，2009；Butt et al.，2010）中 PFASs 的浓度。许多研究发现，全氟辛酸（PFOA）和全氟辛烷磺酸（PFOS）是 PFASs 中的主要化合物，并被认为是其他 PFASs 的最终转化产物（Dinglasan et al.，2004；Parsons et al.，2008）。

很多研究表明 PFASs 能够在生物体内富集，并进一步通过食物链放大（Conder et al.，2008；Xia et al.，2013）。已有研究表明，PFASs 可能会对生物产生毒性作用。例如，PFOS 和 PFOA 对啮齿动物可能产生肝脏和生殖毒性（Lau et al.，2004）；PFOA 可能对老鼠产生毒性，并对老鼠有潜在的致癌性（Kennedy et al.，2004）。因此，PFASs 可能会通过食物链对野生生物甚至人类产生负面影响（Kannan et al.，2005）。PFOS 及其盐类于 2009 年被列入斯德哥尔摩公约的附件 B 中，其生产及使用受到限制。事实上，早在 2003 年，世界上最主要的 PFASs 生产商 3M 公司就已经自愿淘汰了基于全氟辛基磺酰氟（POSF）的生产，采用短链的全氟丁烷磺酸（PFBS）取代长链的 PFOS（Weppner，2000）。据报道，短链的 PFASs 比长链具有更强的持久性和长距离迁移性（Wang et al.，2015）。但目前关于这些短链替代品的研究还很少。PFASs 的性质和迁移转化特征与它们的链长密切相关（C_nF_{2n+1}）。一般认为全氟取代的碳原子数小于 7 的磺酸（PFSA）和羧酸（PFCA）为短链 PFASs（Ateia et al.，2019）。有些水体中的短链 PFASs 已达到了长链 PFASs 的水平。例如，Yao 等（2014）研究发现天津大沽沟水相中短链 PFASs（C_4 ~ C_6）与长链 PFASs（>C_6）浓度相近，全氟丁烷羧酸（PFBA）在短链中占主导地位。全氟戊酸钠（PFPnA）、全氟庚酸盐（PFHpA）和 PFOA 是西北太平洋主要的 PFASs，PFPnA 在白令海中占主导地位（Cai et al.，2012）。

多环芳烃、PAEs 和 PFASs 等有毒有机污染物进入河流水体后，会在水相、悬浮颗粒相和沉积相中进行分布，影响污染物的赋存形态和生物有效性，进而影响其对水生生物的毒性效应。黄河是世界上泥沙含量最高的河流，同时也是中国的第二大河流，本章主要以黄河中下游水体为例，研究上述三种典型有毒有机污染物在多泥沙河流中的含量水平及其在水相、悬浮颗粒相和沉积相间的分布规律，这不仅能为有毒有机污染物在多泥沙河流中多相间的分配研究提供理论依据，也能为有毒有机污染物的流域整体防治提供科学依据。

2.2　黄河中下游水体中多环芳烃的分布特征及来源

2.2.1　实验方法

2.2.1.1　样品的采集

采样站位如图 2-2-1 所示，干流上所设置的 6 个断面分别为：小浪底（坝下）、孟津大桥、焦巩桥、郑州花园口大桥、开封大桥、东明桥；支流断面及入黄排污口 6 个：洛阳石化排污渠、孟州一干渠、伊洛河、新蟒河、蟒沁河、天然文岩渠。其中水样采集站位 12 个，悬浮物 5 个，沉积物 12 个，干流断面视具体情况设置左、中、右采样点。于 2004 年 6 月 7～9 日对图 2-2-1 所示站位进行了样品采集。鉴于河水深度较浅，水样的采集深度为表层 0～20cm；悬浮物采用板框压滤机（0.65μm 玻璃纤维滤膜）进行大流量采样；沉积物使用抓斗式采样器采集表层沉积物，装于铝制容器。所有样品在 12h 之内运回实验室，于 4℃ 下冰箱中保存。

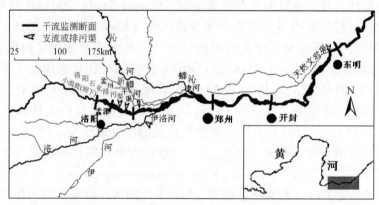

图 2-2-1　黄河中下游干支流采样断面分布

2.2.1.2　样品的前处理

水相：取 2L 压滤机过滤后水样，用 360mL 环己烷分 3 次萃取，旋转蒸发浓缩，层析净化，甲醇溶剂替换，氮吹定容至 1mL。颗粒样品采集后除去石块、枝叶等杂物，自然风干、研磨、过筛（20 目）；参照 ISO 13877—2000 方法对沉积物（20g）和悬浮物（5g）中 PAHs 进行重复提取。浓缩并用 4mL 环己烷替换溶剂，柱层析，甲醇溶剂替换，氮吹定容至 2mL。

层析柱净化：将 7g 活化（130℃）16h 后的硅胶（100～200 目）用二氯甲烷湿法装柱（10mm×300mm），上覆 1～2cm 无水硫酸钠，加 30mL 正己烷预淋洗；将以环己烷为溶剂的 PAHs 样品转入硅胶层析柱，加 20mL 正己烷淋洗柱，弃去淋洗液，然后用 25mL 二氯甲烷/正己烷混合液（体积比 2∶3）洗脱柱，并接取洗脱液。

2.2.1.3　样品检测

采用高效液相色谱仪（Waters 1525，Symmetry® C_{18} 5μm，4.6mm×150mm）和荧光检测器（Waters 474）以及外标法（$R>0.993$）对 15 种 PAHs（AccuStandard 公司）萘（Nap）、苊（Ace）、芴（Fle）、菲（Phe）、蒽（Ant）、荧蒽（Flu）、芘（Pyr）、苯并[a]蒽+䓛（B[a]A+Chr）、苯并[b]荧蒽（B[b]F）、苯并[k]荧蒽（B[k]F）、苯并[a]芘（B[a]P）、二苯并[ah]蒽（DBA）、苯并[ghi]苝（B[ghi]P）、茚并（1,2,3-cd）芘（Ind）进行定量分析。除挥发性较强的 Nap 和 Ace 回收率较低（61%、65%）外，水相其他 13 种 PAHs 回收率范围为 86%~117%；悬浮物和沉积物中挥发性较弱的 13 种 PAHs 回收率为 70.2%~111%。

2.2.2　水相中 PAHs 的分布

支流水相浓度分布如表 2-2-1 所示，孟州一干渠 PAHs 污染最为严重（2182ng/L），其中三环 PAHs 所占比例较大（58%），分别为临近上游干流断面 Fle 浓度的 23 倍，Phe 的 21 倍，Ant 的 12 倍。其次为洛阳石化排污渠，其中三环 PAHs 所占比例也很大（71%），主要组分为 Phe（380ng/L），同时在出水中有 Ace 检出，而 Nap 含量却很低。天然文岩渠中 PAHs 浓度也比较高，其中 Nap 含量高达 430ng/L。而伊洛河、新蟒河和蟒沁河 PAHs 浓度较低，除 Nap 外其他 PAHs 浓度略高于相应入黄干流处浓度。

尽管一些支流如孟州一干渠和洛阳石化排污渠等污染严重，干流水相 PAHs 浓度的整体水平并未因这些支流的汇入而增加，甚至在临近的下游焦巩桥处浓度大幅下降，归其原因主要是 PAHs 在不同介质间迁移的结果。干流 PAHs 含量范围为 179~369ng/L，各断面浓度沿程整体上呈降低趋势，检出种类也逐渐减少：其中小浪底（坝下）、孟津大桥 14 种，焦巩桥 11 种，郑州花园口大桥 9 种，开封大桥 10 种，东明桥 8 种。各种中、低环（2~4 环）PAHs 均有检出，且浓度波幅较小，其中 Nap 所占比例最高，主要是因为 Nap 在生产、生活中用量较大，而另一些 PAHs 在环境中呈较低水平。与国外一些河流相比，干流 PAHs 含量分别高于易北河（107~124ng/L，Σ_{16}PAHs）（Fernandes et al.，1997）、塞纳河（4.00~36.0ng/L，Σ_{11}PAHs）（Mitra et al.，2003）、密西西比河（5.60~69.0ng/L，Σ_{13}PAHs）（Götz et al.，1998），表明黄河中下游地区 PAHs 污染比较严重，应给予高度重视。

2.2.3　悬浮颗粒相中 PAHs 的分布

由于小浪底（坝下）和孟津大桥段水体悬浮物含量极少，故仅对焦巩桥以下 4 个干流断面和悬浮物含量较高的支流伊洛河进行了采样。结果如表 2-2-2 所示，干流各断面悬浮物中 PAHs 的浓度变化范围为 54.26~154.5μg/kg，其中以焦巩桥断面浓度为最高。与水相相比，各断面悬浮物中检出 PAHs 种类较多，且高环（5~6 环）组分比例较大（平均约

表2-2-1 黄河中下游干、支流水相PAHs浓度（ng/L）及流量（m³/s）

	站点	Nap	Fle	Phe	Ant	Flu	Pyr	B[a]A+Chr	B[b]F	B[k]F	B[a]P	DBA	B[ghi]P	Ind	总量	流量
干流	小浪底（坝下）	204±39	24.3±1.5	43.6±2.4	2.31±0.07	22.1±0.1	19.1±0.9	8.39±0.52	7.17±0.29	2.68±0.04	12.1±1.0	6.9±0.47	7.58±0.47	8.62±0.56	369	935
	孟津大桥	156±30	20.1±1.3	35.5±1.9	2.89±0.09	28.1±0.1	23.1±1.1	11.9±0.7	0.93±0.04	2.24±0.04	3.52±0.30	20.8±1.4	7.39±0.45	5.45±0.35	318	
	焦巩桥	130±26	15.5±2.3	17±0.6	1.37±0.17	12.3±0.1	21.2±2.0	4.86±0.6	4.75±0.45	0.89±0.35	1.97	—	—	—	209	
	郑州花园口大桥	105±15	12.5±0.6	21.3±5.2	1.86	13.0±2.5	21.4±2.3	4.27	—	—	2.98±0.09	—	—	—	182	963
	开封大桥	127±54	12.1±1.7	40.3±13	1.72±0.55	14.1±2.2	22.2±1.4	4.09±0.26	—	4.64	4.87±0.19	—	—	—	231	905
	东明桥	100±37	13.1±0.9	28.3±6.3	1.42±0.01	12.1±1.0	20±2.3	4.14±0.54	—	—	—	—	—	—	179	935
	洛阳石化排污渠	—	22.1±1.4	380±20	5.31±0.17	24.6±0.1	24.8±1.2	38.3±2.4	15.7±0.6	4.35±0.07	2.83±0.24	22.5±1.5	8.85±0.54	6.99±0.45	556	0.2
	孟州一干渠	375±73	466±29	757±41	35.9±1.1	119±1	137±6.6	60.8±3.7	25.6±1.0	14.7±0.2	9.89±0.84	64±4.3	27.7±1.7	90.2±5.9	2182	1.2
支流	伊洛河	91±41	17.6±3.8	48±9	1.38±0.18	48.3±17	31.4±4.2	7.89±1.8	2.83	1.7	2.84	—	—	—	253	32.2
	新蟒河	54±10.5	16±1.0	46.7±2.5	2.7±0.09	23.6±0.1	47.7±2.3	19.32±1.2	5.36±0.21	4.74±0.07	3.32±0.28	—	—	—	224	8.6
	蟒沁河	69±13.5	18.1±1.1	30.3±1.6	2.08±0.07	27.4±0.14	25.3±1.2	8.73±0.54	—	0.87	3.36±0.29	—	—	—	185	17.6
	天然文岩渠	430±84	22.9±1.4	49.4±2.7	1.75±0.06	16.3±0.1	22.2±1.1	6.86±0.42	6.51±0.26	1.06	1.87	—	—	—	559	2.6

表 2-2-2 黄河中下游干、支流悬浮颗粒物和沉积物中 PAHs 的浓度

（单位：μg/kg，干重）

悬浮颗粒相

站点	Fle	Phe	Ant	Flu	Pyr	BaA+Chr	B[b]F	B[k]F	B[a]P	DBA	B[ghi]P	Ind	总量
焦巩桥	6.38±0.92	44.7±1.5	2.64±0.01	27.3±0.63	15.4±0.8	11.5±0.34	5.45±0.45	3.26±0.12	12.2±1.8	12.3±0.6	6.79±0.19	6.62±0.91	154.5
郑州花园口大桥	4.7±0.68	13.7±0.46	—	8.76±0.20	7.04±0.38	3.4±0.1	—	1.84±0.07	1.89±0.28	5.61±0.29	—	7.38±1.01	54.26
开封大桥	2.77±0.40	16.0±0.5	2.03±0.01	12.8±0.3	9.34±0.50	5.93±0.18	0.4	2.77±0.11	3.68±0.55	—	—	—	55.72
东明桥	3.29±0.47	16.4±0.5	1.57±0.01	9.32±0.21	7.91±0.42	4.89±0.14	1.87±0.15	1.6±0.06	2.01±0.30	10.3±0.5	7.63±0.22	5.96±0.82	72.68
伊洛河（支流）	—	186.7±6	—	229±5	114±6	74.5±2.2	—	23.5±0.9	31.0±4.6	—	—	—	657.9

沉积相

站点	Fle	Phe	Ant	Flu	Pyr	BaA+Chr	B[b]F	B[k]F	B[a]P	Dib	B[ghi]P	Ind	总量
小浪底（坝下）	4.51±0.64	23.1±0.77	3.75±0.01	34.1±0.78	17.1±0.9	9.98±0.29	11.3±0.9	0.08±0.003	5.6±0.84	6.79±0.35	7.54±0.22	9.1±1.25	133
孟津大桥	1.27±0.18	8.44±0.28	—	4.4±0.10	2.72±0.15	1.84±0.05	1.08±0.09	0.97±0.04	0.8±0.12	3.87±0.20	3.08±0.09	2.5±0.34	31
焦巩桥	3.13	11.1±0.37	0.66±0.002	4.81±0.11	2.42±0.13	1.31±0.04	0.89±0.07	0.63±0.02	1.19±0.18	2.9±0.15	—	1.73±0.24	30.8
郑州花园口大桥	12.5±7.7	40.6±25.2	16.5	4.27±0.12	2.08±0.30	1.25±0.31	0.7±0.13	0.4±0.12	0.55±0.04	—	—	—	78.9
开封大桥	18±7.1	48±14	11.6±2.3	4.93±0.09	3.09±0.56	1.45±0.02	1.32±0.15	0.7±0.08	1.09±0.18	8.41±6.5	2.48	1.6	103
东明桥	17.9±6.3	60.6±3.8	15.3±0.3	4.3±0.01	2.59±0.79	1.71±0.75	0.8±0.03	0.63±0.15	1.19±0.15	5.75±1.66	3.16	2.95	117
洛阳石化排污渠	3.44±1.1	15.2±8.9	2.37±0.69	3.45±0.33	2.82±0.75	2.03±0.50	1.68±0.05	1.07±0.17	1.31±0.84	5.81±3.07	2.48±0.04	2.06±0.53	43.7
孟州一干渠	15.3±2.2	114±3.8	13.9±0.04	62.1±1.4	81.8±4.4	124±3	191±16	43.1±1.6	33.4±5.0	53.1±2.8	41.4±1.2	130±18	903
伊洛河	4.29±0.62	3.08±0.10	0.5	2.82±0.07	3.36±0.18	1.05±0.03	1.15±0.09	0.3	0.43	—	—	—	17
新蟒河	20±2.9	53.6±1.8	14±0.04	25.1±0.6	11.3±0.6	4.15±0.12	2.31±0.19	2.69±0.10	2.05±0.31	20.4±1.1	2.49±0.07	3.75±0.52	162
蟒沁河	19.5±2.8	107±3.6	8.26±0.02	35.2±0.8	34.2±1.8	25.5±0.8	34.9±2.9	15.3±0.6	14.5±2.2	67.1±3.4	16.5±0.5	23.6±3.2	401
天然文岩渠	1.48	3.45±12	0.4±0.001	3.49±0.08	1.87±0.10	1.41±0.04	0.75±0.06	0.72±0.03	1.13±0.17	1.89	2.25	1.67	20.5

32%），这主要是由于高环 PAHs 的沉积物-水分配系数（K_{oc}）大，易吸附于含有机质的颗粒相中。对总有机碳（TOC）含量与各环 PAHs（图 2-2-2）进行相关分析，得出其与 3 环、4 环、5 环和 6 环 PAHs 的相关系数分别为 0.82、0.75、0.94 和 0.92，表明悬浮物中各环 PAHs 与其 TOC 含量呈一定正相关关系，且环数越高（5 环、6 环）相关性越显著。与干流相比，伊洛河悬浮物中各种 PAHs 含量都很高，主要是由于伊洛河悬浮物中沙质颗粒组分较少，而以悬浮藻类物质为主，因此对 PAHs 具有较强富集能力。

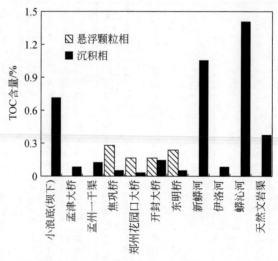

图 2-2-2　黄河中下游干支流沉积物及悬浮颗粒物中 TOC 含量

2.2.4　沉积相中 PAHs 的分布

如表 2-2-2 所示，6 条支流中，孟州一干渠污染最严重（903μg/kg），高出干流近一个数量级，虽然其水相中以 3 环 PAHs 为主，但沉积相 4、5、6 环 PAHs 的含量均大于 3 环 PAHs（16%，Σ_{13}PAHs），这是由于 3 环 PAHs 具有相对较低的 K_{oc}。支流沉积物的成分分析表明其 TOC 含量有较大变化（图 2-2-2），其中蟒沁河和新蟒河水流较缓，沉积物中有机质含量相对干流较高，对 PAHs 有很强的富集能力，因此其 PAHs 含量远高于干流沉积相浓度；天然文岩渠水相 PAHs 浓度（除 Nap 外）均较低，且 TOC 含量并不高，故而沉积相中 PAHs 含量也比较小（20.5μg/kg）；伊洛河水流速度较大，悬浮物不易沉积，底质以较粗沙质颗粒为主，有机质含量很少（图 2-2-2），因此沉积物对 PAHs 的吸附较弱（17μg/kg），其高环 PAHs（5、6 环）中仅有三种检出。

干流各断面沉积相中 PAHs 含量变化较大（30.0~133μg/kg），其中以小浪底（坝下）浓度最高，其次为东明桥（117μg/kg）、开封大桥（103μg/kg）、郑州花园口大桥（78.9μg/kg），而最低浓度则出现在小浪底下游的孟津大桥和孟州河段，其中 3 环 PAHs 含量相对于其他断面均较低。与我国其他河流沉积物中 PAHs 的污染水平相比，黄河干流沉积相 13 种 PAHs 含量与辽河污染水平相近（24.0~176μg/kg）（许士奋等，2000），低于北京通惠河（均值 449μg/kg）（Zhang et al.，2004）、南京长江（104~435μg/kg）（许士奋等，2000）和台湾高平河（均值 139μg/kg）（Doong et al.，2004），且远低于天津海河（均值 56 600μg/kg）（Shi et al.，2005）及广州珠江（1291~9871μg/kg）（麦碧娴等，2000）。

干流不同断面沉积物 TOC 含量（图 2-2-2）有较大差异。对各环 PAHs 与沉积物 TOC 含量间进行相关分析，对于 4 环、5 环和 6 环 PAHs，其相关系数分别为 0.99、0.87 和 0.95，表明沉积物中 4 环、5 环、6 环 PAHs 与 TOC 含量间存在一定正相关关系。进一步对沉积物各粒径组分含量与 TOC 含量进行相关分析的结果表明，TOC 含量与粒径为 0.005~0.01mm 颗粒含量间存在显著正相关，其相关系数为 0.98，因此该部分颗粒对 4 环、5 环、6 环 PAHs 表现出较强的吸附作用，二者间相关系数分别为 0.97、0.89、0.97。典型断面如小浪底（坝下）沉积物中 PAHs 含量最高，颗粒物分析表明 0.005~0.01mm 粒径部分含量、TOC 含量（图 2-2-2）远高于下游各干流断面，对 PAHs 有较强富集能力。此外，与悬浮颗粒物相比，由于相应断面沉积物中 TOC 含量相对较低（图 2-2-2），因此其对具有较高 K_{oc} 的 4 环、5 环、6 环 PAHs 的富集也相对较少。分析还发现，沉积相中 3 环 PAHs 与 TOC 含量间无明显相关，这主要是由于焦巩桥附近汇入的孟州一干渠中含有高浓度的 3 环 PAHs（Fle、Phe、Ant），其长期影响导致焦巩桥以下河段沉积相中 3 环 PAHs 浓度有了较大增加。因此，孟州一干渠这一污染源的影响导致小浪底（坝下）-焦巩桥-东明桥段沉积相中 3 环 PAHs 与 TOC 含量间无明显相关。

干流河段，由小浪底（坝下）至焦巩桥，水相各环 PAHs 浓度大幅度降低，水体悬浮颗粒物含量显著增大，而且悬浮颗粒物中有较高 PAHs 浓度检出，表明在该河段 PAHs 主要从水相向悬浮颗粒相迁移。由焦巩桥至郑州花园口大桥，沉积相各环 PAHs 浓度均有一定程度增加，而悬浮颗粒物中 PAHs 浓度却大幅降低，这主要是由于在该河段发生悬浮颗粒物的沉降作用和沉积物的再悬浮作用，悬浮颗粒物与沉积物间的不断交换在一定程度上对悬浮颗粒物中 PAHs 起到稀释作用。郑州花园口大桥至东明桥区间，整个水沙条件比较稳定，无大支流汇入，表现出 PAHs 在各相间的变化不大。因此，黄河特殊的产沙、输沙性质，导致 PAHs 在黄河中的迁移具有一定特殊性。泥沙的高含量在一定程度上缓解了水相 PAHs 的污染。

2.2.5 沉积相中 PAHs 的来源分析

对于水体中 PAHs 来源的分析，国内外一些研究者根据不同来源 PAHs 组成差异上的规律，得出的一些指标对 PAHs 的来源进行分析（Fernandes et al.，1997；Mai et al.，2003），这里采用相同分子量的 Ant 和 Phe 及 Flu 和 Pyr 两组指标来辨别并确证 PAHs 的来源（Yunker et al.，2002）。对于分子量均为 178 的 Ant 和 Phe，浓度比值 Ant/（Ant+Phe）<0.1 被看作是石油源的重要标志，而 Ant/（Ant+Phe）>0.1 则是燃烧源为主的象征。对于分子量均为 202 的 Flu 和 Pyr，浓度比值 Flu/（Flu+Pyr）>0.5 被认为是草、木、煤等燃烧源的标志，0.5>Flu/（Flu+Pyr）>0.4 则被认为主要来源于石油类物质的燃烧，当浓度比值小于

0.4 时则认为是石油源。

据此对黄河干流、支流沉积物中 PAHs 进行分析（图 2-2-3），结果显示干流 Ant/（Ant+Phe）比值基本都大于 0.1，均值为 0.22，表明黄河 PAHs 主要来源于燃烧源。Flu/（Flu+Pyr）比值均大于 0.5，均值为 0.65，进一步证明黄河干流 PAHs 主要来源于草、木、煤等的燃烧。这种来源构成一方面是由于黄河中上游地区是世界主要煤炭蕴藏区，该区能源结构以煤为主；另一方面，限于黄河水量短缺的现状，目前已失去了通航的水体功能，故石油排放源所占比例很小。各支流中洛阳石化排污渠和伊洛河沉积物中两项比值均较低，其中前者作为石化公司，与其企业的性质有必然联系，而伊洛河流域在该地区工业相对较发达，能源结构中石油使用量较高，故其 PAHs 很大部分来源于石油类物质的燃烧。而对新蟒河和天然文岩渠沉积物两项指标的分析结果显示，该流域的 PAHs 以煤炭等的燃烧为主要来源。蟒沁河 Flu/（Flu+Pyr）大于 0.5，而 Ant/（Ant+Phe）小于 0.1，表明该地区石油源也占有相当比例。

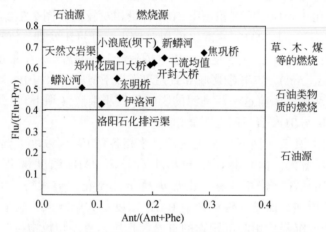

图 2-2-3　黄河中下游干流、支流沉积物中 PAHs 的来源

2.3　黄河中下游水体中邻苯二甲酸酯的分布特征

2.3.1　实验方法

2.3.1.1　样品的采集和预处理

采样点位、采样时间和采样方法与 2.2 节相同，主要分析邻苯二甲酸二甲酯（DMP）、邻苯二甲酸二乙酯（DEP）、邻苯二甲酸二丁酯（DBP）、邻苯二甲酸二辛酯（DOP）、邻苯二甲酸双（2-乙基己基）酯（DEHP）这 5 种被美国和我国列为优先控制污染物的 PAEs 在黄河中下游水体中的分布特征。

水相：河水水样采用现场萃取的方法，用二硫化碳萃取 3 次，收集有机相于棕色玻璃瓶中，运回实验室后将 PAEs 的有机萃取相过层析柱，经旋转蒸发浓缩至 2mL，进行 GC-FID 检测分析。

悬浮颗粒相和沉积相：颗粒物样品采集后除去其中的石块、植物枝叶等杂物，经自然风干、研磨、过 20 目筛。分别称取 20.0g 沉积物样品和 5.00g 悬浮颗粒物样品于 500mL 三角瓶中，加入 80mL 二硫化碳，振荡萃取约 30min（200r/min），萃取 3 次，收集有机相，旋转蒸发浓缩至 2mL，过层析柱净化。

层析柱净化：用 20mL 正己烷预淋洗层析柱，弃去淋洗液，继而转移 2mL 已浓缩待净化的试液至柱上，用 40mL 正己烷以 2mL/min 的速度洗脱，并弃掉洗脱液。再用 80mL 的正己烷-乙醚混合溶液（体积比为 70∶30）同样以 2mL/min 的速度洗脱，收集流出液于浓缩瓶中。旋转蒸发浓缩至 2mL，进行 GC-FID 检测。

2.3.1.2 样品的检测

采用 VARA 气相色谱仪（美国 Varian 公司）进行分析，色谱柱为 DB-5 弹性石英毛细管色谱柱（30m×0.32mm×0.11μm）；载气为高纯氮气；初始压力 100kPa，载气流速 1.0mL/min，最终压力 245kPa；分流进样，0~0.01min 分流比 20，0.01~2.00min 无分流，2.00min 后分流比 20；进样体积为 0.4μL。升温程序：初始温度 30℃（保持 2min），以 20℃/min 升至 200℃，再以 5.0℃/min 升至 300℃，保持 5min，总运行时间为 31.5min。进样口温度 280℃，检测器温度 280℃。PAEs 标准曲线的相关系数均达到 0.99 以上；水相 PAEs 的加标回收率为 85.3%~106%，悬浮颗粒相 PAEs 的加标回收率为 80.9%~99.4%。

2.3.2 水相中 PAEs 的浓度分布

PAEs 在支流水相中的浓度范围约为 15.80~49.53μg/L（表 2-3-1）。其中，PAEs 在洛阳石化排污渠、蟒沁河中的浓度相对较高，约为孟州一干渠、新蟒河和天然文岩渠的 2 倍多。对于干流，在小浪底（坝下）–东明桥之间，PAEs 的浓度范围为 3.99~45.45μg/L（表 2-3-1）。由上游至下游呈现先降低再上升的趋势。PAEs 的浓度由小浪底（坝下）的 45.45μg/L 降到孟津大桥的 5.66μg/L，浓度降低 1 个数量级，这可能是由悬浮颗粒物的吸附作用或 PAEs 的降解作用所导致。由焦巩桥至郑州花园口大桥，PAEs 总量增加 3 倍多，主要是由于支流河水的汇入。在此区间汇入的 3 条支流分别是伊洛河、新蟒河和蟒沁河，其水相 PAEs 的污染物浓度分别为 17.48μg/L、15.80μg/L、49.53μg/L，远远高于焦巩桥处 PAEs 浓度。在开封大桥至东明桥段虽然有支流天然文岩渠汇入，但总浓度由于水体自净能力而稍有下降。

干流与支流中 5 种 PAEs 的浓度大小顺序总体表现为：DEHP>DBP>DOP>DEP、DMP。另外，根据国家地表水环境质量标准（GB 3838—2002）的相关规定，除孟津大桥和焦巩桥处的 DEHP 未超标外，干流其他断面和所有支流均已超标，表明黄河中下游水相中 PAEs 含量偏高。

表 2-3-1　黄河干流、支流水相 PAEs 浓度分布

采样点		DMP/ (×10⁻⁴ mg/L)	DEP/ (×10⁻⁴ mg/L)	DBP/ (×10⁻³ mg/L)	DEHP/ (×10⁻³ mg/L)	DOP/ (×10⁻⁵ mg/L)	总量/ (μg/L)
干流	小浪底(坝下)	n. d.	1.61±0.05	21.0±0.07	24.0±0.07	29.1±0.06	45.45±0.14
	孟津大桥	2.47±0.18	1.58±0.05	4.28±0.09	0.347±0.01	63.0±1.16	5.66±0.12
	焦巩桥	2.51±0.22	4.25±1.11	n. d.	3.24±0.72	7.68±0.54	3.99±0.86
	郑州花园 口大桥	1.01±0.01	3.09±0.65		15.0±1.16	68.2±4.80	16.09±1.23
	开封大桥	2.51±0.38	4.42±0.52		16.0±3.52	78.9±1.09	17.48±3.61
	东明桥	1.68±0.37	3.84±0.41		14.0±0.26	4.88±0.83	14.60±0.35
支流	洛阳石化 排污渠	n. d.	10.93±0.32	21.0±0.47	20.3±0.42	139.3±2.58	43.79±0.92
	孟州一干渠	5.71±0.41	0.115±0.003	13.0±0.29	3.912±0.08	n. d.	17.49±0.41
	伊洛河	2.64±0.62	2.34±0.51	15.0±1.42	31.8±2.28	709.5±4.19	17.48±3.82
	新蟒河	n. d.	2.92±0.09	9.24±0.21	5.86±0.25	45.1±0.83	15.80±0.48
	蟒沁河	n. d.	3.43±0.10	26.0±0.58	23.0±0.48	18.3±0.33	49.53±1.07
	天然文岩渠	5.81±0.42	1.92±0.05	n. d.	17.48±0.36	215.8±3.99	20.41±0.41

注：n. d. 表示未检出。

2.3.3　悬浮颗粒相中 PAEs 的浓度分布

如表 2-3-2 所示，在干流焦巩桥至东明桥区间，悬浮颗粒相的 PAEs 总量水平沿程呈上升趋势，浓度由焦巩桥 40.56mg/kg 增至东明桥 94.22mg/kg。支流伊洛河 PAEs 的含量远远高于干流的浓度。将干流悬浮颗粒物的粒径组成（表 2-3-3）、TOC 含量与 PAEs 浓度分布进行相关分析，结果表明两者均与 PAEs 浓度分布无显著相关性。将悬浮颗粒相与水相中 PAEs 的浓度相比得到悬浮颗粒相/水相分配系数 K 值，发现分配系数 K 值与 TOC 含量无明显相关性。

在五种所研究的 PAEs 中，DEHP 是一种广泛运用的增塑剂，而且监测结果表明其浓度值较高。因而，仅以 DEHP 为例研究其在水相和悬浮颗粒相上的分配状况。由实验数据计算得到干流中 DEHP 的 K_{oc} 值如下：焦巩桥（$6.0×10^5$ L/kg），郑州花园口大桥（$1.5×10^6$ L/kg），开封大桥（$1.3×10^6$ L/kg），东明桥（$1.4×10^6$ L/kg）。将计算值与 DEHP 的 K_{oc} 理论值比较（胡晓宇等，2003），结果表明计算值比理论值低三个数量级，从而推断 PAEs 在水相和悬浮颗粒相并未达到分配平衡，悬浮颗粒相的 PAEs 含量并不仅仅取决于悬浮颗粒相的 TOC 含量，从而导致 PAEs 含量与悬浮颗粒相的 TOC 值无明显的相关性。

表 2-3-2　悬浮颗粒相 PAEs 浓度分布

采样点	DMP /(×10⁻¹ mg/kg)	DEP /(×10⁻² mg/kg)	DBP /(mg/kg)	DEHP /(mg/kg)	DOP /(mg/kg)	总量 /(mg/kg)
焦巩桥	n. d.	8.90±0.053	35.07±1.35	5.40±0.016	n. d.	40.56±1.37
郑州花园口大桥	5.64±0.14	0.16±0.0009	17.55±0.67	38.95±0.116	n. d.	57.06±0.80
开封大桥	5.76±0.146	n. d.	32.31±1.24	34.49±0.103	n. d.	67.38±1.36
东明桥	4.85±0.123	13.10±0.078	46.60±1.79	47.00±0.141	n. d.	94.22±1.94
伊洛河	30.12±0.768	2.00±0.012	57.80±2.22	630.40±1.89		691.23±4.19

注：n. d. 表示未检出。

表 2-3-3　干流悬浮颗粒物的粒径组成

采样点	不同粒径所占百分数/%						
	TOC 含量/%	>0.25mm	0.25~0.05mm	0.05~0.01mm	0.01~0.005mm	0.005~0.001mm	<0.001mm
焦巩桥	0.28	0.01	31.9	34.6	2.16	7.56	23.8
郑州花园口大桥	0.17	0.02	13.0	50.0	6.00	9.00	22.0
开封大桥	0.17	0.02	13.0	51.0	7.00	6.00	23.0
东明桥	0.24	0.02	13.0	54.0	6.00	4.00	23.0

2.3.4　沉积相中 PAEs 的浓度分布

对于支流，由表 2-3-4 可见，洛阳石化排污渠出水 PAEs 检测值较高，原因可能是用作生产原料的 PAEs 在废水中的含量高，而该支流水量比较小，只有 0.20m³/s。在伊洛河、新蟒河、蟒沁河 3 条支流中，PAEs 浓度依次降低。干流 PAEs 浓度总量沿程分布没有明显的上升或下降趋势（表 2-3-4），PAEs 浓度最高处是孟津大桥，达到 85.16mg/kg，最低处小浪底（坝下）为 30.52mg/kg。不同种类污染物贡献表现为 DEHP 和 DBP 所占比例相对较大，干流 6 个采样点中，DEHP 的含量占总 PAEs 的 48.1%。

小浪底（坝下）到孟津大桥相距 26km，PAEs 的浓度在水相中明显降低，而在沉积相中明显增加，说明在此区间水相中 PAEs 由于吸附作用而进入沉积相。焦巩桥比孟津大桥污染水平相对低一些，虽然中途有 3 个支流汇入，但沉积物中 PAEs 浓度总体水平呈下降趋势。焦巩桥的沉积物颗粒相对较粗，其中 0.05mm 以上的颗粒占 67%，有机质含量只有 0.04% 左右，因而吸附的 PAEs 少一些。郑州花园口大桥处沉积物大部分是粒径比较细的中等颗粒，PAEs 的总浓度为 45.70mg/kg，相对焦巩桥处有所降低，而该处水相中 PAEs 浓度有所增加，可能是由于 PAEs 在水相、沉积相和悬浮颗粒相中的分配并未达到平衡。郑州花园口大桥至开封大桥段相距 105km，沉积物中的 PAEs 浓度略有降低，相应水相中 PAEs 的浓度却稍有提高，此区间没有支流汇入，虽然沉积物 TOC 含量增加到 0.14%，而且颗粒也比较细，但可能因为没有直接污染源，因而沉积相中的 PAEs 污染值并未升高。下游的东明桥处，由于天然文岩渠的汇入，污染值达到 64.00mg/kg。由此可见，干流沉积相中浓度分布主要受 2 个因素影响：沿程支流的汇入和各处沉积物颗粒的理化性质。

表 2-3-4 黄河干流、支流沉积相 PAEs 浓度分布

	采样点	DMP /(×10⁻¹mg/kg)	DEP /(×10⁻³mg/kg)	DBP /(mg/kg)	DEHP /(mg/kg)	DOP /(mg/kg)	总量 /(mg/kg)
干流	小浪底（坝下）	1.86±0.05	6.50±0.04	21.04±0.81	9.29±0.02	n.d.	30.52±0.83
	孟津大桥	3.85±0.09	1.60±0.009	34.08±1.31	50.69±0.15	n.d.	85.16±1.47
	焦巩桥	4.16±0.11	6.60±0.039	29.36±1.13	19.98±0.059	n.d.	60.44±5.93
	郑州花园口大桥	1.43±0.085	4.46±0.66	29.12±3.47	31.18±2.45	n.d.	45.70±7.01
	开封大桥	3.04±0.38	6.48±0.17	25.82±3.30	19.57±3.67	n.d.	38.50±7.93
	东明桥	2.42±0.11	7.70±0.42	18.12±3.65	20.14±4.27	n.d.	64.00±4.85
支流	洛阳石化排污渠	1.40±0.18	2.00±0.08	30.42±1.24	33.40±3.39	n.d.	331.7±3.58
	孟州一干渠	10.37±0.26	11.20±0.06	72.15±2.78	258.5±0.77	n.d.	50.22±1.01
	伊洛河	n.d.	1.25±0.007	30.10±1.15	54.24±0.16	n.d.	84.34±1.31
	新蟒河	n.d.	0.50±0.003	31.91±1.23	5.35±0.015	n.d.	37.26±1.24
	蟒沁河	0.31±0.007	11.00±0.061	19.80±0.76	11.95±0.035	n.d.	31.79±0.79
	天然文岩渠	4.28±0.109	9.00±0.054	3.63±0.139	34.53±0.103	n.d.	38.59±0.25

注：n.d. 表示未检出。

2.4 黄河中下游水体中典型全氟化合物的分布特征

2.4.1 实验方法

2.4.1.1 采样方法和样品的预处理

沿着黄河中下游对 20 个采样点进行了采样，其中 14 个采样点位于干流上，其他 6 个点位于支流上（图 2-4-1）。采样点的选择主要依据黄河已有的监测站点，并考虑大型水利枢纽和较大的支流。采样时间为 2013 年 8 月 31 日至 9 月 26 日，此时正值黄河的丰水期。采集水样和表层沉积物（0~10cm）样品，同时现场进行相关水质参数分析，结果如表 2-4-1。

其中水样使用玻璃纤维滤膜（GF/F，Whatman®，0.7μm）在现场进行过滤以分离水相和悬浮颗粒相（SPM）。水相在现场选用 Oasis WAX（Waters®，6mL，150mg）固相萃取柱进行提取，根据文献中报道的方法（Taniyasu et al., 2005），依次使用 4mL 含

有 0.1% 氨水的甲醇、4mL 40%（体积比）的甲醇水溶液进行活化，最后用纯水充满固相萃取柱待用。上样前，在 500mL 滤过的水样中加入少量回收率指示剂（全氟辛烷羧酸的碳同位素标记物 MPFOA，10ng），水样以每秒 1~2 滴的速度流过固相萃取柱。每个采样点设置两个平行样，将萃取完的柱子用锡箔纸包好后带回实验室，用冷冻干燥机干燥，依次使用 4mL 甲醇、4mL 含有 0.1% 氨水的甲醇进行洗脱。洗脱液用氮吹干，再用 80%（体积比）的甲醇水溶液定容至 1mL，待分析。

沉积物和悬浮颗粒物采用离子对液液萃取的方法测定（Hansen et al.，2001）。每个采样点采集的沉积物样品先充分混匀，冷冻干燥后过 100 目尼龙筛去除杂质。称取约 5g 沉积物放入 50mL 塑料离心管中，加入 3mL 超纯水，使沉积物充分湿润，加入 20μL 0.5mg/L（10ng）的 MPFOA 和全氟辛烷磺酸的碳同位素标记物（MPFOS）作为回收率指示剂。再依次加入 1mL 0.5mol/L 四丁基硫酸氢铵（TBAHS）溶液（用氨水调节 pH=10.0）、2mL 0.25mol/L Na$_2$CO$_3$、5mL 甲基叔丁基醚（MTBE）。剧烈振荡 20min，超声 10min，在 4000r/min 转速下离心 10min 以分离有机层。将上层有机溶液取出放入 15mL 塑料离心管。向沉积物中再次加入 5mL MTBE，重复上述操作，将上层有机层溶液与第一次的混合，氮吹干，再用 80%（体积比）的甲醇水溶液定容至 1mL，待分析。对于悬浮颗粒物的萃取方法稍有不同，仅称取约 1g 的样品进行萃取，加入 2mL 水润湿。由于某些采样点的悬浮颗粒物浓度很低，没有收集到足够分析测试的悬浮颗粒物，只对 10 个采样点的悬浮颗粒物进行了分析，其中 5 个有平行样。

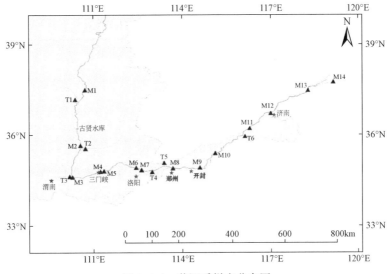

图 2-4-1　黄河采样点分布图

表 2-4-1　采样点的位置信息及物理化学参数

采样点		pH	温度/℃	ORP/MV	电导率/(μS/cm)
陕西，吴堡	M1	8.18±0.01	22.9±0.95	150±11.6	9.66±0.11
陕西，龙门	M2	8.01±0.12	22.7±0.30	161±7.51	923±6.03

续表

采样点		pH	温度/℃	ORP/MV	电导率/（μS/cm）
陕西，潼关	M3	7.63±0.04	23.0±0.28	188±9.81	942±5.77
陕西，三门峡	M4	7.89±0.00	24.2±0.00	185±3.06	957±8.62
河南，三门峡	M5	7.93±0.04	23.8±0.10	193±8.72	973±12.1
河南，小浪底	M6	n.a.	n.a.	n.a.	n.a.
河南，孟津	M7	n.a.	n.a.	n.a.	n.a.
河南，花园口	M8	10.4±0.06	25.3±0.00	204±17.0	965±29.4
河南，开封	M9	10.7±0.06	28.2±0.12	162±1.15	973±6.11
山东，高村	M10	n.a.	n.a.	n.a.	n.a.
山东，艾山	M11	10.9±0.05	27.5±0.21	168±1.53	972±5.13
山东，泺口	M12	10.2±0.09	24.6±0.67	183±1.73	988±13.1
山东，利津	M13	n.a.	n.a.	n.a.	n.a.
山东，垦利	M14	10.2±0.06	27.0±0.00	185±3.61	974±2.08
陕西，无定河	T1	8.19±0.01	14.7±0.59	199±6.01	951±5.90
陕西，汾河	T2	7.58±0.01	24.9±0.12	191±3.61	1320±14.7
陕西，渭河	T3	7.70±0.03	24.5±0.28	193±0.58	906±1.53
河南，伊洛河	T4	8.09±0.02	24.6±0.31	175±5.13	909±9.50
河南，沁河	T5	9.90±0.02	26.3±0.38	175±10.2	816±5.51
上东，东平湖	T6	9.94±0.02	28.7±0.61	212±4.73	736±0.58

注：M 和 T 分别代表干流和支流。ORP 表示氧化还原电位；n.a. 表示未检测。

2.4.1.2　样品的检测

分析的 PFASs 包括：短链 PFASs 有 $C_4 \sim C_7$ 的全氟羧酸（perfluorinated carboxylates，PFCAs）、全氟丁烷磺酸（perfluorobutylsulfonate，PFBS）；长链 PFASs 有 $C_8 \sim C_{12}$ 的全氟羧酸、全氟辛烷磺酸（perfluorooctansulfonate，PFOS）。采用液相色谱–质谱联用技术进行 PFASs 的分析。液相色谱的型号为 Ultimate 3000（Dionex，USA），其参数如下：色谱柱为 Dionex Acclaim 120 C_{18} 型色谱柱（4.6mm×150mm），流动相为纯甲醇和 5mmol/L 乙酸铵溶液，流动相的洗脱方式为二元梯度淋洗，流速为 1mL/min，进样量为 10μL，进样后 1 ~ 4min 内，有机相甲醇的比例由 70% 上升到 95%，在 4 ~ 7min 内保持 95% 不变，之后在 0.1min 内快速恢复到 70%。每个样品检测总耗时为 12min。质谱仪型号为 API 3200（AB Sciex，USA），采用电喷雾离子源（ESI），分析物在负离子模式下以多反应监测（MRM）方式进行定量，多种物质同时检测，使用仪器自带的软件 Analyst 1.4.2 进行数据分析。根据标准曲线计算出未知样的 PFASs 浓度，并根据稀释比例计算出样品中 PFASs 的浓度。其中标准曲线的相关系数在 0.99 以上，仪器对不同 PFASs 的检出限为 0.02 ~ 0.6μg/L。

2.4.2 水相中 PFASs 的浓度及组成

如图 2-4-2 所示，溶解态 PFASs 的总浓度在干流上为 44.7～263ng/L，在支流上为 79.9～1526ng/L。峰值出现在 T2 采样点（汾河），其中 PFUdA 和 PFDoA 占 PFASs 总浓度的 81% 以上（图2-4-3）。总体来看，支流 PFASs 含量水平高于干流（T2>M2、T4>M7、T5>M8、T6>M11），除了 T3 比 M3 低（可能是由于 T2 对下游 M3 的影响，该段干流比支流高）。另外，大坝下游水体中 PFASs 的含量水平比上游的高（如 M2>T1&M1，M5>M4），这可能是由于大坝下沉积物的再悬浮作用导致 PFASs 的释放。水相中所有 11 种 PFASs 都具有很高的检出率（表 2-4-2），只有 PFBS（85%）、PFPnA（90%）、PFHpA（95%）、PFUdA（90%）在少量采样点未检出，其他 7 种 PFASs 在所有 20 个采样点的水相中均有检出，表明多种 PFASs 已被广泛使用。统计分析的结果表明长链 PFASs（含有 7 个及以上全氟碳原子）的浓度变化与 PFOS 呈显著正相关（$p<0.01$，除一个 $p<0.05$）。短链 PFASs（PFBA、PFHxA、PFHpA）的浓度之间亦呈显著正相关（$p<0.01$）。这种现象表明长链 PFASs 和短链 PFASs 可能具有不同的来源。

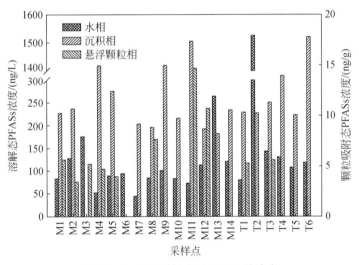

图 2-4-2 不同采样点的 PFASs 总浓度

表 2-4-2 水体中 PFASs 的浓度范围、中值和检出率

目标物	水相（$N=20$）/（ng/L）			悬浮颗粒相（$N=10$）/（ng/g）			沉积相（$N=18$）/（ng/g）		
	检出率	范围	中值	检出率	范围	中值	检出率	范围	中值
PFBS	85%	n. d. ～6.67	1.91	100%	0.11～0.35	0.14	88.9%	n. d. ～0.44	0.90
PFOS	100%	2.65～41.0	7.09	100%	0.05～0.62	0.19	100%	0.19～0.71	0.33
PFBA	100%	6.35～53.5	17.1	20%	n. d. ～0.53	0.32	100%	0.05～0.34	0.09
PFPnA	90%	n. d. ～63.9	26.7	0	—	—	100%	0.23～2.18	0.63

续表

目标物	水相 (N=20) /(ng/L)			悬浮颗粒相 (N=10) /(ng/g)			沉积相 (N=18) /(ng/g)		
	检出率	范围	中值	检出率	范围	中值	检出率	范围	中值
PFHxA	100%	8.04 ~ 47.3	21.8	0	—	—	100%	0.01 ~ 0.19	0.05
PFHpA	95%	n. d. ~ 3.78	1.09	100%	MDL ~ 0.21	0.09	100%	0.04 ~ 0.74	0.25
PFOA	100%	2.01 ~ 41.8	9.11	100%	1.58 ~ 6.31	2.16	100%	3.23 ~ 7.80	4.66
PFNA	100%	0.79 ~ 24.5	2.47	100%	MDL ~ 0.91	0.38	100%	0.96 ~ 2.83	1.32
PFDA	100%	0.17 ~ 101	1.99	100%	0.67 ~ 1.42	0.73	100%	1.33 ~ 2.39	1.52
PFUdA	90%	n. d. ~ 526	1.38	100%	0.7 ~ 3.19	0.98	100%	0.90 ~ 2.06	1.13
PFDoA	100%	0.15 ~ 725	3.12	100%	0.50 ~ 1.60	0.61	100%	0.59 ~ 1.57	0.76

注: n. d. 表示未检出, MDL 表示低于方法检出限。

如图 2-4-3 所示, 不同采样点的 PFASs 组成具有很大差异, 与已有研究结果不同 (Clara et al., 2009; Joyce et al., 2014), 浓度所占比例最大的并不是 PFOA (<24%), 而是短链的 PFASs, 如 PFBA (1%~45%)、PFPnA (4%~58%)、PFHxA (2%~51%)。此外, 某些种类所占的比例很低, 大多不到 5%, 如 PFBS、PFHpA、PFNA、PFDA; 所有采样点水相中, PFOS 的浓度都高于 PFBS 的浓度 (表 2-4-3), 表明 PFOS 仍占有重要的比例。大城市对河水 PFASs 的组成产生了影响, 如 T3 (渭南)、T4 (伊洛河)、M9 (开封)、M12 (泺口), 某些种类的 PFASs 浓度有所增加。

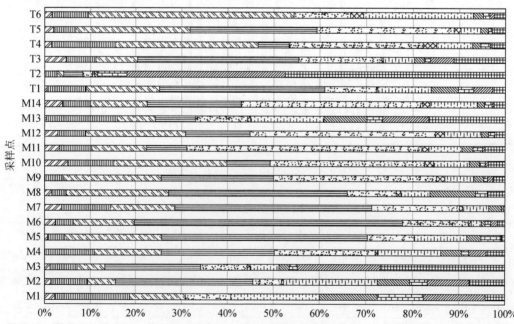

图 2-4-3 水体中 PFASs 的种类组成

表 2-4-3　水相中不同 PFASs 的浓度

（单位：ng/L）

采样点	PFBS*	PFOS	PFBA*	PFPnA*	PFHxA	PFHpA	PFOA	PFNA	PFDA	PFUdA	PFDoA
M1	1.85±0.27	13.6±0.20	10.1±5.30	n. d.	8.18±0.45	n. d.	15.9±1.30	10.3±0.70	8.15±2.75	11.1±3.30	3.56±0.03
M2	1.75±1.09	10.2±3.40	8.00±0.32	38.6±2.41	8.04±3.66	0.49±0.70	26.0±28.4	8.86±6.46	4.87±0.53	11.7±0.20	9.97±0.13
M3	2.13±3.01	10.4±0.60	10.6±0.10	36.9±17.4	17.9±2.01	1.14±0.99	10.9±1.80	4.08±0.01	3.01±1.96	31.4±39.9	47.3±60.4
M4	n. d.	5.67±0.53	7.73±0.02	12.9±10.5	11.5±2.29	0.24±0.07	7.12±0.60	2.37±0.00	0.82±0.23	1.96±0.99	2.17±1.32
M5	0.59±0.84	3.28±0.27	19.0±1.20	40.0±4.90	8.97±0.34	MDL	10.2±0.70	2.76±0.14	3.75±0.30	MDL	MDL
M6	2.22±0.48	3.66±0.07	12.7±1.90	54.5±8.88	13.4±0.80	0.60±0.57	2.01±0.06	0.79±0.20	1.10±0.51	1.47±1.66	1.51±0.59
M7	1.64±0.65	4.77±0.02	6.35±0.85	19.1±11.9	8.42±0.78	0.30±0.43	2.53±0.29	1.28±0.18	0.17±0.24	n. d.	MDL
M8	1.32±0.80	2.65±0.35	19.1±0.70	33.1±20.6	8.90±1.94	0.85±0.87	5.33±1.20	8.40±8.77	2.17±0.94	MDL	3.22±0.44
M9	n. d.	3.99±0.24	21.6±7.50	24.6±34.8	35.3±6.85	1.84±0.49	6.31±0.80	2.18±0.51	0.80±0.01	1.18±1.41	2.70±0.55
M10	4.10±0.36	8.43±2.03	20.5±5.4	7.80±11.0	27.6±2.19	1.61±0.13	6.42±0.27	1.89±0.15	0.98±0.06	MDL	3.04±0.93
M11	2.41±1.42	5.11±0.74	8.94±0.74	6.42±2.61	37.3±3.64	1.09±0.41	5.26±0.68	1.77±0.06	1.51±0.41	MDL	3.27±0.54
M12	3.23±1.55	6.83±0.74	24.8±4.10	15.9±10.7	45.0±1.75	2.27±0.22	9.05±0.23	1.72±0.24	1.55±0.49	n. d.	2.59±0.05
M13	1.21±1.72	40.7±3.36	21.9±5.10	23.1±23.1	29.8±14.8	1.78±0.49	41.8±23.1	24.5±14.2	8.78±1.97	26.0±1.10	43.8±12.7
M14	4.71±0.18	7.35±0.49	15.2±0.70	24.8±35.1	47.3±0.29	1.86±0.90	12.4±0.47	1.86±0.41	2.02±0.70	MDL	3.06±0.67
T1	0.41±0.58	6.76±0.44	12.9±6.30	28.7±40.6	8.85±0.61	0.23±0.28	9.17±1 81	4.70±0.75	2.67±0.22	3.28±0.08	2.22±0.23
T2	n. d.	41.0±5.70	21.8±0.40	63.9±1.21	31.5±5.31	0.30±0.06	7.29±1 06	9.32±1.54	101±1.00	525±29.0	724±68.0
T3	6.67±0.18	9.30±1.59	13.3±5.10	50.3±0.48	25.7±1.40	0.46±0.65	9.46±0 25	3.06±0.28	1.96±0.52	7.28±3.74	16.1±15.4
T4	1.91±2.70	18.3±1.00	40.6±17.9	8.78±1.21	37.6±1.46	3.78±2.03	10.2±0 80	2.36±0.16	2.57±0.06	MDL	3.88±0.50
T5	2.08±0.35	5.19±0.41	27.1±11.6	29.8±35.9	31.8±0.29	1.64±1.46	4.56±0.41	1.79±0.21	0.90±0.13	MDL	3.18±0.02
T6	1.85±1.25	9.44±1.58	53.5±9.10	n. d.	14.5±1.97	3.37±0.16	28.1±1.70	2.57±0.27	1.66±0.61	1.29±0.09	2.87±0.50

注：n. d. 表示未检出，MDL 表示低于方法检出限。

* 可能会由于共同洗脱而存在潜在的不适当整合。

2.4.3　悬浮颗粒相中 PFASs 的浓度及组成

如图 2-4-4 所示，悬浮颗粒相中 PFASs 的总浓度在 3.44 ~ 14.7ng/g（干重）。峰值出现在艾山站点，其中 PFOA 是最主要的物质（6.31ng/g，表 2-4-4）。含有六个全氟碳原子以上的 PFCAs 和两种 PFSA 在 10 个采样点中均有检出，而 PFBA 只在两个采样点有检出。这与前人的研究报道相似，他们测得的悬浮颗粒相中 PFCAs 的总浓度为 6.40 ~ 15.1ng/g，而且长链 PFCAs（含有 7 个全氟碳原子及以上）以及 PFSA 更倾向于与悬浮颗粒物结合（Ahrens et al.，2010）。进一步分析发现 PFBS、PFOA、PFUdA 和 PFDoA 的浓度与悬浮颗粒物的浓度呈显著负相关（$p<0.01$），这可能是由悬浮颗粒物的固体浓度效应所引起。另外，不同种类的 PFASs 浓度之间具有正相关性，如 PFBS 和 PFOS、PFOA 和 PFOS 等，表明它们可能有相同的来源。

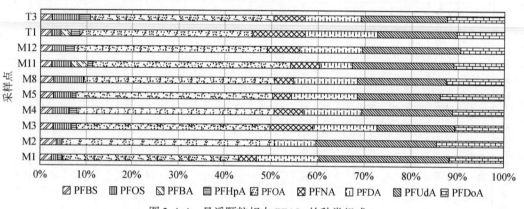

图 2-4-4　悬浮颗粒相中 PFASs 的种类组成

表 2-4-4　悬浮颗粒相中不同 PFASs 的浓度　　　　　（单位：ng/g）

采样点	PFBS	PFOS	PFBA	PFHpA	PFOA	PFNA	PFDA	PFUdA	PFDoA
M1	0.14	0.07	n. d.	0.06	2.16	0.22	0.75	1.57	0.66
M2	0.12	0.05	n. d.	MDL	1.58	MDL	0.31	0.89	0.50
M3	0.14±0.00	0.21±0.01	n. d.	0.05±0.01	2.17±0.08	0.48±0.03	0.70±0.09	0.86±0.18	0.55
M4	0.12±0.01	0.18±0.03	n. d.	0.0769	2.01	0.30	0.59±0.11	0.92±0.19	0.52±0.14
M5	0.11±0.00	0.16±0.03	n. d.	0.03±0.01	1.68±0.05	0.16±0.03	0.55±0.014	0.70±0.18	0.55
M8	0.22	0.50	n. d.	MDL	3.17	0.31	1.04	1.46	0.96
M11	0.35	0.62	0.53	0.15	6.31	0.91	1.02	3.20	1.60
M12	0.27	0.30	n. d.	0.21	4.48	0.75	1.42	2.25	1.01
T1	0.12±0.01	0.11±0.05	0.12	0.10±0.02	1.98±0.34	0.60±0.19	0.81±0.36	0.90±0.27	0.54±0.14
T3	0.14±0.01	0.34±0.01	n. d.	0.13±0.01	2.24±0.53	0.38±0.21	0.67±0.48	1.04±0.22	0.70±0.03

注：n. d. 表示未检出，MDL 表示低于方法检出限。

在检出的 9 种 PFASs 中，PFOA（42%）是最主要的物质，其次是 PFUdA（20%）、PFDA（12%）和 PFDoA（12%），其他种类的比例很小。此外，不同采样点之间 PFASs 的组成差异很小，由于本研究中缺乏有机碳含量的数据，故无法用校正之后的数据进行比较。进一步的研究应考虑采集更大量的水样，以测定悬浮颗粒物的性质，来解释 PFASs 的浓度数据。

2.4.4 沉积相中 PFASs 的浓度及组成

如图 2-4-2 所示，干流沉积相中 PFASs 的总浓度范围是 8.19～17.4ng/g，支流上总浓度范围是 10.0～17.8ng/g，不同采样点沉积相中 PFASs 的浓度变化比水相中的小。峰值出现在干流上的艾山采样点，其中 PFOA（7.80ng/g）和 PFPnA（3.18ng/g）是最主要的化合物（表 2-4-5），然而这两种物质在水相中的浓度比上下游的都低，表明此时沉积物是这两种物质的"源"。支流上的峰值出现在东平湖采样点，所检测的 11 种 PFASs 中 5 种都是所有采样点中的最大值，其污染可能来自当地的人类活动。

除 PFBS 在 2 个站点没有检出以外，其他物质在 18 个站点均有检出。沉积相中长链 PFASs（含有 7 个全氟碳原子及以上）所占的比例明显高于短链 PFASs，这与悬浮颗粒相中的分布一致（图 2-4-5），但与水相中的分布相反，在水相中短链 PFASs 的比例高于长链 PFASs（图 2-4-6）。在沉积相中，PFOA 的占比最高（42.3%），其次是 PFDA（13.9%）、PFNA（11.9%）和 PFUdA（10.3%），短链的 PFASs 只占很小的比例，这可能是由于这类物质的高溶解度导致了其在沉积物和悬浮颗粒物上的吸附较少。此外，统计结果显示长链 PFDoA 的浓度与沉积物有机碳含量呈显著正相关（$p<0.01$）。

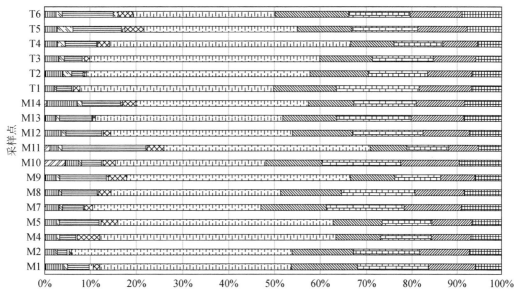

图 2-4-5 沉积相中 PFASs 的种类组成

表 2-4-5 沉积物中不同 PFASs 的浓度

采样点	PFBS/(×10^{-3} ng/g)	PFOS/(ng/g)	PFBA/(×10^{-2} ng/g)	PFPnA/(ng/g)	PFHxA/(×10^{-3} ng/g)	PFHpA/(×10^{-2} ng/g)	PFOA/(ng/g)	PFNA/(ng/g)	PFDA/(ng/g)	PFUdA/(ng/g)	PFDoA/(ng/g)
M1	17.4±12.1	0.41±0.25	8.45±3.20	0.49±0.06	9.00±2.08	14.8±3.10	4.27±0.68	1.48±0.09	1.61±0.16	1.09±0.11	0.59±0.11
M2	n.d.	0.24±0.03	5.34±1.34	0.23±0.05	5.39±1.96	4.65±1.82	5.14±0.11	1.42±0.04	1.56±0.21	1.19±0.09	0.76±0.04
M4	36.3	0.36±0.02	10.0±1.00	0.53±0.10	4.58±3.98	74.4±90.3	7.67±0.28	1.46±0.07	1.67±0.09	1.33±0.07	1.02±0.09
M5	6.84±4.99	0.32±0.08	7.43±9.90	1.08±0.70	5.63±2.62	44.9±25.6	5.82±2.23	1.32±0.15	1.36±0.22	1.12±0.17	0.81±0.18
M7	29.6±38.2	0.26±0.01	7.01±0.40	0.41±0.16	2.34±2.83	16.2±7.7	3.34±0.30	1.31±0.15	1.55±0.10	1.17±0.15	0.82±0.06
M8	7.91±9.30	0.27±0.01	5.26±1.36	0.69±0.66	2.55±2.17	23.6±15.7	3.23±0.23	1.17±0.09	1.42±0.03	0.96±0.10	0.73±0.07
M9	31±22	0.35±0.05	12.2±6.80	1.53±0.97	6.56±4.69	59.4±38.6	7.28±1.22	1.45±0.24	1.53±0.10	1.16±0.09	0.88±0.06
M10	0.44	0.28±0.04	6.86±2.61	0.43±0.31	3.45	25.9±27.8	3.19±0.44	1.20±0.14	1.66±0.14	1.27±0.16	0.92±0.10
M11	208±261	0.31±0.05	14.9±3.30	3.18±2.44	4.73±0.73	62.3±37.7	7.80±0.20	1.39±0.06	1.61±0.07	1.19±0.08	0.88±0.05
M12	n.d.	0.33±0.12	7.82±0.99	0.68±0.43	2.81±0.98	13.9±6.10	3.42±0.36	1.13±0.11	1.35±0.12	0.90±0.07	0.61±0.07
M13	13.7	0.19±0.02	6.40±0.82	0.58±0.72	1.31±0.81	5.17±1.93	3.33±0.25	0.96±0.12	1.33±0.15	0.96±0.06	0.69±0.09
M14	466±517	0.71±0.25	11.2±0.70	0.88±0.42	5.27±1.42	30.5±12.2	3.96±0.45	1.03±0.10	1.45±0.10	1.14±0.11	0.87±0.09
T1	3.10	0.22±0.04	5.02±0.23	0.35±0.09	3.32±1.24	15.0±7.30	4.35±0.42	1.41±0.35	1.88±0.49	1.22±0.13	0.68±0.14
T2	14.5±13.5	0.40±0.11	19.7±2.20	0.25±0.10	3.71±0.14	4.12±2.72	4.97±0.29	1.29±0.21	1.34±0.01	1.02±0.04	0.67±0.05
T3	5.42±1.82	0.35±0.04	13.4±8.60	0.44±0.12	5.97±0.89	13.2±2.50	5.66±0.22	1.29±0.03	1.51±0.07	1.08±0.06	0.65±0.04
T4	4.92±2.30	0.40±0.02	23.6±2.80	0.96±0.39	2.97±0.75	35.2±7.60	7.30±0.51	1.32±0.15	1.51±0.06	1.10±0.05	0.74±0.04
T5	5.23±0.15	0.28±0.01	34.4±9.70	1.06±0.88	7.43±3.45	41.4±41.2	3.34±0.12	1.18±0.08	1.45±0.10	1.11±0.08	0.77±0.04
T6	7.31±0.94	0.45±0.10	23.4±10.0	1.99±1.04	19.0±3.20	57.4±35.5	5.50±0.34	2.83±0.66	2.39±0.51	2.06±0.42	1.57±0.30

注：n.d. 表示未检出。

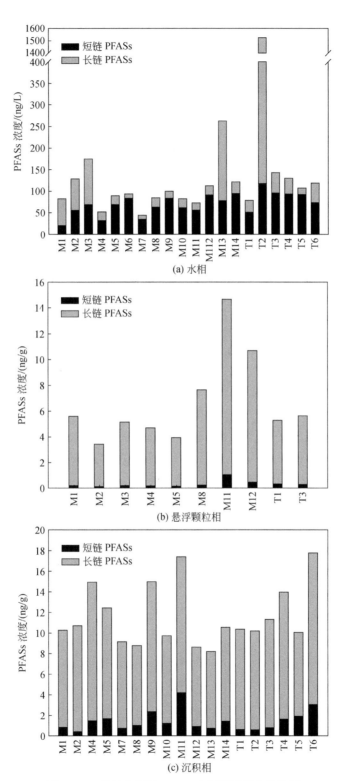

图 2-4-6　长链和短链 PFASs 在不同采样点的浓度

2.4.5 PFASs 在水相、沉积相和悬浮颗粒相之间的分配

PFASs 在沉积相/悬浮颗粒相–水相间的分配系数（K_d）定义为两相中 PFASs 的浓度之比，用以下公式进行计算：

$$K_d = C_s/C_w \qquad (2\text{-}4\text{-}1)$$

$$K_{oc} = K_d/f_{oc} \qquad (2\text{-}4\text{-}2)$$

其中，C_s 是 PFASs 在沉积物或者悬浮颗粒物上的浓度（ng/kg），C_w 是 PFASs 在水中的浓度（ng/L），K_{oc} 是用有机碳含量校正的分配系数，f_{oc} 是沉积物或悬浮颗粒物的有机碳含量（%）。

如图 2-4-7（a）所示，总体来说，无论是 PFCA 还是 PFSA，长链 PFASs（含有 6 个全氟碳原子以上）的沉积相–水相分配系数高于短链 PFASs，这说明沉积物中以长链 PFASs 为主，短链 PFASs 更易留在水中。但是，对同一物质来说，不同采样点之间的分配系数差异很大，甚至能达到 3~4 个数量级，表明在某些地方存在强烈的非平衡状态。对于有机碳校正的分配系数［$\lg K_{oc}$，图 2-4-7（b）］，本研究得到的 $\lg K_{oc}$ 值与 Li 等（2011）得到的值很接近，对于 $C_8 \sim C_{12}$ 的 PFCA 来说，$\lg K_{oc}$ 值在 3.30~4.40 范围内。还有人测得 $C_5 \sim C_{12}$ 的 PFCA 的 $\lg K_{oc}$ 为 1.70~3.80，$C_4 \sim C_8$ 的 PFSA 的 $\lg K_{oc}$ 为 1.75~2.97，与本研究得到的结果很相近。另外，本研究所得的 PFBA 的分配系数与前人根据吸附实验得到的结果很接近（Guelfo and Higgins，2013），该研究发现 PFBA 在不同土壤的 $\lg K_{oc}$ 都在 1.88 左右。但本研究中，PFOS 的分配系数比 PFNA 小，这与前人报道的结果相反（Higgins and Luthy，2006；Zhang et al.，2012；Li et al.，2011）。这可能是由于 PFOS 是许多前体物的转化产物，导致水相中 PFOS 的浓度较高，具有从水相向沉积相迁移的趋势，致使沉积相–水相分

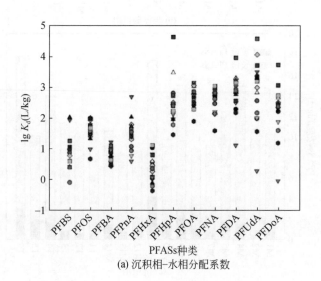

(a) 沉积相–水相分配系数

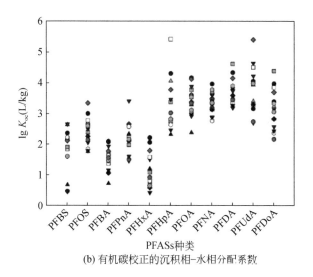

(b) 有机碳校正的沉积相–水相分配系数

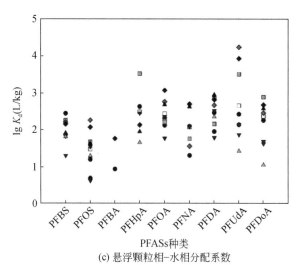

(c) 悬浮颗粒相–水相分配系数

图 2-4-7　PFASs 在沉积相–水相、悬浮颗粒相–水相之间的分配系数

配系数较低。除 PFHxA 之外，本研究所得的 PFASs 的 $\lg K_{oc}$ 值随碳链增加呈增加的趋势。另外，PFOS 的 K_{oc} 值比 PFBS 高一个数量级。如图 2-4-7（c）所示，PFASs 在悬浮颗粒相–水相间的分配系数与沉积相的类似，不同采样点之间的差异很大，并且长链的分配系数大于短链，PFOS 的分配系数低于具有相同全氟碳原子数量的 PFNA。

如图 2-4-8 所示，PFASs 的沉积相–水相分配系数（$\lg K_d$）与其辛醇–水分配系数（$\lg K_{ow}$）呈显著正相关，而且经有机碳校正的沉积相–水相分配系数（$\lg K_{oc}$）也与 $\lg K_{ow}$ 值呈显著正相关。另外，PFASs 的悬浮颗粒相–水相分配系数也与其 $\lg K_{ow}$ 呈显著正相关。由此说明，PFASs 虽然为一类既疏水又疏油的物质，但其在水体各相的分配还主要受其辛醇–水分配系数，即受疏水性所控制。

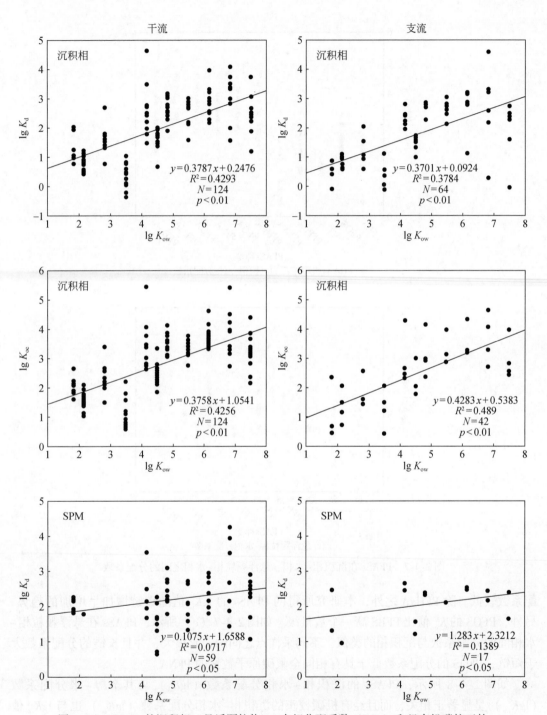

图 2-4-8　PFASs 的沉积相（悬浮颗粒物）-水相分配系数（lgK_d）和经有机碳校正的
沉积相-水相分配系数（lgK_{oc}）与其辛醇-水分配系数（K_{ow}）间的关系

2.4.6 PFASs 的年入海（渤海）通量和环境风险

从利津站点（M13）到黄河入海口之间没有支流，也没有工业废水或城市污水排入（Sui et al., 2014），故利津站点的 PFASs 通量即等于黄河的入海通量。使用从 2003 ~ 2010 年平均的年入海水量（$1.83 \times 10^{10}\,\mathrm{m}^3$）来计算溶解态的 PFASs 通量（$F_{water}$），用总泥沙通量（$1.63 \times 10^{11}\,\mathrm{kg}$）来计算颗粒结合态 PFASs 的通量（$F_{SPM}$）（Sui et al., 2014）。前人的研究发现长江水体夏季和冬季之间 PFASs 的浓度并没有显著季节性差异（Pan et al., 2014）。因此，假设黄河的 PFASs 浓度在一年中也没有显著性差异，以本次采样获得的数据代替年平均浓度，来计算 PFASs 的年入海通量（F_{total}，kg），所用公式如下：

$$F_{water} = C_{water} \times Q_{water} \qquad (2\text{-}4\text{-}3)$$

$$F_{SPM} = C_{SPM} \times Q_{sediment} \qquad (2\text{-}4\text{-}4)$$

$$F_{total} = F_{water} + F_{SPM} \qquad (2\text{-}4\text{-}5)$$

式中，C_{water} 和 C_{SPM} 分别是溶解态和悬浮颗粒结合态 PFASs 的年均浓度；Q_{water} 和 $Q_{sediment}$ 分别是年入海水量和沙量。

计算所得每种 PFASs 的年入海通量见表 2-4-6。对于短链 PFASs，溶解态的贡献远大于悬浮颗粒态。各短链 PFASs 的溶解态年通量之和为 1723.7kg，是悬浮颗粒结合态年通量的 21 倍多。对于长链 PFASs，悬浮颗粒结合态的贡献大于溶解态。所有长链 PFASs 悬浮颗粒结合态的年入海通量之和为 1664.1kg，为溶解态的 3 倍多。PFHxA 在溶解态中排名第一（851.4kg），其次是 PFBA（468.1kg）和 PFPnA（300.2kg）。PFOA（730.1kg）、PFUdA（367.2kg）、PFDA（231.3kg）和 PFDoA（165.1kg）是悬浮颗粒结合态中主要的 PFASs。这些结果表明，传统 PFASs 的污染仍然起主导作用；11 种 PFASs 的年总通量为 3876.4kg，其中 PFOA 通量最高（901.1kg）。黄河 PFASs 的入海通量远比长江排入东海中的总量（20.7t）少（Pan et al., 2014）。与世界上其他河流相比，本节得到的结果与印度的恒河在同一个数量级，其年排入孟加拉湾的 PFOS、PFOA 和 PFNA 也在几百千克的水平（Yeung et al., 2009）。

表 2-4-6 PFASs 的年入海通量　　　　　　　　　　　（单位：kg）

	F_{water}	F_{SPM}	F_{total}
短链 PFASs 的总量	1723.7	77.9	1801.6
PFBS	61.0	44.0	105.0
PFBA	468.1	—	468.1
PFPnA	300.2	—	300.2
PFHxA	851.4	—	851.4
PFHpA	43.0	33.9	76.9
长链 PFASs 的总量	410.7	1664.1	2074.8
PFOS	129.0	48.6	177.6

	F_{water}	F_{SPM}	F_{total}
PFOA	171.0	730.1	901.1
PFNA	32.4	121.8	154.2
PFDA	29.3	231.3	260.6
PFUdA	—	367.2	367.2
PFDoA	49.0	165.1	214.1
PFASs 的总量	2134.4	1742.0	3876.4

尽管短链 PFASs 的入海通量不及传统长链的 PFASs，但它们的环境风险也不能被忽视。有研究发现活性污泥修复的土壤在深达 120cm 处都能检测到 PFASs，表明 PFASs 在土壤中具有很高的迁移能力，并且发现短链 PFASs 的迁移能力更强（Sepulvado et al.，2011）。沉积物柱状模拟实验发现含有 6 个及以下碳原子的短链 PFASs 能全部穿透沉积物，而长链 PFASs 则被截留在沉积物柱中，表明地下水很可能会被含有短链 PFASs 的地表水污染（Vierke et al.，2014）。另一项研究不仅在柱实验中发现短链 PFASs 会穿透，还在地下水中实地监测到短链的 PFASs，表明土壤对于短链 PFASs 的去除效率很低（Murakami et al.，2009）。上述研究表明，当地表水体中短链与长链 PFASs 的污染水平相当时，由于沉积物或者土壤对于短链 PFASs 的截留能力很低，因此更应该考虑其对地下水的环境风险。

2.5 小 结

本章研究了多环芳烃、邻苯二甲酸酯和全氟化合物在黄河中下游水体各相中的分布特征及影响因素，主要研究结论如下：

（1）黄河中下游水相 PAHs 污染比较严重，干流浓度范围为 179～369ng/L，沿程整体呈降低趋势；支流 PAHs 污染较干流严重，尤其是富含低环 PAHs 的孟州一干渠对干流沉积相污染有较大影响。悬浮颗粒物分析表明支流伊洛河 PAHs 浓度最高（657.9μg/kg）；干流断面浓度范围为 54.26～154.5μg/kg，其中以焦巩桥处含量最高。干流沉积相中 PAHs 浓度与我国一些河流相比较低，浓度范围为 30.8～133μg/kg，其中以小浪底（坝下）浓度最高，而最低值则出现在其下游的孟津大桥至孟州河段；所测支流沉积物中尤以孟州一干渠（903μg/kg）和蟒沁河（401μg/kg）污染最为严重。黄河中下游干流、支流水体中 PAHs 的来源有一定差异：干流、新蟒河及天然文岩渠的 PAHs 主要来源于煤炭燃烧源，而洛阳石化排污渠及伊洛河中石油类物质燃烧影响则占很大比例。

（2）与水相相比，悬浮颗粒相和沉积相中 PAHs 检出种类较多，且悬浮颗粒物中各环 PAHs 与其 TOC 含量间存在一定正相关关系；沉积相中 4 环、5 环、6 环 PAHs 均低于相应断面悬浮颗粒物中含量，且与沉积物 TOC 含量也存在一定正相关关系。黄河悬浮泥沙空间上的变化对 PAHs 在水体中的迁移有较大影响。其中，小浪底（坝下）至焦巩桥段沉积物的再悬浮作用较强，导致大量 PAHs 由水相向悬浮颗粒相迁移。由焦巩桥至郑州花园口大桥，沉积相与悬浮相间颗粒物的不断交换又导致其对悬浮颗粒相 PAHs 浓度产生一定稀释作用。而从郑州花园口大桥至东明桥区间，整个水沙条件比较稳定，PAHs 在各相间的变化不大。

（3）DEHP 和 DBP 所占比例相对较大，其中沉积相中 DEHP 的含量占总 PAEs 含量的48.1%。支流水相的 PAEs 含量远远高于干流；PAEs 在水相和颗粒相并未达到分配平衡，悬浮颗粒相的 PAEs 含量并不仅仅取决于悬浮颗粒相的 TOC 含量，从而导致 PAEs 含量与悬浮颗粒相的 TOC 值无明显的相关性。干流沉积相中 PAEs 浓度分布主要受两个因素影响：沿程支流的汇入和各处沉积物颗粒的理化性质。

（4）11 种 PFASs 在不同河段的分布差异很大，其中水利设施和大城市对于 PFASs 的种类组成和浓度有显著影响。水相中短链 PFASs 有很高的检出率，总浓度最高可达到1.53μg/L，短链 PFASs 占总 PFASs 的比例可达58%；然而在沉积物和悬浮颗粒物中，短链 PFASs 却少有检出或者浓度很低。PFASs 在沉积物和水之间的分配系数整体随碳链长度的增加而增加。与前人研究结果不同的是，本研究中发现 PFOS 的分配系数低于 PFNA。假定本研究的数据能够反映全年的平均水平，则黄河每年排入渤海的 PFASs 总量估计在3.88t，显著低于长江的入海通量。尽管短链 PFASs 入海通量低于长链 PFASs，但它们对于地下水的风险远远高于长链 PFASs。

参 考 文 献

国家环境保护总局. 2002. GB 3838-2002，地表水环境质量标准. 北京：中国环境科学出版社.

胡晓宇，张克荣，孙俊红，等. 2003. 中国环境中邻苯二甲酸酯类化合物污染的研究. 中国卫生检验杂志，13（1）：9-14.

麦碧娴，林峥，张干，等. 2000. 珠江三角洲河流和珠江口表层沉积物中有机污染物研究：多环芳烃和有机氯农药的分布及特征. 环境科学学报，20（2）：192-197.

夏星辉，杨居荣，许嘉琳. 2001. 环境激素污染研究进展. 上海环境科学，20（2）：56-59.

许士奋，蒋新，王连生，等. 2000. 长江和辽河沉积物中的多环芳烃类污染物. 中国环境科学，20（2）：128-131.

Ahrens L, Taniyasu S, Yeung L W Y, et al. 2010. Distribution of polyfluoroalkyl compounds in water, suspended particulate matter and sediment from Tokyo Bay, Japan. Chemosphere, 79：266-272.

Ateia M, Maroli A, Tharayil N, et al. 2019. The overlooked short- and ultrashort-chain poly- and perfluorinated substances：a review. Chemosphere, 220：866-882.

Butt C M, Berger U, Bossi R, et al. 2010. Levels and trends of poly- and perfluorinated compounds in the arctic environment. Science of the Total Environment, 408：2936-2965.

Cai M H, Zhao Z, Yin Z G, et al. 2012. Occurrence of perfluoroalkyl compounds in surface waters from the North Pacific to the Arctic Ocean. Environmental Science & Technology, 46：661-668.

Chiuchiolo A L, Dickhut R M, Cochran M A, et al. 2004. Persistent organic pollutants at the base of the Antarctic marine food web. Environmental Science & Technology, 38：3551-3557.

Clara M, Gans O, Weiss S, et al. 2009. Perfluorinated alkylated substances in the aquatic environment：an Austrian case study. Water Research, 43（18）：4760-4768.

Conder J M, Hoke R A, Wolf W D, et al. 2008. Are PFCAs bioaccumulative? A critical review and comparison with regulatory criteria and persistent lipophilic compounds. Environmental Science & Technology, 42: 995-1003.

Dinglasan M J A, Ye Y, Edwards E A, et al. 2004. Fluorotelomer alcohol biodegradation yields poly- and perfluorinated acids. Environmental Science & Technology, 38: 2857-2864.

Doong R A, Lin Y T. 2004. Characterization and distribution of polycyclic aromatic hydrocarbon contaminations in surface sediment and water from Gao-Ping River, Taiwan. Water Research, 38: 1733-1744.

Fernandes M B, Sicre M A, Boireau A, et al. 1997. Polyaromatic hydrocarbon (PAH) distributions in the Seine River and its estuary. Marine Pollution Bulletin, 34: 857-867.

Guelfo J L, Higgins C P. 2013. Subsurface transport potential of perfluoroalkyl acids at aqueous film-forming foam (AFFF) -impacted sites. Environmental Science & Technology, 47 (9): 4164-4171.

Götz R, Bauer O H, Friesel P, et al. 1998. Organic trace compounds in the water of the River Elbe near Hamburg part Ⅱ. Chemosphere, 36: 2103-2118.

Hansen K J, Clemen L A, Ellefson M E, et al. 2001. Compound-specific, quantitative characterization of organic fluorochemicals in biological matrices. Environmental Science & Technology, 35 (4): 766-770.

Higgins C P, Luthy R G. 2006. Sorption of perfluorinated surfactants on sediments. Environmental Science & Technology, 40 (23): 7251-7256.

ISO13877. 1998. Soil quality-determination of polynuclear aromatic hydrocarbons: Method using high-performance liquid chromatography.

Jones K C, de Voogt P. 1999. Persistent organic pollutants (POPs): state of the science. Environmental Pollution, 100: 209-221.

Joyce D M, Prakash S S, Baker J E. 2014. Perfluorinated compounds in the surface waters of Puget Sound, Washington and Clayoquot and Barkley Sounds, British Columbia. Marine Pollution Bulletin, 78 (1-2): 173-180.

Kambia K, Dine T, Gressier B, et al. 2001. High-performance liquid chromatographic method for the determination of di(2-ethylhexyl)phthalate in total parenteral nutrition and in plasma. Journal of Chromatography B: Biomedical Sciences and Applications, 755 (2): 297-303.

Kannan K, Tao L, Sinclair E, et al. 2005. Perfluorinated compounds in aquatic organisms at various trophic levels in a Great Lakes food chain. Archives of Environmental Contamination and Toxicology, 48: 559-566.

Katherine M S, Balk S J, Best D. 2003. Pediatric exposure and potential toxicity of phthalate plasticizers. Pediatrics, 111 (6): 88-93.

Kennedy G L, Butenhoff J L, Olsen G W, et al. 2004. The toxicology of perfluorooctanoate. Journal Critical Reviews in Toxicology, 34 (4): 351-384.

Lahvis G P, Wells R S, Gasper D, et al. 1993. *In vitro* lymphocyte response of bottlenose dolphins (tursiops truncates): Mitogen induced proliferation. Marine Environmental Research, 35: 115-119.

Lau C, Butenhoff J L, Rogers J M. 2004. The developmental toxicity of perfluoroalkyl acids and their derivatives. Toxicology and Applied Pharmacology, 198: 231-241.

Li F, Sun H, Hao Z, et al. 2011. Perfluorinated compounds in Haihe River and Dagu Drainage Canal in Tianjin, China. Chemosphere, 84 (2): 265-271.

Loos R, Locoro G, Comero S, et al. 2010. Pan-European survey on the occurrence of selected polar organic persistent pollutants in ground water. Water Research, 44: 4115-4126.

Lorenzo M, Campo J, Farré M, et al. 2016. Perfluoroalkyl substances in the Ebro and Guadalquivir river basins (Spain). Science of the Total Environment, 540: 191-199.

Mai B X, Qi S H, Zeng E, et al. 2003. Distribution of polycyclic aromatic hydrocarbons in the coastal region off Macao, China: assessment of input sources and transport pathways using compositional analysis. Environmental Science & Technology, 37: 4855-4863.

Mitra S, Bianchi T S. 2003. A preliminary assessment of polycyclic aromatic hydrocarbon distributions in the lower Mississippi River and Gulf of Mexico. Marine Chemistry, 82: 273-288.

Murakami M, Kuroda K, Sato N, et al. 2009. Groundwater pollution by perfluorinated surfactants in Tokyo. Environmental Science & Technology, 43 (10): 3480-3486.

OECD. 2001. Organisation for Economic co-operation and development, OECD portal on perfluorinated chemicals. http://www.oecd.org/ehs/pfc/.

Pan C G, Ying G G, Zhao J L, et al. 2014. Spatiotemporal distribution and mass loadings of perfluoroalkyl substances in the Yangtze River of China. Science of the Total Environment, 493: 580-587.

Parsons J R, Sáez M, Dolfing J, et al. 2008. Biodegradation of perfluorinated compounds. Reviews of Environmental Contamination and Toxicology, 196: 53-71.

Schwanz T G, Llorca M, Farré M, et al. 2016. Perfluoroalkyl substances assessment in drinking waters from Brazil, France and Spain. Science of the Total Environment, 539: 143-152.

Sepulvado J G, Blaine A C, Hundal L S, et al. 2011. Occurrence and fate of perfluorochemicals in soil following the land application of municipal biosolids. Environmental Science & Technology, 45 (19): 8106-8112.

Sharma B M, Bharat G K, Tayal S, et al. 2016. Perfluoroalkyl substances (PFAS) in river and ground/drinking water of the Ganges River basin: emissions and implications for human exposure. Environmental Pollution, 208 (Part B): 704-713.

Shi Z, Tao S, Pan B, et al. 2005. Contamination of rivers in Tianjin, China by polycyclic aromatic hydrocarbons. Environmental Pollution, 134: 97-111.

Sui J J, Yu Z G, Xu B C, et al. 2014. Concentrations and fluxes of dissolved uranium in the Yellow River estuary: Seasonal variation and anthropogenic (Water-Sediment Regulation Scheme) impact. Journal of Environmental Radioactivity, 128: 38-46.

Sung H H, Kao W Y, Su Y J. 2003. Effects and toxicity of phthalate esters to hemocytes of giant freshwater prawn, *Macrobrachium rosenbergii*. Aquatic Toxicology, 64 (1): 25-37.

Taniyasu S, Kannan K, So M K, et al. 2005. Analysis of fluorotelomer alcohols, fluorotelomer acids, and short- and long-chain perfluorinated acids in water and biota. Journal of Chromatography A, 1093 (1-2): 89-97.

Toppari J, Larsen J C, Christiansen P, et al. 1996. Male reproductive health and environmental xenoestrogens. Environmental Health Perspectives, 104: 741-803.

UN-ECE. 1998. Draft protocol to the convention on long-range air pollution on persistent organic pollutants, (EB, AIR/1998/2). Convention on Long-range Transboundary Air Pollution, United Nations Economic and Social Council, Economic Commission for Europe.

Vierke L, Moller A, Klitzke S. 2014. Transport of perfluoroalkyl acids in a water-saturated sediment column investigated under near-natural conditions. Environmental Pollution, 186: 7-13.

Wang Z Y, Cousins I T, Scheringer M, et al. 2015. Hazard assessment of fluorinated alternatives to long-chain perfluoroalkyl acids (PFAAs) and their precursors: status quo, ongoing challenges and possible solutions. Environment International, 75: 172-179.

Weppner W A, 3M Company. 2000. Phase-out plan for POSF-Based products. US Environmental Protection Agency Docket (AR226-0600 2000).

Xia X H, Rabearisoa A H, Jiang X M, et al. 2013. Bioaccumulation of perfluoroalkyl substances by *Daphnia magna* in water with different types and concentrations of protein. Environmental Science & Technology, 47: 10955-10963.

Yao Y M, Zhu H H, Li B, et al. 2014. Distribution and primary source analysis of per- and poly-fluoroalkyl substances with different chain lengths in surface and groundwater in two cities, North China. Ecotoxicology and Environmental Safety, 108: 318-328.

Yeung L W Y, Yamashita N, Taniyasu S, et al. 2009. A survey of perfluorinated compounds in surface water and biota including dolphins from the Ganges River and in other waterbodies in India. Chemosphere, 76: 55-62.

Young C J, Furdui V I, Franklin J, et al. 2007. Perfluorinated acids in arctic snow: new evidence for atmospheric formation. Environmental Science & Technology, 41: 3455-3461.

Yuan S Y, Liu C, Liao C S, et al. 2002. Occurrence and microbial degradation of phthalate esters in Taiwan river sediments. Chemosphere, 49: 1295-1299.

Yunker M B, Macdonald R W, Vingarzan R, et al. 2002. PAHs in the Fraser River basin: a critical appraisal of PAH ratios as indicators of PAH source and composition. Organic Geochemistry, 33: 489-515.

Zhang Y Z, Meng W, Guo C S, et al. 2012. Determination and partitioning behavior of perfluoroalkyl carboxylic acids and perfluorooctanesulfonate in water and sediment from Dianchi Lake, China. Chemosphere, 88 (11): 1292-1299.

Zhang Z L, Huang J, Yu G, et al. 2004. Occurrence of PAHs, PCBs and organochlorine pesticides in the Tonghui River of Beijing, China. Environmental Pollution, 130: 249-261.

Zushi Y, Hogarh J N, Masunaga S. 2012. Progress and perspective of perfluorinated compound risk assessment and management in various countries and institutes. Clean Technologies and Environmental Policy, 14: 9-20.

第3章 泥沙对有机污染物吸附的颗粒浓度效应和不可逆吸附作用

3.1 引 言

泥沙对有机污染物的吸附作用是影响污染物在水体赋存形态和迁移转化作用的关键过程，目前已有很多研究报道了污染物的吸附特征、吸附机制及影响因素等。本章主要介绍两个方面的研究成果：①以典型有毒有机污染物多环芳烃为例，分析泥沙浓度对有机污染物吸附作用的影响，阐明泥沙对污染物吸附作用的颗粒浓度效应及其产生机制；②以典型有毒有机污染物邻苯二甲酸酯为例，剖析泥沙对污染物的不可逆吸附作用及其产生机制，据此探讨不可逆吸附作用对沉积物质量基准制定的影响。

3.2 泥沙对有机污染物吸附作用的颗粒浓度效应

水体有机污染物在泥沙上的吸附/解吸作用是影响有机污染物迁移转化及其生态环境效应的关键过程。疏水性有机污染物一旦进入河流水体，就很容易吸附在悬浮泥沙上。其中，悬浮泥沙的浓度及性质是影响疏水性有机污染物吸附过程的重要因素。已有文献报道，疏水性有机污染物在悬浮泥沙-水相间的分配系数（K_p）随悬浮泥沙含量的增加而减小（Zhou et al., 1999；Heemken et al., 2000；Xia et al., 2006；Qiao et al., 2008）。该现象被称为颗粒浓度效应（particle concentration effect），也称固体浓度效应。

至今已有许多学者研究了颗粒浓度效应的成因（Higgo and Rees, 1986；Lee and Kuo, 1999；Turner and Rewling, 2002）。通常我们将可通过 $0.45\,\mu m$ 滤膜的污染物定义为溶解态污染物，在研究吸附作用时常用这部分赋存形态污染物的浓度作为污染物在水相的平衡浓度。但是，一些学者认为这种简单的两相分离可能会掩盖颗粒与颗粒间、水与颗粒间相互作用的复杂性（Hart and Hines, 1993）。此外，河流等水体中高泥沙含量的出现常常伴随着高溶解性有机碳（dissolved organic carbon，DOC）含量的出现（Zhou et al., 1999；Xia et al., 2009）。由于污染物倾向于与溶解性有机碳或颗粒态有机碳结合，所以第三相（溶解性有机质及胶体，$<0.45\,\mu m$）的存在可能也会导致颗粒浓度效应的存在（Turner et al., 1999）。Benoit 和 Rozan（1999）对美国康涅狄格州四条河流中的 8 种重金属进行了为期一年的监测，结果表明大部分重金属以胶体形式存在，且浓度随悬浮泥沙含量增加而增大，将胶体相从溶解相去除后，重金属在悬浮泥沙和水相间分配的颗粒浓度效应就不再显著。

除第三相外，一些学者认为颗粒与颗粒间或颗粒与溶解性有机碳间的相互作用也是导致颗粒浓度效应的原因（Severtson and Banerjee，1993）。Turner 和 Rawling（2002）同时分析了苯并芘在海水-沉积物体系和淡水-沉积物体系中的吸附行为，发现海水体系中颗粒浓度效应更为显著。他们认为这种显著性差异归因于海水体系中更强的颗粒与颗粒间或颗粒与溶解性有机碳间的相互作用，以及海水中更大的颗粒聚集作用。但以上推断的成因和机理鲜有直接证据证明，目前有关颗粒浓度效应的机理及成因仍不明晰，第三相作用及颗粒与颗粒间或颗粒与溶解性有机碳间的相互作用对颗粒浓度效应的贡献尚不明确。

多环芳烃是一类由于有机质不完全燃烧而产生的常见污染物，对环境生态及人体健康构成威胁。多环芳烃是非极性的疏水性有机污染物，易在沉积物和生物体内富集（Lapviboonsuk and Loganathan，2007）。在此，我们以多环芳烃为例，研究悬浮泥沙含量对疏水性有机污染物吸附行为的影响。菲、芘、䓛是多环芳烃中常见的三种，在环境中常以较高浓度存在。这三者中，菲的挥发性高于芘和䓛，而自然水体中䓛在水相的溶解态浓度远小于芘（Li et al.，2006；Feng et al.，2007）。因此，选用芘作为模式污染物来研究其他多环芳烃（菲和䓛）对芘在悬浮泥沙上吸附行为的影响。利用聚乙烯膜装置（polyethylene devices，PEDs）分析多环芳烃的自由溶解态浓度（freely dissolved concentration，C_{FW}），即不与溶解性有机碳或胶体结合的真正溶于水相的那部分污染物的浓度；同时分析多环芳烃的总溶解态浓度（total dissolved concentration，C_{TW}），即可通过 $0.45\mu m$ 滤膜的那部分含量。本节分别以芘的自由溶解态浓度和总溶解态浓度作为水相平衡浓度，比较不同悬浮泥沙含量下芘的吸附行为，同时还研究了悬浮泥沙性质对芘吸附行为的影响，以探讨悬浮泥沙的含量和性质对芘吸附行为的影响机理，确定第三相作用及颗粒与颗粒间或颗粒与溶解性有机碳间的相互作用对颗粒浓度效应的贡献。

3.2.1　聚乙烯膜分析自由溶解态疏水性有机污染物的原理和方法

一般认为，只有自由溶解态的有机污染物才能被生物利用，那些与颗粒、有机质或胶体结合的物质不能通过生物膜，因此也不能被生物利用。因此，我们可采用水体或沉积物中有机污染物的自由溶解态浓度来表征污染物的生物有效态浓度。被动采样装置常用来测定有机污染物的自由溶解态浓度，表征这些污染物的生物有效性。这些装置大体上分为半透膜装置（semipermeable membrane devices，SPMDs）、固相微萃取装置（solid phase micro-extraction，SPME）和聚乙烯膜装置以及各自的衍生装置。

由于只有分子量<600Da[①] 的化合物能进入聚乙烯膜，也就是说只有自由溶解态的化合物才能进入聚乙烯膜，因此利用聚乙烯膜能分析水体化合物的自由溶解态浓度。聚乙烯膜装置具有简便、有效、可原位采样的优点。即使聚乙烯膜破裂，也不影响测定结果，同时由于其廉价易得，不必重复利用，不存在目标物残留等问题。聚乙烯膜装置测定水相中自由溶解态疏水性有机污染物的基本原理是利用疏水性有机污染物在水相和聚乙烯膜之间达到平衡，通过测定聚乙烯膜中的有机污染物浓度，利用温度、盐离子浓度等影响因素校正

---

① Da 为非法定单位，$1Da = 1u = 1.660\ 54 \times 10^{-27}\ kg$

后的平衡分配系数计算污染物在水相中的自由溶解态浓度。但在实际操作中，由于一些有机污染物平衡分配时间较长，如聚乙烯膜从含有悬浮颗粒物的水体中吸附菌达到平衡大约需要 30 天，有些物质如八氯联苯（octachlorobiphenyl）的平衡时间甚至长达 200 天（Booij et al., 2003），因此有研究者（Fernandez et al., 2009）提出利用内含示踪物质的聚乙烯膜测定水相中目标物的自由溶解态浓度，所选的示踪物质与目标物在水相和聚乙烯膜之间要具有相似或相同的扩散和分配特征，该方法即使在目标物未达到平衡的条件下，也可计算出污染物在水相的自由溶解态浓度。

本研究中使用的聚乙烯膜装置是低密度聚乙烯（low density polyethylene，LDPE）材料，厚度为 51μm，密度为 0.92g/cm³。先将聚乙烯膜用示踪剂（氘代菲、氘代芘和氘代菌）浸泡达到负载平衡，并且假设示踪剂与目标物（多环芳烃的菲、芘和菌）在聚乙烯膜与水相之间具有相同的扩散系数与分配系数（由于其分子构型、分子量、极性等基本化学性质相类似）。

根据 Schwarzenbach 等（2003）给出的在时间 t 内，单位面积上某化合物通过两相边界扩散通量的计算方法，我们可以计算时间 t 内多环芳烃通过水–聚乙烯膜界面的质量 $M(t)$，公式如下：

$$M(t) = \left(\frac{t}{\pi}\right)^{1/2} \frac{C_w^0 - \dfrac{C_{PE}^0}{K_{PEW}}}{\dfrac{1}{D_w^{1/2}} + \dfrac{1}{K_{PEW} D_{PE}^{1/2}}} \tag{3-2-1}$$

其中，C_{PE}^0 是 $t=0$ 时聚乙烯膜中的目标物浓度（g/cm³PE）；C_w^0 是 $t=0$ 时水相中的目标物浓度（g/cm³水）；D_{PE} 和 D_w 则分别是目标物在聚乙烯膜及水相中的扩散系数（cm²/s）；K_{PEW} 是目标物在聚乙烯膜与水相间的平衡分配系数（cm³PE/cm³水）。由平衡分配系数的定义可知：

$$K_{PEW} = \frac{C_{PE}}{C_w} \tag{3-2-2}$$

其中，C_{PE} 和 C_w 分别是物质在聚乙烯膜和水相达到平衡后各相中的浓度。

式（3-2-1）的分子部分表示透过两相边界之间平衡浓度的差异，是化学物质扩散分配的动力；分母部分表示界面对透过分子的介质阻力。推导前需对目标物及其氘代物在两相间的浓度进行初始设定：①环境中氘代物的浓度为 0，即 $C_w^0(\text{tracer}) = 0$；②实验室使用的聚乙烯膜中目标物的浓度为 0，即 $C_{PE}^0(\text{target}) = 0$。根据以上两点假设我们可以对扩散通量公式进行简化，在时间 t 时，通过两相边界的示踪剂和目标物的质量分别为

$$M_{tracer}(t) = \left(\frac{t}{\pi}\right)^{1/2} \frac{-\dfrac{C_{PE}^0(\text{tracer})}{K_{PEW}}}{\dfrac{1}{D_w^{1/2}} + \dfrac{1}{K_{PEW} D_{PE}^{1/2}}} \tag{3-2-3}$$

$$M_{target}(t) = \left(\frac{t}{\pi}\right)^{1/2} \frac{C_w^0(\text{target})}{\dfrac{1}{D_w^{1/2}} + \dfrac{1}{K_{PEW} D_{PE}^{1/2}}} \tag{3-2-4}$$

如果令 $a = \left(\dfrac{t}{\pi}\right)^{1/2} \dfrac{1}{\dfrac{1}{D_w^{1/2}} + \dfrac{1}{K_{PEW} D_{PE}^{1/2}}}$，则继续简化为

$$M_{tracer}(t) = a\frac{-C_{PE}^0(\text{tracer})}{K_{PEW}} \tag{3-2-5}$$

$$M_{target}(t) = aC_w^0(\text{target}) \tag{3-2-6}$$

假设氘代物与其目标物的水相–聚乙烯膜间分配系数以及在水相、聚乙烯膜中的扩散系数均相同，则有

$$C_w^0(\text{target}) = \frac{M_{target}(t)}{a} = M_{target}(t)\frac{-C_{PE}^0(\text{tracer})}{M_{tracer}(t)K_{PEW}}$$

即

$$C_w^0(\text{target}) = -\frac{M_{target}(t)}{M_{tracer}(t)K_{PEW}}C_{PE}^0(\text{tracer}) \tag{3-2-7}$$

其中，$C_w^0(\text{target})$ 表示目标物在水相中的自由溶解态浓度。由于目标物与示踪物通过聚乙烯膜的面积相同，上式中 $M_{target}(t)$ 和 $M_{tracer}(t)$ 也可表示为

$$C_w^0(\text{target}) = -\frac{\Delta M_{target}(t)}{\Delta M_{tracer}(t)K_{PEW}}C_{PE}^0(\text{tracer}) \tag{3-2-8}$$

其中，$\Delta M_{target}(t)$ 和 $\Delta M_{tracer}(t)$ 分别表示聚乙烯膜中目标物和示踪物的质量变化。

因此，若需求得目标物在水相中的自由溶解态浓度，只需在实际应用中通过测定计算出聚乙烯膜中目标物和示踪物的质量变化 $\Delta M_{target}(t)$ 和 $\Delta M_{tracer}(t)$。示踪物的初始浓度 C_{PE}^0（tracer）为实验室使用的聚乙烯膜中负载氘代物的实际浓度，将聚乙烯膜负载完成后萃取可测得。参数 K_{PEW} 可在实验室测得，并在实际应用中根据环境条件的改变（放置聚乙烯膜时的采样温度及水体盐度等）参照 Adams 等（2007）得出的经验函数进行校准。

利用未负载氘代物的聚乙烯膜测定 K_{PEW} 值，具体操作为在两个 10L 的玻璃容器中各加入 10L 水，然后各加入 200μL 含有菲、芘和蒽的甲醇溶液（浓度均为 1000μg/mL），制成浓度均为 20μg/L 的多环芳烃水溶液。然后密封，避光过夜，使得多环芳烃在水溶液中达到平衡。间隔几次，取少量水样（约 3mL）用紫外荧光光谱测定水溶液中多环芳烃的初始浓度。

将细铜丝每隔 3cm 折成峰形，然后将峰形铜丝弯成直径大小合适的圆环，将已经润洗浸泡后的聚乙烯膜剪成条带状，穿过铜丝的峰形结构，使得聚乙烯膜表面平整且不折叠，制成聚乙烯膜装置。在上述容器中加入质量约为 500mg 的聚乙烯膜，用细铜丝将其吊起，悬浮于含有多环芳烃的水溶液中。另一个不加聚乙烯膜，作为参照组。将实验组和参照组都放在磁力搅拌器上，以合适速度搅动，以模拟实际水流环境。实验开始后，间隔 30min 取一次水样进行提取，测定水溶液中芘的浓度。逐渐加大取样间隔，直至水溶液中多环芳烃的浓度趋于不变。这时可认为多环芳烃在各相之间达到了平衡。根据平衡时水溶液中多环芳烃的质量分数来计算 K_{PEW} 值。假设多环芳烃只存在于水相和聚乙烯膜相（不考虑容器壁的吸附、转化及其他损失等），K_{PEW} 可由下式计算：

$$K_{PEW} = \frac{(1/f_W) - 1}{r_{PEW}} \tag{3-2-9}$$

其中，r_{PEW} 表示聚乙烯膜的质量与水的体积之比；f_W 表示平衡时多环芳烃在水溶液中的分

数。为了扣除容器壁的吸附、转化及其他损失等的影响，用参照样中多环芳烃浓度的变化对 f_W 进行校正，公式如下：

$$f_W = \frac{C_{w,t,PED}}{C_{w,0,PED}} \cdot \frac{C_{w,0,Control}}{C_{w,t,Control}} \tag{3-2-10}$$

其中，$C_{w,t,PED}$ 和 $C_{w,t,Control}$ 表示时刻 t 时，有聚乙烯膜和无聚乙烯膜参照组中水相多环芳烃的浓度；$C_{w,0,PED}$ 则是在聚乙烯膜装置未加入前，水相多环芳烃的初始浓度；$C_{w,0,Control}$ 表示参照组中水相多环芳烃的初始浓度。

3.2.2 实验方法

3.2.2.1 聚乙烯膜装置和样品的采集

低密度聚乙烯膜（厚度为 $51\mu m \pm 3\mu m$，Carlisle Plastics，Inc.，Minneapolis，MN）在用前先剪为细条状。然后，将条状的聚乙烯膜在二氯甲烷中浸泡 48h，再在甲醇中浸泡 48h，最后用超纯水润洗后浸泡在超纯水中 48h。取 50g 浸泡好的低密度聚乙烯膜放入氘代菲、氘代芘和氘代䓛浓度为 $10\mu g/L$ 的 3L 溶液中，平衡至少三个月后待用。为确保能满足水中多环芳烃自由溶解态浓度测定的要求，至少需要聚乙烯膜负载的氘代物在待测水体中损失 20% 以上。通过预实验测得聚乙烯膜上氘代物扩散 20% 以上所需的最短时间为 8h，因此聚乙烯膜装置在使用过程中的暴露时间设定为 8h。

用于吸附实验的沉积物分别采自黄河中游郑州段和海河中游军粮城站。用 Van Veen 不锈钢抓斗采样器采集距岸边 5m 处的河流表层 10cm 沉积物，将样品放入铝盒内，24h 内运回实验室。所有样品在暗处风干后，过 2mm 筛，采用 Microtrac S3500 激光粒度分析仪测定沉积物样品的粒径分布。样品中的总有机碳（TOC）含量及黑炭（BC）含量则用元素分析仪测定。

3.2.2.2 吸附实验

无其他多环芳烃存在时的芘吸附实验：以 2g/L 的悬浮泥沙含量为例，在一系列棕色广口瓶中分别加入 2L 超纯水制成吸附实验体系，再加入氯化钙（5mmol/L）以维持离子强度，加入浓度为 200mg/L 的叠氮化钠以抑制微生物活动。各个瓶中均加入干重为 4g 的沉积物样品。然后，依次向瓶中加入芘甲醇溶液，使各瓶中芘的初始浓度分别为 $0.1\mu g/L$、$0.2\mu g/L$、$0.5\mu g/L$、$1\mu g/L$、$2\mu g/L$、$5\mu g/L$、$10\mu g/L$，同时确保溶液中的甲醇比例小于 0.02%。将这些广口瓶密封后，磁力搅拌 8 天以使多环芳烃在水沙两相间达到平衡，在此期间确保泥沙全部处于悬浮状态。达到平衡后，用铜丝将约为 3mg 的条状聚乙烯膜悬置于上覆水中，8h 后，将聚乙烯膜取出用于污染物自由溶解态浓度分析。与此同时，取 100mL 水样过滤后用来测定污染物的总溶解态浓度。悬浮泥沙含量为 5g/L 和 10g/L 的体系，具体步骤同上。每个体系设置一个不加入泥沙的控制组。

有其他多环芳烃存在时的芘吸附实验，基本操作同上。每个棕色广口瓶中除了加入芘外，加入菲甲醇溶液，分别使其浓度为 0.1μg/L、0.2μg/L、0.5μg/L、1μg/L、2μg/L、5μg/L、10μg/L；加入蒽甲醇溶液，分别使其浓度为 0.1μg/L、0.2μg/L、0.4μg/L、0.8μg/L、1.0μg/L、1.6μg/L、2μg/L。以上菲和蒽浓度与世界河流报道的检出浓度范围一致（Li et al.，2006）。

3.2.2.3 多环芳烃分析

低密度聚乙烯膜中多环芳烃的测定方法：取出的聚乙烯膜先用超纯水润洗三次。每条聚乙烯膜置于一个锥形瓶中，加入 10mL 二氯甲烷（萃取液）以及 100μL 浓度为 1mg/L 的2-氟联苯（回收率指示剂）。之后将所有锥形瓶密封并置于 30℃ 恒温振荡箱中以 120r/min 的转速振荡 24h。每条聚乙烯膜用二氯甲烷萃取三次，将三次萃取液收集合并。合并后的萃取液旋转蒸发浓缩，并用正己烷置换。最后将溶液用氮吹至 1mL 以下，再加入 50μL 浓度为 1mg/L 的间三联苯（内标物）定容至 1mL 待测。

水相中多环芳烃的测定方法：向 100mL 待测水样中加入 1mL 浓度为 100μg/L 的 2-氟联苯溶液后，加入二氯甲烷进行液液萃取，每次 20mL，共 3 次。将萃取液收集合并后用无水硫酸钠干燥，置于旋转蒸发仪上浓缩，具体步骤同上。最终定容后待 GC-MS 测定。

3.2.2.4 质量控制与质量保证

基于 GC-MS 的多环芳烃标准曲线分为高浓度（10~400μg/L）和低浓度（2~80μg/L）两段。其相关系数均大于 0.99。芘与氘代芘的仪器检出限均为 0.10μg/L。水相中芘的回收率为 97.6%±0.01%（$N=4$）。聚乙烯膜中芘与氘代芘的回收率分别为 98.9%±1.8% 和 98.7%±1.8%（$N=6$）。水相和聚乙烯膜中回收率指示剂 2-氟联苯的回收率分别为 70.1%±7.0% 和 64.9%±5.0%（$N=42$）。被聚乙烯膜吸附的芘低于每个体系中自由溶解态芘含量的 4.1%，该结果表明聚乙烯膜装置对水相芘浓度没有显著影响。控制组结果表明吸附实验中芘的损失量小于 3%。

3.2.3 沉积物特征

由表 3-2-1 可知，海河表层沉积物中黏土（clay，<0.002mm）和粉砂（silt，0.002~0.020mm）的比例分别为 1.07% 和 66.00%，此值与 Liu 等（2006）在海河 12 个站点测得的沉积物组成结果一致。本节中黄河沉积物的粒径及总有机碳含量与 He 等（2006）之前在黄河干流 10 个位点的分析结果相似。黄河沉积物的粒径远大于海河沉积物：67.07% 的海河沉积物均小于 0.020mm，而黄河沉积物仅有 0.75% 小于 0.020mm。黄河沉积物中的总有机碳及黑炭含量比海河沉积物低 1 个数量级，同时低于长江及珠江沉积物中总有机碳及黑炭含量（Luo et al.，2006；Feng et al.，2007）。此外，海河和黄河沉积物中芘的背景值（8.06ng/g 和 1.80ng/g）比后面吸附实验中沉积物的吸附量小 2~3 个数量级，说明沉积物中芘的背景值对本节中芘在沉积物上的吸附过程无显著影响。因此，在吸附过程中，不考虑沉积物中多环芳烃背景值的影响。

表 3-2-1　黄河和海河沉积物样品性质

沉积物	TOC 含量/%	BC 含量/%	不同粒径沉积物比例/%			
			<0.002mm	0.002~0.020mm	0.020~0.200mm	0.200~2.000mm
海河沉积物	0.713	0.117	1.07	66.00	32.93	0
黄河沉积物	0.052	0.013	0	0.75	97.62	1.63

3.2.4　不同悬浮泥沙含量下芘的吸附特征

如图 3-2-1 和图 3-2-2 所示，当水相初始芘浓度为 0.1 ~ 10μg/L 时，芘在泥沙上的吸附过程符合如下线性吸附方程：

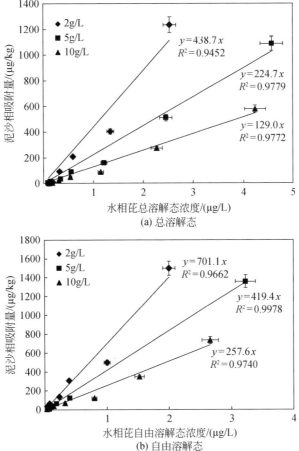

图 3-2-1　不同悬浮泥沙含量下黄河沉积物对芘的吸附等温线（无其他多环芳烃存在时）

$$C_S = K_p C_W \tag{3-2-11}$$

式中，C_S 表示泥沙对芘的吸附量（μg/kg）；K_p 是指芘在水沙两相间的平衡分配系数（L/

kg）；C_W是水相中芘的平衡浓度（μg/L）。根据前文，可用芘的自由溶解态浓度（C_{FW}）或总溶解态浓度（C_{TW}）来表示。不论有无其他多环芳烃存在，对黄河和海河沉积物来说，以总溶解态浓度和自由溶解态浓度表征其水相平衡浓度时计算得出的芘平衡分配系数随悬浮泥沙含量增加而减小。以黄河泥沙为例，当悬浮泥沙含量从 2g/L 增加至 5g/L 和 10g/L 时，以芘的总溶解态浓度为水相平衡浓度计算的平衡分配系数依次为 438.7L/kg、224.7L/kg、129.0L/kg；以芘的自由溶解态浓度为水相平衡浓度计算的平衡分配系数依次为 701.1L/kg、419.4L/kg、257.6L/kg。

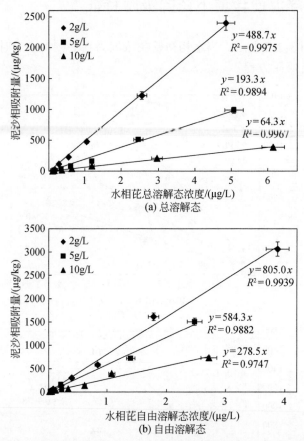

图 3-2-2　不同悬浮泥沙含量下黄河沉积物对芘的吸附等温线（有其他多环芳烃存在时）

基于图 3-2-3 的结果可知，芘平衡分配系数 K_p 值是以悬浮泥沙含量为变量的函数，具体如下：

$$K_p = a[\text{SPS}]^{-b} \tag{3-2-12}$$

式中，[SPS] 表示悬浮泥沙含量（g/L），a 和 b 均为常数。a 值反映吸附能力，其值越大，吸附能力越强；b 值反映颗粒浓度效应的程度，该值越大，颗粒浓度效应则越显著。其他学者也发现污染物的平衡分配系数 K_p 值与悬浮泥沙含量间存在类似关系（Pan and Liss，1998；Turner and Rawling，2002；Yang et al.，2007）。例如，Pan 和 Liss（1998）研究针铁矿对重金属锌和铜的吸附行为时发现 K_p 值与颗粒浓度之间存在类似式（3-2-12）的关系。Turner 和 Rawling（2002）报道了苯并芘在两种悬浮泥沙（河水和海水中）上的吸附行为，结果表明悬浮泥沙含量对 K_p 值的影响可以幂函数形式表示。Yang 等（2007）的相关结果表明锐钛矿型的纳米 TiO_2 浓度对锌的 K_p 值存在影响，具体关系式与本研究一致。

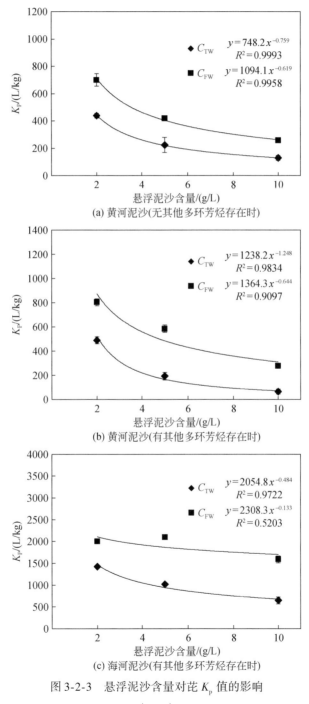

图 3-2-3　悬浮泥沙含量对芘 K_p 值的影响

根据表 3-2-2 中的结果可知，以芘自由溶解态浓度为水相平衡浓度计算所得的 K_p 值大于以总溶解态浓度所得的 K_p 值。与该结果一致的是，以芘自由溶解态浓度为水相平衡浓度拟合得到的 a 值也大于以芘总溶解态浓度为水相平衡浓度的拟合值（图 3-2-3）。如表 3-2-2 所示，进一步计算了以芘的自由溶解态浓度为水相平衡浓度的 K_p 值与以总溶解态浓度为水相平衡浓度的 K_p 值之间的比值。结果表明，不论有无其他多环芳烃存在，在海河和黄河沉积物悬浮体系中，该比值随体系中悬浮泥沙含量增加而增大。这是由于悬浮泥沙含量增大，越来越多的溶解性有机碳或小胶体颗粒（小于 $0.45\mu m$）也随悬浮泥沙进入水相，这些溶解性有机碳及胶体结合的芘（即与第三相结合的芘）也随之增加，导致与第三相结合的芘占总溶解态浓度芘的比例随悬浮泥沙含量增加而增大（表 3-2-3）。因此，以芘自由溶解态浓度为水相平衡浓度求得的 K_p 值高于以芘总溶解态浓度为水相平衡浓度求得的 K_p 值，且两者之间的差值也随悬浮泥沙含量增加而增大。

表 3-2-2 在总溶解态浓度和自由溶解态浓度分别为水相平衡浓度时不同悬浮泥沙含量下芘的 K_p 值

体系	基于自由溶解态浓度计算的 $K_p/(\text{L/kg})$			基于总溶解态浓度计算的 $K_p/(\text{L/kg})$			$K_p(C_{FW})/K_p(C_{TW})$		
	2g/L	5g/L	10g/L	2g/L	5g/L	10g/L	2g/L	5g/L	10g/L
黄河泥沙（无其他多环芳烃存在时）	701.1±17.7	419.4±55.3	257.6±17.9	438.7±45.3	224.7±11.8	129.0±6.1	1.60	1.87	2.00
黄河泥沙（有其他多环芳烃存在时）	805.0±28.2	584.3±30.5	278.5±19.8	488.7±4.0	193.3±6.9	64.3±1.7	1.65	3.02	4.33
海河泥沙（有其他多环芳烃存在时）	2001.0±62.6	2098.9±64.6	1590.2±62.1	1421.4±31.2	1016.9±27.7	645.3±78.7	1.41	2.06	2.46

表 3-2-3 不同悬浮泥沙含量下第三相结合态芘占总溶解态芘的比例

体系	第三相结合态芘占总溶解态芘的比例/%		
	2g/L SPS	5g/L SPS	10g/L SPS
黄河泥沙（无其他多环芳烃存在时）	25.3±15.1	26.9±11.3	47.2±9.4
黄河泥沙（有其他多环芳烃存在时）	32.4±8.2	53.1±8.2	61.6±6.3
海河泥沙（无其他多环芳烃存在时）	49.5±3.1	63.6±3.65	64.3±13.3

不论其他多环芳烃存在与否，当考虑第三相（胶体和溶解性有机碳）的作用时，以芘自由溶解态浓度为水相平衡浓度求得的 K_p 值仍随着悬浮泥沙含量的增加而下降。该结果与 Benoit 和 Rozan（1999）的研究结果相似，他们测定了为期一年的不同悬浮物浓度下四条河流中的胶体态、颗粒态以及真溶态重金属浓度，发现考虑胶体态重金属可很大程度地减小 K_p 值的下降幅度，但颗粒浓度效应依然存在。这就说明颗粒浓度效应并不只是第三相

（胶体和溶解性有机碳）导致，颗粒与颗粒间或颗粒与溶解性有机碳间的相互作用也有可能是原因之一。颗粒与颗粒间的相互作用会导致颗粒团聚或絮凝，颗粒与溶解性有机碳间的相互作用使得颗粒被溶解性有机碳包裹，从而减少了颗粒的有效吸附位点。

3.2.5 有无其他多环芳烃存在时芘的吸附特征比较

对表 3-2-2 中的结果进行分析发现，以芘总溶解态浓度为水相平衡浓度，当悬浮泥沙含量为 2g/L 时，无其他多环芳烃存在时的 K_p 值与有其他多环芳烃存在时的 K_p 值极为接近。但随着悬浮泥沙含量升高，无其他多环芳烃存在时的 K_p 值开始大于有其他多环芳烃存在时的 K_p 值。这可能是由于当悬浮泥沙含量低时，体系中存在的颗粒较少，颗粒与颗粒间或颗粒与溶解性有机碳间相互作用并不显著。随悬浮泥沙含量增加，颗粒碰撞的可能性越来越大，颗粒与溶解性有机碳间相互作用的可能性也越来越大，导致泥沙颗粒吸附位点降低（Chang et al., 1987），从而导致竞争吸附越发显著。如图 3-2-4 所示，当悬浮泥沙含量为 2g/L 时，有其他多环芳烃存在条件下泥沙对芘的吸附量与无其他多环芳烃存在时几乎相当；当悬浮泥沙含量为 5g/L 和 10g/L 时，前者开始低于后者，两者之间的差异也随悬浮泥沙含量逐渐增大。

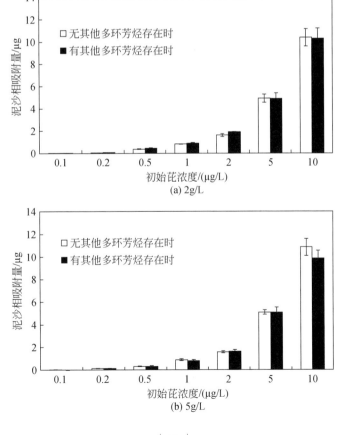

(a) 2g/L

(b) 5g/L

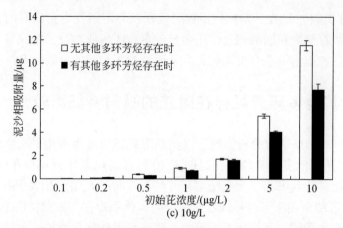

(c) 10g/L

图 3-2-4　不同悬浮泥沙含量下黄河泥沙对芘的吸附量

当以芘自由溶解态浓度为水相平衡浓度时（表3-2-2），不同悬浮泥沙含量情况下，无其他多环芳烃存在时的 K_p 值均不高于有其他多环芳烃存在时的 K_p 值。这是因为以芘自由溶解态浓度为水相平衡浓度时，泥沙对芘的总吸附量除了泥沙上吸附的含量还包括与第三相（胶体和溶解性有机碳）结合的量。如图3-2-4 和图3-2-5 所示，虽然有其他多环芳烃存在时悬浮泥沙对芘的吸附量低于无其他多环芳烃存在时的吸附量，但第三相结合的芘含

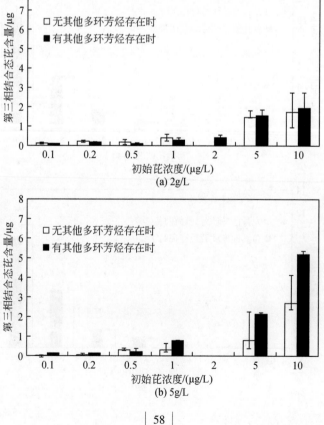

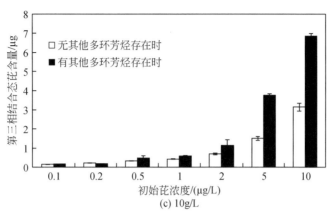

图 3-2-5   不同悬浮泥沙含量下黄河泥沙体系第三相结合态芘含量

量与悬浮泥沙对芘的吸附量在数量级上相当，且其他多环芳烃的存在并没有降低与第三相结合的芘含量，因而造成芘的总吸附量在有无其他多环芳烃存在时的微小差别。因此无其他多环芳烃存在时的 K_p 值并不高于有其他多环芳烃时的值。从以上结果可以看出，多环芳烃在悬浮泥沙上的吸附机理和在第三相上的有所不同：悬浮泥沙主要是吸附作用，第三相主要是分配作用主导。

3.2.6   泥沙性质对颗粒浓度效应的影响

如图 3-2-3 和图 3-2-2 所示，不论是以芘自由溶解态浓度还是总溶解态浓度为水相平衡浓度时，黄河泥沙的 K_p 值与以式（3-2-12）拟合求得的 a 值均远低于海河泥沙。当以芘总溶解态浓度为水相平衡浓度时，悬浮泥沙含量为 10g/L 时，海河泥沙的 K_p 值是黄河泥沙的十倍之多。这是由于海河泥沙的粒径较小且所含总有机碳和黑炭含量较高。

根据式（3-2-12）的物理意义，当 b 值为零时，颗粒浓度效应将不再存在（Pan and Liss，1998）。进一步根据图 3-2-3 的研究结果，计算得到海河泥沙第三相作用对颗粒浓度效应的贡献为 72.5%［（0.484–0.133）/0.484×100%］，颗粒与颗粒间及颗粒与溶解性有机质间相互作用的贡献则为 27.5%（1–72.5%）。同理，黄河泥沙第三相作用对颗粒浓度效应的贡献为 48.4%［（1.248–0.644）/1.248×100%］。因此，海河泥沙的第三相作用（72.5%±26.4%）明显大于黄河泥沙（48.4%±16.2%），但颗粒与颗粒及颗粒与溶解性有机质相互作用的贡献（27.5%±26.4%）小于黄河泥沙（51.6%±16.2%）。这是因为海河泥沙粒径小、总有机碳含量高，所以泥沙悬浮时进入水相的溶解性有机碳和胶体也比黄河泥沙多，表 3-2-4 的结果可以证明这一点：海河泥沙体系中水相溶解性有机碳含量高于黄河泥沙体系。此外，黄河泥沙粒径大，所以泥沙比表面积小、吸附位点少；颗粒与颗粒间及颗粒与溶解性有机碳间的相互作用也会显著减少黄河泥沙的吸附位点，最终导致颗粒与颗粒间及颗粒与溶解性有机碳间的相互作用对颗粒浓度效应的贡献在黄河泥沙体系中更大。以上结果均表明第三相作用对颗粒浓度效应的贡献主要取决于泥沙的总有机碳含量及泥沙粒径。

泥沙的总有机碳含量越大、泥沙粒径越小，第三相作用对颗粒浓度效应的贡献越大。

表3-2-4　悬浮泥沙含量对溶解性有机碳含量的影响

沉积物	不同悬浮泥沙含量对应的溶解性有机碳（DOC）含量/（mg/L）		
	2g/L	5g/L	10g/L
黄河泥沙	1.343±0.031	1.383±0.043	1.695±0.001
海河泥沙	1.770±0.021	2.027±0.064	2.400±0.082

3.3　泥沙对有机污染物的不可逆吸附作用

污染物从悬浮泥沙或沉积物上的解吸过程也是影响其环境效应的一个重要环节。污染物从泥沙上的解吸作用直接影响其生物有效性以及对水生生物和人体健康的危害。以往研究将污染物的解吸作用当作可逆分来处理，但是可逆吸附模型不能预测一些污染物在环境中的长期释放规律，这是因为吸附到沉积物上的污染物存在不可逆部分，即会有一部分污染物滞留在沉积相中无法进入水相，这些固定在沉积相中的污染物，其环境移动性大大降低，生物有效性和生态效应也随之降低（Chen et al.，2004）。如 Kan 等（1997）认为，沉积物对有机物的吸附同时存在可逆吸附室和不可逆吸附室，其研究表明不可逆吸附室在循环吸附过程中会被逐渐充满，当不可逆吸附室被充满后，随后进行的吸附便完全是可逆吸附（Kan et al.，1997）。因此，用可逆模型预测污染物在水体中的环境行为会高估其向水体的释放量和环境风险。因此，探究污染物在天然沉积物上的不可逆吸附过程，有利于正确理解污染物的环境行为和准确评估其生态风险。

沉积物质量基准（SQC）是指特定化学物质在沉积物中的实际允许数值，通过在 SQC 基础上制定沉积物的质量标准（SQS），则可被推广而有效地用于沉积物质量评价和污染治理，用以弥充水质标准的不足。污染物在沉积物上的不可逆吸附作用对于 SQC 值的确定有重要参考意义，这是因为不可逆吸附作用会显著影响化合物在水体中的最终平衡浓度。现有的 SQC 是根据水质基准通过吸附平衡（EqP）法计算而来，在这种计算过程中，污染物的吸附/解吸过程被看作是完全可逆的，以水相中污染物的质量基准（WQC）为依据，根据分配平衡来计算出底泥的质量基准。但实际由于不可逆吸附现象的存在，在平衡状态下，化合物在水中的浓度通常会比预测值（由 EqP 法算得）要低得多。因此，当沉积物中化合物浓度高于所得 SQC，由于不可逆吸附的存在，相应水中化合物的浓度可能会远远低于 WQC，不会给水生生物或人体健康带来危险。综上所述，仅通过传统 EqP 法计算 SQC，而忽略不可逆吸附对 SQC 的影响，会高估污染物在水体中的环境风险和生态毒性。因此，基于不可逆吸附对 EqP 法进行优化的研究对污染治理和正确的管理决策具有极为重要的意义。

本节选取长江和黄河若干代表性断面的沉积物为实验样品，以邻苯二甲酸二甲酯（DMP）和邻苯二甲酸双（2-乙基己基）酯（DEHP）为研究对象，通过连续吸附和多次解吸循环实验，研究典型疏水性有机污染物邻苯二甲酸酯（PAEs）在沉积物上的不可逆吸附过程，提出了改进的可逆/不可逆吸附模型，计算其最大不可逆吸附量，并探讨沉积物的组成和性质以及PAEs自身物化性质对PAEs在沉积物上不可逆吸附作用的影响。利用EqP法研究PAEs的沉积物质量基准，着重探明不可逆吸附作用的影响，并在此基础上，考虑不可逆吸附作用的影响，对传统的EqP法给予补充。

3.3.1　实验方法

3.3.1.1　不可逆吸附实验

不可逆循环吸附/解吸实验设计如表3-3-1所示：所列举的是两种典型的实验过程，研究中涉及的其余实验步骤均与之相似。具体实验方案是：第一循环，一定浓度的目标物在接近一周的周期内连续吸附六次，以期达到最大不可逆吸附，然后解吸六次；进入第二循环，一次吸附后连续解吸六次，直至后来吸附到沉积物上的目标物与解吸下来的物质浓度相等，最后分析颗粒相中目标物的浓度。

称取沉积物样品0.8g，放入100mL离心瓶中，按照0.8∶50的水土比例（16g/L）加入适量的PAEs母液（体系中加入1‰ NaN$_3$从而抑制微生物的生长），浓度与表3-3-1中一致，放于恒温振荡器上常温下振摇3～7天，然后离心（3000r/min），分离出的上清液待处理测定。然后用PAEs母液或灭菌蒸馏水代替上清液进行下次吸附或解吸。其中，上清液用15mL正己烷（色谱纯）分3次萃取，合并萃取液，浓缩至3mL，待净化后进GC-MC检测。

表 3-3-1　典型实验拟定：DMP 和 DEHP 连续吸附/解吸实验

	步骤	实验时间	初始浓度 C_0/(mg/L)	操作
第一循环	第1~6次吸附	3~7d/step	0.786~2.386	母液替代约98%的上清液
	第1~6次解吸	3~7d/step	—	不含目标物的清液替代约98%的上清液
第二循环	第7次吸附	5d	1.473	同上吸附
	第7~12次解吸	4~7d/step	—	同上解吸

3.3.1.2　实验过程质量控制

实验过程中的沉积物样品和配制溶液的蒸馏水都经灭菌，以除去其中的微生物，实验过程按无菌操作进行，减少微生物的降解作用，同时操作过程杜绝中塑料、酯类材质与PAEs污染源接触。实验过程中各样品都避光存放，以减少光解作用。

该研究的主要目的是考察沉积物对目标污染物的吸附和解吸作用，而要忽略并且避免降解和挥发作用。在整个吸附/解吸实验过程结束后，分析体系中的PAEs含量，根据质量守恒定律，发现循环解吸后固/液体系中DMP平均损失8.53%，DEHP平均损失7.34%（表3-3-2）。总体来看，回收率实验结果表明该测定方法可行，符合实验室质量控制标准。

表 3-3-2　连续吸附/解吸质量衡算表

样点	DMP			DEHP		
	理论值/(μg/g)	实测值/(μg/g)	回收率/%	理论值/(μg/g)	实测值/(μg/g)	回收率/%
花园口	243.58	214.89	88.22	569.21	527.73	92.71
小浪底	131.72	119.77	90.93	528.54	454.86	86.06
沌口	248.25	221.57	89.25	577.13	558.27	96.73
东风闸	344.17	335.46	97.47	606.64	577.12	95.13

3.3.2　循环吸附/解吸作用

DMP 和 DEHP 在各沉积物上的连续吸附/解吸结果见图 3-3-1 和图 3-3-2，DMP 和 DEHP 的解吸曲线明显偏离其吸附曲线，解吸量远远小于吸附量，并且经过多次的解吸步骤后，沉积相中仍残留一部分 PAEs，这说明 2 种 PAEs 的解吸过程并不是吸附的可逆过程。例如，在两轮解吸过程中，花园口沉积物体系中 DMP 的水相平衡浓度仅为 $0.013 \sim 0.047\mu g/mL$。其原因可能是吸附到沉积物上的 DMP 与颗粒物结合紧密，难于解吸到水相中，从而表现为水相中的浓度比较低。当固相 DMP 含量为 $250\mu g/g$，吸附过程和解吸过程的水相平衡浓度分别为 $1.676\mu g/mL$ 和 $0.039\mu g/mL$，前者约为后者的 40 倍。经过多次解吸过程后，仍约有 $240\mu g/g$ 的 DMP 存在于花园口沉积物上。比较两轮循环吸附/解吸过程的 1、2 次解吸结果发现，前 3 步的解吸量约为 $10\mu g/g$，后 2 步的解吸量约为 $40\mu g/g$，而最后 3 次解吸量仅为 $3\mu g/g$。这说明沉积物上可逆吸附的 DMP 在短时间内能发生解吸作用，而部分吸附态的 DMP 即使经过多次解吸仍然无法进入水相中。

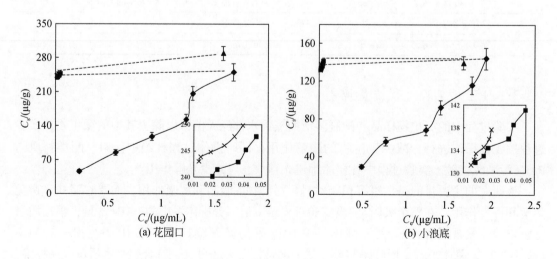

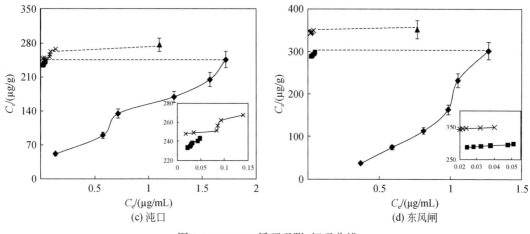

图 3-3-1　DMP 循环吸附/解吸曲线

◆ 表示第 1～6 次吸附；■ 表示第 1～6 次解吸；▲ 表示第 7 次吸附；× 表示第 7～12 次解吸

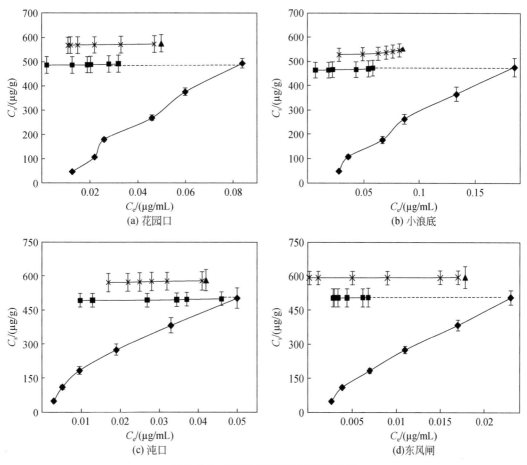

图 3-3-2　DEHP 循环吸附/解吸曲线

◆ 表示第 1～6 次吸附；■ 表示第 1～6 次解吸；▲ 表示第 7 次吸附；× 表示第 7～12 次解吸

与 DMP 循环吸附/解吸曲线所不同的是，两轮连续解吸过程中，解吸到液相中的 DEHP 浓度比较高，在第 7 次吸附后，几乎完全解吸下来。以沌口样品为例，第 6 次吸附液相平衡是 0.0499μg/mL，而紧随其后的第一次解吸液相浓度为 0.046μg/mL，第 1~6 次连续解吸后，第 7 次吸附液相中 DEHP 平衡浓度为 0.042μg/mL，同样紧随其后的解吸浓度为 0.041μg/mL，此两次吸附/解吸的液相平衡浓度几乎相等，即吸附到沉积颗粒相的 DEHP 能够完全解吸到水相中。因此，可以初步判定此时沉积物对 DEHP 的吸附性能已达到最大不可逆吸附量。

分析黄河中下游、长江武汉段以及世界上其他河流水相和沉积相中 PAEs 的实际含量（Sha et al., 2007；Wang et al., 2008），发现河流水相和沉积相中 DMP 的含量要比本实验过程中的含量低 2 个数量级，说明实际水环境中 DMP 在沉积相中的含量远低于其最大不可逆吸附量。但对 DEHP 来说，其在许多河流水环境中的含量分布与本实验中的含量基本处于同一数量级，说明 DEHP 在沉积相中的含量可能已接近最大不可逆吸附量。

3.3.3 不可逆吸附各参数的确定

3.3.3.1 考虑不可逆吸附作用的吸附等温式

不可逆吸附主要是由化学吸附所引起，吸附到沉积物上的化合物发生了物理化学的重排，通过如范德瓦耳斯力、色散力、诱导力和氢键等化学键合作用与沉积物颗粒中的有机质键合形成了有机复合物，从而与沉积物颗粒紧密结合，难以解吸到液相中。另外，微孔吸附也能导致不可逆吸附，部分微孔吸附污染物后出现变形或其他过程导致被吸附的污染物无法再发生解吸作用。由于沉积物的化学吸附位点和微孔总量是一定的，所以其存在最大不可逆吸附量 q_{max}^{irr}。当所有的不可逆吸附位点均被占据后，不可逆吸附便不再发生，不可逆吸附室达到饱和（Xia and Pignatello, 2001）。从图 3-3-1 和图 3-3-2 可以很直观地看出，PAEs 在各沉积物上的固相浓度随解吸作用的进行而降低，同时值得注意的是，当液相浓度极低（低于检测限）或相对比较低时，固相浓度并不降低为 0，而是接近一个恒定的值。具体量化不可逆吸附过程可以通过吸附/解吸各参数来表示。

将 PAEs 在沉积物上的总吸附量 q^{total} 分为两部分：可逆吸附量 q^{rev} 和不可逆吸附量 q^{irr}：

$$q^{total} = q^{rev} + q^{irr} \tag{3-3-1}$$

其中，q^{rev} 是在固相与液相间进行可逆分配的部分，可逆吸附部分可用线性方程进行拟合：

$$q^{rev} = k_p^{rev} \times c \tag{3-3-2}$$

q^{irr} 是指在吸附过程中，不按线性等温线参与分配的部分，可用 Langumir 模型表示。综上所述可得式（3-3-3）：

$$q^{total} = k_{oc}^{rev} \times f_{oc} \times c + \frac{k_{oc}^{irr} \times f_{oc} \times q_{max}^{irr} \times fc}{q_{max}^{irr} f + k_{oc}^{irr} \times f_{oc} \times c} \tag{3-3-3}$$

式中，q 为固相吸附量（μg/g）；c 为液相平衡浓度（μg/mL）；f_{oc} 为沉积物有机碳质量分数；k_p^{rev} 为化合物可逆吸附部分的分配系数（L/g）；k_{oc}^{rev} 为化合物可逆吸附部分经有机碳校正后的分配系数；f 表示不可逆吸附部分占总不可逆吸附位的比例（假设为 1）；k_{oc}^{irr} 表示不可逆吸附部分经有机碳标化的化合物在固相/液相间的分配系数（L/g），其为经过多次解吸后，当水相浓度维持很低或不变时，污染物在固相的浓度经有机碳标化后与液相浓度的比值；q_{max}^{irr} 为最大不可逆吸附量（μg/g）。经过多次连续的吸附过程后，PAEs 不可逆吸附部分达到饱和。而后在不断进行的解吸过程中，不可逆吸附部分难以解吸进入水相，其不可逆吸附量仍然保持为 q_{max}^{irr}，此时式（3-3-3）可简化为

$$q = k_{oc} \times f_{oc} \times c + q_{max}^{irr} \tag{3-3-4}$$

3.3.3.2 最大不可逆吸附量 q_{max}^{irr}

根据式（3-3-4），q_{max}^{irr} 可通过作图法（即图形外推法）求得。将图 3-3-1 和图 3-3-2 中第 2 次循环解吸实验的数据点线性外推至 y 轴，其在 y 轴上的截距便是 q_{max}^{irr}，结果列于表 3-3-3。另外还可根据质量守恒由实验结果计算得到 q_{max}^{irr}-exp，即将本底值、加入量、解吸值进行恒算，得到理论 q_{max}^{irr}-exp 值。现将这两种方法得到的 q_{max}^{irr} 值进行对比分析，由表 3-3-4 可以看出，作图外推法得到的 q_{max}^{irr} 值比实验理论值 q_{max}^{irr}-exp 略小，但整体数值相差不大，说明该实验结果具有可靠性。

如表 3-3-3 所示，尽管 DEHP 的 $\lg K_{ow}$ 是 DMP 的 4.3 倍，但 DEHP 在不同沉积物上的 q_{max}^{irr} 仅是 DMP 的 1.75～4.12 倍。另外，两者在 4 种沉积物上的 $\lg k_{oc}^{irr}$ 相近（DEHP：6.595±0.048；DMP：6.32±0.72），且接近常数（6.46±0.38），说明 $\lg K_{ow}$ 值不是影响两者不可逆吸附作用的主要因素。这与 Chen 等（2000）的研究结果相一致，他们研究发现 5 种氯代苯在沉积物上的 $\lg k_{oc}^{irr}$ 为一常数（Chen et al., 2000）。

表 3-3-3　PAEs 在不同沉积物样品上的可逆和不可逆吸附参数

沉积物	DMP			DEHP		
	$q_{max}^{irr}/(\mu g/g)$	$\lg k_{oc}^{rev}$	$\lg k_{oc}^{irr}$	$q_{max}^{irr}/(\mu g/g)$	$\lg k_{oc}^{rev}$	$\lg k_{oc}^{irr}$
小浪底	125.19	4.98	6.64	515.87	5.31	6.70
花园口	240.10	4.97	6.79	565.95	5.02	6.67
沌口	243.24	4.21	6.23	564.87	4.85	6.50
东风闸	337.37	3.69	5.61	591.40	4.12	6.51

注：k_{oc}^{rev}、k_{oc}^{irr} 的单位为 L/kg。

表 3-3-4　q_{max}^{irr} 图形外推值和实验值列表　　　　　　　　（单位：μg/g）

PAEs 种类	样点	小浪底	花园口	沌口	东风闸
DMP	q_{max}^{irr}	125.19	240.10	243.24	337.37
	q_{max}^{irr}-exp	131.72	243.58	248.25	344.17
DEHP	q_{max}^{irr}	515.87	565.95	564.87	591.40
	q_{max}^{irr}-exp	528.54	569.21	577.13	606.64

3.3.3.3 可逆吸附量 q^{rev}

根据式（3-3-1）和式（3-3-4）可算出各步的可逆吸附量 q^{rev}。为探究 PAEs 可逆吸附的影响因素，将 q^{rev} 对 C_e（液相浓度）作图，结果见表 3-3-5。在实验浓度范围内，DMP 和 DEHP 的 q^{rev} 与 C_e 均存在显著的线性相关。将得到的 q^{rev} 用式（3-3-2）进行拟合，进一步得到 k_{oc}^{rev}。由表 3-3-3 可知，DMP 可逆吸附部分的 $\lg k_{oc}^{rev}$ 为 3.69～4.98，该值大于文献报道的 $\lg K_{oc}$ 值（1.9～2.3）（Staples et al., 1997），说明除在有机碳上的分配作用外，DMP 还存在其他的吸附机制。DEHP 的 $\lg k_{oc}^{rev}$ 为 4.12～5.31，与文献报道值（4.94～6.13）（Mackintosh et al., 2006）接近，说明 DEHP 的主要可逆吸附机制为在有机碳上的分配作用。

表 3-3-5　可逆吸附量与液相浓度关系表

沉积物	DMP		DEHP	
	线性方程	R^2	线性方程	R^2
小浪底	$y=192.82x+63.77$	0.961	$y=408.23x+245.70$	0.962
花园口	$y=177.17x+120.03$	0.965	$y=197.36x+281.74$	0.991
沌口	$y=130.05x+121.62$	0.978	$y=571.25x-0.078$	1.000
东风闸	$y=230.67x+168.66$	0.936	$y=608.92x+293.30$	0.973

3.3.4　不可逆吸附机理探讨

根据以上不可逆吸附过程中各参数的分析，可以认为，在沉积物中同时存在可逆吸附室和不可逆吸附室，污染物在两室中的吸附机制存在差异。可逆吸附室中的吸附类似于污染物在土壤有机质中的分配行为，而不可逆吸附室中的吸附可能是污染物在特定位点上与沉积物颗粒中的某些特定物质发生化学结合作用所致，解吸只能发生在可逆吸附室中，滞留在不可逆吸附室中的污染物相对具有一定的惰性，表现为不可逆过程（Kan et al., 1997）。另外，有机碳的再分配理论认为，当有机污染物被吸附到颗粒物上时，发生分子与孔隙结合的变化，污染物以分子结合力或化学键的形式与颗粒物中的有机碳发生结合而被固定，成为不可逆吸附的部分（Pignatello and Xing, 1996）。或者污染物进入颗粒的微孔后，不容易再发生解吸作用。

有机污染物的不可逆吸附过程往往与其理化性质有关，PAEs 的芳香环上包含羧基（表 3-3-6），其中苯环可与沉积物发生 π-π 电子供受体（EDA）相互作用（Xia et al., 2012），羧基可提供氢键的点位。先前文献报道，PAEs 和含有官能团的异质性吸附剂之间能形成化学键，如氢键和 π-π 作用等（Keiluweit and Kleber, 2009；Zhang et al., 2008）。因此，我们推测两种 PAEs 和四种沉积物之间存在着氢键和 π-π 作用，从而导致 PAEs 在沉积物上的不可逆吸附。

表 3-3-6 两种 PAEs 的理化性质与化学结构式

邻苯二甲酸酯	简写	分子式	$\lg K_{ow}$	—R₁	—R₂
邻苯二甲酸二甲酯	DMP	$C_{10}H_{10}O_4$	1.646	$-CH_3$	$-CH_3$
邻苯二甲酸双（2-乙基己基）酯	DEHP	$C_{24}H_{38}O_4$	7.056	CH_2CH_3 | $CH_2CH(CH_2)_3CH_3$	CH_2CH_3 | $CH_2CH(CH_2)_3CH_3$

　　为探究 PAEs 在沉积物上不可逆吸附的其他影响因素，分析了 q_{max}^{irr} 与沉积物理化性质之间的关系。研究发现两种 PAEs 的 q_{max}^{irr} 均与沉积物的比表面积和阳离子交换量呈正相关，这是因为比表面积越大，相应的可供吸附的位点越多；沉积物的阳离子交换量越大，其化学键的作用能力越强，从而增加了不可逆吸附量。另外还发现 DMP 和 DEHP 的 q_{max}^{irr} 随沉积物黑炭含量和孔径的增大而增大，这说明聚合过程和空隙填充也是 PAEs 不可逆吸附作用的机制之一。一方面，由于化合物与颗粒物中的有机质形成了有机复合物，改变了被吸附物质的理化性质（Kan et al.，1997）；另一方面，化合物可以凝聚在毛细管或空隙间（Kan et al.，1998）。先前文献指出，腐殖质不仅具有大量的官能团，而且由于能够形成稳定的多聚体结构，分子间遍布着不同直径的空间或空穴，能容许低分子量的有机化合物进入这些空穴（施瓦茨巴赫等，2004）。值得提出的是，DMP 和 DEHP 在沌口上的 q_{max}^{irr} 与其在花园口上的 q_{max}^{irr} 值相近，但沌口黑炭含量是花园口的 4 倍，这说明不仅土壤有机质含量会对 PAEs 在沉积物上的不可逆吸附产生影响，而且有机质的组成也会影响沉积物对 PAEs 的不可逆吸附。我们先前的研究也表明 DEHP 在花园口沉积物上的 $\lg K_{BC}$（DEHP-黑炭分配系数）要远高于在沌口沉积物上的 $\lg K_{BC}$（Xia et al.，2011）。

　　Weber 和 Huang（1996）认为土壤有机质可以分成 2 个主要区域：橡胶态（软碳）和玻璃态（硬碳）。在玻璃态中，疏水性有机污染物表现出非线性、慢速率、溶质竞争吸附和吸附/解吸滞后现象，而在橡胶态，则表现出线性的、快速率的吸附，不存在溶质竞争和吸附/解吸滞后（Weber and Huang，1996）。根据上述理论可以初步认为，污染物进入土壤被有机质和矿物表面吸附后，进入玻璃态有机质或黏粒纳米级微孔的污染物就可能成为不可逆吸附部分，而被橡胶态有机质和矿物外表面吸附的污染物可能成为可逆吸附部分。对于 PAEs，以下几个因素导致其在颗粒上的不可逆吸附作用：①PAEs 自身的化学结构决定在吸附过程中存在氢键和 π-π EDA 作用；②PAEs 与土壤有机胶体形成有机复合物，产生不可逆吸附作用；③PAEs 凝聚在玻璃态有机质的毛细管或空隙间而产生不可逆吸附作用。

3.3.5　不可逆吸附作用对沉积物质量基准的影响

目前美国国家环境保护局（EPA）提出的沉积物质量基准（SQC）是根据水质基准（WQC）推导而来，假定底栖生物与上覆水生物对化学物质具有相似的生物敏感性，以水相中污染物的质量基准为依据，根据 EqP 法［式（3-3-5）］来计算沉积物的质量基准。在这种计算过程中，污染物的吸附/解吸过程被看作完全可逆，但实际不可逆吸附现象的存在，使得吸附到沉积物中的污染物并非都能可逆地解吸到水相中。根据这种不可逆现象，即使底泥中某种污染物的浓度较高，相应水相中的浓度可能也会很低，并且污染物可能会长期停留在沉积相而不进入水相，这就使得其对水生生物的实际危害可能较小，因此利用线性平衡分配计算得到的沉积物质量基准可能高估污染物对水生生物的危害。基于此，参考已有的研究（Chen et al., 2000），考虑沉积物对有机污染物的不可逆吸附作用，将传统的 EqP 方程改进为式（3-3-6）用以计算 SQC。

$$SQC = K_p \times WQC \tag{3-3-5}$$

$$SQC^* = k_p^{rev} \times WQC + \frac{k_{oc}^{irr} f_{oc} q_{max}^{irr} \times WQC}{q_{max}^{irr} + k_{oc}^{irr} f_{oc} \times WQC} \tag{3-3-6}$$

式中，K_p 为污染物在沉积相–水相间的分配系数（L/g）；k_p^{rev} 为污染物在沉积相的可逆吸附系数（L/g）；WQC 为 EPA 水质基准值（μg/L）；k_{oc}^{irr} 表示不可逆吸附部分经有机碳标化的污染物在沉积相–水相间的分配系数（L/g）；q_{max}^{irr} 为最大不可逆吸附量（μg/g）。根据 DMP 和 DEHP 的吸附平衡实验结果得到式（3-3-5）中的 K_p 值，根据多次的吸附/解吸循环实验得到 k_p^{rev}、k_{oc}^{irr} 和 q_{max}^{irr} 值。然后根据式（3-3-5）和式（3-3-6）分别得到未考虑不可逆吸附作用和考虑不可逆吸附作用的沉积物质量基准值（表3-3-7）。由于所研究的四种沉积物中 DMP 的孔隙水浓度远低于其水质基准值（270 000 μg/L），在此不讨论 DMP 的沉积物质量基准。如表3-3-7所示，考虑不可逆吸附作用的 DEHP 沉积物质量基准值都比未考虑的要高。对于小浪底、花园口和沌口，DEHP 在沉积相和孔隙水中的浓度均分别低于 SQC 和 WQC 值。对于东风闸，尽管水相浓度（2.01 μg/L）比 WQC（2.2 μg/L）低，但其沉积相浓度（15.01 μg/g）超过了未考虑不可逆吸附的 SQC（12.77 μg/g）值。相反沉积相浓度却显著低于考虑了不可逆吸附作用的沉积物质量基准值 SQC*（213.43 μg/g），这一结果与孔隙水的评价结果一致，说明考虑了不可逆吸附作用的沉积物质量基准能更合理地评价沉积物中污染物的生态风险。

如表3-3-7所示，当考虑不可逆吸附作用时，DEHP 的沉积物质量基准是未考虑不可逆吸附作用的 2~20 倍。由此表明传统未考虑不可逆吸附作用的 EqP 法所得到的沉积物质量基准对某些有机污染物可能过于严格，不可逆吸附作用在制定基准时不可忽视。而且，何时采用改进的沉积物质量基准依沉积物的污染状态而定。当沉积物作为水相污染物的源时，污染物的解吸作用是影响其水相浓度的关键过程，此时需要采用改进的沉积物质量基准进行评价。但当沉积物为水相污染物的汇时，沉积物中污染物的浓度受吸附作用控制，此时采用传统的 EqP 法所得到的沉积物质量基准进行评价比较合适。对于本节所研究的东风闸，DEHP 在沉积相与水相的分配比为 7500L/kg，显著高于其平衡分配系数（5800L/kg），此时 DEHP 在水相的浓度主要受解吸作用影响，因此适合采用改进的沉积物质量基准来进行评价。

表 3-3-7 DEHP 在不同沉积物上的质量基准值

沉积物	C_S /($\mu g/g$)	C_W /($\mu g/L$)	K_p/(L/kg)	WQC /($\mu g/L$)	SQC /($\mu g/g$)	SQC* /($\mu g/g$)
小浪底	1.05	1.96	4655	2.2	10.23	21.83
花园口	2.11	1.07	4811	2.2	10.58	26.03
沌口	6.27	1.57	8658	2.2	19.05	52.75
东风闸	15.01	2.01	5800	2.2	12.77	213.43

3.4 小 结

（1）对于黄河和海河沉积物来说，在有其他多环芳烃存在的情况下，以苊的自由溶解态浓度作为水相平衡浓度表征的 K_p 值是以苊的总溶解态浓度作为水相平衡浓度表征的 K_p 值的 2 倍。无论是以自由溶解态浓度还是以总溶解态浓度作为水相平衡浓度，K_p 值都随悬浮物浓度增加而呈幂函数形式下降，而且以苊的总溶解态浓度作为水相平衡浓度表征的 K_p 值要比以苊的自由溶解态浓度作为水相平衡浓度表征的 K_p 值下降要快。

（2）除了第三相（溶解性有机碳和胶体）外，颗粒与颗粒间或颗粒与溶解性有机碳间的相互作用也是颗粒浓度效应的主要原因。第三相对颗粒浓度效应的贡献取决于沉积物的总有机碳含量和沉积物粒径。第三相对海河沉积物颗粒浓度效应的贡献要比对黄河沉积物的贡献大，这主要是因为海河沉积物的粒径较小，总有机碳和黑炭含量较高。

（3）DMP 和 DEHP 的解吸曲线明显偏离其吸附曲线，解吸量远远小于吸附量，并且经过多次解吸后，沉积相中仍残留一部分 PAEs，说明 2 种 PAEs 的解吸过程并不是吸附的可逆过程。DMP 和 DEHP 的 q^{rev} 与 C_e 之间均存在显著的线性相关，说明其在沉积颗粒物上的可逆吸附是线性的；DMP 的 $\lg k_{oc}^{rev}$ 值大于文献报道的 $\lg K_{oc}$ 值，说明除在有机碳上的分配作用外，还存在其他的吸附机制，而 DEHP 的 $\lg k_{oc}^{rev}$ 与文献报道值接近，说明 DEHP 的主要可逆吸附机制为在有机碳上的分配作用。

（4）沉积物中同时存在可逆吸附室和不可逆吸附室，PAEs 在可逆吸附室中的吸附类似于污染物在土壤有机质中的分配行为，而不可逆吸附室中的吸附可能归因于以下三点：①PAEs 与沉积物之间的氢键和 π-π EDA 作用；②进入不可逆吸附室的 PAEs 与土壤中的有机胶体形成了有机复合物，且改变了 PAEs 的理化性质；③PAEs 凝聚在毛细管或空隙间以及玻璃态有机质（黑炭）对 PAEs 的锁定作用。

（5）运用传统 EqP 法得出的 SQC 值过于严格，可能高估沉积物中污染物的生态风险。考虑不可逆吸附作用的影响，改进后的 SQC 值更为科学合理，其评价结果与孔隙水浓度的评价结果相吻合。

参 考 文 献

Adams R G, Lohmann R, Fernandez L A, et al. 2007. Polyethylene devices: Passive samplers for measuring dissolved hydrophobic organic compounds in aquatic environments. Environmental Science & Technology, 41: 1317-1323.

Benoit G, Rozan T F. 1999. The influence of size distribution on the particle concentration effect and trace metal partitioning in rivers. Geochimica et Cosmochimica Acta, 63: 113-127.

Bo G, Peng W, Zhou H, et al. 2013. Sorption of phthalic acid esters in two kinds of landfill leachates by the carbonaceous sorbents. Bioresource Technology, 136: 295-301.

Booij K, Hofmans H E, Fischer C V, et al. 2003. Temperature-dependent uptake rates of nonpolar organic compounds by semipermeable membrane devices and low-density polyethylene membranes. Environmental Science & Technology, 37 (2): 361-366.

Burton G A. 2002. Sediment quality criteria in use around the world. Limnology, 3: 65-76.

Chang C C Y, Davis J A, Kuwabara J S. 1987. A study of metal ion adsorption at low suspended-solid concentrations. Estuarine Coastal & Shelf Science, 24: 419-424.

Chen H, Reinhard M, Nguyen V T, et al. 2015. Reversible and irreversible sorption of perfluorinated compounds (PFCs) by sediments of an urban reservoir. Chemosphere, 144: 1747-1753.

Chen W, Kan A T, Tomson M B. 2000. Irreversible adsorption of chlorinated benzenes to natural sediments: implications for sediment quality criteria. Environmental Science & Technology, 34: 4249.

Chen Y X, Chen H L, Xu Y T, et al. 2004. Irreversible sorption of pentachlorophenol to sediments: experimental observations. Environment International, 30: 31-37.

Feng C, Xia X, Shen Z, et al. 2007. Distribution and sources of polycyclic aromatic hydrocarbons in Wuhan section of the Yangtze River, China. Environ Monit Assess, 133: 447-458.

Fernandez L A, Harvey C F, Gschwend P M. 2009. Using performance reference compounds in polyethylene passive samplers to deduce sediment porewater concentrations for numerous target chemicals. Environmental Science & Technology, 43 (23): 8888-8894.

Hart B T, Hines T. 1993. Trace elements in rivers. //Benes P, Steines E. Biogeochemical Cycling of Elements in Rivers. London: Lewis Publishers: 268-300.

He M, Sun Y, Li X, et al. 2006. Distribution patterns of nitrobenzenes and polychlorinated biphenyls in water, suspended particulate matter and sediment from mid- and down-stream of the Yellow River (China). Chemosphere, 65: 365-374.

Heemken O, Stachel B, Theobald N, et al. 2000. Temporal variability of organic micropollutants in suspended particulate matter of the River Elbe at Hamburg and the River Mulde at Dessau, Germany. Archives of Environmental Contamination and Toxicology, 38: 11-31.

Higgo J J W, Rees L V C. 1986. Adsorption of actinides by marine sediments: effect of the sediment/seawater ratio on the measured distribution ratio. Environmental Science & Technology, 20: 483-490.

Kan A T, Fu G, Hunter M A, et al. 1997. Irreversible adsorption of naphthalene and tetrachlorobiphenyl to lula and surrogate sediments. Environmental Science & Technology, 31: 2176-2185.

Kan A T, Fu G, Hunter M, et al. 1998. Irreversible sorption of neutral hydrocarbons to sediments: experimental observations and model predictions. Environmental Science & Technology, 32: 892-902.

Ke S, Jie J, Keiluweit M, et al. 2012. Polar and aliphatic domains regulate sorption of phthalic acid esters

（PAEs）to biochars. Bioresource Technology, 118: 120-127.

Keiluweit M, Kleber M. 2009. Molecular-level interactions in soils and sediments: the role of aromatic pi-systems. Environmental Science & Technology, 43: 3421-3429.

Kenneth W W, Stefan B H, Schwarzenbach R P, et al. 1997. *In situ* spectroscopic investigations of adsorption mechanisms of nitroaromatic compounds at clay minerals. Environmental Science & Technology, 31: 240-247.

Lapviboonsuk J, Loganathan B G. 2007. Polynuclear aromatic hydrocarbons in sediments and mussel tissue from the lowermost Tennessee River and Kentucky Lake. Journal of Kentucky Academy of Science, 68: 186-197.

Lee C L, Kuo L J. 1999. Quantification of the dissolved organic matter effect on the sorption of hydrophobic organic pollutant: application of an overall mechanistic sorption model. Chemosphere, 38: 807-821.

Li G, Xia X, Yang Z, et al. 2006. Distribution and sources of polycyclic aromatic hydrocarbons in the middle and lower reaches of the Yellow River, China. Environment Pollution, 144: 985-993.

Liu L, Li F, Xiong D, et al. 2006. Heavy metal contamination and their distribution in different size fractions of the surficial sediment of Haihe River, China. Environmental Geology, 50: 431-438.

Luo X, Chen S, Mai B, et al. 2006. Polycyclic aromatic hydrocarbons in suspended particulate matter and sediments from the Pearl River Estuary and adjacent coastal areas, China. Environment Pollution, 139: 9-20.

Mackintosh C E, Maldonado J A, Ikonomou M G, et al. 2006. Sorption of phthalate esters and PCBs in a marine ecosystem. Environmental Science & Technology, 40: 3481-3488.

Mccauley D J, Degraeve G M, Linton T K. 2000. Sediment quality guidelines and assessment: overview and research needs. Environmental Science & Policy, 3: 133-144.

Mcgroddy S E, Farrington J W. 1995. Sediment porewater partitioning of polycyclic aromatic hydrocarbons in three cores from boston harbor, Massachusetts. Environmental Science & Technology, 29: 1542-1550.

Pan G, Liss P S. 1998. Metastable-equilibrium adsorption theory: II Experimental. Journal of Colloid and Interface Science, 201: 77-85.

Pignatello J J, Xing B. 1996. Mechanisms of slow sorption of organic chemicals to natural particles. Environmental Science & Technology, 30: 1-11.

Qiao M, Huang S, Wang Z. 2008. Partitioning characteristics of PAHs between sediment and water in a shallow lake. Journal of Soil and Sediment, 8: 69-73.

Sander M, Pignatello J J. 2007. On the reversibility of sorption to black carbon: distinguishing true hysteresis from artificial hysteresis caused by dilution of a competing adsorbate. Environmental Science & Technology, 41: 843-849.

Schwarzenbach R P, Gschwend P M, Imboden D M. 2003. Environmental organic chemistry. Hoboken, NJ, USA: Wiley.

Severtson S J, Banerjee S. 1993. Mechanistic model for collisional desorption. Environmental Science & Technology, 27: 1690-1692.

Sha Y, Xia X, Yang Z, et al. 2007. Distribution of PAEs in the middle and lower reaches of the Yellow River, China. Environmental Monitoring & Assessment, 124: 277-287.

Shea K M. 2003. Pediatric exposure and potential toxicity of phthalate plasticizers. Pediatrics, 111: 1467-1474.

Staples C A, Peterson D R, Parkerton T F, et al. 1997. The environmental fate of phthalate esters: a literature review. Chemosphere, 35: 667-749.

Turner A, Hyde T L, Rawling M C. 1999. Transport and retention of hydrophobic organic micropollutants in estuaries: implications of the particle concentration effect. Estuarine Coastal and Shelf Science, 49: 733-746.

Turner A, Rawling M C. 2002. Sorption of benzo [a] pyrene to sediment contaminated by acid mine drainage: contrasting particle concentration-dependencies in river water and seawater. Water Research, 36: 2011-2019.

Wang F, Xia X, Sha Y. 2008. Distribution of phthalic acid esters in Wuhan section of the Yangtze River, China. Journal of Hazardous Materials, 154: 317-324.

Weber W J, Huang W. 1996. A distributed reactivity model for sorption by soils and sediments. 4. Intraparticle heterogeneity and phase distribution relationships under nonequilibrium conditions. Environmental Science & Technology, 30: 881-888.

Xia G, Pignatello J J. 2001. Detailed sorption isotherms of polar and apolar compounds in a high-organic soil. Environmental Science & Technology, 35: 84-94.

Xia X, Dai Z, Zhang J. 2011. Sorption of phthalate acid esters on black carbon from different sources. Journal of Environmental Monitoring, 13: 2858-2864.

Xia X, Yang Z, Zhang X. 2009. Effect of suspended-sediment concentration on nitrification in River Water: Importance of suspended sediment-water interface. Environmental Science & Technology, 43: 3681-3687.

Xia X, Yu H, Yang Z, et al. 2006. Biodegradation of polycyclic aromatic hydrocarbons in the natural waters of the Yellow River: effects of high sediment content on biodegradation. Chemosphere, 65: 457-466.

Xia X, Zhai Y, Dong J. 2013. Contribution ratio of freely to total dissolved concentrations of polycyclic aromatic hydrocarbons in natural river waters. Chemosphere, 90: 1785-1793.

Xia X, Zhang J, Sha Y, et al. 2012. Impact of irreversible sorption of phthalate acid esters on their sediment quality criteria. Journal of Environmental Monitoring, 14: 258-265.

Yang Y, Chen H, Pan G. 2007. Particle concentration effect in adsorption/desorption of Zn(II) on anatase type nano TiO$_2$. Journal of Environmental Sciences, 19: 1442-1445.

Zhang W, Xu Z, Pan B, et al. 2008. Equilibrium and heat of adsorption of diethyl phthalate on heterogeneous adsorbents. Journal Colloid Interface Science, 325: 41-47.

Zhou J, Fileman T, Evans S, et al. 1999. The partition of fluoranthene and pyrene between suspended particles and dissolved phase in the Humber Estuary: a study of the controlling factors. Science of the Total Environment, 243: 305-321.

|第4章| 水体悬浮泥沙和溶解性有机质对有机污染物光化学降解的影响

4.1 引　言

有毒有机污染物在水体中的迁移转化和归趋过程一直是环境界研究的热点。其中，光化学降解是有机污染物从水环境中去除的重要途径之一。已有大量研究探讨了自然条件下有机污染物如多环芳烃（PAHs）的光化学降解（Beltran et al., 1995），考察了污染物的初始浓度和 pH、溶解氧等水环境因素对多环芳烃光化学降解速率的影响（Jacek and Dorota, 2003；Wang et al., 1999；唐玉斌等，1999；Vialaton and Richard, 2002），发现各种 PAHs 的量子产率均随 O_2 浓度的升高而增加，表明 O_2 浓度对 PAHs 的光化学降解具有促进作用（Fasnacht and Blough, 2002）。一些研究表明，水体中的溶解性有机质（DOM）吸收太阳辐射以后，可以产生·HO、RO_2·、$^1O_2$ 等活性物质，它们能使某些有机污染物发生氧化反应（Ioannis et al., 2001；Nina et al., 2000）。

但目前有关有机污染物光化学降解的研究主要是针对单一的水相，很少考虑水体颗粒物对有机污染物光化学降解的影响。而实际的自然水体具有多介质性，尤其对于某些多泥沙河流，如我国的黄河，近年来其泥沙平均含量约为 4g/L。因此，研究水体颗粒物对有机污染物光化学降解的影响作用具有重要的意义。另外，自然水体中影响有机污染物光化学降解的另一个重要因素是溶解性有机质，不同地理条件下产生的溶解性有机质存在很大的差异，其对污染物光敏化降解的影响可能也不同。因此，本章以模拟太阳光的金属卤素灯和氙灯为光源，以多环芳烃为典型有机污染物，重点研究以下两方面的内容：①分析蒽、苯并[a]芘、苯并[ghi]苝 3 种具代表性的多环芳烃在黄河水体中的光化学降解规律，重点考察水体颗粒物对这几种多环芳烃光化学降解速率的影响及影响机制，探讨颗粒物中溶解性和非溶解性腐殖质对多环芳烃光化学降解速率的影响；②研究水体不同浓度、不同来源溶解性有机质（富里酸）对多环芳烃光化学降解的影响，探讨·OH 和 $^1O_2$ 两种主要活性氧在 5 种多环芳烃（二氢苊、芴、荧蒽、苊、菲）光解过程中的作用。

4.2 黄河水体颗粒物对多环芳烃光化学降解的影响

4.2.1 实验方法

4.2.1.1 样品准备

本模拟实验所用的颗粒物样品包括黄河泥沙及泥沙的来源黄土。水样及泥沙样品均采自黄河花园口河段中央,采样时间为2003年7月24日。其中,水样采回后过0.45μm滤膜,去除微生物。泥沙样品是黄河水体中的悬浮泥沙经静置沉降,自然风干后所得。黄土样品采自黄土高原的第四纪沉积物,采样地点为陕西绥德,采样时间为2002年8月10日,采样深度为0~20cm的表层土。样品采回后,风干、磨碎过0.154mm孔筛。所有样品于4℃冰箱中保存,尽快进行光化学降解模拟实验。

4.2.1.2 腐殖酸、一级土样和二级土样的制备

采用焦磷酸钠法提取黄土样品中的腐殖酸,其分离纯化按参考文献(文启孝,1984;中国科学院南京土壤研究所,1978)进行。一级土样为去除溶解性腐殖质的黄土样品。其具体步骤为:将5g黄土置于锥形瓶中,倒入200mL蒸馏水,恒温振荡24h(25℃)后,将水土混合物离心分离,再往分离后得到的黄土中加200mL蒸馏水恒温振荡24h,如此反复3次。最后将得到的黄土置于45℃烘箱中烘干,所得土样为一级土样。二级土样为去除溶解性和非溶解性腐殖质的黄土样品,所用方法为H_2O_2氧化法(汤鸿霄等,1982;Tessier et al.,1979)。

4.2.1.3 模拟实验装置的设计

反应容器为具有双层玻璃冷却水套的烧杯,模拟太阳光源的金属卤素灯置于容器上方。在实验时,使冷却水持续通过夹套,以保证反应过程中的温度恒定。反应容器外径为10.8cm,内径为8.4cm,受光面积为55.4cm^2。容器口为磨口,上加石英片,取样时揭开石英片使实验体系自然充氧。容器下放置磁力搅拌器,保证体系通过搅拌处于均匀状态。调节光源与反应器间的距离,使容器液面处紫外光强为57μW/cm^2,可见光强为$1.7×10^5$μW/cm^2,从而接近花园口7月实地测量光强值。

4.2.1.4 多环芳烃光化学降解模拟实验

称取一定质量固体多环芳烃,溶于甲醇中配成适当浓度的多环芳烃(包括䓛、苯并[a]芘、苯并[ghi]苝3种具代表性的多环芳烃)溶液。移取一定体积的多环芳烃溶液至双层套杯中,待甲醇挥干后加入100mL河水和不同质量的黄河泥沙、黄土、腐殖酸、一级土样或二级土样。以模拟光源照射,定时取样测量整个水体中的多环芳烃(包括水相、泥沙

相和杯壁）。同时采用对照实验来反映光照过程中可能出现的生化降解。对照实验条件为：将反应容器用铝膜完全包住，使反应溶液处于黑暗条件，并保持温度等其他环境因素与光照反应一致，定时取样分析体系中的多环芳烃。

4.2.2 无颗粒物水体 PAHs 的光化学降解特征

如图 4-2-1（b）所示，在水体不含任何颗粒物时，体系初始含量约为 85μg/L 的各多环芳烃的光化学降解符合一级反应动力学规律。其中，䓛、苯并[a]芘和苯并[ghi]苝的一级反应动力学常数分别为 0.0028h^{-1}、0.0077h^{-1} 和 0.0025h^{-1}。在暗对照实验中，体系多环芳烃的含量变化很小，说明非光解过程在研究时段内不显著。如图 4-2-1（a）所示，在水体不含任何颗粒物时，体系初始含量约为 1.2μg/L 的各多环芳烃的光化学降解也符合一级反应动力学规律。其中，䓛、苯并[a]芘和苯并[ghi]苝的一级反应动力学常数分别为 0.0088h^{-1}、0.0151h^{-1} 和 0.0061h^{-1}。由此说明：①当体系多环芳烃初始含量较低时，其光化学降解速率常数比高含量体系的要大，这是由于当光强一定时，低浓度体系中单个多环芳烃得到的光量子数比高浓度体系的要多；②不管体系多环芳烃的浓度是 85μg/L 还是 1.2μg/L，3 种多环芳烃的光化学降解速率顺序均为：苯并[a]芘>䓛>苯并[ghi]苝。

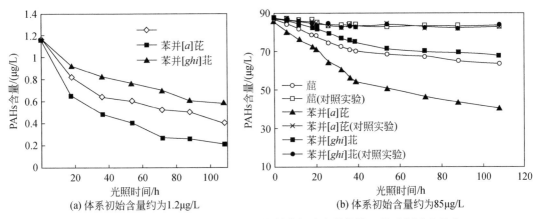

图 4-2-1　不同初始浓度多环芳烃的光化学降解动力学曲线（体系泥沙含量为 0）

本实验结果表明这 3 种物质的降解速率并不完全与分子结构有关，呈现出 5 个苯环的苯并[a]芘的降解速率>4 个苯环的䓛>6 个苯环的苯并[ghi]苝。这种变化趋势可以用分子的吸收光谱来解释。从图 4-2-2 三种物质的吸收光谱图来看，苯并[a]芘的吸收光谱很复杂，包括很多不同强度的波段；䓛只在 230～275nm 之间有一个明显的吸收峰；苯并[ghi]苝在 250～300nm 之间有一个明显的吸收峰，在 350～400nm 之间有一个次吸收峰。在模拟太阳光源的照射下，苯并[a]芘对光的吸收最大，所以降解呈现较快的趋势。对于苯并[ghi]苝和䓛 2 种物质来说，苯并[ghi]苝虽然有 2 段吸收峰，但峰值都相对较小，对光的吸收较弱，因此与䓛相比，竞争得到的光子较少，降解受到限制。且䓛的分子结构与芘相比更为简单，C—C 键的断裂需要能量较小，所以䓛的降解相对较快。

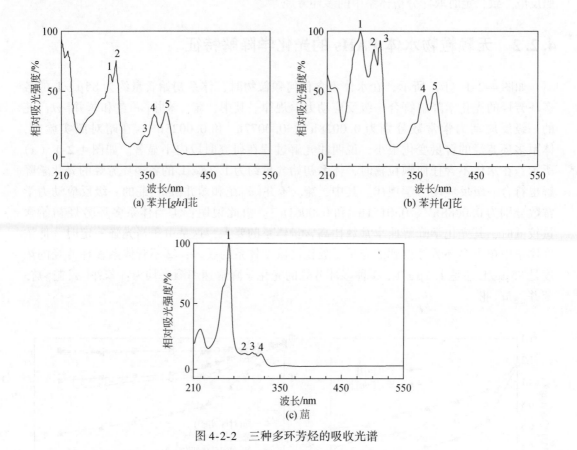

图 4-2-2　三种多环芳烃的吸收光谱

4.2.3　黄河泥沙对水体 PAHs 光化学降解速率的影响

图 4-2-3 为不同泥沙含量情况下，光照 4 天后 3 种多环芳烃的光化学降解率。从图中可看出，在不含任何泥沙时，水体多环芳烃光化学降解的速率最快；随着泥沙含量的升高，多环芳烃的光化学降解显著变慢，且降解率与泥沙含量之间的关系可用下面的式子表述：

$$\text{䓛}: y = 0.217 e^{-0.149x} \qquad R^2 = 0.9684 \tag{4-2-1}$$

$$\text{苯并}[a]\text{芘}: y = 0.465 e^{-0.183x} \qquad R^2 = 0.9505 \tag{4-2-2}$$

$$\text{苯并}[ghi]\text{芘}: y = 0.198 e^{-0.203x} \qquad R^2 = 0.9868 \tag{4-2-3}$$

其中，y 为光化学降解率，x 为泥沙含量。

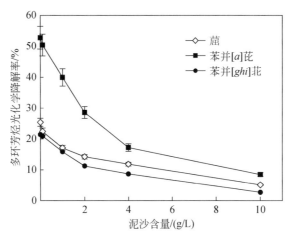

图 4-2-3 黄河泥沙含量对多环芳烃光化学降解率的影响（光照 4 天）

4.2.4 黄土对水体 PAHs 光化学降解速率的影响

实验结果表明，当体系 3 种多环芳烃的初始含量均约为 $85\,\mu g/L$ 时，黄土对其光化学降解的影响与黄河泥沙的影响不同（图 4-2-4）。当体系黄土的含量为 0.1g/L 和 5g/L 时，䓛和苯并[a]芘的光化学降解速率均大于不含黄土时的光化学降解速率，而当体系黄土含量为 1.0g/L 时，䓛和苯并[a]芘的光化学降解明显变慢。对于苯并[ghi]苝来说，只有当体系黄土含量为 5.0g/L 时，其光化学降解速率大于不含黄土的体系，对于黄土含量为 0.1g/L 和 1.0g/L 的体系，苯并[ghi]苝的光化学降解速率均小于不含黄土的体系。进一步分析黄土存在条件下多环芳烃光化学降解的动力学曲线，可发现其降解不能用一级反应动力学方程来拟合，其降解更符合二级反应动力学规律。

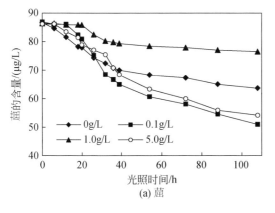

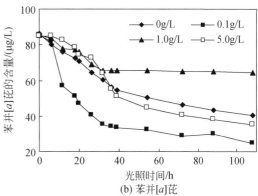

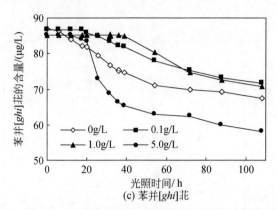

图 4-2-4   黄土含量对水体多环芳烃光化学降解速率的影响

4.2.5   水体颗粒物对 PAHs 光化学降解速率的影响机制

4.2.5.1   黄河泥沙对 PAHs 光化学降解速率的影响机制

如前所述，当水体颗粒物的种类和含量不同时，其对多环芳烃光化学降解速率的影响也不相同。从理论上分析，光强透过率与水体中泥沙含量之间存在如下关系：

$$T = T_0 \cdot e^{-bx}　　　　　　　　(4\text{-}2\text{-}4)$$

其中，x 为泥沙含量，T 为透过光强，T_0 为入射光强，b 为常数。

颗粒物一方面会阻碍光的入射，降低多环芳烃的光化学降解速率；另一方面，颗粒物上存在的铁、锰氧化物和天然有机质将分别作为光催化剂和光敏化剂（郑红和汤鸿霄，1999；Chin et al.，2004），促进多环芳烃的光化学降解。从前面关于黄河泥沙对多环芳烃光化学降解速率的影响结果可知，光化学降解速率与泥沙含量之间的关系和光强透过率与泥沙含量之间的关系完全相同。由此说明，泥沙主要通过阻碍光的入射而影响多环芳烃的光化学降解，泥沙中其他组分对多环芳烃光化学降解速率的影响不显著。

4.2.5.2   黄土对 PAHs 光化学降解速率的影响机制

由于一定浓度黄土的存在能加速 PAHs 的光化学降解，我们推测是由于黄土中的腐殖质能作为光敏化剂，从而促进 PAHs 的光化学降解。为此，从黄土中提取腐殖质，进一步考察腐殖质对 PAHs 光化学降解速率的影响。如图 4-2-5 所示，3 种 PAHs 的光化学降解速率均随体系腐殖质含量的增加而增加。如当体系腐殖质含量分别为 0g/L、0.125g/L 和 0.225g/L 时，在光照 108h 的时间段内，初始含量为 85μg/L 的蒽的平均降解速率分别为 0.213μg/(L·h)、0.455μg/(L·h) 和 0.538μg/(L·h)。

进一步考察溶解性和非溶解性腐殖质对 PAHs 光化学降解的影响，结果如图 4-2-6 所示，当向水体中分别添加相同含量的去除溶解性腐殖质的黄土与去除溶解性和非溶解性腐殖质的黄土，PAHs 的光化学降解速率基本相同。由此说明，黄土中非溶解性腐殖质对 PAHs 的光化学降解不存在显著的影响。这也进一步说明了为什么黄土与黄河泥沙对 PAHs

光化学降解的影响不同。因为黄河泥沙主要来自黄土高原，黄土与泥沙的关键区别在于，前者没有经过水体浸泡，而后者是经过了水体的长期浸泡，许多组分（包括溶解性腐殖质）已溶解于水体。

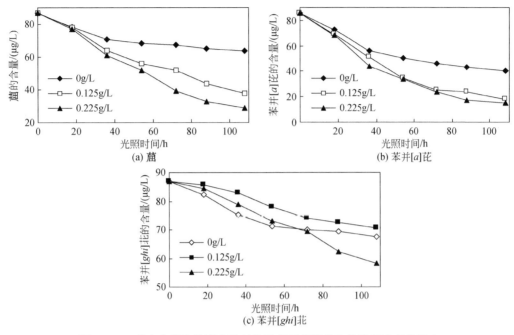

图 4-2-5　黄土中提取的腐殖质对体系多环芳烃光化学降解速率的影响

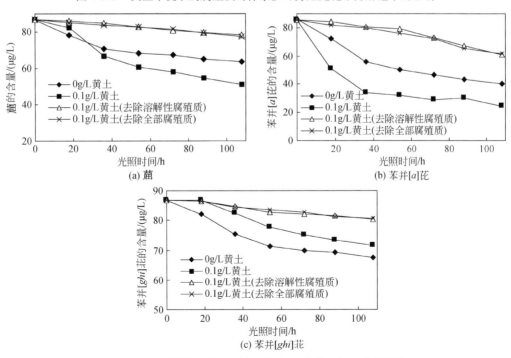

图 4-2-6　不同类型黄土对多环芳烃光化学降解速率的影响

除了黄土中的溶解性腐殖质通过光敏化作用生成自由基对 PAHs 的光化学降解产生促进作用外,黄土还会通过阻碍光强影响 PAHs 的光化学降解。任何情况下,黄土都会存在上述两方面的作用,且黄土浓度越大,产生的自由基、光氧化剂的浓度越高,对光强的阻碍作用也越明显,两种相反作用的加和决定了对 PAHs 降解产生的净影响。对蒀和苯并[a]芘来说,当水体黄土含量为 0.1g/L 时,自由基对降解的作用非常明显,而颗粒物对光强的阻碍作用很弱,因此降解速率最快;当水体黄土含量为 5g/L 时,虽然产生的自由基含量较大,但由于黄土对光强有很高的阻碍作用,降解速率较快;当水体不含任何黄土时,降解速率较慢;而当黄土浓度为 1g/L 时,黄土对光强的阻碍不弱,水溶液中存在的自由基也不多,两种作用的叠加使 PAHs 的降解最慢。黄土对苯并[ghi]芘的影响与对前两种 PAHs 的影响不同,当黄土浓度为 5g/L 时降解最快,0g/L 次之,0.1g/L 和 1g/L 时降解最慢。这是由不同 PAHs 对光子和自由基的竞争作用所造成。从前面三种 PAHs 的吸收光谱可知,苯并[ghi]芘对光子吸收处于劣势,且由于其分子结构较复杂,较难降解。只有在较高自由基浓度下,苯并[ghi]芘才能获得一定自由基和光子,发生相对较快的降解。因此只有当黄土含量为 5g/L,自由基较多的情况下,苯并[ghi]芘的降解最快;在低浓度黄土(0.1g/L、1g/L)的情况下,苯并[ghi]芘的降解比不含任何颗粒物时还慢。

4.3 溶解性有机质富里酸对多环芳烃光化学降解的影响

4.3.1 实验方法

4.3.1.1 富里酸(FA)储备液制备

本研究中按地带差异由北向南依次选取松花江(吉林)、后海(北京)、黄河(郑州)、长江(武汉)4 处水体,采集水样 20~80L。同时采集北京海淀区(圆明园)土壤样品 2kg,并用去离子水(20L)溶解搅拌得到浸提液。5 个样品经 0.45μm 滤膜过滤后使用 XAD-8 树脂提取各样品中的 FA(霍夫里特和斯泰因比歇尔,2004),分别命名为 SRFA、HLFA、YRFA、CRFA 和土壤的 BSFA,冷冻干燥后用超纯水分别配制成 FA 储备液(500mg/L)。

4.3.1.2 光化学降解实验

光化学降解实验在自制旋转木马式光化学反应器(图 4-3-1)中进行,选择与日光具有相近连续光谱曲线的氙灯模拟光源(1kW)置于石英冷阱内,冷却水持续通过冷阱滤除大部分红外辐射以保持反应温度恒定;光源周围均布 20 支石英光解管(10mL,壁厚 1mm),能有效透过 UV-A、UV-B 区紫外光及可见光。实验同时对反应管处光强进行

校正测量：可见光光强为 145~151mW/cm² （日光①可见光光强为 50.4mW/cm²）；UV365
为 3.3~3.9mW/cm² （日光①2.37mW/cm²）；各批次实验过程中光强值保持恒定。

本研究选用 YRFA，在其浓度分别为 0mg/L、1.25mg/L、12.2mg/L 和 138mg/L 的溶
液体系中对 5 种 PAHs 进行光解动力学研究，并选取黄河水相 FA 典型浓度值 （1.25mg/L）
作为实验浓度，对 5 种不同来源 FA 体系 （SRFA、HLFA、YRFA、CRFA、BSFA） 中
PAHs 的光化学降解过程进行比较分析。在上述光解反应液准备过程中，使用超纯水将各
系列体积均补齐至 8mL，所有样品均设置平行样 3 组，光解过程中定时取下相应光解液进
行直接进样 HPLC-荧光检测。采用甲醇/水 （90/10，体积比） 流动相，流速为 1mL/min，
波长设置 （$\lambda_{ex}/\lambda_{em}$） 分别为二氢苊、芴 （280nm/334nm），菲 （292nm/366nm），荧蒽
（360nm/460nm），芘 （336nm/376nm）。

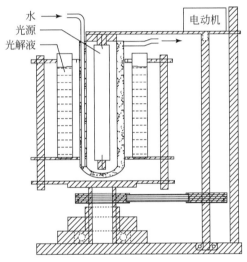

图 4-3-1　光化学降解反应实验装置

4.3.1.3　活性氧 $^1O_2$ 和 · OH 的猝灭实验

选用呋喃甲醇 （FFA） 和二甲基亚砜 （DMSO） 分别作为 2 种主要活性氧 $^1O_2$ 和 · OH
的特异性捕获剂。向各光解液体系中添加 $^1O_2$ 特异性捕获剂 FFA 储备液，使其平衡浓度为
0.2mmol/L；光解过程中定时取样，采用 C_{18} 柱-紫外法对 FFA 进行分离检测，流动相为甲
醇/水 （50/50，体积比），流速为 1mL/min，波长为 224nm。通过光解过程中 FFA 的浓度
变化，对 $^1O_2$ 的稳态浓度进行计算。对于 · OH，配制 DMSO 浓度为 0.2mmol/L 的 PAHs 光
解体系，通过对 · OH 猝灭条件下 PAHs 的光解动力学分析间接研究水体中 · OH 在 PAHs
光解中的作用。

FA 的傅里叶变换红外光谱 （FTIR） 表征：分别取 2mg 干燥的 FA 样品与 100mg 无水

---

① 北京，2005 年 6 月 11 日上午 11 时，晴朗。

溴化钾混合，并在玛瑙研钵中研磨后压制成透明薄片，在 $400 \sim 4000 \mathrm{cm}^{-1}$ 波数范围内，设置分辨率为 $4 \mathrm{cm}^{-1}$，扫描次数为 32，扫描其红外光谱。

4.3.1.4 质量控制及保证

由于 PAHs 在水相中溶解度较小，而已有研究表明，助溶剂的添加对 PAHs 的光解有明显影响（Leila and Sadao，1998；Fasnacht Blough，2002），故本研究中选用纯水溶剂体系对国际上关注较多的 16 种 PAHs 中溶解度较大的 5 种 PAHs 进行光解研究，且保证实验体系中最终浓度均低于各自溶解度。应用外标法对 5 种 PAHs 进行定量分析，相关系数（r）均大于 0.999。实验时当日对标准曲线进行校正。此外，由于各批次样品检测量大，待测样品等待时间较长（$0 \sim 3 \mathrm{h}$），在此期间瓶壁对溶液中的 PAHs 存在较弱吸附作用（小于 5%），因此当次实验根据暗对照控制样 PAHs 浓度变化对各检测值进行校正。

4.3.2　FA 来源对 PAHs 光解的影响

对来自 5 种不同来源的 FA 在 PAHs 光解中的作用进行动力学分析。根据光化学理论，在稀溶液的均匀混合体系中，化合物的直接、间接光解均可用一级光解动力学方程描述 [式（4-3-1）]（Kawaguchi，1993），因此首先对 5 种 FA 体系中 PAHs 的光解进行一级反应动力学方程拟合（表 4-3-1）。当光解体系中各种不同来源 FA 的浓度均为 $1.25 \mathrm{mg/L}$ 时，不同体系中 5 种 PAHs 的光解均表现出较好的一级反应动力学性质，且二氢苊、芴和菲 3 种 PAHs 的光化学降解速率常数均小于体系不含 FA 时的降解速率常数，其中二氢苊的降低作用最为明显（平均 $k'/k = 0.55$）。相反，FA 存在时体系中荧蒽和芘的光化学降解速率有所增加，其中荧蒽在各来源 FA 光解体系中的 k'/k 变化范围为 $1.01 \sim 1.09$，而芘的 k'/k 范围为 $1.06 \sim 1.12$。

$$-\ln(C_t/C_0) = kt + a \tag{4-3-1}$$

式中，C_t、C_0 分别为 t 时刻和 0 时刻体系中 PAHs 的浓度，k 为一级反应速率常数，t 为时间，a 为常数。

表 4-3-1　不同来源 FA 在 PAHs 光解过程中的作用

PAHs	初始浓度 /(μg/L)	无 FA		YRFA		CRFA		SRFA		HLFA		BSFA	
		k/h^{-1}	RSD	k'/h^{-1}	RSD	k'/h^{-1}	RSD	k'/h^{-1}	RSD	k'/h^{-1}	RSD	k'/h^{-1}	RSD
二氢苊	68.5	2.18	0.01	1.18	0.02	1.24	0.02	1.18	0.01	1.24	0.02	1.16	0.02
芴	48.2	0.83	0.11	0.78	0.03	0.78	0.03	0.78	0.01	0.76	0.03	0.78	0.03
菲	90.5	1.15	0.02	1.01	0.03	1.02	0.03	0.99	0.03	1.01	0.01	1.01	0.03
荧蒽	46.0	0.47	0.03	0.50	0.18	0.51	0.07	0.48	0.12	0.49	0.11	0.48	0.18
芘	77.7	1.91	0.01	2.07	0.04	2.14	0.06	2.08	0.01	2.13	0.05	2.03	0.06

注：RSD 为相对标准偏差；k 为体系中无 FA 时 PAHs 的一级光解速率常数；k' 为体系中有 FA 时 PAHs 的一级光解速率常数。

进一步对各来源 FA 的结构组成进行红外光谱分析，如图 4-3-2 所示。由图可知，各来源 FA 在 3300～3700cm⁻¹ 吸收带均存在大量酚、醇羟基的吸收峰，在 1715cm⁻¹ 处存在强烈的羧基吸收，同时在 1625cm⁻¹ 处显示有芳环结构的存在（顾志忙等，2000）。这表明，在 FA 分子中存在大量的酚、醇羟基、羧基、苯环等结构。由各峰吸收强度可知，不同来源 FA 分子中酚、醇羟基、羧基、苯环等结构含量水平差别较小，其在结构上具有较高的相似度。正是这种结构上的相似导致其在 PAHs 光化学降解过程中作用的一致性。

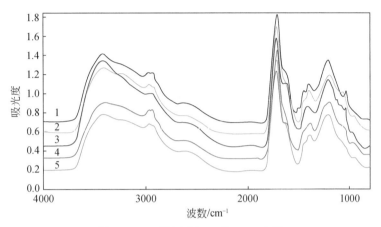

图 4-3-2　不同来源 FA 的 FTIR 光谱
1. YRFA；2. CRFA；3. BSFA；4. HLFA；5. SRFA

4.3.3　FA 浓度对 PAHs 光解的影响

以 YRFA 为例，进一步研究 FA 浓度对 PAHs 光化学降解速率的影响。如图 4-3-3 所示，不同浓度 FA 体系中 5 种 PAHs 的光解均表现出较好的一级反应动力学性质。当体系 FA 浓度分别为 1.25mg/L、12.2mg/L、138mg/L 时，二氢苊、芴、菲 3 种 PAHs 的光化学降解速率均比不含 FA 时的低，其中二氢苊光化学降解速率的降低作用最明显（k'/k 分别为 0.58、0.54 和 0.42），且其降解速率与 FA 浓度间无明显的响应关系。芴和菲的光化学降解速率随体系中 FA 浓度的升高而降低（芴的 k'/k 分别为 0.98、0.83 和 0.59；菲的 k'/k 分别为 0.86、0.76 和 0.43）。而对于荧蒽和芘，当体系 FA 浓度水平较低（1.25mg/L）时，其光化学降解速率较无 FA 时有所增加（荧蒽 k'/k 为 1.13；芘 k'/k 为 1.08），随体系中 FA 浓度的升高（12.2mg/L，138mg/L），荧蒽的光化学降解速率无明显变化，但对芘的光化学降解甚至表现出一定程度的抑制作用（当 FA 浓度为 138mg/L 时，$k'/k = 0.81$）。因此，体系 FA 浓度对不同 PAHs 光解速率的影响存在差异，但在实验浓度范围内，PAHs 的光解速率整体上随体系中 FA 浓度的升高呈现降低趋势。

对于溶解性有机物在有机污染物光化学降解过程中的作用机理，通常认为激发态发色团（$^3FA^*$）主要通过 3 种机制使有机污染物发生光敏化反应（Zepp et al., 1981a, 1981b;

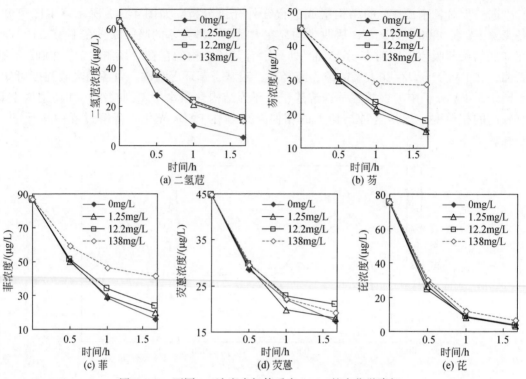

图 4-3-3　不同 FA 浓度光解体系中 PAHs 的光化学降解

Brezonik，1994；牛军峰等，2005）：①有机物分子中的 H 原子转移到 $^3FA^*$ 上形成自由基；②$^3FA^*$ 与水中的溶解氧作用生成 $^1O_2$、$O_2^-\cdot$ 等活性氧，从而导致有机物的光氧化降解；③$^3FA^*$ 直接将能量转移给污染物分子。适合①型反应（自由基历程）的化合物通常包括易于发生还原的醌类以及易于发生氧化的酚类、胺类化合物和醇、醚、羧酸等有机物。另外，由于 FA 分子中存在大量的酚、醇羟基、羧基、苯环等结构（图 4-3-2），这种结构的大量存在导致其在光辐射激发后将能量传递给 PAHs 分子或与溶解氧作用产生活性氧，从而可以促进体系中 PAHs 的降解。

4.3.4　FA-PAHs 光解体系中 $^1O_2$ 的作用

大量研究显示，FFA 是一种方便适用的 $^1O_2$ 选择性捕获剂（Haag et al.，1984a，1984b）。根据 Haag 和 Hoigne（1986）的研究，在光照水体中，$^1O_2$ 氧化 FFA 的速率可以归纳为如下方程：

$$-\frac{d[FFA]}{dt}=I_a\phi(^1O_2)\left(\frac{k_r[FFA]}{k_d+(k_r+k_q)[FFA]}\right) \tag{4-3-2}$$

式中，I_a 为光吸收速率［Einstein/(L·s)］，$\phi(^1O_2)$ 为 $^1O_2$ 的量子效率，k_d、k_r、k_q 分别为 $^1O_2$ 与水的物理猝灭速率、与 FFA 化学反应速率和物理猝灭速率。

在 FFA 的上限浓度（0.2mmol/L）允许范围内的天然水环境条件下，通过 FFA 浓度

的变化对 $^1O_2$ 的稳态浓度计算得：无 FA 的光解体系中 $^1O_2$ 的稳态浓度为 $[^1O_2] = 6.18 \times 10^{-10}$ mmol/L，低浓度 FA 体系中（1.25 mg/L）$^1O_2$ 的稳态浓度为 $[^1O_2]_{FA} = 6.92 \times 10^{-10}$ mmol/L，与无 FA 的光解体系相比有所增加。详细理论参阅文献（Mill et al.，1980；Haag et al.，1984a，1984b；Haag and Hoigne，1986）。

在加入 FA 的天然水体系中，$^1O_2$ 稳态浓度的增加表明，FA 的存在促进了体系中 $^1O_2$ 的产生。这主要是因为，对于天然有机质组分，激发态未知发色团最重要的受体（猝灭剂）是基态分子氧（三重态 $^3O_2$）。由于 $^3O_2$ 激发到第一激发态 $^1O_2$ 仅仅需要 94 kJ/mol 的能量，几乎所有在紫外–可见波长范围内吸收光子的发色团都可能（经过系间窜越）将其吸收的光能量转移到 O_2 上（施瓦茨巴赫等，2004）。此外，由于光解过程中微量 FFA（上限浓度 0.2 mmol/L）的存在仍会对体系中 $^1O_2$ 的浓度产生一定程度的降低作用，因此才导致实验过程中 FFA 对 PAHs 光解的微弱抑制作用（如 $k'_{芴}/k_{芴}$ 为 0.79；$k'_{芘}/k_{芘}$ 为 0.88），这也更进一步证明 PAHs 光解过程中 $^1O_2$ 反应进程的存在。上述结果表明体系中 FA 的存在促进了 $^1O_2$ 的生成，并通过 $^1O_2$ 光解进程促进了 PAHs 的光解。

4.3.5 FA-PAHs 光解体系中·OH 的作用

·OH 与有机物的反应主要有 2 种类型：①与双键或芳环的亲电加成；②从碳原子上抽氢。PAHs 是富含芳环结构的一类有机化合物，因此很容易被·OH 氧化，进而发生降解。大量研究表明，DMSO 和甘露醇均具有较好的羟基自由基特异捕获性能（Vaughan and Richard，1998；方允中和郑荣梁，2002）。比较实验表明，DMSO 具有更高的·OH 捕获效率以及较好的适用性，其浓度为 0.2 mmol/L 时对体系中的·OH 便基本达到饱和猝灭。但鉴于 DMSO 对芘的光解表现出一定干扰作用，因此本研究中对二氢苊、芴、菲、荧蒽 4 种目标污染物进行光敏化降解分析。

如表 4-3-2 所示，在添加·OH 捕获剂 DMSO 后的各光解体系中，PAHs 的光解均受到明显的抑制作用（$k_{DMSO} < k$，$k'_{DMSO} < k'$），表明·OH 在 PAHs 的光解过程中具有重要作用。在含 FA（YRFA，1.25 mg/L）的光解体系中，·OH 对 PAHs 光化学降解的贡献速率（$k' - k'_{DMSO}$）分别为芴 0.37 h⁻¹、菲 0.30 h⁻¹ 和荧蒽的 0.45 h⁻¹（表 4-3-2）；而在不含 FA 的直接光解体系中，·OH 的贡献速率则分别为（$k - k_{DMSO}$）芴 0.36 h⁻¹、菲 0.23 h⁻¹ 和荧蒽 0.30 h⁻¹。比较 2 个光解体系中·OH 对 PAHs 光解的贡献，发现 FA 存在条件下 3 种 PAHs 的·OH 光解贡献速率均有不同程度的增加，表明 FA 的存在促进了光解体系中·OH 的产生，进而导致·OH 参与下 PAHs 光解作用的增加。

表 4-3-2 不同光解体系中 PAHs 的降解速率常数及其·OH 贡献

PAHs	初始浓度 /(μg/L)	一级反应动力学常数/h⁻¹				k'/k	k'_{DMSO}/k_{DMSO}	·OH 光解贡献/h⁻¹		·OH 光解贡献率	
		k	k'	k_{DMSO}	k'_{DMSO}			直接[2)]	间接[3)]	直接[4)]	间接[5)]
二氢苊	5.5	1)	1.61	1)	1.08				0.53		0.33
芴	14	0.98	0.85	0.62	0.48	0.87	0.77	0.36	0.37	0.37	0.44

PAHs	初始浓度 /(μg/L)	一级反应动力学常数/h^{-1}				k'/k	k'_{DMSO}/k_{DMSO}	·OH 光解贡献/h^{-1}		·OH 光解贡献率	
		k	k'	k_{DMSO}	k'_{DMSO}			直接[2]	间接[3]	直接[4]	间接[5]
菲	50	0.96	0.81	0.74	0.51	0.84	0.69	0.22	0.30	0.23	0.37
荧蒽	37	0.55	0.65	0.25	0.20	1.18	0.80	0.30	0.45	0.55	0.69

注：1）光解速率快导致获得检测值较少，k 值偏差较大；2）$k-k_{DMSO}$，其中 k 和 k_{DMSO} 分别为体系无 FA 时，·OH 未猝灭和猝灭条件下的 PAHs 一级光解速率常数；3）$k'-k'_{DMSO}$，其中 k' 和 k'_{DMSO} 分别为体系有 FA 时，·OH 未猝灭和猝灭条件下的 PAHs 一级光解速率常数；4）$(k-k_{DMSO})/k$；5）$(k'-k'_{DMSO})/k'$。

4.3.6　FA 对 PAHs 光解作用的影响机制

前面的分析表明，FA 的添加促进了体系中 $^1O_2$ 和 ·OH 的生成，从而通过 $^1O_2$ 和 ·OH 两种活性氧机制在一定程度上促进体系中 PAHs 的光化学降解。而对 ·OH 猝灭条件下 PAHs 光解动力学的分析发现（表4-3-2），3 种 PAHs 的光解均有 $k'_{DMSO}/k_{DMSO}<1$，表明在无 ·OH 条件下 FA 的存在不同程度地抑制了各 PAHs 的光化学降解过程，进而推测除 $^1O_2$ 和 ·OH 两种活性氧促进 PAHs 的光化学降解外，FA 的存在对 PAHs 的光化学降解还有其他抑制机制。这可能是由于一方面 FA 将能量传递给 PAHs 分子或与溶解氧作用产生活性氧，从而促进体系中 PAHs 的降解；另一方面，大量 FA 的存在又可能与 PAHs 分子竞争能量，如图 4-3-4（f）所示，FA 的溶液体系对光强具有较强的吸收。FA 分子经过激发，其 H 原子转移到 PAHs 或其他 FA 分子上，进而也可以使 FA 本身发生降解。因此，在光强不变时，随着体系中 FA 浓度的升高，较多的 FA 将与 PAHs 分子争夺光子和能量，导致 PAHs 的光解会受到一定抑制。

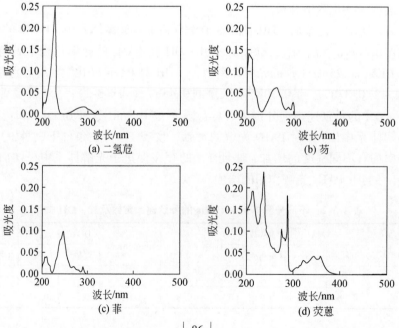

(a) 二氢苊　　(b) 芴
(c) 菲　　(d) 荧蒽

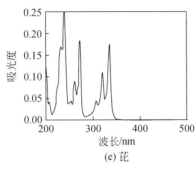
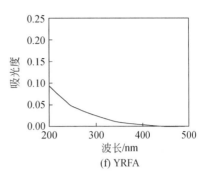

(e) 芘　　　　　　　　　　　　　　　　(f) YRFA

图 4-3-4　PAHs 及 FA 溶液的紫外–可见吸收光谱

（a～e）1mg/L 20% 甲醇水溶液；（f）为 1.5mg/L 水溶液

　　相对荧蒽和芘，二氢苊、芴、菲 [图 4-3-4 （a） ～ （c）] 在波长大于 290nm 的日光辐照波段具有较弱的吸光度，3 种 PAHs 的光解对光强的变化具有较高的灵敏度。因此，对体系添加 FA 后导致的有效辐射减弱表现出较大的响应，即其光解受到明显抑制作用。当该光解抑制作用大于 ·OH 及 $^1O_2$ 等的光敏化作用时，表现为体系二氢苊、芴、菲等 PAHs 的光化学降解速率降低。

　　而对于荧蒽和芘 （表 4-3-2），当体系 FA 浓度较低时，其光化学降解表现出微弱的促进作用。这主要归因于荧蒽和芘在大于 290nm 的日光辐照波段具有较强的光度吸收 [图 4-3-4 （d） 和 （e）]，其对光强变化的响应灵敏度较低，因此在低 FA 浓度条件下，FA 的微弱光强吸收对此 2 种 PAHs 光解的限制作用较小。由于低浓度 FA 存在时，体系中 ·OH 和 $^1O_2$ 增加所导致光化学降解速率的增加量大于 FA 争夺光子和能量所带来的光解抑制作用，因此最终表现为荧蒽和芘在低 FA 浓度 （YRFA，1.25mg/L） 时光化学降解速率的增加。而在高浓度 FA 体系中，FA 分子争夺体系中的光子和能量较多，其对 PAHs 的光解产生较强抑制作用，远大于其活性氧促进机制，故表现为在高浓度 FA 体系中各 PAHs 的光解抑制现象。我们前面对黄河水体中苯并[a]芘、䓛、苯并[ghi]芘的光解实验也表明，溶解性腐殖质的存在促进了这 3 种在大于 290nm 光区具有较强吸收的 PAHs 的光化学降解。

4.4　小　　结

　　本章研究了黄河泥沙和黄土 2 种颗粒物以及不同来源和浓度的富里酸对几种多环芳烃光化学降解的影响，所得主要结论如下：

　　（1） 关于黄河泥沙和黄土对多环芳烃光降解的影响研究发现：①当水体不含任何颗粒物时，䓛、苯并[a]芘、苯并[ghi]芘等多环芳烃的光降解符合一级反应动力学规律，且反应动力学常数随污染物初始浓度的降低而增加；3 种多环芳烃的光降解速率与分子的吸收光谱相关。②黄土通过对光强的阻碍作用和其中所含腐殖质的光敏化作用影响多环芳烃的光化学降解，这两方面的共同作用导致不同浓度黄土所产生的影响不同。黄土浓度为 0.1g/L 时促进了䓛和苯并[a]芘的光降解；黄土浓度为 5g/L 时促进了䓛、苯并[a]芘和苯并[ghi]茈的降解。当水体含有黄土时，多环芳烃的光降解符合二级动力学规律。③对多环芳烃光化学降解起主要作用的是黄土中存在的溶解性腐殖质，非溶解性腐殖质的作用不大。④由于黄河泥沙在河水中长期存在，泥沙中的溶解性腐殖质都已溶于水中，泥沙主要通过对光强的阻碍作用影响水体中多环芳烃的光降解，使光降解速率随泥沙含量的增加呈幂指数降低。

（2）关于 FA 对多环芳烃光降解的影响研究发现：①不同来源的 FA 在结构上具有较高的相似度，其对水相 PAHs 的光解具有相同的作用表现。而 FA 的存在对不同 PAHs 光解的影响表现出一定的差异：在低 FA 浓度（1.25mg/L）体系中对二氢苊、芴、菲的光解表现出不同程度的抑制作用，而对荧蒽和芘的光解则具有一定促进作用。总体上在实验浓度范围内，随着体系中 FA 浓度的升高，其对 PAHs 的光解呈抑制趋势。②FA 的存在促进了 PAHs 光解体系中 $^1O_2$ 的生成，进而促进体系中 PAHs 的 $^1O_2$ 光解进程。FA 的存在同样也促进水体中·OH 的产生，进而促进 PAHs 的·OH 光解进程。③FA 对 PAHs 光化学降解有两方面的作用，一方面将与 PAHs 分子争夺光子和能量，抑制 PAHs 的光化学降解；另一方面将促进·OH 和 $^1O_2$ 的形成，加快 PAHs 的·OH 及 $^1O_2$ 光解进程。在两种作用同时存在的情况下，当活性氧作用大于 FA 的能量竞争时，FA 的存在将促进 PAHs 的光化学降解，表现为体系中存在的低浓度（1.25mg/L）FA 促进了在日光辐射区具有较强吸收的荧蒽和芘的光化学降解作用；反之则表现为对在日光辐射区具有较弱吸收的二氢苊、芴、菲等 PAHs 的光解抑制现象。

参 考 文 献

方允中，郑荣梁．2002．自由基生物学的理论与应用．北京：科学出版社：38．

顾志忙，王晓蓉，顾雪元，等．2000．傅里叶变换红外光谱和核磁共振法对土壤中腐殖酸的表征．分析化学，28（3）：314-317．

霍夫里特 M，斯泰因比歇尔 A．2004．生物高分子（第一卷）：木质素、腐殖质和煤．郭圣荣，译．北京：化学工业出版社，286-331．

牛军峰，余刚，刘希涛．2005．水相中 POPs 光化学降解研究进展．化学进展，17（5）：938-948．

施瓦茨巴赫，施格文，英博登．2004．环境有机化学．王连生，等译．北京：化学工业出版社：440-441．

汤鸿霄，薛含斌，田宝珍，等．1982．逐级化学分离法对沉积物各组分吸附作用模式的研究．环境科学学报，2（4）：279-292．

唐玉斌，王郁，林逢凯，等．1999．多环芳烃蒽在水体中的光解动力学模拟研究．中国环境科学，19（3）：262-265．

文启孝．1984．土壤有机质研究法．北京：中国农业出版社．

郑红，汤鸿霄．1999．天然矿物锰矿砂对苯酚的界面吸附与降解研究．环境科学学报，19（6）：619-624．

中国科学院南京土壤研究所．1978．土壤理化分析．上海：上海科学技术出版社：136-140．

Beltran F J, Ovejero G, Garcia-Araya J F, et al. 1995. Oxidation of poly-nuclear aromatic hydrocarbons in water. Industial & Engineering Chemistry Research, 34：1607-1615.

Brezonik P L. 1994. Chemical Kinetics and Process Dynamics in Aquatic Systems. London：Lewis.

Chin Y P, Miller P L, Zeng L K, et al. 2004. Photosensitized degradation of bisphenol A by dissolved organic matter. Environmental Science & Technology, 38：5888-5894.

Fang Y Z, Zheng R L. 2002. Theories and Applications of Free Radical Biology. Beijing: Science Press.

Fasnacht M P, Blough N V. 2002. Aqueous photodegradation of polycyclic aromatic hydrocarbons. Environmental Science & Technology, 36: 4364-4369.

Fasnacht M P, Blough N V. 2003. Mechanisms of the aqueous photodegradation of polycyclic aromatic hydrocarbons. Environmental Science & Technology, 37: 5767-5772.

Haag W R, Hoigne J, Gassmann E, et al. 1984a. Singlet oxygen in surface waters: Part I furfuryl alcohol as a trapping agent. Chemosphere, 13: 631-640.

Haag W R, Hoigne J, Gassmann E, et al. 1984b. Singlet oxygen in surface waters: Part II quantum yields of its production by some natural humic materials as a function of wavelength. Chemosphere, 13: 641-650.

Haag W R, Hoigne J. 1986. Singlet oxygen in surface waters. 3. Photochemical formation and steady-state concentrations in various types of waters. Environmental Science & Technology, 20: 341-348.

Ioannis K K, Antonios K Z, Triantafyllos A A. 2001. Photodegradation of selected herbicides in various natural waters and soils under environmental conditions. Journal of Environmental Quality, 30: 121-130.

Jacek S M, Dorota O. 2003. Photolysis of polycyclic aromatic hydrocarbons in water. Water Research, 35 (1): 233-243.

Kawaguchi H. 1993. Rate of sensitized photo-oxidation of 2,4,6-trimethylphenol by humic acid. Chemosphere, 27 (11): 2177-2182.

Leila M N, Sadao M. 1998. Effect of solvents and a substituent group on photooxidation of fluorine. Journal of Photochemistry and Photobiology A: Chemistry, 119: 15-23.

Mill T, Hendry D G, Richardson H. 1980. Free-radical oxidants in natural waters. Science, 207: 886-887.

Miller J S, Olejnik D. 2001. Photolysis of polycyclic aromatic hydrocarbons in water. Water Research, 35 (1): 233-243.

Nina S C, Peter H B, Maaret A M K. 2000. Photo of the resin acid dehydroabietic acid in water. Environmental Science & Technology, 34: 2231-2236.

Tessier A, Campbell P G C, Bisson M. 1979. Sequential exaction procedure for the speciation of particulate trace metals. Analytical Chemistry, 51 (7): 844-851.

Vaughan P P, Blough N V. 1998. Photochemical formation of hydroxyl radical by constituents of natural waters. Environmental Science & Technology, 32: 2947-2953.

Vialaton D, Richard C. 2002. Phototransformation of aromatic pollutants in solar light: photolysis versus photosensitized reactions under natural water conditions. Aquatic Sciences, 64: 207-215.

Wang Y, Lin F K, Lin Z L, et al. 1999. Photolysis of anthracene and chrysene in aquatic systems. Chemosphere, 38 (6): 1237-1278.

Zepp R G, Baughman G L, Schlotzhauer P F. 1981a. Comparison of photochemical behavior of various humic substances in water: I Sunlight induced reactions of aquatic pollutants photosensitized by humic substances. Chemosphere, 10: 109-117.

Zepp R G, Baughman G L, Schlotzhauer P F. 1981b. Comparison of photochemical behavior of various humic substances in water: II Photosensitized oxygenations. Chemosphere, 10: 119-126.

第5章 水体悬浮颗粒物对污染物生物降解的影响

5.1 引 言

生物降解是水体有机污染物去除的重要途径，一般认为，微生物只能利用溶解态的有机污染物，部分研究认为沉积物/土壤对疏水性有机污染物（HOCs）的吸附会降低其生物有效性，从而抑制其生物降解（Harms and Bosma，1997）。然而，也有研究表明水体中沉积物的存在会提高 HOCs 的生物降解效率。如 Poeton 等（1999）提出，具有沉积物的水体中多环芳烃的降解率是纯水相的 2.1 ~ 3.5 倍，同时指出沉积物颗粒表面上微生物与吸附态多环芳烃之间的相互作用可以提高其降解率。与沉积物一样，自然水体中的悬浮颗粒物也将显著影响HOCs 在水体中的赋存形态，进而影响其生物降解作用，而且这种影响将随悬浮颗粒物含量和组成的变化而变化。悬浮颗粒物中有机碳和黑炭的含量等将对 HOCs 的分布和微生物的生长产生显著的影响，进而可能影响 HOCs 的生物降解作用。另外，对于颗粒物上未老化和老化态的污染物，其生物有效性和生物降解可能存在显著差异。因此，除颗粒物的组成外，污染物与颗粒物接触时间的长短也将直接影响污染物的生物有效性和生物降解效率。

多环芳烃作为一类典型的疏水性有机污染物，其在环境中的含量相对较高。因此本章以多环芳烃为例，研究水体悬浮颗粒物（包括自然水体的悬浮颗粒物以及人工纳米材料）的含量、粒径和组成对多环芳烃生物降解作用的影响，同时采用 ^{14}C 标记法研究颗粒物对多环芳烃矿化作用的影响，并通过分析多环芳烃的吸附/解吸作用和微生物的生长等研究颗粒物的影响机制。研究同时考虑两种情景：①模拟体系中同时引入颗粒物、多环芳烃和微生物，研究颗粒物对多环芳烃生物降解和矿化作用的影响；②模拟体系中颗粒物吸附态多环芳烃已经过一段时间的老化作用，研究吸附态多环芳烃的解吸和生物降解/矿化作用，以及解吸和生物降解间的相互作用。

5.2 黄河水体颗粒物对多环芳烃生物降解作用的影响

5.2.1 实验方法

本节选取䓛（Chr）、苯并[a]芘（B[a]P）和苯并[ghi]苝（B[ghi]P）三种典型的多环芳烃作为研究对象，选用黄河干流上较具有代表性的花园口河段的水样和悬浮颗粒物样品进行模拟实验，研究水体颗粒物对多环芳烃生物降解作用的影响。采样时间分别为 2003

年 12 月 10 日和 2004 年 2 月 20 日。样品取回后于 4℃冰箱中保存，尽快进行生物模拟实验。水样中离子总浓度为 365.8mg/L，pH 为 8.2，水样中菲背景值远远低于 1.0μg/L。所用花园口颗粒物样品的粒径组成如表 5-2-1 所示，颗粒物样品有机质含量为 0.45%，有机质含量较低。

表 5-2-1　颗粒物样品粒径组成分析

粒径组成/mm	质量分数/%
0.25 ~ 0.02	78.6
0.02 ~ 0.002	13
<0.002	8.4

向一系列经过灭菌的 150mL 三角瓶中加入一定量的菲、䓛、苯并[a]芘、苯并[ghi]苝的标准溶液（菲作为共代谢底物加入），并在通风橱中挥发。待溶剂挥干后（约 30min），向各三角瓶中加入 100mL 含相同悬浮泥沙含量的黄河水，并将各三角瓶用 8 层医用白纱布包好，在恒温培养振荡器中，于 25℃暗处振荡培养（转速为 125r/min），以保证有充足的溶解氧。定期补充无菌水以保证体系水量不变。每一样品均设三个平行实验和灭菌对照实验（加 1‰的 NaN₃ 以抑制生物作用）。每隔一定周期，取出样品分别测定水相和颗粒相的多环芳烃含量，并利用 MPN 最大可能计数法分析多环芳烃降解菌的数量，采用体系（水相和颗粒相）多环芳烃总含量的变化来表征泥沙对多环芳烃生物降解速率的影响。由于花园口泥沙含量为 0 ~ 15g/L，因此本研究悬浮泥沙含量设置为 0g/L、4g/L 和 10g/L。

5.2.2　颗粒物含量对多环芳烃生物降解速率的影响

当䓛的初始浓度为 3.80μg/L，培养 3 天后䓛的浓度迅速下降（图 5-2-1），且下降速率随颗粒物含量的增加而增加，表明颗粒物的存在促进了䓛的生物降解，增大了其生物降解速率。但培养 13 天后，不同颗粒物含量体系中䓛的生物降解率区别不显著；培养 20 天后，䓛的浓度降低缓慢，这可能是由培养基质和营养物的减少所导致。当䓛的初始浓度为 36μg/L 时，其生物降解速率也随颗粒物浓度的增大而增大（图 5-2-2）。

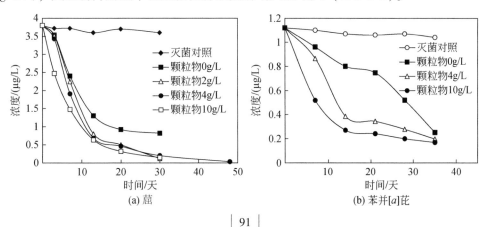

(a) 䓛　　　　　　　　　　(b) 苯并[a]芘

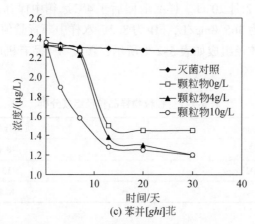

(c) 苯并[*ghi*]芘

图 5-2-1　颗粒物含量对多环芳烃生物降解作用的影响（2003 年 12 月 10 日样品）

图中所示为三个平行实验的平均值，标准偏差小于 10%

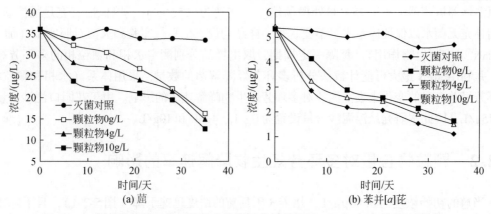

(a) 菌　　　　　　　　　　　　(b) 苯并[*a*]芘

图 5-2-2　颗粒物含量对多环芳烃生物降解作用的影响（2004 年 2 月 20 日样品）

图中所示为三个平行实验的平均值，标准偏差小于 10%

如图 5-2-1 和图 5-2-2 所示，随着颗粒物含量的增加，苯并[*a*]芘的生物降解速率增大。当体系中苯并[*a*]芘的初始浓度为 1.12μg/L，培养 14 天后，三种颗粒物体系（0g/L、4g/L 和 10g/L）中苯并[*a*]芘的生物降解率分别为 28.6%、66.1% 和 75.9%。当苯并[*a*]芘的初始浓度为 5.34μg/L，培养 14 天后，三种颗粒物体系中苯并[*a*]芘的生物降解率分别为 46.1%、51.7% 和 59.2%。同样，随着颗粒物含量的增加，苯并[*ghi*]芘的生物降解速率增大。当苯并[*ghi*]芘的初始浓度为 2.35μg/L，培养 14 天后，三种颗粒物体系（0g/L、4g/L 和 10g/L）中苯并[*ghi*]芘的生物降解率分别为 36.2%、41.3% 和 45.5%。培养 30 天后，苯并[*ghi*]芘的生物降解率远远低于菌和苯并[*a*]芘，如当颗粒物含量为 4g/L 时，菌、苯并[*a*]芘和苯并[*ghi*]芘的生物降解率分别为 95.0%、78.9% 和 48.9%。这可能是因为苯并[*ghi*]芘是具有六个苯环的高分子量多环芳烃，在环境中更难被微生物降解。

5.2.3 微生物的生长和在水–颗粒相间的分布特征

培养过程中颗粒相中多环芳烃降解菌的数量远远高于水相中降解菌的数量。以颗粒物含量为 4g/L 的体系为例（图 5-2-3），当体系中䓛、苯并[a]芘和苯并[ghi]苝的浓度分别为 3.80μg/L、1.12μg/L 和 2.35μg/L 时，颗粒相中降解菌峰值达到 3.5×10^5 个/mL，是水相中降解菌数量的 3.5 倍。同样地，当体系中䓛、苯并[a]芘以及苯并[ghi]苝的浓度分别为 36.00μg/L、5.34μg/L 和 7.28μg/L 时，颗粒相中降解菌峰值达到 1.1×10^6 个/mL，是水相中降解菌数量的 2 倍左右，这说明降解菌倾向于吸附并生长于颗粒物表面。

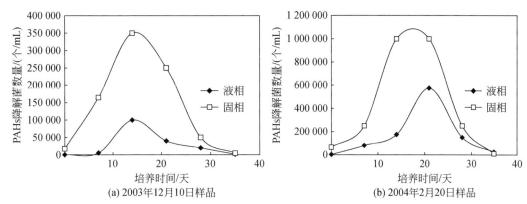

图 5-2-3 多环芳烃降解菌在颗粒相与水相中的分布情况（颗粒物含量为 4g/L）
图中所示为三个平行实验的平均值，标准偏差小于 10%

如图 5-2-4 所示，在培养初期降解菌快速增长，并在培养 2 周后达到峰值。随着颗粒物含量的增加，体系中降解菌的数量随之增加。其中，颗粒物含量为 10g/L 时，降解菌的峰值是颗粒物含量为 4g/L 时的 16 倍左右。对培养前 14 天（多环芳烃降解菌处于增长阶段）不同颗粒物含量体系的微生物生长曲线可用指数生长模型进行拟合，结果如下：

$$B = 3000e^{0.338t}(R^2 = 0.974, 颗粒物含量为 0g/L) \tag{5-2-1}$$

$$B = 4500e^{0.439t}(R^2 = 0.986, 颗粒物含量为 4g/L) \tag{5-2-2}$$

$$B = 10000e^{0.497t}(R^2 = 0.961, 颗粒物含量为 10g/L) \tag{5-2-3}$$

式中，B 为体系微生物浓度（个/mL）；t 为培养时间（天）。

比较上述各拟合公式的系数和幂指数，可知对于颗粒物含量不同的培养体系，颗粒物含量越高，多环芳烃降解菌数量越大。这主要有如下几个原因：①微生物易吸附于颗粒物的表面，因此颗粒物含量较高的体系，在反应的起始时刻多环芳烃降解菌数量也较大，这从零时刻各体系降解菌数量的比较就可以明显看出，当颗粒物含量为 0g/L、4g/L 和 10g/L 时，在培养零时刻降解菌的数量分别为 3.0×10^3 个/mL、4.5×10^3 个/mL 和 1.0×10^4 个/mL；②体系颗粒物含量增加，水–颗粒物界面增大，又如前所述，微生物主要生长于水–颗粒物界面，因此颗粒物含量的增加促进了多环芳烃降解菌的生长；③颗粒物上的有机质或其他营养物质能促进多环芳烃降解菌的生长（Poeton et al., 1999）。

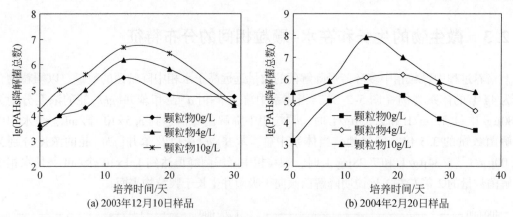

(a) 2003年12月10日样品　　(b) 2004年2月20日样品

图 5-2-4　不同颗粒物含量体系中多环芳烃降解菌的生长曲线

图中所示为三个平行实验的平均值，标准偏差小于10%

5.2.4　颗粒物对多环芳烃降解动力学的影响

一般而言，高分子量多环芳烃大多通过共代谢来完成其生物降解过程。在本研究中，䓛、苯并[a]芘以及苯并[ghi]苝的生物降解过程可能通过菲的共代谢作用完成。如前所述，降解菌在培养初期呈指数增长，并且水相中多环芳烃的浓度很低，因此本研究引入一个不支持微生物生长的基质动力学降解指数模型（Schmidt et al., 1985）来分析多环芳烃的生物降解动力学。

$$-dS/dt = K_1 S e^{rt} \tag{5-2-4}$$

$$K_1 = V_{max} B_0 / K_m \tag{5-2-5}$$

式中，S 为基质浓度；K_1 为生物降解速率常数；B_0 为微生物在 0 时刻的浓度；r 为微生物最大比生长速率；V_{max} 为最大比反应速率；t 为时间；K_m 为半饱和常数，反映了酶促反应速率到达最大反应速率一半时基质的浓度。

将式（5-2-4）积分得到

$$S = S_0 e^{-(K_1/r)[\exp(rt)-1]} \tag{5-2-6}$$

依据以上指数模型，采用 Origin 对实验数据进行拟合，得到各体系降解动力学参数。如表 5-2-2 所示，当䓛的初始浓度为 3.80μg/L，体系中颗粒物含量为 0g/L、4g/L 和 10g/L 时，䓛的生物降解速率常数分别为 0.053d⁻¹、0.084d⁻¹ 和 0.111d⁻¹。当䓛的初始浓度为 36.00μg/L 时，三体系中䓛的生物降解速率常数分别为 0.017d⁻¹、0.019d⁻¹ 和 0.023d⁻¹。对于颗粒物含量分别为 0g/L、4g/L 和 10g/L 的体系，当苯并[a]芘的初始浓度为 1.12μg/L 时，生物降解速率常数分别为 0.030d⁻¹、0.047d⁻¹ 和 0.058d⁻¹；当苯并[a]芘的初始浓度为 5.34μg/L 时，生物降解速率常数分别为 0.029d⁻¹、0.035d⁻¹ 和 0.038d⁻¹。由此可见，随着体系颗粒物含量的升高，䓛和苯并[a]芘的生物降解速率常数也逐渐增大。另外，对于同一水-颗粒物体系，䓛和苯并[a]芘的初始浓度分别为 3.80μg/L 和 1.12μg/L 时，䓛的生物降解速率常数均明显高于苯并[a]芘，这说明苯并[a]芘更难降解。由于在培养阶段苯并[ghi]苝的生物降解过程太慢，因此不能使用该模型分析苯并[ghi]苝的生物降解动力学。

表 5-2-2 各体系多环芳烃生物降解动力学参数

多环芳烃	颗粒物含量/(g/L)	r/d^{-1}	K_1/d^{-1}	RSS（残差平方和）
菌 ($C_0 = 3.80\mu g/L$)	0	0.010±0.008	0.053±0.006	0.0664
	4	0.013±0.008	0.084±0.003	0.0216
	10	0.017±0.005	0.111±0.005	0.0197
苯并[a]芘 ($C_0 = 1.12\mu g/L$)	0	0.010±0.007	0.030±0.004	0.0404
	4	0.013±0.008	0.047±0.005	0.0419
	10	0.017±0.010	0.058±0.008	0.0255
菌 ($C_0 = 36.00\mu g/L$)	0	0.010±0.005	0.017±0.002	0.0082
	4	0.012±0.003	0.019±0.001	0.0033
	10	0.015±0.004	0.023±0.001	0.0055
苯并[a]芘 ($C_0 = 5.34\mu g/L$)	0	0.010±0.002	0.029±0.001	0.0018
	4	0.012±0.009	0.035±0.004	0.0325
	10	0.015±0.007	0.038±0.004	0.0591

在培养过程中，大约75%的多环芳烃降解菌和90%的多环芳烃吸附在颗粒相，并且多环芳烃的降解率随着颗粒物含量的增加而增大，这表明多环芳烃的降解主要发生于颗粒相。根据 Hwang 和 Cuturight（2004）的研究结果，如果解吸作用发生后，水相中降解菌是导致多环芳烃消失的主要因素，那么吸附于颗粒物上的多环芳烃将会持续解吸到水相中，并且水相降解菌的数量将会保持在一个较高水平。然而，本研究中水相中降解菌的数量远低于颗粒相中降解菌的数量，并且该数量没有保持一个稳定的水平。因此，水体中多环芳烃的降解并非主要发生在水相，也不会受限于水相中的降解菌。

综上分析，水体中颗粒物对多环芳烃生物降解速率影响的具体机制为：①多环芳烃易吸附于颗粒物表面，由于其解吸作用，使得颗粒物附近多环芳烃浓度相对较高，且由于微生物也主要生长于水–颗粒物界面，这样使得微生物和多环芳烃接触的机会增大，导致水体中多环芳烃的生物降解速率常数随着颗粒物含量的增加而增大。②如 5.2.3 节所述，颗粒物的存在促进了微生物的生长。根据式（5-2-4），颗粒物的存在促进了多环芳烃的生物降解，且降解速率随颗粒含量的增加而增加。

5.3 水体悬浮颗粒物对^{14}C-菲矿化作用的影响

5.3.1 实验方法

本节采用室内模拟实验，主要研究悬浮颗粒物以及悬浮颗粒物中不同有机碳组分对水体菲生物降解及矿化作用的影响。对采自长江武汉段的同一颗粒物分别在 375℃（去除无定形有机碳）和 600℃条件下灼烧（去除无定形有机碳和黑炭）制备出不同性质的颗粒物。原始颗粒物（OS）的无定形有机碳和黑炭含量分别为 5.5g/kg 和 2.0g/kg，其中黑炭含量占总有机碳（BC/TOC）含量的 26%。375℃条件下制备的颗粒物（S375）只含有 2.0g/kg 的黑炭，600℃条件下制备的颗粒物（S600）不含有机碳。OS、S375 和 S600 颗粒物的比表面积分别为 9.37m²/g、10.16m²/g 和 11.08m²/g。在农杆菌（*Agrobacterium* sp.）作用下，利用静态放射性示踪装置，研究不含和含有不同悬浮颗粒物体系中（OS、S375 和 S600）菲的微生物降解和矿化作用，分析菲在不同性质颗粒物−水相微界面上的吸附−解吸−生物降解间的相互作用，探讨颗粒物组成对体系 ^{14}C-菲矿化作用的影响机理。

对于菲的微生物降解实验，在 500mL 磨口锥形瓶中加入 500mL 菲的无机盐矿物储备液（0.35mg/L）、2g 三种不同组成的颗粒物（OS、S375 和 S600）和 1mL 降解菌液（约为 10^7CFU/mL）。对照体系中加入除微生物外的以上物质，同时再加入 1mL NaN_3（200g/L）抑制微生物的生长。本实验每个不同体系设置三个平行样，保持 25℃避光条件下恒温磁力搅拌，每隔一段时间取出 20mL 混合液分别测定液相和固相菲的浓度。采用母体化合物菲浓度的变化来表征生物降解速率。在取样测定菲浓度时，同时从 500mL 锥形瓶中取出 1mL 混合液进行稀释，测定整个体系中微生物数量随时间的变化。

对于 ^{14}C-菲矿化实验，采用放射性示踪的静态实验装置进行，即通过测定菲经微生物降解产物 CO_2 来表征其矿化率，实验装置图如图 5-3-1 所示。

图 5-3-1　微生物矿化菲实验装置图

实验装置的盖子材料为特氟龙材质，盖子内部富有弹性的硅胶垫片及盖子内外部的薄钢片和螺帽保证了良好的密封性。装置瓶中的鳄鱼夹一端夹住悬挂在装置瓶中的 5mL 小烧杯，一端连接具有螺纹的钢棒而与装置瓶盖相连，用聚四氟乙烯条带缠绕钢棒与瓶盖接触处，以确保严格的气密性。小烧杯中盛有 2mL 1mol/L 氢氧化钠吸收液，用于吸收矿化过程中产生的放射性二氧化碳（$^{14}CO_2$）。

分别在不同体系实验装置瓶中加入 1mL 放射性菲甲醇液（2.52μCi/mL①，8.64μg/mL），

---

① Ci 为非法定单位，1Ci = 3.7×10¹⁰Bq。

隔夜挥干甲醇后在每个装置瓶中加入99mL含非标记菲（约0.39mg/L）的无机盐矿物溶液。向体系装置瓶中分别加入0.4g颗粒物和1mL降解菌磷酸缓冲液（约10^7CFU/mL），空白对照体系中分别加入0.4g武汉关原始颗粒物和1mL 50g/L NaN$_3$磷酸缓冲液。加入上述液体后，将装置瓶置于通风橱中在避光条件下磁力搅拌混合，温度控制在24℃左右。每隔一段时间取出小烧杯中的碱液进行放射性含量测定，并加入新的碱液吸收CO$_2$。培养结束后（培养26天后），向体系中加入H$_2$SO$_4$（2mol/L，4mL）使得菌悬液中溶解态CO$_2$完全释放，并被碱液吸收，采用液闪仪分析吸收液中^{14}C的含量，具体方法为：取200μL于闪烁液小瓶中，并加入10mL UltimaGold闪烁液，水平摇匀后放置于暗处，置于通风橱内隔夜去除化学荧光，然后置于液闪仪内，选择碳14分析测定程序，分析时间为2min左右，进行放射性活度计数。矿化实验中^{14}CO$_2$的捕集效率为98.0%~102.3%。采用一级反应动力学方程来拟合菲的矿化作用，同时计算菲的矿化率和矿化速率。

5.3.2 悬浮颗粒物组成对菲微生物降解速率的影响

由图5-3-2可以看出，在最初培养的4天内，三种不同颗粒物体系中降解菌呈对数增长，其比增长速率分别达到1.3d^{-1}（OS）、1.0d^{-1}（S375）和0.8d^{-1}（S600）。之后，降解菌数量均几乎保持一个稳定状态，8天后开始下降。总体来看，S600体系中降解菌的数量最低，特别是培养8天后，该体系中降解菌的数量比其他两个体系低近一个数量级。这主要是由于S600体系中颗粒物上有机质和营养物含量最低，导致微生物生长慢和数量最低。由图5-3-3可以看出，不同颗粒物体系中菲的浓度下降很快，在不到2天的时间内，体系中菲的总浓度降低了96%以上，但对照体系中由于没有微生物的作用，菲的浓度基本保持在初始时加入的浓度水平（0.35mg/L），说明农杆菌（*Agrobacterium* sp.）具有良好的降解多环芳烃的能力。

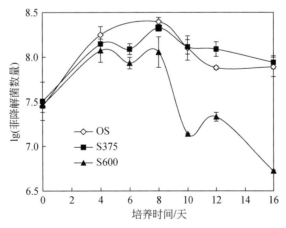

图5-3-2 不同颗粒物体系中微生物数量随培养时间的变化

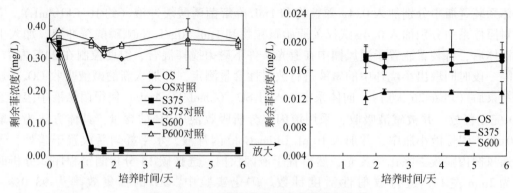

图 5-3-3　三种颗粒物体系中菲的降解曲线

不同颗粒物体系中液相菲浓度变化规律相似 ［图 5-3-4 （a）］，在不到 2 天的时间内，液相菲浓度接近于零。在培养半天后，三种颗粒物体系中固相菲的浓度迅速增长至最高水平，并且 OS>S375>S600，这与三种颗粒物体系中有机碳和黑炭的含量呈正相关。之后，固相菲浓度迅速下降，培养 2 天后三种体系中固相菲浓度水平基本保持不变，并且固相上菲浓度为 S375>OS>S600 ［图 5-3-4 （b）］，其中 S375 和 OS 体系显著大于 S600。

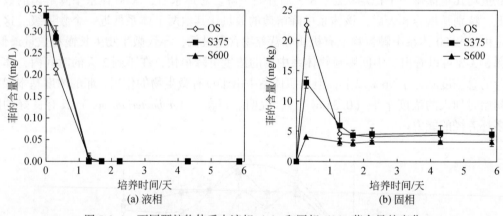

图 5-3-4　不同颗粒物体系中液相 （a） 和固相 （b） 菲含量的变化

从培养初期开始，菲在各种体系中吸附/解吸和生物降解过程同时发生，三种颗粒物中有机碳组分的不同将会影响生物降解过程中菲的吸附/解吸过程，并进一步影响菲的生物有效性及其生物降解作用。由于 S600 体系中不含黑炭，因此其对菲基本不存在不可吸附作用，体系中菲对微生物的生物有效性高，导致 S600 体系中菲的剩余量最小。另外，虽然 OS 和 S375 颗粒物中含有黑炭，但由于菲的降解作用较快，可能在其达到颗粒物慢吸附位之前就已经被微生物利用，导致体系中剩余菲的含量较低。因此，尽管三种体系中颗粒物上有机碳组分相差较大，但菲的生物降解率相差不大。

5.3.3　悬浮颗粒物组成对菲矿化作用的影响

采用菲的矿化率、最大矿化速率、平均矿化速率以及一级矿化动力学常数来表征不同悬浮颗粒物体系中菲的矿化速率。

（1）菲降解菌矿化菲的速率 V 计算方法如下：

$$V = \frac{C_{t+1} - C_t}{\Delta t} \tag{5-3-1}$$

式中，C_{t+1} 为 $t+1$ 时刻测得的标记性菲的矿化量，以碱液吸收的标记性 CO_2 活度所占百分比表示；C_t 为 t 时刻取样测得的标记性菲的矿化量，以碱液吸收的标记性 CO_2 活度所占百分比表示；Δt 为即相邻取样时间间隔（d）；V 为矿化速率（%/d）。

根据计算出的菲矿化速率，V 最大的即为各体系中的最大矿化速率（Uyttebroek et al.，2006）。

（2）根据实验初始和结束时体系放射性活度的差值计算菲的平均矿化速率 V_A。

$$V_A = \frac{C_e - C_o}{t} \tag{5-3-2}$$

式中，C_e 为矿化实验结束时最终累积得到的放射性 CO_2 活度所占总活度的百分比（%）；C_o 为矿化实验初始时刻放射性 CO_2 活度所占总活度的百分比，即为 0；t 为整个矿化实验所用的时间（天）；V_A 为标记性菲的平均矿化率（%/d）。

（3）微生物矿化菲的一级反应动力学计算方法：

菲的微生物矿化过程可以用如下的化学方程式表示

$$A \longrightarrow a\,^{14}CO_2 + (1-a)X \tag{5-3-3}$$

$$(1-a)X \longrightarrow (1-a)\,^{14}CO_2 \tag{5-3-4}$$

式中，A 为原始污染物菲；X 为菲降解过程中带有 ^{14}C 标记的中间产物；a 为矿化率，以 $^{14}CO_2$ 放射性活度占初始总活度的百分比表示（%）。

在菲仅仅只有第 9 位碳标记的前提下（菲在化学反应中一般在第 9 位和第 10 位碳上断裂），矿化过程中释放出来的 $^{14}CO_2$ 与标记的母体或中间产物具有 1∶1 的化学剂量对应关系，因此可以应用化学一级反应动力学方程来描述从混合体系中（固相和液相）向气相（$^{14}CO_2$）转变的矿化过程，也即 ^{14}C 从有机态向无机态 $^{14}CO_2$ 转变的过程，一级反应动力学方程如下：

$$\frac{d[A]}{dt} = -k[A] \tag{5-3-5}$$

式中，$\dfrac{d[A]}{dt}$ 为混合体系中的放射性活度随时间的变化速率；$[A]$ 为混合体系中放射性活度，以其活度占初始时总活度的百分比表示（%）；k 为一级反应动力学矿化速率常数。

对式（5-3-5）积分后的方程变形并取自然对数得

$$\ln\frac{(1-x)}{[A_0]} = -kt \tag{5-3-6}$$

式中，$[A_0]$ 为混合体系中初始时刻放射性活度，以其活度占初始时总活度的百分比表示（%）；x 为矿化量，以 $^{14}CO_2$ 活度占初始时总活度的百分比表示（%）。

由于 $[A_0]=1$，$\ln[A_0]=0$，因此式（5-3-6）可以写成

$$k = \frac{-\ln(1-x)}{t} \tag{5-3-7}$$

如图 5-3-5 所示，与母体菲的消失速率相比，菲在无颗粒物体系及三种颗粒物体系中的矿化存在明显的滞后期。培养 26 天后，OS 及 S600 体系中 ^{14}C-菲的矿化率显著高于无颗粒物体系中的矿化率（$p<0.05$），其中 S600 体系中 ^{14}C-菲的最大矿化速率是无颗粒物体系的 2 倍（表 5-3-1），由此表明颗粒物的存在有助于水体菲的矿化作用。这与 5.2 节的研究结果一致，即随水体颗粒物含量的增加，䓛、苯并[a]芘和苯并[ghi]芘的生物降解率均有所提高。然而，S375 体系中 ^{14}C-菲的矿化率却显著低于无颗粒物体系，且无颗粒物体系中 ^{14}C-菲的一级矿化动力学常数是 S375 体系的 2 倍左右。这表明，颗粒物组分显著影响体系菲的矿化作用。

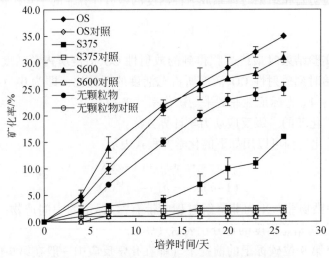

图 5-3-5　水体悬浮颗粒物对菲矿化作用的影响

表 5-3-1　不同颗粒物体系中菲的最大矿化速率、平均矿化速率以及一级反应动力学常数

颗粒物	最大矿化速率/(%/d)	平均矿化速率/(%/d)	一级反应动力学常数/d^{-1}
OS	2.06	1.33	0.0169（$R^2=0.9923$）
S375	0.93	0.54	0.0053（$R^2=0.9923$）
S600	3.19	1.13	0.0155（$R^2=0.9923$）
无颗粒物	1.67	0.86	0.0124（$R^2=0.9923$）

由图 5-3-4（b）可知，培养 6 天后，S375 和 OS 体系中剩余菲的量仅稍高于 S600 体系，而在菲的矿化过程中，OS 和 S600 体系中菲的平均矿化速率和一级反应动力学常数是

S375 体系的 2~3 倍。由此说明颗粒物组成对菲矿化作用的影响较降解作用更为显著。在最初的 13 天内，S600 体系中菲的矿化率要高于 OS 体系，之后 OS 体系菲的矿化率则高于 S600 体系。培养 26 天后，OS 和 S600 体系菲的矿化率分别达到 34.64% 和 29.04%，而 S375 体系中菲的矿化率仅为 14.00%，远低于 OS 以及 S600 体系。且由表 5-3-1 可见，S600 和 OS 体系菲的最大矿化速率远大于 S375 体系。

目前已有研究表明，水-颗粒物体系中微生物对多环芳烃的降解主要发生在水-颗粒相界面（Poeton et al.，1999；Leglize et al.，2006），这主要是因为多环芳烃和降解菌二者均更倾向于聚集在颗粒物上。在本研究中，培养 7h 后，降解菌的存在显著提高了菲在固-液相的分配系数（图 5-3-6），如 OS 体系中菲在固-液相的分配系数增加了约 1 倍，这可能是由于菲能够被颗粒物及降解菌吸附（Aitken et al.，1998）。尽管在颗粒物表面并未发现形成生物膜，然而培养 30h 之后通过电镜扫描发现 OS 体系中降解菌可以黏附在颗粒物表面（图 5-3-7），这表明颗粒物的存在可以提高微生物与菲结合的机会，从而增大了菲的生物降解作用和矿化作用。

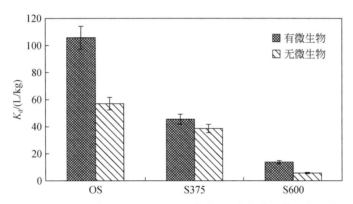

图 5-3-6　有无降解菌对培养 7h 后菲在固-液相分配作用的影响

图 5-3-7　OS 体系中颗粒物表面微生物的分布

与生物降解过程相比,矿化作用是一个较为缓慢的过程,同时菲降解中间产物将在体系中存在较长的一段时间。因此,这些中间降解产物将在被矿化成最终产物 CO_2 之前被吸附到慢吸附位,中间降解产物的解吸过程将限制其矿化率。S375 颗粒物仅有黑炭组分,而吸附到黑炭组分上的中间降解产物很难解吸下来,从而导致最低的菲矿化率,甚至低于无悬浮颗粒物的体系。而 OS 颗粒物既有无定形有机碳又有黑炭组分,吸附到无定形有机碳组分上的中间降解产物可以较容易解吸下来并被微生物所利用,因此矿化率较 S375 体系高。而 S600 颗粒物由于不含无定形有机碳和黑炭,因此菲对微生物的生物有效性高于 OS 体系,导致其矿化率在培养前期最高。然后由于培养 8 天后,S600 体系中微生物数量迅速减少,而在 OS 体系中微生物数量仍较高,因此导致培养 26 天后 OS 体系菲的矿化率高于 S600 体系。

5.4　吸附态菲的解吸和微生物降解过程间的相互作用

HOCs 在水环境中主要与颗粒物相结合,沉积物和悬浮颗粒物是水体中 HOCs 的主要源和汇。因此,固相吸附态 HOCs 的解吸过程对 HOCs 在自然界中的归趋有重要影响。一般认为,只有溶解态的污染物才能被微生物利用,吸附态 HOCs 的解吸是微生物降解的控制过程(Carmichael et al,2002;Wick et al,2001)。然而近期有研究表明,吸附态 PAHs 的生物降解过程并非完全受限于解吸过程。有研究观测到吸附态污染物的降解速率大于其解吸速率,如 Guerin 和 Boyd(1997)发现在 *Pseudomonas putida* 17484 菌株的作用下,萘的降解速率超过其解吸速率,Uyttebroek 等(2006)发现 *Mycobacterium* spp. 和 *Sphingomonas* spp. 菌株能够促进吸附态菲的解吸。但有关沉积物中吸附态 HOCs 的解吸和微生物降解过程的相互作用机制还不清楚。

目前,为了与污染物微生物降解过程进行对照,部分学者通过向体系中添加树脂的办法来进行非生物的解吸实验(Lei et al.,2004;Oleszczuk,2008;Yang et al.,2010)。树脂是一种人工合成的固相介质,一般以聚苯乙烯为基质,能够强烈吸附水相中的有机污染物,并促进吸附态有机污染物的解吸,使水相有机污染物始终保持接近零的浓度,从而得到有机污染物的最大非生物解吸率。基于树脂促进作用的非生物解吸被认为是有效评价污染物生物有效性的化学方法之一(Gomez-Lahoz and Ortega-Calvo,2005),因而被广泛应用于有机污染物的生物有效性研究。

因此,本节以菲为研究对象,重点研究颗粒吸附态菲的解吸和微生物降解过程之间的相互作用。利用 Amberlite XAD 树脂对有机物的强吸附作用(Baun and Nyholm,1996),用 XAD-2 树脂研究非生物条件下固相中菲的解吸过程。同时采用从长江水体筛选驯化的菲特效降解菌,研究吸附态菲的生物降解作用,比较微生物降解速率和非生物解吸速率。并且在生物降解一定时间后向体系中添加具有高度活性的微生物和营养盐,确保降解后期微生物的活性,以研究微生物对吸附态菲的主动作用机制。

5.4.1 实验方法

5.4.1.1 样品采集和分析

从长江武汉段的金口（E114°7′25″，N30°20′17″）、阳逻（E114°34′30″，N30°37′21″）、曾家港（E111°49′25″，N31°13′57″）和武汉关（E114°19′6″，N30°36′50″）采集沉积物样品，烘干后过 100 目筛，放入深色广口瓶中保存。从武汉关采集长江水样，放在 4℃冰箱中保存。用 Elementar Analysensysteme GmbH VarioEL 元素分析仪测定沉积物中的总有机碳（TOC）。黑炭（BC）的测定方法如下：土样研磨后放入马弗炉中 375℃ 通空气加热 24h，土样冷却后加稀盐酸酸化，干燥后用元素分析仪测定碳的质量分数。所得结果如表 5-4-1 所示。

表 5-4-1　颗粒物的 TOC 和 BC 含量

采集地	TOC 含量	BC 含量	BC/TOC
曾家港	0.906%	0.206%	22.7%
武汉关	0.750%	0.203%	27.1%
阳逻	0.421%	0.134%	31.8%
金口	0.603%	0.180%	29.9%

5.4.1.2 菲降解菌的分离、富集与降解效率实验

向新鲜的长江水样中加入固体菲样品，25℃培养 30 天后，采用平板划线的方法在以菲为唯一碳源和能源的无机盐固体培养基上划线分离，并且培养一周，得到以菲为唯一碳源和能源进行生长的菲降解菌株。将分离得到的菲降解菌株重复上述过程纯化 3~4 次，持续 3~4 个月，直到无机盐培养基中为单一菌种为止。在降解实验开始前将上述纯化后的菌株放入牛肉膏液体培养基中扩增 2 天，离心，富集至磷酸盐缓冲溶液中备用。经过 16S rDNA 扩增及序列测定，该分离纯化后的细菌为 *Agrobacterium*（农杆菌）。

无机盐培养基配方：2.2g Na_2HPO_4、0.8g KH_2PO_4、3.0g NH_4NO_3、0.2g $MgSO_4 \cdot 7H_2O$、10mg $FeSO_4 \cdot 7H_2O$、10mg $CaCl_2 \cdot 2H_2O$、10mL 矿物溶液、1000mL H_2O，pH：7.2~7.4。其中矿物溶液的组成：50mg $ZnSO_4 \cdot 7H_2O$、50mg $MnSO_4 \cdot 5H_2O$、10mg $Na_2MoO_4 \cdot 2H_2O$、5mg $CuSO_4 \cdot 5H_2O$、100mL H_2O。牛肉膏液体培养基配方：牛肉膏 3.2g，氯化钠 5.0g，蒸馏水 1000mL，pH：7.2~7.4。磷酸盐缓冲溶液：pH = 7.0 的 $Na_2HPO_4 \cdot 12H_2O$ 和 $NaH_2PO_4 \cdot 2H_2O$ 混合液。

为了研究微生物的降解效率，在未加颗粒物时，向菲的储备液中加入菌悬液，在一定时间取样离心，上清液通过液相色谱测定菲的浓度，绘制微生物降解菲的效率曲线。

5.4.1.3 吸附态菲的微生物降解和非生物解吸模拟实验

对菲在金口、阳逻土样上的吸附速率研究表明，2 天后菲基本能达到吸附平衡。在

100mL 锥形瓶中加入 0.2g 沉积物、50mL 菲的储备液，放入恒温振荡培养箱，温度为 24℃，转速为 130r/min。2 天后，弃去锥形瓶体系的上清液，加入 50mL 经过灭菌处理的长江水和 2mL 菌悬液，通过比色法确定菌悬液中细菌数量，保证各瓶中微生物数量约为 10^7 个。将锥形瓶封口，置于恒温振荡培养箱中（24℃，130r/min）培养，每隔一定时间取三个平行样，用液相色谱分别测定水相和颗粒相菲的浓度，以绘制吸附态菲的微生物降解速率曲线。

与降解实验相同，弃去经过 2 天吸附后锥形瓶体系的上清液，加入 50mL 经过灭菌处理的长江水和 0.4g XAD-2 树脂。每隔一定时间将锥形瓶中 XAD-2 树脂吸出，更换新树脂。用液相色谱测定树脂富集菲的浓度。所有实验均设计了平行实验和对照实验。

5.4.2　微生物对菲的降解效率

如图 5-4-1 所示，当体系不存在沉积相，液相菲的初始浓度为 0.47mg/L，微生物的投加量约为 10^5 个/mL，菲的降解符合一级反应动力学规律，一级反应动力学速率常数为 $0.059h^{-1}$。在 72h 内，体系菲浓度从 0.47mg/L 下降到 0.03mg/L，降解效率达到 93.6%，表明本研究分离纯化的菲特效降解菌有较高的降解效率。

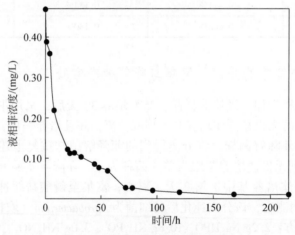

图 5-4-1　液相菲的生物降解速率

5.4.3　吸附态菲的非生物解吸速率与生物降解速率的比较

通过向体系中添加 XAD-2 树脂研究吸附态菲的非生物解吸过程。如图 5-4-2 所示，四个颗粒物样品中菲的非生物解吸均可大致分为快速解吸、慢解吸和极慢解吸三个阶段。在快解吸阶段，微生物存在时体系固相菲浓度的降低速率均不超过其非生物条件下的解吸速率。但在慢解吸阶段，如表 5-4-2 所示，生物条件下固相菲浓度的降低速率均大于非生物条件下的解吸速率。对于武汉关、金口、阳逻和曾家港沉积物样品，生物条件下固相菲浓度的降低速率分别为非生物条件下的 4.0 倍、1.9 倍、3.7 倍和 2.4 倍。在实验进行 168h 以后，生物和非生物条件下固相菲浓度的降低速率都极慢，其浓度基本维持不变。非生物条件下固相菲的解吸残留值分别为 9.78μg/g（武汉关）、1.20μg/g（金口）、1.10μg/g（阳逻）和 3.45μg/g（曾家港）；生物条件下固相菲的降解残留值分别为 2.24μg/g、1.53μg/g、1.60μg/g 和 0.64μg/g。其中，对于武汉关和曾家港沉积物样品，非生物条件下固相菲的解吸残留值大于生物条件下固相菲的降解残留值，在实验进行 168h 期间，吸附态菲的平均生物降解速率约为其解吸速率的 1.2 倍。而对于金口和阳逻，实验进行 168h 后，非生物条件下固相菲的解吸残留值略小于生物条件下固相菲的降解残留值。导致这四个站点残留浓度差异的原因是，在生物降解实验后期往武汉关和曾家港样品中添加了微生物和葡萄糖，这样保持了微生物的活性；对于金口和阳逻，后期微生物活性的降低导致固相菲降解的残留值略大于解吸的残留值。

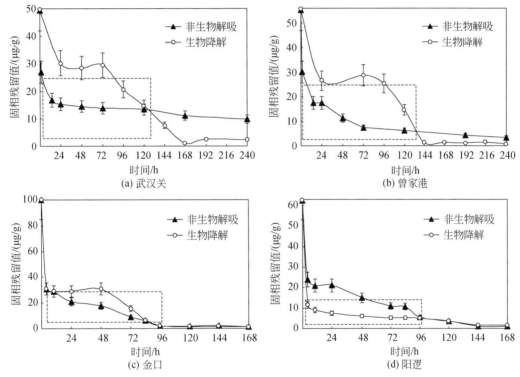

图 5-4-2 吸附态菲的非生物解吸与生物降解曲线的比较

虚线所示为生物降解速率大于解吸速率的区域

表 5-4-2 慢解吸阶段生物和非生物条件下固相吸附态菲浓度降低速率的比较

采集地	非生物条件下吸附态菲浓度 降低速率/[μg/(g·h)]	生物条件下吸附态菲浓度 降低速率/[μg/(g·h)]
武汉关	0.09	0.36
金口	0.29	0.56

采集地	非生物条件下吸附态菲浓度 降低速率/[μg/(g·h)]	生物条件下吸附态菲浓度 降低速率/[μg/(g·h)]
阳逻	0.19	0.70
曾家港	0.16	0.38

有研究表明，XAD-2 树脂对 PAHs 的吸附量能够很好地模拟沉积物中该类污染物的生物可利用性（Simpson and Burston，2006），沉积物中 XAD-2 树脂无法提取的部分一般认为不能被微生物利用。但本研究的结果表明，如能保持微生物的生物活性，沉积物中 XAD-2 树脂无法提取的 PAHs 也能部分被微生物利用。由于非生物解吸是在有 XAD-2 树脂存在的条件下进行，液相菲的浓度基本维持在零，因此其解吸速率将高于实际条件下的非生物解吸速率。又如前所述，在慢解吸阶段，生物条件下沉积相菲浓度的降低速率明显高于非生物条件下的解吸速率。导致这一现象的原因可能有两个，微生物促进了菲的解吸；微生物能直接利用沉积相吸附态的菲。部分研究认为，微生物本身性质对吸附态有机物的生物降解有重要影响，微生物可能直接利用吸附态的污染物（Tang et al.，1998；Guerin and Boyd，1992；Grosser et al.，2000）。但是上述两种可能因素中何者起主要作用还有待进一步研究。另外，在保持微生物活性的条件下，生物降解时菲的固相残留值小于非生物解吸条件下菲的固相残留值，吸附态菲的生物降解速率大于其解吸速率。由此说明，沉积物中吸附态菲的解吸过程并不完全限制其微生物降解，微生物能够部分利用沉积物中较难解吸的吸附态菲。

沉积物样品中黑炭组分吸附的菲浓度可以根据 Freundlich 等温吸附模型进行理论计算：

$$C_S = f_{BC} K_{BC} C_w^n \tag{5-4-1}$$

式中，C_S 为固相中菲浓度（μg/kg）；f_{BC} 为 BC 所占的质量分数；K_{BC} 为 BC 的 Freundlich 吸附常数 [(μg/kg)/[(μg/L)^n]]；n 为非线性 Freundlich 常数；C_w 为液相平衡浓度（μg/L）。文献报道 $\lg K_{BC} = 5.41 \sim 6.5$，$n = 0.54 \sim 0.81$（Cornelissen and Gustafsson，2005；Cornelissen and Gustafsson，2006）。根据上述 n 和 K_{BC} 值，计算得到吸附平衡后（也就是生物降解实验开始时），武汉关、金口、阳逻和曾家港沉积物中菲的 BC 吸附量应当分别大于 16.90μg/g、37.01μg/g、20.10μg/g 和 16.15μg/g。该值均远高于生物降解体系中固相菲的实际残留值 2.24μg/g（武汉关）、1.53μg/g（金口）、1.60μg/g（阳逻）和 0.64μg/g（曾家港）。由此说明，在老化时间不长的情况下，沉积物中与黑炭结合的菲能被微生物部分利用。

5.5　碳纳米管上吸附态菲的解吸与矿化作用

碳纳米管（carbon nanotubes，CNTs）是一种新型的碳质材料，包括单壁碳纳米管（SWCNT）和多壁碳纳米管（MWCNT）。自 1991 年被首次发现以来，碳纳米管已在材料科学、电子工程、生物医学等领域得到了广泛的应用（Colvin，2003），由此导致越来越多的碳纳米管进入环境中。由于碳纳米管具有较大的比表面积和较强的疏水性，对环境中有机污染物如多环芳烃等具有较强的吸附作用（Bui and Choi，2010），进而显著影响污染物在环境中的存在形态、迁移转化规律以及生物有效性。

已有研究表明土壤/沉积物中新吸附态有机污染物较容易发生解吸作用，而随着有机污染物进入沉积物/土壤时间的延长，其可提取性降低，这种现象即为"老化"（Kelsey et al.，1997；ter Laak et al.，2006）。"老化"是影响污染物生物有效性的重要因素之一，随着有机污染物老化时间的延长，其微生物可利用性随之降低。但目前有关长时间老化后碳纳米管上疏水性有机污染物解吸作用和生物降解作用的研究还未见报道。

碳纳米管上吸附态有机污染物的解吸过程、微生物降解作用以及二者之间的关系是评价有机污染物生物有效性和生态风险的重要依据。基于此，本节以典型疏水性有机污染物菲为研究对象，利用 Tenax 树脂作为助解吸剂，研究碳纳米管上吸附态菲的非生物解吸行为，了解不同碳纳米管上菲的解吸作用特征以及碳纳米管性质对菲解吸作用的影响机理；利用放射性静态示踪装置，研究不同碳纳米管上吸附态菲的矿化作用特征；利用稀释平板计数法以及扫描电镜法，研究碳纳米管对微生物生长的影响；通过对碳纳米管上吸附态菲非生物解吸与矿化作用的相关分析，揭示碳纳米管上吸附态菲的吸附/解吸作用与其生物有效性的相关性，为碳纳米管的环境效应评价以及污染物的生物修复提供科学依据。

5.5.1 实验方法

5.5.1.1 菲降解菌的筛选、强化及鉴定

本实验所用筛选菲特效降解菌的土样采自北京焦化厂，除杂并过 60 目筛后进行菲降解菌选培强化实验。取 10g 土样于已灭菌的无机盐液体培养基中，加入固体菲，使溶液中菲的浓度约为 50mg/L。将样品置于恒温振荡培养箱中（25℃），转速为 150r/min，避光振荡培养一周左右。然后取 10mL 上清液于新鲜的菲无机盐溶液中，菲的浓度约为 100mg/L，继续在相同条件下振荡培养一周后，再重复操作上述步骤。制备无机盐平板，待平板凝固后，在其表面涂上菲的甲醇溶液，待甲醇挥干后，用接种环蘸取上述无机盐培养液，在平板上划线，并置于生化培养箱中避光培养 3～4 天。待平板上长出菌落后，挑取单菌落，再次于无机盐平板上划线，此步骤重复操作 4 次，得到单一的菲降解菌。将分离纯化的菲降解菌进行 16S rDNA 分析，菌种鉴定为嗜甲基菌属（*Methylophilus*）中的食甲基嗜甲基菌种（*Methylophilus methylotrophus*）。已有研究报道，嗜甲基菌属为杆菌，一般为（0.3～0.6）μm×（0.8～1.5）μm，革兰氏阴性菌，能够通过向多环芳烃以及芳族烃类苯环中插入氧原子而使之发生降解作用（Tsien et al.，1990）。

5.5.1.2 碳纳米管净化及表征

将碳纳米管研磨并过 100 目筛，将研磨后的碳纳米管在色谱纯丙酮和正己烷中浸泡 24h 以上以去除可能存在的有机污染物杂质等。对处理后的碳纳米管进行元素分析、BET/

BJH 比表面积测定、孔径测定以及微/中孔孔容的测定等。

5.5.1.3 多环芳烃吸附/解吸实验

将碳纳米管（MWCNT1，MWCNT2，MWCNT3，MWCNT4）加入到一定浓度的菲溶液中，每个碳纳米管体系设置 3 个平行样，在（23±1）℃、转速 130r/min、黑暗条件下老化。60 天后，将体系静置 5h 以上使固液分离，取上清液测定液相菲的浓度。倒去上清液后，用新鲜的矿物溶液（含 NaN$_3$，200mg/L）将碳纳米管洗入分液漏斗中，并向分液漏斗中加入制备好的 Tenax TA。置于振荡培养箱中，在 25℃、130r/min、避光条件下进行解吸实验。每隔一定时间更换新的 Tenax TA，并用正己烷萃取被更新的 Tenax TA，分析萃取液中菲的含量，据此计算碳纳米管上菲的解吸量。

5.5.1.4 多环芳烃矿化实验

实验装置与 5.3 节的矿化实验装置相同，配制 1μCi/mL 的 ^{14}C-标记菲的甲醇标准溶液，取 3mL 1μCi/mL 的 ^{14}C-标记菲的甲醇标准溶液于 50mL 玻璃离心管内，放入通风橱内挥干甲醇，加入 48mL 非标记性菲的无机盐溶液（0.47mg/L），摇匀 30min 后，分别取 200μL 混合液于闪烁液小瓶中，并加入 10mL UltimaGold 闪烁液，摇匀后放置于暗处，隔夜去除化学荧光，然后置于液闪仪中测定其中的放射性活度，即为溶液中初始放射性活度。用新鲜降解菌无机盐溶液将碳纳米管洗入矿化实验小瓶内，分次洗入，以确保碳纳米管完全被转移至矿化实验小瓶内，并使最终加入新鲜无机盐溶液为 100mL。将矿化体系置于恒温振荡培养箱中，控制温度（24±1）℃，转速 130r/min，每隔一定时间更换碱液，并分析放射性活度。

5.5.2 碳纳米管理化性质表征

碳纳米管的比表面积以及孔容、孔径等理化性质是影响其吸附/解吸性能的主要因素。由表 5-5-1 可见，4 种碳纳米管含碳量均为 95% 以上，说明 4 种碳纳米管均有较好的纯度和较强的疏水性；MWCNT1、MWCNT2、MWCNT3 以及 MWCNT4 的 BET 比表面积、BJH 比表面积、微孔孔容、中孔孔容和孔径分别为 57.3 ~ 490.9m^2/g、39.39 ~ 436.54m^2/g、0.008 ~ 0.027cm^3/g、0.282 ~ 0.934cm^3/g 和 6.43 ~ 29.84nm。其中，BET 比表面积为微孔、中孔以及大孔比表面积总和，而 BJH 比表面积是指中孔（孔径介于 1.7 ~ 300nm）比表面积。MWCNT1 比表面积大约是 MWCNT4 比表面积的 10 倍，MWCNT1 中孔和微孔的孔容均约为 MWCNT4 的 4 倍，而 MWCNT4 孔径则为 MWCNT1 的 5 倍左右，说明随着孔径的增大，碳纳米管比表面积以及孔结构就会相应减少，并且碳纳米管上污染物吸附位点也会相应减少。4 种碳纳米管 BET 比表面积、微/中孔孔容均随平均孔径的增大而减小。4 种碳纳米管比表面积分别为 50 ~ 100m^2/g、100 ~ 200m^2/g、300 ~ 400m^2/g、400 ~ 500m^2/g，能够代表不同性质的碳纳米管。

表 5-5-1　碳纳米管的理化性质和菲的累积解吸率

碳纳米管	C 含量 /%	BET 比表面积 /(m²/g)	BJH 比表面积[1) /(m²/g)	微孔孔容 /(cm³/g)	中孔孔容[2) /(cm³/g)	孔径[3) /nm	累积解吸率 (35 天)/%
MWCNT1	95+	490.9	436.54	0.027	0.934	6.43	14.28
MWCNT2	95+	349.9	270.90	0.016	0.810	13.78	18.81
MWCNT3	95+	168.6	147.67	0.012	0.501	23.02	43.01
MWCNT4	95+	57.3	39.39	0.008	0.282	29.84	50.71

注：1) 指孔径为 1.7~300nm 的比表面积；2) 指孔径为 1.7~300nm 的孔容；3) 是利用 N₂ 在 77K 下 BJH 方法等温吸附/脱附测得的。

5.5.3　碳纳米管上吸附态菲的解吸作用

经过 60 天老化，水相中的菲基本全部吸附到碳纳米管上，碳纳米管上菲的吸附量约为 578mg/kg。在 Tenax TA 助解吸作用下，碳纳米管上吸附态菲解吸至水相中，并完全被吸附到 Tenax TA 上，从而实现对碳纳米管上菲的解吸定量研究。在初始菲吸附量相同的条件下，4 种碳纳米管上菲的解吸量存在显著差异。如图 5-5-1 所示，30 天后 4 种碳纳米管上菲累积解吸量随时间变化不明显，35 天后 MWCNT1、MWCNT2、MWCNT3 以及 MWCNT4 上菲的累积解吸率分别为 14.28%、18.81%、43.01% 和 50.71%。MWCNT4 上菲的解吸率约为 MWCNT1 的 4 倍。本研究所得菲在 4 种碳纳米管上的解吸率远远低于 Zhou 等（2010）所得到的菲在黑炭上的解吸率，这可能是由两方面原因所造成。首先，碳纳米管对菲的吸附强度大于黑炭的吸附强度，导致污染物更难从碳纳米管上解吸下来。其次，二者的老化时间不同也导致了解吸的差异，本研究碳纳米管与菲老化时间为 60 天，而 Zhou 等（2010）研究中菲与黑炭老化时间仅为 25 天。同时，本研究所得菲在 4 种碳纳米管上的解吸率远远低于 Yang 和 Xing（2007）所得到的菲在碳纳米管上的解吸率，这是因为在其研究中菲与碳纳米管没有经过老化，吸附平衡 5 天后就开始进行解吸实验。在老化过程中，随着菲与碳纳米管接触时间的延长，菲会缓慢从碳纳米管表面吸附逐步深入到微孔吸附，从而降低了菲从碳纳米管上的解吸能力。

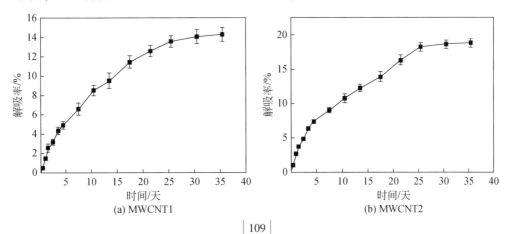

(a) MWCNT1　　　　　　　　　(b) MWCNT2

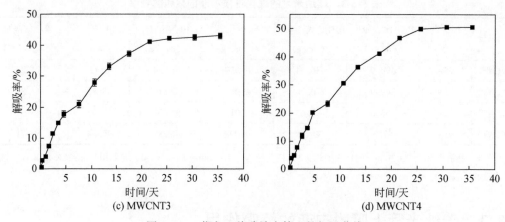

图 5-5-1　菲在四种碳纳米管上的解吸曲线

根据解吸过程中碳纳米管上菲的残留浓度，对菲的解吸动力学进行分析。4 种碳纳米管上菲的解吸符合三相一级解吸动力学模型（图 5-5-2），公式如下所示：

$$S_t/S_0 = F_f(\mathrm{e}^{-K_f \cdot t}) + F_s(\mathrm{e}^{-K_s \cdot t}) + F_{vs}(\mathrm{e}^{-K_{vs} \cdot t}) \tag{5-5-1}$$

式中，S_t 表示解吸时间 t 后碳纳米管上菲剩余量（mg/kg）；S_0 表示碳纳米管上菲的初始量（mg/kg）；F_f、F_s、F_{vs} 分别表示菲在碳纳米管上快解吸、慢解吸以及极慢解吸部分所占的比例；K_f、K_s、K_{vs} 分别表示菲在碳纳米管上快解吸、慢解吸以及极慢解吸的速率常数（d^{-1}）；t 表示解吸时间（d）。

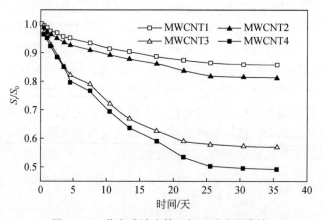

图 5-5-2　菲在碳纳米管上解吸动力学曲线

菲在碳纳米管上的解吸动力学拟合参数见表 5-5-2。快解吸部分所占比例最小（1%~3%），慢解吸部分（16%~54%）和极慢解吸部分（43%~83%）所占比例相对较大。快解吸速率常数（K_f）、慢解吸速率常数（K_s）以及极慢解吸速率常数（K_{vs}）分别为 0.53~0.88d^{-1}、0.04~0.08d^{-1}、4.82×10^{-14}~2.38×10^{-13} d^{-1}。本研究结果与其他碳纳米管上 HOCs 解吸作用相比，快解吸部分所占比例相近，而慢解吸所占的比例相对较小。例如，Oleszczuk（2008）研究了土霉素在碳纳米管上的解吸作用，经过 5 天吸附平衡，在没有助解吸剂作用的前提下，碳纳米管上土霉素的快解吸部分所占比例为 5.3%~8.7%，慢解吸部分所占比例为 91.3%~94.7%，不存在极慢解吸。

表 5-5-2　碳纳米管上菲三相一级解吸动力模型参数拟合

碳纳米管	F_f	K_f/d^{-1}	F_s	K_s/d^{-1}	F_{vs}	K_{vs}/d^{-1}	R^2
MWCNT1	0.01±0.02	0.67±1.52	0.16±0.24	0.06±0.09	0.83±0.26	(1±0.005)×10^{-13}	0.996
MWCNT2	0.02±0.03	0.53±0.81	0.23±0.45	0.04±0.09	0.75±0.48	(4.82±0.01)×10^{-14}	0.991
MWCNT3	0.03±0.05	0.88±2.10	0.44±0.18	0.08±0.05	0.53±0.22	(1±0.009)×10^{-13}	0.995
MWCNT4	0.03±0.06	0.83±2.09	0.54±0.36	0.07±0.06	0.43±0.41	(2.38±0.02)×10^{-13}	0.996

注：F_f、F_s 以及 F_{vs} 分别代表快解吸、慢解吸以及极慢解吸部分所占的比例；K_f、K_s 以及 K_{vs} 分别代表相应的解吸速率常数。

迟滞解吸效应分为可逆和不可逆迟滞效应（Yang and Xing，2007），后者指在没有外界干扰的情况下，污染物不能完全从吸附剂上解吸下来，这种解吸现象主要由不可逆微孔变形所引起（Braida et al.，2003）。本研究结果表明，尽管在 Tenax TA 助解吸剂存在条件下，当解吸 35 天后，4 种碳纳米管上菲的解吸率仅为 14.28%~50.71%，说明碳纳米管上的菲存在不可逆迟滞解吸效应。

在解吸过程中，碳纳米管表面吸附的菲最先解吸下来，这部分属于快速解吸部分，而后是靠近表面的大/中孔结构内菲的解吸，这部分属于慢解吸部分。这两部分所占比例可以作为判定碳纳米管上吸附态菲的生物有效性指标（Gomez-Lahoz and Ortega-Calvo，2005）。解吸 35 天后碳纳米管上残留的菲主要属于极慢解吸部分，解吸 30 天后，碳纳米管上菲的累积解吸量随解吸时间的延长没有明显变化，说明该迟滞解吸并不是由解吸时间的不足所引起。这种不可逆迟滞解吸可能是由于微孔变形或者碳纳米管小聚合体的形成。微孔变形效应是指当污染物吸附到吸附剂微孔内后，微孔结构发生变形并且不能还原到其原始状态，从而改变了其吸附/解吸路径，导致部分污染物会被捕集到微孔内而无法完全解吸的现象。碳纳米管由于本身的理化性质，在水环境中常会形成小的聚合体。在本实验中，4 种碳纳米管在吸附/解吸过程中均形成了小的聚合体。这些小聚合体的形成会导致"变形封闭孔隙"的形成，造成不可逆迟滞解吸。污染物在碳质材料上的这种不可逆迟滞解吸，尤其是在比表面积较大的碳纳米管上的不可逆迟滞解吸能显著减小污染物的环境毒性，降低其环境风险。

4 种碳纳米管上菲初始吸附量相同，但菲的解吸率存在明显的差异（图 5-5-2），由此说明碳纳米管的理化性质会显著影响菲的解吸过程。由图 5-5-3 得出，菲解吸率与碳纳米管比表面积以及中孔孔容呈显著负相关（$p<0.05$），与碳纳米管的孔径呈显著正相关（$p<0.05$），与碳纳米管微孔孔容之间的相关性不显著（$p>0.1$）。菲分子体积为 169.5Å^3，菲分子直径约为 0.68nm。由表 5-5-1 所示碳纳米管的微孔孔容是指孔径小于 1.7nm 的孔结构（根据国际纯粹与应用化学联合会（IUPAC）的定义，孔径小于 2nm 的称为微孔），而中孔则是孔径为 1.7~300nm 的孔结构，故菲分子更容易进入中孔吸附。另外，微孔孔容远远小于中孔孔容，因此菲分子大部分进入碳纳米管中孔吸附，而能进入微孔中的相对很少，因此虽然菲的解吸率与微孔孔容之间存在负相关，但相关性不显著（$p>0.05$，图 5-5-3）。另外，由图 5-5-4 碳纳米管上菲慢解吸以及极慢解吸部分与碳纳米管中孔孔容相关分析得到，碳纳米管中孔孔容与菲慢解吸部分呈显著负相关（$p<0.01$），与菲极慢解吸部分呈显著正相关（$p<0.01$）。碳纳米管比表面积是决定碳纳米材料吸附容量的一个至关重要的因素。碳纳米材料比表面积越大，菲的表面吸附位点就越多，碳纳米管吸附表面与吸附的菲通过 π-π 键牢固结合，从而增加了菲的解吸阻力，降低了菲的解吸率。4 种碳纳米管平均孔径大小为 6.43~29.84nm，孔径越大，则孔结构的开张度就越大，越利于菲的解吸，因此表现出解吸量与孔径呈显著正相关。上述分析表明，碳纳米管的理化性质显著影响菲的解吸作用，对于比表面积为 490.9m²/g 的 MWCNT1，35 天后菲的累积解吸率仅为 14.28%。因此，当利用碳质材料降低环境中有机污染物的浓度时，应选取比表面积较大的碳质材料，从而降低污染物的解吸作用和生物有效性。另外，对于比表面积为 57.3m²/g 的 MWCNT4，35 天后菲的累积解吸率能达到 50.71%，由此说明环境中被碳纳米管吸附的有机污染物能再次解吸释放，引起潜在的环境生态风险。

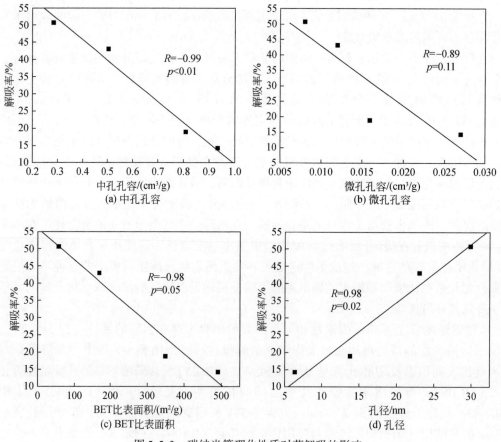

图 5-5-3 碳纳米管理化性质对菲解吸的影响

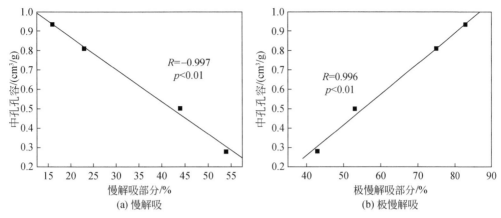

图 5-5-4　中孔孔容与慢解吸（a）以及极慢解吸（b）部分相关分析

5.5.4　碳纳米管体系中降解菌的数量和形态

由图 5-5-5 可以得出，4 种碳纳米管体系中菲降解菌的数量变化趋势一致：初始 10 天，4 种碳纳米管体系中降解菌数量都明显增加；10 天后，降解菌数量则均显著地减少，其中 MWCNT1 体系降解菌数量减少最为显著；35 天后，MWCNT1 中降解菌数量最少，MWCNT4 中降解菌数量最多，并且 MWCNT4 降解菌数量为 MWCNT1 的 7 倍左右、MWCNT2 的 3 倍左右、MWCNT3 的 1.6 倍左右。

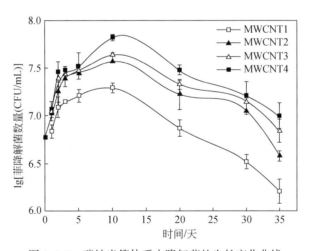

图 5-5-5　碳纳米管体系中降解菌的生长变化曲线

造成微生物数量先增后减的原因可能有两方面：首先，在初始 10 天内，碳纳米管上菲的解吸率较高，因此液相中相对充足的碳源能够维持微生物的快速增长，10 天后，由于碳纳米管上菲的解吸作用较慢，微生物在一个扰动体系中的增殖速度在后期碳源不足的情况下就开始迅速下降；其次，在培养过程中，由于弱酸性中间产物的生成和积累而导致溶液 pH 的减小，改变了降解菌适宜的 pH，可能会对微生物的生长等造成一定的影响，从而导致其后期数量的减少。

不同碳纳米管体系中吸附态菲解吸能力不同，能够为微生物生长提供的碳源丰富度不同，从而导致不同碳纳米管体系中微生物总量的差异。培养 35 天后，4 种碳纳米管体系中微生物的数量与碳纳米管上菲解吸率呈正相关（图 5-5-6）。同时，MWCNT2、MWCNT3以及 MWCNT4 体系在初始 5 天内其数量增长一致，并且相差不大，这是因为在初始 5 天内这 3 个碳纳米管体系中吸附态菲的解吸量能够满足降解菌生长所需碳源，而 5 天后，由于这 3 个体系中吸附态菲的解吸作用可能不同程度地制约了降解菌生物量增长对碳源的需求，即降解菌数量与吸附态菲的解吸量（即生物有效性）有关，因此降解菌数量的变化有了明显的差别。MWCNT1 体系中降解菌数量增长相对缓慢而后期数量降低最为显著，这可能是由于 MWCNT1 体系由于解吸作用最弱而导致初期降解菌所需碳源不如其他三种碳纳米管体系，从而导致其前期生物量增长缓慢。

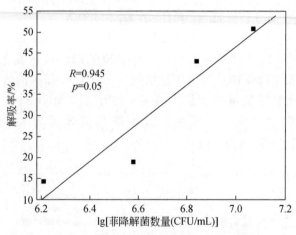

图 5-5-6　菲累积解吸率与降解菌数量之间的相关性分析

通过扫描电镜来分别观察 4 种碳纳米管、降解菌初始形态以及降解菌与碳纳米管分别结合 1 天和 5 天后降解菌的形态。如图 5-5-7 所示，与降解菌初始形态相比，降解菌与碳纳米管结合培养 1 天后，4 种碳纳米管体系中降解菌的形态基本没有变化。培养 5 天后，4种碳纳米管体系中降解菌的形态均发生了一定的变化：部分降解菌发生显著弯曲，部分降解菌变平变宽而且表面不再光滑，部分降解菌头/尾部变窄而不呈均匀的杆状等。在培养过程中，可能碳纳米管本身的理化性质会导致其对接触的降解菌产生一定的影响而使降解菌的形态发生改变（Kang et al.，2007；Kang et al.，2008）。例如，Kang 等（2007）通过研究单壁碳纳米管对菌 *E. coli* K12 的影响，得出单壁碳纳米管能够通过物理接触而对该菌细胞膜造成一定的损害，通过培养液中检测到细胞质物质（DNA 以及 RNA 等质粒）来证明细胞膜的破裂，并指出碳纳米管的孔径越小，则其对细菌的细胞毒性作用越显著。由此，可以解释 4 种碳纳米管体系中，由于 MWCNT1 平均孔径最小，其对降解菌的细胞毒性作用最强，是导致培养 35 天后，MWCNT1 体系中降解菌数量最少的原因之一。

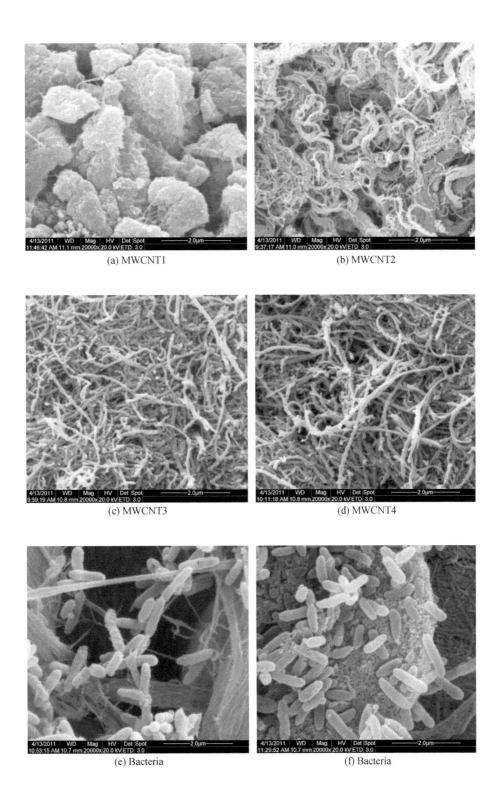

(a) MWCNT1   (b) MWCNT2

(c) MWCNT3   (d) MWCNT4

(e) Bacteria   (f) Bacteria

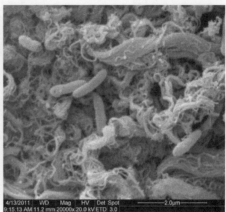

(g) MWCNT1 & Bacteria(1天)　　　　　(h) MWCNT2 & Bacteria(1天)

(i) MWCNT3 & Bacteria(1天)　　　　　(j)MWCNT4 & Bacteria(1天)

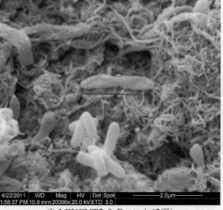

(k) MWCNT1 & Bacteria(5天)　　　　　(l) MWCNT2 & Bacteria(5天)

(m) MWCNT3 & Bacteria(5天)　　　　　(n) MWCNT4 & Bacteria(5天)

图 5-5-7　四种碳纳米管、降解菌（Bacteria）初始形态、降解菌与碳纳米管结合 1 天
以及降解菌与碳纳米管结合 5 天的扫描电镜图

目前对于碳纳米管能够导致生物细胞形态发生变形的机制解释主要有三个方面：氧化压力、重金属毒性作用以及物理穿透作用（Ye et al.，2009；Hirano et al.，2010）。而 Kang 等（2007）研究表明物理作用是导致细胞损害的主要原因，而非重金属的毒害作用。有关物理作用对生物细胞损害作用的解释最为广泛接受的就是碳纳米管的柱状结构导致其容易穿透微生物细胞膜而导致微生物细胞的死亡，同时有研究表明利用分子动力学模拟可以解释具有更小孔径的碳纳米管对细菌具有更强的毒性作用。关于碳纳米管对微生物的毒性作用机理还有待于进一步完善明确。

5.5.5　碳纳米管上吸附态菲的矿化作用

经过 60 天老化，4 种碳纳米管体系水相中 ^{14}C-标记性菲的浓度均接近环境背景值，说明 ^{14}C-标记性菲全部吸附到碳纳米管上，因此碳纳米管上 ^{14}C-标记性菲的吸附量为 101.33mg/kg，即放射性浓度为 58.56μCi/g。在碱液吸收作用下，菲在矿化过程中产生的 $^{14}CO_2$ 被碱液吸收，从而实现了对碳纳米管上吸附态菲生物有效性的定量研究。在初始菲吸附量相同的条件下，4 种碳纳米管上以及有菌无碳纳米管空白体系中菲的矿化率各不相同（图 5-5-8）。4 种碳纳米管无菌对照均较低，说明由于碳纳米管吸附作用，体系中菲的挥发性较小，而有菌无碳纳米管体系空白对照相对较大，说明液相中的菲具有一定的挥发作用。

由图 5-5-8 可以看出，30 天后 4 种碳纳米管上菲累积矿化率随时间变化不明显，35 天后 MWCNT1、MWCNT2、MWCNT3 以及 MWCNT4 上菲的累积矿化率分别为 2.53%、8.84%、23.88% 和 31.47%。没有添加碳纳米管体系中菲的矿化率为 44.57%，高于所有碳纳米管体系菲的矿化率。这是因为无碳纳米管体系中，分子菲均处于自由溶解态，利于微生物的利用，因而其矿化率较高。同时，MWCNT4 上菲的矿化率约为 MWCNT1 的 12

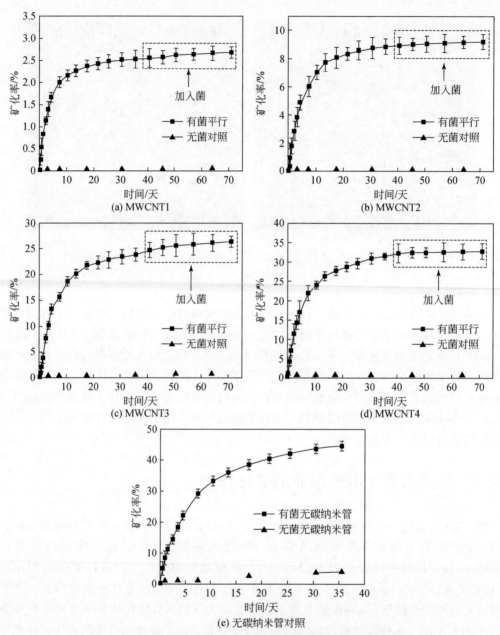

图 5-5-8　四种碳纳米管以及有菌无碳纳米管体系菲矿化率

倍，约为 MWCNT2 的 3 倍。矿化 35 天后，向各碳纳米管矿化体系中加入与初始量相同的新鲜菌悬液（图 5-5-8 虚线部分），并用 1mol/L 碱液调整溶液 pH 为 7.2 左右，4 种碳纳米管体系矿化率均无明显变化。这可能是因为，培养 35 天后，碳纳米管上吸附态菲的解吸作用已经趋于稳定，因此溶液中溶解态菲的量是限制降解菌矿化作用的主要因素，即 4 种碳纳米管体系中吸附态菲的生物有效性是决定其矿化率的关键因素。

　　MWCNT4 体系中吸附态菲的解吸率约为 MWCNT1 的 4 倍，其矿化率则约为 MWCNT1

的 12 倍，而 MWCNT4 体系与 MWCNT2 和 MWCNT3 体系中吸附态菲的矿化率之间的比例与解吸率之间的比例相近。造成 MWCNT4 与 MWCNT1 体系中吸附态菲矿化率之比远远大于解吸率之比的原因可能是：一方面，碳纳米管通过接触能够对微生物产生细胞毒性作用，而 MWCNT1 孔径最小，因此其对降解菌的细胞毒性作用最强，从而导致降解菌生物量以及生物活性的降低程度最为显著，进而导致 MWCNT1 体系中吸附态菲的矿化率远远低于其解吸率；另一方面，由于 MWCNT4 平均孔径最大，因此体系中降解菌可能更容易接近吸附有菲的孔结构，从而可能会促进降解菌对碳纳米管孔结构中吸附态菲的利用。综合以上两方面原因，最终导致 MWCNT4 体系菲矿化率显著高于 MWCNT1 体系。同时，MWCNT2、MWCNT3 以及 MWCNT4 体系由于降解菌生物量之比接近吸附态菲的解吸率之比，因此降解菌对菲的矿化作用主要受其生物有效性的影响，各体系之间的矿化率之比接近于解吸率之比。

通过菲最大矿化速率、平均矿化速率以及一级矿化动力学来分别表征不同碳纳米管对吸附态菲矿化作用的影响。计算方法如 5.3 节所述，所得结果见表 5-5-3。对照体系最大矿化速率、平均矿化速率以及一级矿化动力学常数均大于 4 种碳纳米管体系，这说明 4 种碳纳米管上吸附态菲的解吸过程均不同程度地影响了降解菌对目标物菲的降解过程。由表 5-5-3 可知，MWCNT3 和 MWCNT4 体系中菲的最大矿化速率均显著高于 MWCNT1 和 MWCNT2 体系，其中 MWCNT4 体系中菲的最大矿化速率约为 MWCNT1 的 10 倍、MWNCT2 的 4 倍、MWCNT3 的 1.5 倍。MWCNT3 和 MWCNT4 体系中菲的平均矿化速率也明显高于 MWCNT1 和 MWCNT2 体系，其中 MWCNT4 体系中菲的平均矿化速率约为 MWCNT1 的 13 倍、MWCNT2 的 3.6 倍、MWCNT3 的 1.3 倍。用一级反应动力学方程拟合 4 种碳纳米管体系中 5 天内菲从混合体系向气相 $^{14}CO_2$ 转变的矿化过程具有较好的效果，不同碳纳米管体系动力学拟合方程中的相关系数都在 0.9 以上。在 4 种碳纳米管体系中，MWCNT3 和 MWCNT4 体系中菲的一级矿化动力学常数显著高于 MWCNT1 和 MWCNT2 体系，其中 MWCNT4 体系中菲的一级矿化动力学常数约为 MWCNT1 的 11 倍、MWCNT2 的 4 倍、MWCNT3 的 1.4 倍。而由图 5-5-5 中 4 种碳纳米管体系中降解菌数量的变化得出，在初始 5 天内，MWCNT4 体系中降解菌的数量约为 MWCNT1 的 2 倍、MWCNT2 的 1 倍、MWCNT3 的 1 倍；培养 35 天后，MWCNT4 体系降解菌的数量约为 MWCNT1 的 7 倍、MWCNT2 的 3 倍、MWCNT3 的 1.6 倍，MWCNT4 与 MWCNT1 之间的平均/最大矿化速率之比以及矿化动力学常数之比均大于其降解菌数量之比，说明降解菌的生物量是影响其对菲矿化作用的一个因素，而降解菌的活性以及降解菌对孔结构内吸附态菲的利用率也可能会综合作用于其对菲的矿化作用。另外，与其他碳纳米管体系相比，标记性中间产物可能在 MWCNT1 体系中的吸附作用最强，限制了降解菌对其进一步的矿化作用。

表 5-5-3 不同碳纳米管体系菲最大矿化速率、平均矿化速率以及一级矿化动力学常数

碳纳米管	最大矿化速率/(%/d)	平均矿化速率/(%/d)	一级矿化动力学常数 k/d^{-1}	相关系数（R^2）
MWCNT1	0.455	0.067	0.004	0.969
MWCNT2	1.199	0.249	0.011	0.995

碳纳米管	最大矿化速率/(%/d)	平均矿化速率/(%/d)	一级矿化动力学常数 k/d^{-1}	相关系数（R^2）
MWCNT3	3.048	0.673	0.031	0.990
MWCNT4	4.744	0.886	0.044	0.987
空白对照	10.311	1.256	0.060	0.940

5.5.6 碳纳米管上菲解吸率与矿化率之间的相关性

通过线性回归对碳纳米管上吸附态菲解吸与矿化作用进行相关性探讨。由图 5-5-9 可得，4 种碳纳米管上吸附态菲解吸与矿化之间存在显著的正相关（$p<0.01$），并且随着碳纳米管比表面积的减小，相关性拟合斜率逐渐增大并接近 1。由此可以得出，利用 Tenax TA 作为助解吸剂而得到的碳纳米管上吸附态菲的解吸过程能够很好地表征其生物有效性，而且碳纳米管比表面积越小，则吸附态菲的解吸作用越能显著地表征其生物有效性。这是由于 Tenax TA 能够完全吸附碳纳米管上解吸下来的菲，从而保持水相中菲浓度基本上为零，因此 Tenax TA 助解吸作用能最大限度地促进碳纳米管上吸附态菲的解吸，从某种意义上相当于不受碳纳米管影响的"降解菌"的角色（Cornelissen et al., 1998）。

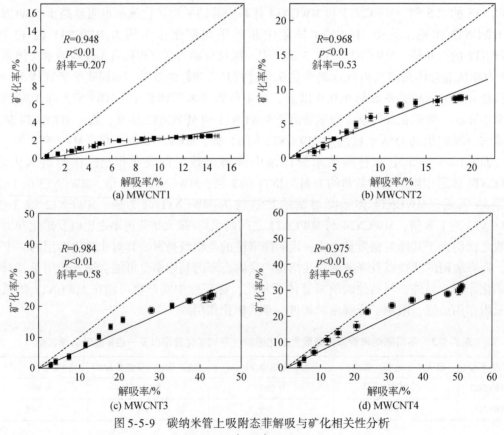

图 5-5-9　碳纳米管上吸附态菲解吸与矿化相关性分析

同时，由图 5-5-9 可以得出，4 种碳纳米管体系中吸附态菲的累积矿化率在相应的时间内均低于累积解吸率。可能有以下几方面的原因：首先，由碳纳米管与降解菌结合扫描电镜图 5-5-7 可得，碳纳米管能导致降解菌形态发生变化，并对降解菌产生一定的细胞毒性作用而致使降解菌细胞膜破裂等，从而导致其对污染物的利用率降低，这在其他碳质材料（黑炭、活性炭等）中还未出现过（Pimenov et al.，2001）；其次，碳纳米管上吸附态菲被降解的过程中，伴随着菲中间产物的生成，菲 9 位标记部分在转变为 $^{14}CO_2$ 之前被降解为中间产物（Seo et al.，2009），这些中间产物可能会重新吸附到碳纳米管上，或者进入碳纳米管孔结构，一方面限制了降解菌对其进一步的利用，另一方面阻碍了吸附态菲的进一步解吸，因此菲降解中间产物的解吸和再利用过程是限制碳纳米管上吸附态菲矿化过程的关键步骤。

另外有研究表明，当微生物利用固相中的多环芳烃时会在固相形成生物膜或生物表面活性剂以促进微生物对强吸附态多环芳烃的利用（Woo et al.，2001；Uyttebroek et al.，2006；Mor and Sivan，2008；Nie et al.，2010）。例如，Nie 等（2010）指出微生物在利用菲的过程中会产生生物表面活性剂，从而提高吸附态菲在液相的溶解度，并进一步促进菲的降解过程。Ehrhardt 和 Rehm（1985）指出降解菌吸附到活性炭上能够促进活性炭上吸附态苯酚的解吸，并认为降解菌能够通过形成生物膜而促进其对吸附态污染物的利用。同时，Gomez-Lahoz 和 Ortega-Calvo（2005）研究发现微生物能够促进吸附态多环芳烃易解吸部分的解吸。

由图 5-5-10（a）可得，碳纳米管上吸附态菲的矿化率与由 Tenax TA 助解吸作用下快解吸与慢解吸部分之和呈显著正相关（$R=1$，$p<0.01$）。由此可以得出，经过碳纳米管与菲之间的老化过程，在 Tenax TA 助解吸作用下，慢解吸与快解吸所占比例之和可用来表征碳纳米管上吸附态菲的生物有效性。Cornelissen 等（1998）利用 Tenax TA 作为助解吸剂，研究了沉积物中多环芳烃解吸对降解作用的影响，指出沉积物中多环芳烃生物有效性可用快解吸部分所占比例粗略预测，并指出慢解吸部分是限制沉积物中菲生物有效性的关键因素，而 Cui 等（2010）研究了沉积物中吸附态有机污染物的生物有效性，指出污染物慢解吸部分同样具有生物有效性，因此在沉积物中有机污染物风险评价中不可忽略，而极慢解吸部分则不具有生物有效性。就本研究所得到的实验结论可得，由 Tenax TA 助解吸作用得到的快解吸与慢解吸部分能够很好地表征吸附态菲的生物有效性，并且两者之间存在一定的函数关系。这主要是因为，老化 60 天后，由于碳纳米管对菲具有较强的吸附能力，大部分菲进入碳纳米管孔结构吸附，而只有很少部分停留在表面吸附。将吸附有菲的碳纳米管加入到新鲜无机盐溶液中时，由于固液平衡，表面吸附的菲能够快速解吸下来，即为快解吸部分，能够被降解菌利用，但所占比例较小；随着降解菌对快解吸部分的利用，进而促进大孔或中孔内部分吸附态菲的解吸，即为慢解吸部分，4 种碳纳米管上吸附态菲的一级矿化动力学常数均小于慢解吸速率，而远远高于极慢解吸速率，这说明慢解吸部分不是吸附态菲微生物利用的限制步骤，即慢解吸部分同样具有生物有效性。

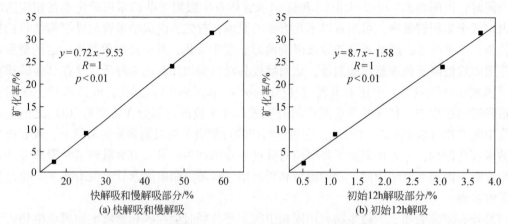

图 5-5-10　矿化率与快解吸和慢解吸部分（a）以及初始 12h 解吸部分（b）之间的相关性分析

另外，碳纳米管上吸附态菲的矿化率与初始 12h 解吸部分呈显著正相关 ［$R=1$，$p<$ 0.01，图 5-5-10（b）］。Yang 等（2010）利用 Tenax TA 作为助解吸剂研究了滴滴涕（DDT）从土壤中的解吸，指出初始 6h 内的解吸率可以作为土壤中 DDT 生物有效性的重要指标，并指出基于 Tenax TA 萃取条件下的污染物风险评价更具有代表性。因此在本研究中所得初始 12h 菲解吸部分可以作为其生物有效性的快速指标。

5.6　小　结

本章以多环芳烃为例，研究了水体颗粒物对污染物生物降解和矿化作用的影响及影响机制，主要研究结论如下：

（1）以典型多泥沙河流黄河为研究对象，在实验室中采用微宇宙实验模拟水体颗粒物存在条件下多环芳烃菲，苯并[a]芘和苯并[ghi]苝的自然生物降解过程，结果表明：①随着体系中颗粒物含量的增加，多环芳烃的降解速率逐渐加快，菲和苯并[a]芘的降解过程符合不支持微生物生长的基质降解动力学。②在培养初期，各体系中多环芳烃降解菌的生长均符合指数增长，并且随着体系颗粒物含量的增加，微生物的增长速度逐渐增大，固相上降解菌的数量远大于液相中降解菌的数量。培养体系中约 90% 的多环芳烃吸附在颗粒相。③颗粒物对多环芳烃生物降解的影响机制可概括为：多环芳烃易吸附到颗粒相，固相上多环芳烃的解吸作用将会增大水相-颗粒相界面多环芳烃的浓度；由于降解菌也易于吸附在颗粒相，这将增大降解菌与多环芳烃的接触机会；而且颗粒物的存在促进了微生物的生长，因此，多环芳烃的降解速率随水体颗粒物含量的增大而增大。

（2）利用静态放射性示踪装置研究了有无颗粒物以及颗粒物组成（OS、S375 和 S600）对体系菲降解及矿化作用的影响，结果表明：①在三种悬浮颗粒物体系中，农杆菌（*Agrobacterium* sp.）在不到 2 天时间内降解了体系中 90% 以上的菲（初始浓度为 0.35mg/L），其中三种不同颗粒物固相菲浓度总的趋势都是先升高后降低，液相菲浓度则迅速降低。表明初始时刻吸附和降解占主导作用,当液相菲浓度降低时,吸附态菲发生解吸和降解作用。在生物降解的前 6 天内,体系微生物呈对数增长,三种颗粒物体系中微生物的数量差异不显著,这也是导致三种颗粒物体系中菲降解速率差异不大的主要原因。②与母体菲的消失速率相比,菲在三种颗粒物体系中的矿化存在明显的滞后期。在三种不同颗粒物体系中,菲的矿化率、最大矿化速率、平均矿化速率和矿化动力学常数为:OS 和 S600 显著高于 S375 体系($p<0.05$),其中前两者的一级矿化动力学常数为后者的 2~3 倍。而且,虽然 S375 体系中微生物数量维持在较高的水平,其体系菲的矿化率甚至低于无颗粒物体系,这主要是由于 S375 中的黑炭显著降低了菲降解中间产物的生物有效性。由此说明,水体颗粒物的存在可同时影响微生物的生长和污染物的生物有效性,其对污染物的矿化作用的净影响受控于二者的综合作用。

(3)利用从长江水体分离纯化的菲降解菌研究颗粒态菲的解吸和生物降解过程之间的关系,发现分离纯化的菲降解菌具有较高的生物降解效率,72h 降解效率为 93.6%。对于老化时间不长的颗粒吸附态菲,在快速解吸阶段,微生物存在条件下固相菲的降低速率均不超过其非生物条件下的解吸速率。而在慢解吸阶段,生物条件下沉积物中菲浓度降低速率大于非生物解吸速率,可能是由于微生物促进了菲的解吸或者是微生物直接利用了沉积相吸附态的菲。微生物的活性影响吸附态菲的微生物可利用性,在保持微生物活性的条件下,生物降解时菲的固相残留值小于非生物解吸条件下菲的固相残留值,吸附态菲的生物降解速率大于其解吸速率,且沉积物中与黑炭结合的菲也能部分被微生物利用。由此说明,沉积物中吸附态菲的解吸过程并不完全限制其微生物降解,微生物能够部分利用沉积物中较难解吸的吸附态菲。

(4)研究了 4 种碳纳米管对吸附态菲解吸与矿化作用的影响,结果表明:①碳纳米管上吸附态菲的解吸存在明显的迟滞效应,其解吸动力学符合三相一级解吸动力模型,即菲在碳纳米管上的解吸可分为快解吸、慢解吸以及极慢解吸三个部分。碳纳米管的比表面积等会显著影响碳纳米管上菲的解吸率,碳纳米管比表面积越大,中孔孔容越大,孔径越小,则菲从碳纳米管上菲的累积解吸率就越小,碳纳米管上菲的不可逆迟滞解吸效应就越显著。②碳纳米管的比表面积等会显著影响碳纳米管上菲的矿化率,碳纳米管比表面积越大,中孔孔容越大,孔径越小,则碳纳米管上菲的累积矿化率就越小。碳纳米管上吸附态菲在初始 5 天的矿化过程符合一级矿化动力学模型,并且一级矿化动力学常数随碳纳米管比表面积的增大而减小,吸附态菲的生物有效性是制约其矿化作用的主要因素。③4 种碳纳米管上吸附态菲解吸与矿化之间存在显著的正相关($p<0.01$),4 种碳纳米管体系中吸附态菲的累积矿化率在相应的时间内均低于累积解吸率。经过碳纳米管与菲之间的老化过程,并在 Tenax TA 助解吸作用下,碳纳米管上吸附态菲的矿化率与由 Tenax TA 助解吸作用下快解吸与慢解吸部分呈显著正相关($R=1$,$p<0.01$),因此快解吸与慢解吸所占比例之和可以用来表征碳纳米管上吸附态菲生物有效性;碳纳米管上吸附态菲的矿化率与初始 12h 解吸部分呈显著正相关($R=1$,$p<0.01$),因此初始 12h 解吸所占的比例可以作为碳纳米管上吸附态菲生物有效性的快速指标。

参 考 文 献

Aitken M D, Stringfellow W T, Nagel R D, et al. 1998. Characteristics of phenanthrene-degrading bacteria isolated from soils contaminated with polycyclic aromatic hydrocarbons. Candian Journal of Microbiology, 44 (8): 743-752.

Baun A, Nyholm N. 1996. Monitoring pesticides in surface water using bioassays on XAD-2 preconcentrated samples. Water Science and Technology, 33: 339-350.

Braida W J, Pignatello J J, Lu Y E, et al. 2003. Sorption hysteresis of benzene in charcoal particles. Environmental Science & Technology, 37: 409-417.

Bui T X, Choi H. 2010. Comment on "adsorption and desorption of oxytetracycline and carbamazepine by multiwalled carbon nanotubes". Environmental Science & Technology, 44: 4828.

Carmichael L M, Christman R F, Pfaender F K. 2002. Desorption and mineralization kinetics of phenanthrene and chrysene in contaminated soils. Environmental Science & Technology, 31: 126-132.

Cerniglia C E. 1992. Biodegradation of polycyclic aromatic hydrocarbons. Biodegradation, 3 (3): 351-368.

Colvin V L. 2003. The potential environmental impact of engineered nanomaterials. Nature Biotechnology, 21: 1166-1170.

Cornelissen G, Gustafsson Ö. 2005. Importance of unburned coal carbon, black carbon, and amorphous organic carbon to phenanthrene sorption in sediments. Environmental Science & Technology, 39: 764-769.

Cornelissen G, Gustafsson Ö. 2006. Effects of added PAHs and precipitated humic acid coatings on phenanthrene sorption to environmental black carbon. Environmental Pollution, 141: 526-531.

Cornelissen G, Rigterink H, Ferdinandy M M A, et al. 1998. Rapidly desorbing fractions of PAHs in contaminated sediments as a predictor of the extent of bioremediation. Environmental Science & Technology, 32: 966-970.

Cui X Y, Hunter W, Yang Y, et al. 2010. Bioavailability of sorbed phenanthrene and permethrin in sediments to *Chironomus tentans*. Aquatic Toxicology, 98: 83-90.

Ehrhardt H M, Rehm H J. 1985. Phenol degradation by microorganisms adsorbed on activated carbon. Applied Microbiology and Biotechnology, 21: 32-36.

Gomez-Lahoz C, Ortega-Calvo J J. 2005. Effect of slow desorption on the kinetics of biodegradation of polycyclic aromatic hydrocarbons. Environmental Science & Technology, 39: 8776-8783.

Grosser R J, Friedrich M, Ward D M, et al. 2000. Effect of model sorptive phases on phenanthrene biodegradation: different enrichment conditions influence bioavailability and selection of phenanthrene-degrading isolates. Applied and Environmental Microbiology, 66: 2695-2702.

Guerin W F, Boyd S A. 1992. Differential bioavailability of soil-sorbed naphthalene to two bacterial specie. Applied and Environmental Microbiology, 58: 1142-1152.

Guerin W F, Boyd S A. 1997. Bioavailability of naphthalene associated with natural and synthetic sorbents. Water Research, 31: 1504-1513.

Harms H, Bosma T N P. 1997. Mass transfer limitation of microbial growth and pollutant degradation. Journal of Industrial Microbiology Biotechnology, 18 (2): 97-105.

Hirano S, Fujitani Y, Furuyanma A, et al. 2010. Uptake and cytotoxic effects of multi-walled carbon nanotubes in human bronchial epithelial cells. Toxicology and Applied Pharmacology, 249: 8-15.

Hwang S, Cutright T J. 2004. Preliminary exploration of the relationships between soil characteristics and PAH desorption and biodegradation. Environment International, 29（7）: 887-894.

Kang S, Mauter M S, Elimelech M. 2008. Physicochemical determinants of multiwalled carbon nanotube bacterial cytotoxicity. Environmental Science & Technology, 42: 7528-7534.

Kang S, Pinault M, Pfefferle L D, et al. 2007. Single-walled carbon nanotubes exhibit strong antimicrobial activity. Langmuir, 23: 8670-8673.

Kelsey J W, Kottler B D, Alexander M. 1997. Selective chemical extractants to predict bioavailability of soil-aged organic chemicals. Environmental Science & Technology, 31: 214-217.

Leglize P, Alain S, Jacques B, et al. 2006. Evaluation of matrices for the sorption and biodegradation of phenanthrene. Water Research, 40（12）: 2397-2404.

Lei L, Suidan M T, Khodadoust A P, et al. 2004. Assessing the bioavailability of PAHs in field-contaminated sediment using XAD-2 assisted desorption. Environmental Science & Technology, 38: 1786-1793.

Mor R, Sivan A. 2008. Biofilm formation and partial biodegradation of polystyrene by the actinomycete Rhodococcus ruber. Biodegradation, 19: 851-858.

Nie M Q, Yin X H, Ren C Y, et al. 2010. Novel rhamnolipid biosurfactants produced by a polycyclic aromatic hydrocarbon-degrading bacterium *Pseudomonas aeruginosa* strain NY3. Biotechnology Advances, 28: 635-643.

Oleszczuk P. 2008. Tenax-TA extraction as predictor for free available content of polycyclic aromatic hydrocarbons （PAHs） in composted sewage sludges. Journal of Environmental Monitoring, 10: 883-888.

Pimenov A V, Mitilineos A G, Pendinen G I, et al. 2001. The adsorption and deactivation of microorganisms by activated carbon fiber. Separation Science and Technology, 36: 3385-3394.

Poeton T S, Stensel H D, Strand S E. 1999. Biodegradation of polyaromatic hydrocarbons by marine bacteria: effect of solid phase on degradation kinetics. Water Research, 33（3）: 868-880.

Schmidt S K, Simkins S, Alexander M. 1985. Models for the kinetics of biodegradation of organic compounds not supporting growth. Applied and Environmental Microbiology, 50（2）: 323-331.

Seo J S, Keum Y S, Li Q X. 2009. Bacterial degradation of aromatic compounds. International Journal of Environmental Research and Public Health, 6: 278-309.

Simpson S L, Burston V L. 2006. Application of surrogate methods for assessing the bioavailability of PAHs in sediments to a sediment ingesting bivalve. Chemosphere, 65: 2401-2410.

Tang W C, White J C, Alexander M. 1998. Utilization of sorbed compounds by microorganisms specifically isolated for that purpose. Applied and Microbiology Biotechnology, 49: 117-121.

ter Laak T L, Barendregt A, Hermens J L M. 2006. Freely dissolved pore water concentrations and sorption coefficients of PAHs in spiked aged, and field-contaminated soils. Environmental Science & Technology, 40: 2184-2190.

Tsien H C, Bratina B J, Tsuji K, et al. 1990. Use of oligodeoxynucleotide signature probes for identification of physiological groups of methylotrophic bacteria. Applied and Environmental Microbiology, 56: 2858-2865.

Uyttebroek M, Ortega-Calvo J J, Breugelmans P, et al. 2006. Comparison of mineralization of solid-sorbed phenanthrene by polycyclic aromatic hydrocarbon （PAH）-degrading *Mycobacterium* spp. and *Sphingomonas* spp. Applied Microbiology and Biotechnology, 72: 829-836.

Wick L Y, Colangelo T, Harms H. 2001. Kinetics of mass transfer-limited bacterial growth on solid PAHs. Environmental Science & Technology, 35: 354-361.

Woo S H, Park J M, Rittmann B E. 2001. Evaluation of the interaction between biodegradation and sorption of phenanthrene in soil-slurry systems. Biotechnology and Bioengineering, 73: 12-24.

Yang K, Xing B S. 2007. Desorption of polycyclic aromatic hydrocarbons from carbon nanomaterials in water. Environmental Pollution, 145: 529-537.

Yang X L, Wang F, Gu C G, et al. 2010. Tenax TA extraction to assess the bioavailability of DDTs in cotton field soils. Journal of Hazardous Materials, 179: 676-683.

Ye S F, Wu Y H, Hou Z Q, et al. 2009. ROS and NF-kappa B are involved in upregulation of IL-8 in A549 cells exposed to multi-walled carbon nanotubes. Biochemical and Biophysical Research Communications, 379: 643-648.

Zhou Z L, Sun H W, Zhang W. 2010. Desorption of polycyclic aromatic hydrocarbons from aged and unaged charcoals with and without modification of humic acids. Environmental Pollution, 158: 1916-1921.

第6章 水体悬浮颗粒结合态污染物的生物有效性及其对水质评价的影响

6.1 引 言

水体疏水性有机污染物主要以三种赋存形态存在：自由溶解态、溶解性有机质结合态和颗粒结合态。以往关于疏水性有机污染物的水环境质量评价和水环境质量基准的制定主要以污染物的溶解态为研究对象，没有考虑颗粒结合态污染物的影响。但我们前面的研究发现悬浮颗粒物的存在能够提高水体中微生物对多环芳烃的降解速率和降解总量，而且随着悬浮颗粒物浓度的增加，多环芳烃的生物降解速率逐渐增加。此外，我们还发现黑炭结合态的菲也可能部分被细菌降解。还有研究报道悬浮颗粒的存在会增加鲤鱼对多溴联苯醚的生物富集（Tian et al., 2012）。因此，我们可以推测，悬浮颗粒结合态疏水性有机物具有或者部分具有生物有效性。对于含沙水体，与泥沙颗粒结合的那部分污染物可能也会对生物产生毒性效应，如果不考虑这部分赋存形态的污染物，可能会低估污染物的生态环境风险。但泥沙颗粒结合态污染物的生物有效性究竟有多大，泥沙颗粒的粒径和组成会有怎样的影响？这些问题目前都不清楚。

因此，本章以典型疏水性有机污染物多环芳烃为例，以大型溞为模式生物，研究与不同粒径和组成泥沙颗粒结合的疏水性有机污染物对大型溞的生物有效性和生物毒性，分析泥沙颗粒粒径和组成对污染物生物有效性的影响机制，同时探讨泥沙颗粒含量、粒径和组成对水质评价的影响。污染物的生物毒性效应可以从生物的群落、种群、个体、器官、分子和基因等水平来分析，其中个体水平又包括生长抑制率、运动抑制率、繁殖率、进食率、死亡率以及对蛋白质和酶的影响等评价指标。而且生物毒性效应还包括短期急性毒性和长期慢性毒性效应。在本研究中，我们主要采用的是短期急性毒性效应运动抑制率来表征多环芳烃对大型溞的毒性效应，运动抑制率指的是 15s 内运动不超过其身长的大型溞与总的大型溞数量的比值。本章同时研究了大型溞体内多环芳烃的富集量以及多环芳烃对大型溞酶活性的影响，以进一步分析泥沙颗粒结合态多环芳烃的生物有效性。

6.2 水体悬浮颗粒结合态污染物的生物有效性

6.2.1 控制体系污染物自由溶解态浓度的被动给料装置

被动给料方法源自固相微萃取（SPME）的逆过程：SPME 是将未污染的少量聚二甲

基硅氧烷（PDMS）涂层放置在环境中进行富集，而被动给料则是先将较大量的吸附剂涂层放置在高浓度的目标化合物溶液中进行加载，加载平衡之后将涂层置于环境介质中与其达到另一个平衡，由于环境介质中目标化合物的浓度和含量远远低于涂层中的含量，加载完成后的吸附剂涂层便像是一个目标化合物的"源"，能够通过分配平衡定量环境介质中（如水相中）目标化合物的自由溶解态浓度并且对水相中因各种原因减少的化合物进行补充。和流动暴露体系相比，被动给料能够维持更加稳定的自由溶解态浓度，耗材更少并且可以随着实验需求增大或减小体系规模。

生物实验的被动给料体系所用材料必须是对生物无干预性的，并且该材料对于有机污染物有较大的分配容量，本研究选用美国道康宁公司（Dow Corning）MDX4-4210 医疗级别的硅橡胶（PDMS 基质及其催化剂）制备被动给料涂层。被动给料装置的设置包括以下几个步骤。

图 6-2-1　本研究制成的被动给料涂层（PDMS）

PDMS 涂层的制作：按照 10∶1 的质量比将 PDMS 基质与催化剂充分混合，向直径 40mm 的玻璃培养皿中分别加入（12±0.01）g（足够控制 500mL 水）的混合物。抽真空去除混合物中的气泡，于室温下静置 72h 后在 110℃的恒温鼓风干燥箱中加热 48h 完成固化。冷却至室温后将涂层浸泡在无水乙醇中 72h 去除杂质和低聚物，然后用超纯水冲洗 3 次去除乙醇，无纤纸擦干待用（图 6-2-1）。

PDMS 涂层中目标化合物的加载：以甲醇为溶剂制备待研究化合物的加载液，本研究中选用典型多环芳烃芘为目标化合物。将 PDMS 涂层浸泡在一定浓度的加载液中加载 24h，这个过程总共进行 3 次，分析原始加载液和加载完成的甲醇溶液中多环芳烃的浓度，两者无显著差异证明加载平衡的完成。通过分析加载平衡后芘在 PDMS 涂层和甲醇中的浓度，即可得到芘的 PDMS 涂层-甲醇分配平衡常数：

$$K_{\text{PDMS}:\text{MeOH}} = \frac{C_{\text{PDMS}}}{C_{\text{MeOH}}} \tag{6-2-1}$$

加载完成的 PDMS 涂层中目标化合物向水中的释放：向实验用人工配水（artificial freshwater，AFW）（OECD，2008）中放入已完成目标化合物加载的 PDMS 涂层，静置 24h 达到平衡后，测定其暴露介质中目标化合物的浓度（图 6-2-2）。据此，可得到芘在 PDMS 涂层和 AFW 间的分配平衡常数：

$$K_{\text{AFW}:\text{PDMS}} = \frac{C_{\text{AFW}}}{C_{\text{PDMS}}} \tag{6-2-2}$$

因此根据下式可以通过控制芘在加载液（甲醇溶液）中的浓度来控制实验体系中芘的自由溶解态浓度：

$$K_{\text{MeOH}:\text{AFW}} = \frac{C_{\text{MeOH}}}{C_{\text{AFW}}} = \frac{1}{K_{\text{PDMS}:\text{MeOH}} \cdot K_{\text{AFW}:\text{PDMS}}} \qquad (6\text{-}2\text{-}3)$$

实验证明，PDMS 被动给料装置能控制体系中多环芳烃的自由溶解态浓度，而且不受悬浮颗粒物存在的影响。

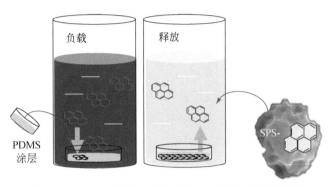

图 6-2-2   PDMS 涂层负载和释放多环芳烃的过程图示

6.2.2 实验方法

6.2.2.1 颗粒物样品的制备

从黄河和长江的典型断面采集悬浮颗粒物，并将其分成不同粒径。其中对同一颗粒物分别在 375℃（去除无定形有机碳）和 600℃条件下灼烧（去除无定形有机碳和黑炭）制备出不同组成的颗粒物。这样原始颗粒物的组成包括无定形有机碳、黑炭和矿物，375℃条件下制备的颗粒物组成包括黑炭和矿物，600℃条件下制备的颗粒物只含有矿物。

6.2.2.2 实验方案的设计

为了得到水体颗粒结合态污染物的生物有效性，我们通过控制水相多环芳烃的自由溶解态浓度不变，比较有无颗粒物存在时多环芳烃对大型溞的毒性效应来计算颗粒结合态污染物的生物有效性。在此我们采用半透膜装置和被动给料装置来控制水相多环芳烃的自由溶解态浓度，其中 6.2.1 节已介绍了被动给料装置的设置。

半透膜装置是利用生物化学实验中常用到的半透膜，将实验体系分为两个部分：悬浮泥沙（SPS）存在于膜外，不能透过半透膜进入膜内，溶解态多环芳烃可以自由通过半透膜。这样膜内外水体自由溶解态多环芳烃的浓度相同，而膜外水体多了颗粒结合态的多环芳烃。实验结果表明膜内和膜外溶解态多环芳烃的浓度一致，装置如图 6-2-3 所示。

为了得到泥沙颗粒结合态多环芳烃的生物有效性，我们先进行水体中只有泥沙存在条件下的大型溞暴露实验，得到泥沙颗粒本身对大型溞运动抑制率的影响。如图 6-2-4 所示，当悬浮泥沙含量小于或等于 1.0g/L 时，在暴露 72h 内对大型溞的运动抑制率基本无明显影响。但随着悬浮泥沙含量的升高，泥沙本身对大型溞运动抑制率的影响逐渐增大，这可

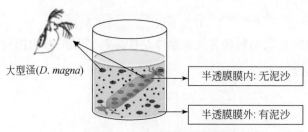

图 6-2-3　半透膜装置示意图

能是由于泥沙对大型溞呼吸的影响以及泥沙本身所挟带背景污染物的毒性效应所致。在后续体系含泥沙和多环芳烃的暴露实验中，均扣除了泥沙本身的影响，进而得到颗粒结合态多环芳烃对大型溞运动抑制率的影响。

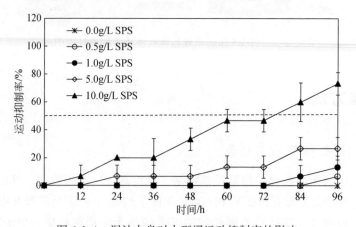

图 6-2-4　泥沙本身对大型溞运动抑制率的影响

6.2.3　悬浮泥沙结合态多环芳烃的生物有效性

6.2.3.1　悬浮泥沙结合态菲对大型溞运动抑制率的影响

首先我们研究了无 SPS 存在条件下水体菲对大型溞运动抑制率的影响，获得了大型溞运动抑制率与水体溶解态菲浓度之间的关系，发现在本实验浓度范围内，二者呈线性正相关关系，在此基础上，进一步研究 SPS 颗粒结合态菲对大型溞运动抑制率的影响。如图 6-2-5 和图 6-2-6 所示，当水-沙体系菲的总浓度为 0～0.8mg/L，SPS 浓度为 0～5g/L 时，半透膜外部（有泥沙）大型溞的运动抑制率均远高于半透膜内部（无泥沙）（$p < 0.01$）。当半透膜外部和内部菲的自由溶解态浓度相同时，SPS（1～5g/L）的存在使大型溞的运动抑制率增加了 1.6～2.7 倍，由此说明当菲的自由溶解态浓度保持不变时，SPS 的存在增加了菲对大型溞的毒性效应。根据图 6-2-5 所示的结果，当菲的自由溶解态浓度维持不变时，暴露 96h，扣除对照后 5g/L SPS 存在下的大型溞运动抑制率是无 SPS 时的 2.4 倍。例

如，有 SPS 存在时的大型溞运动抑制率为 73.3%，而无 SPS 存在时的运动抑制率仅为 27.3%。

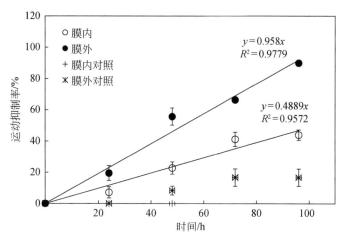

图 6-2-5　膜内外大型溞运动抑制率的差异（泥沙含量为 5g/L，体系菲的总浓度为 0.8mg/L，膜内外菲的自由溶解态浓度相同，膜外有 SPS，膜内无 SPS，对照指不添加菲的体系）

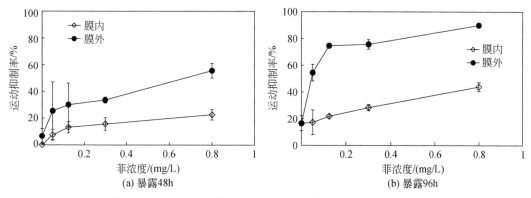

图 6-2-6　膜内外大型溞运动抑制率差异随体系菲总浓度的变化（泥沙含量为 5g/L，膜内外菲的自由溶解态浓度相同，膜外有 SPS，膜内无 SPS）

　　如图 6-2-6 所示，随着水–沙体系菲总浓度的增加（意味着菲的自由溶解态浓度增加），SPS 对大型溞运动抑制率的影响也在逐渐增加。例如，当菲的总浓度从 0.05mg/L 增加到 0.8mg/L，暴露 48h 后有无 SPS 产生的大型溞运动抑制率差异从 2.9% 增加到 26.2%；暴露 96h 后有无 SPS 产生的运动抑制率差异从 29.1% 增加到 46.0%。同样，我们还发现当水体自由溶解态浓度相同时，有无 SPS 存在时大型溞运动抑制率的差异随着 SPS 浓度的增加而增加，且这种差异与 SPS 浓度存在线性正相关关系（$p<0.05$）。上述结果表明 SPS 颗粒结合态菲增加了大型溞的运动抑制率，对大型溞产生了毒性效应。

6.2.3.2 悬浮泥沙结合态菲对大型溞 T-SOD 活性的影响

生物体的一切新陈代谢活动离不开酶的参与，主要有氧化还原酶、转移酶、水解酶、裂合酶和异构酶等。氧化还原酶是促进底物进行氧化还原反应的酶类，是一类催化氧化还原反应的酶，包括超氧化物歧化酶（superoxide dismutase，SOD）、过氧化物酶（POD）、过氧化氢酶（CAT）等。其中 SOD 是一种广泛存在于动植物、微生物中的金属酶，能催化生物体内超氧自由基（$O_2^-\cdot$）发生歧化反应，是机体内 $O_2^-\cdot$ 的天然消除剂，可以清除机体内的自由基。当细胞受到外界化学因子胁迫产生的活性氧自由基升高时，总 SOD（T-SOD）也会随之发生变化，以降低活性氧自由基的浓度，因此 T-SOD 已被广泛用于反映污染物对生物体毒性的大小。如图 6-2-7 所示，在没有 SPS 存在条件下，随着菲自由溶解态浓度的增加，T-SOD 酶活性先增大后减小，表明低剂量的溶解态菲可以刺激大型溞的 T-SOD 活性增大，而高剂量会抑制 T-SOD 活性，这与其他研究结果一致。如 Huang 等（2012）报道，斜生栅藻的 T-SOD 在低浓度苯双灵（<1mg/L）存在时表现为活性增大，而在高浓度苯双灵（>3mg/L）存在时表现为活性受到抑制。图 6-2-8 的结果表明，半透膜外有 SPS 存在下的大型溞 T-SOD 活性低于半透膜内无 SPS 存在下的 T-SOD 活性（$p<0.01$），说明吸附在 SPS 上的菲增加了对大型溞酶活性的抑制作用。

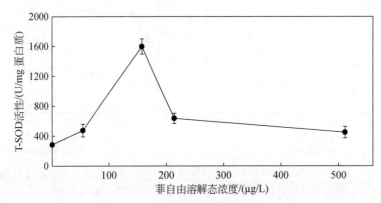

图 6-2-7 体系菲自由溶解态浓度对大型溞 T-SOD 活性的影响（体系中无 SPS）

6.2.3.3 悬浮泥沙结合态菲对大型溞的生物有效性

在本研究中，因为 SPS 被放置在半透膜的外部，无法进入半透膜内，所以半透膜内大型溞的运动抑制是由溶解态菲引起，而半透膜外的大型溞运动抑制是由泥沙结合态菲和溶解态菲共同引起。另外，半透膜内外的溶解性有机碳含量没有明显差异。例如，当 SPS 浓度为 5g/L 时，半透膜外的溶解性有机碳为（7.32±0.43）mg/L，半透膜内的溶解性有机碳为（6.62±0.40）mg/L，两者之间没有显著差异（$p>0.05$）。尽管体系中溶解性有机质由不同组分组成，但是分子质量小于 7000Da 的组分将在半透膜内外达到平衡。由此可推

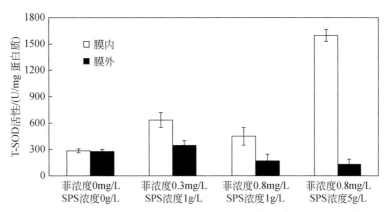

图 6-2-8　有无 SPS 存在条件下大型溞的 T-SOD 活性比较（膜外有泥沙，膜内无泥沙）

断半透膜内外大型溞的运动抑制率差异主要是由泥沙结合态菲所引起，据此可计算泥沙结合态菲对体系大型溞运动抑制率的贡献。另外，本研究发现在无 SPS 时，大型溞的运动抑制率与水体菲的自由溶解态浓度线性相关（$p<0.01$），根据这一关系，可由泥沙结合态菲对大型溞产生的运动抑制率计算出泥沙结合态菲的生物效应浓度（即相当于多少自由溶解态浓度的菲），那么泥沙结合态菲的生物有效性比例即为泥沙结合态菲的生物效应浓度除以泥沙结合态菲的总浓度，具体计算方法如下：

$$F_{SPS} = \frac{C_{effective} - C_{free}}{0.001 \times C_{SPS}} \times 100\% \qquad (6\text{-}2\text{-}4)$$

式中，F_{SPS} 为泥沙结合态菲的生物有效性比例（%）；$C_{effective}$ 为泥沙-水体系中菲的生物效应浓度（μg/L）；C_{free} 是水相菲的自由溶解态浓度（μg/L）；C_{SPS} 是 SPS 上菲的浓度（μg/kg）；0.001 表示暴露体系中 SPS 的含量（kg/L）。

如表 6-2-1 所示，体系中泥沙结合态菲对大型溞运动抑制率的贡献随着 SPS 浓度的升高而增加。例如，当体系菲的总浓度为 0.3mg/L 时，1g/L SPS 存在条件下，泥沙结合态菲对大型溞运动抑制率的贡献约 36.7%，5g/L SPS 存在条件下，泥沙结合态菲对大型溞运动抑制率的贡献约 43.1%。当体系菲的总浓度为 0.8mg/L，SPS 为 1g/L、3g/L 和 5g/L 时，泥沙结合态菲对大型溞运动抑制率的贡献分别为 44.6%、47.5% 和 57.7%。

表 6-2-1　泥沙结合态菲的生物有效性

SPS /(g/L)	体系菲的总浓度 /(mg/L)	无 SPS 存在时大型溞 的运动抑制率/%	有 SPS 存在时大型溞 的运动抑制率/%	泥沙结合态菲对运动 抑制率的贡献/%	泥沙结合态菲的生物 有效部分/%
1	0.3	19.0±2.1	30.0±4.8	36.7	16.9
1	0.8	22.5±3.6	40.6±3.3	44.6	10.1
3	0.8	21.5±1.4	42.3±5.7	47.5	11.7
5	0.3	17.6±2.3	37.6±5.4	43.1	22.7
5	0.8	20.7±1.8	55.6±4.2	57.7	19.8

上述结果表明，泥沙结合态菲对大型溞产生了毒性效应，这意味着在 SPS 上吸附的菲能被大型溞利用。由于大型溞总是通过机械筛分从水体中获得食物颗粒（Gophen and Geller，1984），实验中增强的毒性效应可能是随 SPS 进入大型溞体内的泥沙结合态菲在消化液的作用下发生解吸作用所引起。在本研究中，暴露 48h 后，清洗大型溞体表的泥沙后于显微镜下可拍到肠道滞留泥沙（图 6-2-9），体长为 1880μm 的大型溞体内 SPS 的最大尺寸为 36μm。在纯水中净化 48h 后，大型溞肠道内未被排出的 SPS 大小约为 17μm。由此可见，水体中的 SPS 可以通过各种方式接触大型溞，主要包括皮肤接触和消化道摄入。Gillis 等（2005）也报道了大型溞可摄入 SPS，当其主要食物浮游植物缺乏时会迫使大型溞将 SPS 作为食物。根据表 6-2-1 的结果，当 SPS 浓度在 1 ～ 5g/L 之间时，泥沙结合态菲的生物有效部分占吸附态菲的 10.1% ～ 22.7%。这表明只有一部分吸附在 SPS 上的菲可以在大型溞体内解吸并产生毒性效应，这种生物有效部分的多少将取决于 SPS 和污染物的性质。

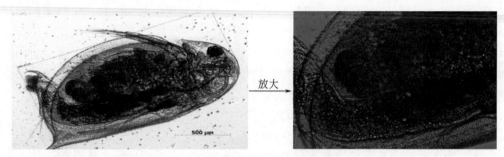

图 6-2-9　暴露 48h 后大型溞的显微照片（体系中含 0.8mg/L 菲和 5g/L SPS）

6.2.4　悬浮泥沙组成对泥沙结合态多环芳烃生物有效性的影响

从长江和黄河采集 SPS，并将其分成粒径分别为 0 ～ 50μm 和 50 ～ 100μm 的组分。然后分别将不同粒径的泥沙制备成三种不同组成的泥沙，即含有无定形有机碳、黑炭和矿物的原始泥沙，只含有黑炭和矿物的泥沙，以及只含有矿物的泥沙。实验开始前采用蒸馏水洗涤去除泥沙上溶解态的有机质，采用被动给料装置控制水体多环芳烃的自由溶解态浓度，使有无 SPS 存在条件下体系自由溶解态多环芳烃的浓度均保持一致，研究与不同组成泥沙相结合的多环芳烃的生物有效性。

如图 6-2-10 所示，由芘引起的大型溞的运动抑制率随暴露时间的延长而增加。当自由溶解态芘浓度相同时，与无 SPS 的体系相比，1g/L 的 SPS 均显著提高了大型溞的运动抑制率。暴露 36h 和 48h 后，有 SPS 存在体系大型溞的运动抑制率分别是无泥沙体系的 1.5 ～ 3.2 倍和 1.3 ～ 3.6 倍。由此表明泥沙结合态芘对大型溞产生了毒性效应，且与泥沙结合的芘产生的毒性效应占体系芘总毒性效应的 49.4% ～ 72.1%。

而且体系芘对大型溞运动抑制率的影响与泥沙组成相关。对于黄河和长江来源的不同

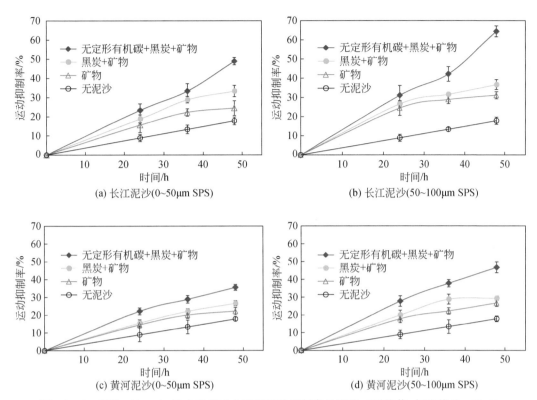

图 6-2-10　泥沙（1g/L）结合态芘对大型溞运动抑制率的影响（平均值±标准偏差，$N=3$）

粒径的泥沙，与不同组成泥沙结合的芘对大型溞运动抑制率的顺序均表现为：含有无定形有机碳、黑炭和矿物的原始泥沙＞只含有黑炭和矿物的泥沙＞只含有矿物的泥沙。例如，暴露 48h 后，与 0～50μm 长江原始泥沙（含有无定形有机碳、黑炭和矿物）结合的芘对大型溞产生的毒性效应分别是后两种组成泥沙的 2.0 和 4.8 倍。进一步根据下面的公式可计算出不同泥沙组成结合态芘的生物有效性：

$$F_{SPS} = \frac{C_{effective\text{-}S1} - C_{free}}{0.001 \times C_{SPS}} \times 100\% \qquad (6\text{-}2\text{-}5)$$

$$F_{AOC} = \frac{C_{effective\text{-}S1} - C_{effective\text{-}S2}}{0.001 \times C_{AOC}} \times 100\% \qquad (6\text{-}2\text{-}6)$$

$$F_{BC} = \frac{C_{effective\text{-}S2} - C_{effective\text{-}S3}}{0.001 \times C_{BC}} \times 100\% \qquad (6\text{-}2\text{-}7)$$

$$F_{mineral} = \frac{C_{effective\text{-}S3} - C_{free}}{0.001 \times C_{mineral}} \times 100\% \qquad (6\text{-}2\text{-}8)$$

式中，F_{SPS}、F_{AOC}、F_{BC}、$F_{mineral}$ 分别表示与原始泥沙、无定形有机碳（AOC）、黑炭（BC）和矿物（mineral）相结合芘的生物有效性的比例（％）；$C_{effective\text{-}S1}$ 是颗粒物（含有无定形有机碳、黑炭和矿物）–水体系中芘的生物效应浓度（μg/L）；$C_{effective\text{-}S2}$ 是颗粒物（含有黑炭和矿物）–水体系中芘的生物效应浓度（μg/L）；$C_{\text{effective-S3}}$ 是颗粒物（只含有矿物）–水体系中芘的生物效应浓度（μg/L）；C_{free} 是水相芘的自由溶解态浓度（μg/L）；C_{SPS} 是与原始泥沙结合芘的浓度（μg/kg）；C_{AOC}、C_{BC} 和 C_{mineral} 分别表示与泥沙中 AOC、BC 和矿物相结合的芘浓度（μg/kg）；0.001 表示暴露体系中泥沙的含量（kg/L）。

如表 6-2-2 所示，在三种组分中，无定形有机碳结合态芘的生物有效性占总结合态的比例最大，50 ~ 100μm 泥沙中黑炭结合态芘的比例最低。如对于黄河 50 ~ 100μm 的 SPS，其无定形有机碳、黑炭和矿物所吸附芘的生物有效性比例分别为 44.8%、21.9% 和 26.6%。这是由于芘在黑炭上的吸附作用主要是非线性的不可逆吸附作用，吸附态的芘难于发生解吸作用，因此其生物有效性低。由此说明 SPS 的有机质组成是影响泥沙结合态有机物生物有效性的重要因素。同时，泥沙颗粒上不同组分结合态芘对体系芘总生物毒性的贡献顺序为：无定形有机碳>黑炭和矿物。其中，黄河和长江来源 SPS（1g/L）上无定形有机碳结合态芘对体系芘总生物毒性的贡献范围是 25.0% ~ 45.0%，黑炭结合态芘的贡献范围是 5.0% ~ 17.4%，矿物结合态芘的贡献范围是 3.2% ~ 18.4%（表 6-2-2）。同时，黄河 SPS 总体贡献小于长江 SPS，这主要是由于黄河 SPS 的有机碳含量较低，吸附的污染物浓度相对较低所致。

表 6-2-2　与不同泥沙组分结合芘的生物有效性

	长江		黄河	
	0 ~ 50μm	50 ~ 100μm	0 ~ 50μm	50 ~ 100μm
AOC 结合态芘所致运动抑制率/%	17.8	30.0	8.89	18.9
AOC 结合态芘所致运动抑制率对总运动抑制率的贡献/%	34.8	45.0	25.0	42.5
AOC 结合态芘的生物有效性/%	37.1	72.7	22.4	44.8
BC 结合态芘所致运动抑制率/%	8.89	3.33	4.44	3.33
BC 结合态芘所致运动抑制率对总运动抑制率的贡献/%	17.4	5.0	12.5	7.5
BC 结合态芘的生物有效性/%	11.8	10.1	10.2	21.9
矿物结合态芘所致运动抑制率/%	3.35	12.3	1.13	5.58
矿物结合态芘所致运动抑制率对总运动抑制率的贡献/%	6.6	18.4	3.2	12.5
矿物结合态芘的生物有效性/%	10.5	42.9	5.62	26.6
SPS 结合态芘所致运动抑制率/%	30.0	45.6	14.5	23.4
SPS 结合态芘所致运动抑制率对总运动抑制率的贡献/%	58.7	68.4	40.7	52.5
SPS 结合态芘的生物有效性/%	19.3	44.3	14.0	27.1

蛋白质是生物体的重要组成部分，其在生物体内的含量不仅受环境中营养物质的影响，同时还受污染因子的影响。本研究中，大型溞的蛋白质平均含量为 1.9%（以湿重

计），且含量随体系中泥沙粒径和组成的变化而变化。如图 6-2-11 所示，与没有添加泥沙和芘的体系相比，只添加了芘或添加了芘以及泥沙（含有矿物和黑炭）的体系中大型溞体内的蛋白质含量均有所升高（除 50～100μm 的长江泥沙外），但添加了芘以及泥沙（含有矿物、黑炭和无定形有机碳）的体系中大型溞体内的蛋白质含量有所降低（除 50～100μm 的黄河泥沙外）。在自由溶解态浓度维持一致的情况下，根据大型溞的运动抑制率计算得到的芘生物效应浓度的大小顺序为：无泥沙和芘的体系<有芘无泥沙的体系<有芘和泥沙（只含有矿物）的体系<有芘和泥沙（含有矿物和黑炭）的体系<有芘和泥沙（含有矿物、黑炭和无定形有机碳）的体系（图 6-2-11）。由此说明，低浓度生物有效态芘的存在能促进大型溞体内蛋白质的合成，但高浓度生物有效态芘的存在将抑制蛋白质的合成。这是由于大型溞体内蛋白质含量的升高有利于其抵制不良的环境条件（de Coen and Janssen，2003），导致低剂量的芘能促进体内蛋白质的合成。另外，如图 6-2-11 所示，含有芘和泥沙（只含有矿物）的体系中大型溞体内蛋白质的含量均低于其他体系，这可能是由于该体系中的泥沙不含有有机质，用于合成蛋白质的营养元素在所有含沙体系中最低，不利于蛋白质的合成（Taipale et al.，2014），而且与无泥沙体系相比，该体系中由于存在矿物，芘的生物效应浓度高于无泥沙体系，对蛋白质含量具有降低效应。因此，在所有体系中，含有芘和泥沙（只含有矿物）的体系中大型溞的蛋白质含量最低。

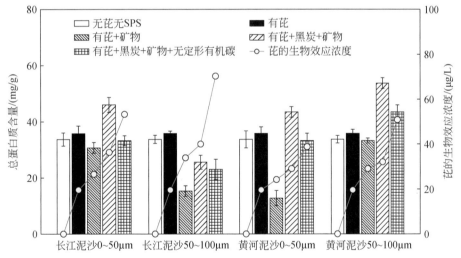

图 6-2-11 不同暴露体系中大型溞的蛋白质含量（暴露48h后，平均值±标准偏差，$N=3$）

如图 6-2-12 所示，大型溞体内 T-SOD 的变化规律与蛋白质的变化规律相似。与没有添加泥沙和芘的体系相比，只添加了芘或添加了芘以及泥沙（含有矿物）的体系中大型溞体内的 T-SOD 有所升高（图 6-2-12），说明低浓度生物有效态芘的存在能提高 T-SOD 的活性。但添加了芘和其他泥沙（含有矿物、黑炭和无定形有机碳）的体系中 T-SOD 的活性均明显降低，说明高浓度生物有效态芘的存在能降低 T-SOD 的活性，这与其他研究报道的结果一致（de Coen and Janssen，2003；Fan et al.，2009）。

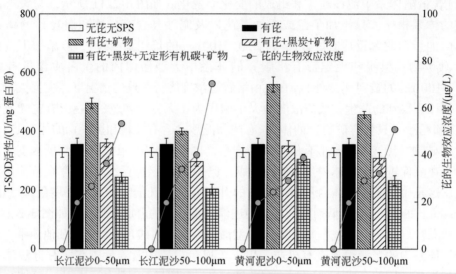

图 6-2-12　泥沙组成对大型溞 T-SOD 活性的影响（暴露 48h 后，平均值±标准偏差，$N=3$）

6.2.5　悬浮泥沙粒径对泥沙结合态多环芳烃生物有效性的影响

6.2.5.1　与不同粒径泥沙结合的芘对大型溞的生物有效性

将从黄河采集的 SPS 分成粒径分别为 0 ~ 50μm、50 ~ 100μm 和 100 ~ 150μm 的组分，其有机质含量特征如表 6-2-3 所示。采用被动给料装置控制水相芘的自由溶解态浓度，研究泥沙粒径对泥沙结合态芘生物有效性的影响。如图 6-2-13 所示，当水相芘的自由溶解态浓度为 0.0 ~ 60.0μg/L 时，1g/L 不同粒径 SPS 的存在显著增加了大型溞的运动抑制率，有 SPS 时的运动抑制率是无 SPS 时的 1.22 ~ 2.89 倍（$p<0.01$）。如当自由溶解态芘的浓度为 20μg/L，三种不同粒径 SPS 存在时大型溞的运动抑制率分别是没有 SPS 存在时的 2.23 倍、2.89 倍和 1.78 倍，说明不同粒径泥沙结合态芘对大型溞具有毒性效应。而且，泥沙结合态芘所致大型溞运动抑制率随自由溶解态芘的浓度的增加而增加（图 6-2-14）。例如，当自由溶解态芘的浓度从 20.0μg/L 增加到 60.0μg/L 时，暴露 48h 后，100 ~ 150μm 粒径范围泥沙结合态芘所致运动抑制率从 11.7% 增加到 30.0%。这是由于泥沙结合态芘的浓度随自由溶解态芘的浓度增加而增加所致。

表 6-2-3　悬浮泥沙样品的有机质含量特征（平均值±标准偏差，$N=3$）

有机质含量	0 ~ 50μm	50 ~ 100μm	100 ~ 150μm
TOC 含量/%	0.246±0.021	0.162±0.013	0.123±0.012
BC 含量/%	0.168±0.010	0.082±0.009	0.074±0.006
AOC 含量/%	0.078±0.008	0.080±0.007	0.049±0.005
AOC 含量/TOC	0.317	0.494	0.398

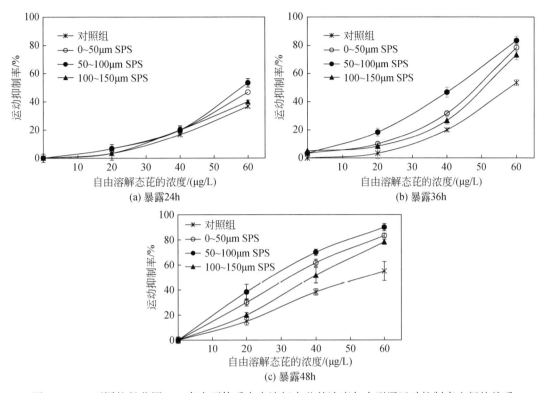

图 6-2-13　不同粒径范围 SPS 存在下体系自由溶解态芘的浓度与大型溞运动抑制率之间的关系

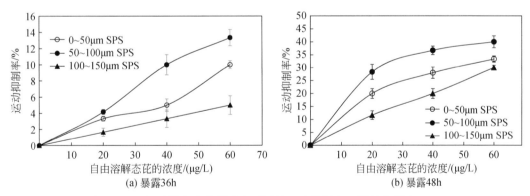

图 6-2-14　泥沙结合态芘所致大型溞的运动抑制率（泥沙含量为 1g/L）

不同粒径泥沙结合态芘对大型溞的毒性效应存在显著差异，其顺序为 50～100μm SPS>0～50μm SPS>100～150μm SPS。泥沙结合态芘所致大型溞运动抑制率占体系总芘所致运动抑制率的贡献随泥沙粒径的变化而变化（表6-2-4），其大小顺序为 50～100μm SPS>0～50μm SPS>100～150μm SPS。例如，当自由溶解态芘的浓度保持在 40.0μg/L 时，泥沙结合态芘对总运动抑制率的贡献依次为 48.9%、42.5% 和 36.5%。另外，泥沙结合态芘对总芘所致运动抑制率的贡献随着自由溶解态芘的浓度的增加而降低（表6-2-4）。如体系存在 50～100μm SPS 的条件下，自由溶解态芘的浓度从 20.0μg/L 增加到 60.0μg/L 时，泥沙结合态芘的贡献率从65.4%下降到42.1%，说明泥沙结合态芘对水体中总芘毒性的贡献随芘浓度的降低而增加。自然水体中多环芳烃的浓度一般较低（ng/L～μg/L级别），此时泥沙结合态多环芳烃的风险不容忽视。如果在生态风险评价时不考虑泥沙结合态的多环芳烃，势必低估污染物的生态环境风险。

表6-2-4　泥沙结合态芘对大型溞的生物有效性

SPS 粒径 /μm	SPS 浓度 /(g/L)	自由溶解态芘的浓度/(μg/L)	总运动抑制率 /%	泥沙结合态芘对总抑制率的贡献率/%	泥沙结合态芘的生物有效性比例/%
对照	0.00	20.0	11.7	0.00	0.00
0～50	1.00	20.0	35.0	57.1	18.0
50～100	1.00	20.0	43.3	65.4	27.0
100～150	1.00	20.0	26.7	43.8	15.0
对照	0.00	40.0	35.7	0.00	0.00
0～50	1.00	40.0	66.7	42.5	23.2
50～100	1.00	40.0	75.0	48.9	33.9
100～150	1.00	40.0	58.3	36.5	24.2
对照	0.00	60.0	51.3	0.00	0.00
0～50	1.00	60.0	88.3	37.7	22.3
50～100	1.00	60.0	95.0	42.1	30.7
100～150	1.00	60.0	85.0	35.3	25.8

根据前面提出的公式计算得到与不同粒径泥沙结合的芘的生物有效性比例。如表6-2-4所示，泥沙结合态芘的生物有效性比例随泥沙粒径的变化而变化，其中50～100μm粒径范围的泥沙结合态芘的生物有效性比例最高，其次是0～50μm和100～150μm粒径范围的泥沙。如当芘的自由溶解态浓度为20.0μg/L，泥沙粒径为50～100μm、0～50μm和100～150μm时，其结合态芘的生物有效性比例分别为27.0%、18.0%和15.0%。

6.2.5.2　悬浮泥沙粒径对泥沙结合态芘的生物有效性的影响机制

前面的研究表明SPS可以被大型溞摄食进入肠道，泥沙暴露实验后大型溞的显微照片可清楚看到滞留在大型溞消化道中的泥沙（图6-2-15）。大型溞的摄食特性为其消化系统提供了与泥沙结合态芘接触的机会，从而增强了泥沙结合态芘的生物有效性。有研究表明大型溞消化道可能是化学毒物的靶器官。在这种情况下，泥沙结合态芘有更多机会与大型溞可能的靶器官接触，导致与不存在SPS的体系相比，大型溞的运动抑制率显著增加。此外，吸附在摄入的SPS上的芘需要一定时间解吸并在大型溞消化道中产生毒性。研究结果显示，暴露48h后，有无SPS存在时大型溞运动抑制率以及三种粒径范围SPS存在时运动抑制率之间的差异比暴露24h更显著，说明肠道内摄入的泥沙结合态芘需要一定时间解吸并对大型溞产生毒性效应。

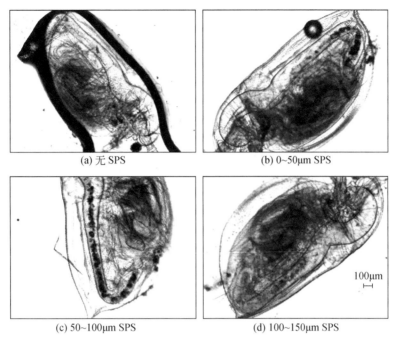

(a) 无 SPS

(b) 0~50μm SPS

(c) 50~100μm SPS

(d) 100~150μm SPS

图 6-2-15　不同粒径范围 SPS 滞留大型溞肠道的显微照片（暴露 48h，泥沙含量 1g/L）

　　根据图 6-2-15 所示的显微照片，大型溞消化道中存留泥沙的多少顺序大致为：50～100μm>0～50μm>100～150μm。进一步对大型溞消化道中的泥沙进行定量分析，结果如表 6-2-5 所示，大型溞消化道中存留泥沙含量的顺序为：50～100μm>0～50μm>100～150μm。这可能是由于暴露过程中不同粒径范围泥沙在大型溞消化道中的摄入和排出存在差异所导致。在这三个粒径范围泥沙中，100～150μm 粒径范围的泥沙最难通过大型溞口腔过滤器进入大型溞消化道，导致大型溞对 100～150μm 粒径范围泥沙的摄入最少。另外两种粒径范围（0～50μm 和 50～100μm）的泥沙较易进入大型溞消化道，而且相比之下，50～100μm 粒径的泥沙更易被摄食，0～50μm 的泥沙更易从大型溞消化道中排出。Harbison 和 McAlister（1979）报道了细颗粒比粗颗粒更容易从被囊类樽海鞘纲动物（Tunicata，Thaliacea）的胃中除去。本研究结果显示，0～50μm 粒径范围的泥沙在大型溞消化道的滞留量小于 50～100μm 的泥沙。此外，由于吸附在无定形有机碳上的疏水性有机污染物比吸附在黑炭上的疏水性有机污染物较易发生解吸，表明吸附在 50～100μm 粒径范围泥沙上的芘比其他两种粒径范围泥沙上的芘更易被大型溞消化液解吸。前面的结果（表 6-2-2）也已表明无定形有机碳结合态芘的生物有效性比例最高，且 50～100μm 粒径范围泥沙的无定形有机碳含量最高（表 6-2-3），因此在三种粒径范围中，50～100μm 粒径范围泥沙结合态芘的生物有效性最高。此外，大型溞摄入的泥沙以 50～100μm 粒径范围的最多，导致其吸入的泥沙结合态芘的量最多。因此，当相同自由溶解态芘存在时，芘对大型溞的毒性效应大小顺序为 50～100μm 粒径的泥沙体系>0～50μm 粒径的泥沙体系>100～150μm 粒径的泥沙体系。这表明泥沙结合态芘的生物有效性不仅取决于泥沙吸附的芘含量，还取决于泥沙的粒径、组成以及泥沙被生物体摄入的情况。

表 6-2-5　不同水体中 75 只大型溞摄入泥沙的干重（暴露 48h 后）

泥沙的粒径 /μm	泥沙的浓度 /(g/L)	自由溶解态芘的浓度 /(μg/L)	75 只大型溞的干重 /mg	75 只大型溞体内 泥沙的干重/mg
对照	0.00	20.0	4.57±0.01	0.00
0~50	1.00	20.0	6.63±0.02	2.06
50~100	1.00	20.0	6.96±0.11	2.39
100~150	1.00	20.0	4.71±0.01	0.14

自然水体中疏水性有机污染物包括自由溶解态、溶解性有机质结合态和颗粒结合态。前面的研究结果表明，除自由溶解态外，颗粒结合态疏水性有机污染物也部分具有生物有效性。另外，我们的研究结果表明，溶解性有机质结合态污染物也部分具有生物有效性（Lin et al.，2018a；2018b）。因此，水体疏水性有机污染物的生物有效性应该包括上述三种形态，可以用下述的公式来计算：

$$C_{\text{bio}} = C_{\text{free}} + \sum_{i=1}^{n} \left(C_{i\text{-AOC}} \cdot f_{i\text{-AOC}} + C_{i\text{-BC}} \cdot f_{i\text{-BC}} + C_{i\text{-mineral}} \cdot f_{i\text{-mineral}} \right) + C_{\text{DOM}} \cdot f_{\text{DOM}}$$

(6-2-9)

式中，C_{bio} 指水体 HOCs 的总生物有效态浓度（μg/L）；C_{free} 指 HOCs 的自由溶解态浓度（μg/L）；i 指粒径为 i 的悬浮颗粒物；$C_{i\text{-AOC}}$、$C_{i\text{-BC}}$、$C_{i\text{-mineral}}$ 指粒径为 i 的 SPS 上分别与无定形有机碳（AOC）、BC 和矿物结合的 HOCs（μg/L）；$f_{i\text{-AOC}}$、$f_{i\text{-BC}}$、$f_{i\text{-mineral}}$ 指粒径为 i 的 SPS 上与 AOC、BC 和矿物结合 HOCs 的生物有效性比例（%）；C_{DOM} 指与 DOM 结合的 HOCs（μg/L）；f_{DOM} 指与 DOM 结合的 HOCs 的生物有效性比例（%）。

6.3　水体悬浮颗粒结合态污染物对水质评价的影响

6.3.1　传统水质评价的基本原理

前面的研究表明，颗粒结合态污染物部分具有生物有效性，我们已有的研究还发现溶解性有机质（DOM）结合的污染物也部分具有生物有效性（Lin et al.，2018a，2018b）。然而，目前颗粒物和溶解性有机质对水环境质量评价的影响还不清楚。

由于自然水体或人工水体中普遍存在悬浮颗粒物和溶解性有机质，疏水性有机污染物在水体中将有三种赋存形态，即自由溶解态、溶解性有机质结合态和颗粒结合态。传统的水质评价是采用 0.45μm 滤膜过滤水样获得滤液，然后分析滤液中污染物的含量，即污染物的总溶解态含量，进而采用这个含量来评价水质状况。这样进行的评价其实也就认为总溶解态的污染物全部具有生物有效性。但其实总溶解态中除了包含自由溶解态外，还有溶解性有机质结合态以及与小于 0.45μm 颗粒物结合的污染物，后面两种赋存形态的污染物与自由溶解态不同，不可能百分之百具有生物有效性，因此从这个角度分析，传统的水质评价可能高估污染物的生态环境风险。另外，由于传统水质评价没有考虑与大于 $0.45\mu m$ 颗粒物相结合污染物的生物有效性，因此又可能低估污染物的生态环境风险，尤其是对于泥沙含量较高的水体，泥沙结合态污染物的生物有效性可能不能忽视。因此，传统水质评价到底能否真实反映水体污染物的生态环境风险，悬浮颗粒物和溶解性有机质到底怎样影响水质评价，下面设计模拟实验来进行研究。

6.3.2　研究方法

6.3.2.1　研究方案的设计

本节分别选用富里酸、过筛的表层沉积物以及多环芳烃芘为模式溶解性有机质、悬浮颗粒物以及疏水性有机污染物来研究与疏水性有机污染物相关的水环境质量评价；选用大型溞作为水环境质量评价的模式生物。为了模拟自然水体，将不同分子量的富里酸和具有不同浓度、粒径的悬浮颗粒物加入由改进的被动给料体系控制自由溶解态芘浓度的溶液中。模拟的自然水中包含自由溶解态、溶解性有机质结合态以及颗粒结合态芘。总溶解态芘的浓度是通过过滤模拟水溶液来获得，包括自由溶解态和溶解性有机质结合态芘的浓度。在模拟的自然水体中进行生物暴露实验，采用大型溞运动抑制率和芘在大型溞组织中的浓度来评估芘的生物有效性。由于在传统水环境质量评价中，由总溶解态芘引起的生物效应通常被认为相当于等浓度自由溶解态芘所引起的生物效应，所以可根据滤液中总溶解态芘的浓度与标准曲线（自由溶解态芘的浓度与生物效应间的关系）（图 6-3-1 和图 6-3-2），计算得到滤液中的生物效应数据。将这个生物效应数据（反映传统水环境质量评价）与模拟自然水体的实际生物效应数据进行比较，就能分析未考虑泥沙影响的传统水环境质量评价可能存在的误差，进而阐明泥沙对水环境质量评价的影响，同时进一步分析悬浮颗粒物浓度和粒径对水环境质量评价的影响。

6.3.2.2　样品采集、表征与实验方法

2018 年 4 月，分别在淮河的淮南水文站、长江的寸滩水文站以及黄河的刘家峡水文站采集表层沉积物（深度：0~5cm）。采集的样品储存在冷藏箱带回实验室，并在 4℃冰箱保存。随后，用超纯水清洗以除去吸附在沉积物上的溶解性有机质，然后冷冻干燥一周。用 230 目筛子（对应的筛孔尺寸是 63μm）过滤干燥后的沉积物，并进一步用激光粒度分析仪表征其实际的粒径（表 6-3-1），在后面的暴露实验中，将过筛沉积物加入暴露液中以模拟悬浮颗粒物。配制 1.5g/L 悬浮颗粒物溶液（即接下来生物实验中的最高浓度），取上层溶液分析悬浮颗粒物溶液中的 TOC 浓度，其浓度<0.5mg/L，因此后面的实验中可忽略泥沙颗粒物中溶解性有机质的影响。

表 6-3-1　用于模拟实验的不同采样点悬浮颗粒物的粒径分布

沉积物粒径分布	水文站地点		
	淮南（淮河） 粒径分布占比	寸滩（长江） 粒径分布占比	刘家峡（黄河） 粒径分布占比
0 ~ 20μm	66.63% ±1.19%	10.01% ±0.05%	29.36% ±0.59%
20 ~ 40μm	26.31% ±0.31%	17.95% ±0.98%	34.03% ±0.13%
40 ~ 63μm	6.15% ±0.81%	27.73% ±2.05%	27.83% ±0.76%
63 ~ 100μm	0.91% ±0.07%	34.53% ±1.18%	6.61% ±0.09%
100 ~ 500μm	0.00±0.00%	9.78% ±0.06%	2.17% ±0.13%

6.3.2.3　生物暴露实验

为了获得暴露液中自由溶解态芘浓度与大型溞运动抑制率之间的关系，以及自由溶解态芘浓度与芘在大型溞组织中浓度间的关系，用被动给料盘子制备了一系列自由溶解态芘浓度分别为0μg/L、10μg/L、20μg/L、30μg/L、40μg/L 和50μg/L 的溶液（根据前面6.2节的方法），然后取 30 只大型溞（溞龄6 ~ 24h）放入各暴露液中，再将其转入 RXZ-500B型人工气候培养箱中，温度控制为（23±1）℃，光照周期为16∶8（亮/暗），光照强度为2300lx。每 12h 观察一次大型溞运动抑制率（%），共观察48h，然后将所有的大型溞从暴露液中取出，再将 20 只大小相似的大型溞（溞龄 14 天）放入各暴露液中。暴露48h 后，取出活的大型溞放在体视显微镜下（XTS30-HDMI，中国北京）解剖。解剖后得到的肠道和组织分别储存在−20℃，直到测定其芘含量时再取出。每组实验设置 3 个平行样，实验结果如图 6-3-1 和图 6-3-2 所示。

为研究芘及溶解性有机质存在条件下，悬浮颗粒物浓度对大型溞运动抑制率的影响，用人工水配制 500mL 含 5mg/L 富里酸和不同浓度（0g/L、0.2g/L、0.4g/L、0.6g/L、0.8g/L、1.0g/L 和1.5g/L）的悬浮颗粒物溶液。将富里酸浓度设置为 5mg/L 的原因是，以前很多研究都报道了自然水体中溶解性有机碳浓度接近 5mg/L（Argyrou et al.，1997；Liu et al.，2013）。将 2 个被动给料盘子放入溶液中，以获得暴露体系中恒定的自由溶解态芘浓度（30μg/L），用封口膜（里层）和锡箔纸（外层）封上装暴露液的烧杯。振荡 72h（90r/min、23℃、黑暗）达到平衡后即配制好模拟自然水样溶液。然后，取一部分模拟自然水样溶液用于测定自由溶解态芘的浓度；另取一部分模拟自然水样溶液用 0.45μm 密理博滤膜过滤，再用液液萃取的方法测定滤液中芘的总溶解态浓度。假定总溶解态芘全部对生物有效，由滤液中总溶解态芘浓度引起的生物效应（大型溞运动抑制率和芘在大型溞组织中的浓度）可以根据上述标准曲线（图 6-3-1 和图 6-3-2）计算得到。将装剩余暴露液（模拟自然水样）烧杯上的锡箔纸除去，并将封口膜用注射器扎上小孔，转移至人工气候培养箱，用于接下来的生物实验，实验步骤如前所述。

对于大型溞运动抑制率和芘在大型溞组织中浓度测定的两个实验，将对照组设在不含芘、含 5mg/L 富里酸和不同浓度悬浮颗粒物（0g/L、0.2g/L、0.4g/L、0.6g/L、0.8g/L、

1.0g/L 和 1.5g/L）的溶液中进行。空白实验组设置在不含芘的人工水中进行。每组实验设置 3 个平行样。按照同样的实验方法进行悬浮颗粒物粒径和溶解性有机质分子量影响的实验。

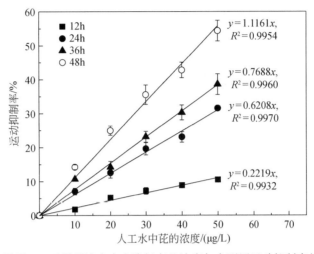

图 6-3-1　暴露 48h 后暴露液中自由溶解态芘浓度与大型溞运动抑制率的关系曲线

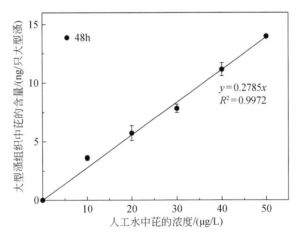

图 6-3-2　暴露 48h 后暴露液中自由溶解态芘浓度与大型溞组织中芘含量间的关系

6.3.2.4　质量控制与质量保证

芘在气相色谱二级质谱联用仪的检测限是 $0.05\mu g/L$。芘的标准曲线（$10\mu g/L$、$20\mu g/L$、$50\mu g/L$、$80\mu g/L$、$100\mu g/L$、$250\mu g/L$、$500\mu g/L$ 和 $800\mu g/L$）用内标间三联苯检测，相关系数大于 0.99。在含富里酸和悬浮颗粒物的对照组中，大型溞运动抑制率仅在 1.0g/L 和 1.5g/L 悬浮颗粒物体系中大于 0，但是与实验组（含芘、富里酸以及悬浮颗粒物）中大型溞运动抑制率相比，其比例小于 3%，说明富里酸和悬浮颗粒物本身对大型溞的影响不显著，可以忽略不计。芘在大型溞体内浓度以及在暴露介质中浓度测定的回收率分别为 87.6%±6.5% 和 88.9%±7.8%。在模拟自然水样中自由溶解态芘的浓度维持在 30μg/L，在暴露实验前后的变化≤3%。大型溞的毒性敏感度用标准物质重铬酸钾测定，24h 半数效应浓度（EC_{50}）值为 0.6mg/L，这在毒性标准实验范围内（OECD，2008）。

6.3.3　悬浮颗粒物浓度对水质评价的影响

6.3.3.1　悬浮颗粒物浓度对大型溞运动抑制率的影响

在只含有芘的体系中，大型溞运动抑制率随着体系自由溶解态芘浓度的增加而增加（图6-3-1）。暴露时间为 24h、36h 和 48h 时，大型溞运动抑制率为 50% 的自由溶解态芘的 EC_{50} 分别为 80.5μg/L、65.0μg/L 和 44.8μg/L，这些结果与之前报道的结果相近。如图 6-3-3 所示，模拟自然水样中自由溶解态芘的浓度用 PDMS 被动给料装置控制为 30μg/L，富里酸的浓度为 5mg/L，当悬浮颗粒物（淮南段样品）浓度从 0.2g/L 增加到 1.5g/L 时，大型溞运动抑制率逐渐增加。在传统水环境质量评价中，由滤液中芘的总溶解态浓度导致的生物效应通常被认为相当于等浓度自由溶解态芘引起的生物效应。模拟自然水样滤液中芘的总溶解态浓度为 45.8μg/L，因此，由含芘的滤液导致的大型溞运动抑制率可根据自由溶解态芘浓度（45.8μg/L）和大型溞运动抑制率拟合的线性关系（图6-3-1）计算获得。当悬浮颗粒物（淮南段样品）浓度大于或等于 0.6g/L 时，模拟自然水样中大型溞的运动抑制率高于模拟自然水样滤液中大型溞的运动抑制率，但当悬浮颗粒物浓度小于或等于 0.4g/L 时，由于溶解性有机质结合态芘的影响，模拟自然水样中大型溞运动抑制率要低于模拟自然水样滤液中大型溞的运动抑制率。

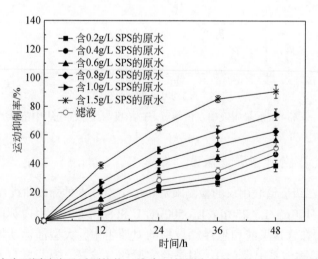

图6-3-3　在含不同浓度悬浮颗粒物（淮南）的原水及其滤液中的大型溞运动抑制率
芘：30μg/L，富里酸：5mg/L，暴露48h

从图6-3-4可知，与来自淮南的悬浮颗粒物相同，对于来自寸滩和刘家峡的悬浮颗粒物，模拟自然水样中大型溞的运动抑制率也随悬浮颗粒物浓度的增加而增加。当来自寸滩悬浮颗粒物的浓度大于或等于0.2g/L时，模拟自然水样中大型溞的运动抑制率高于模拟自然水样滤液中大型溞的运动抑制率；当来自刘家峡悬浮颗粒物的浓度大于或等于0.3g/L时，模拟自然水样中大型溞的运动抑制率高于模拟自然水样滤液中大型溞的运动抑制率。而且，对于三种不同来源的颗粒物，模拟自然水样中大型溞运动抑制率与滤液中大型溞运动抑制率的差异随着悬浮颗粒物浓度的增加而增加。因此，对于含沙水体，传统水质评价可能低估污染物的生态风险，且这种低估作用将随着水体悬浮颗粒物浓度的增加而增大。

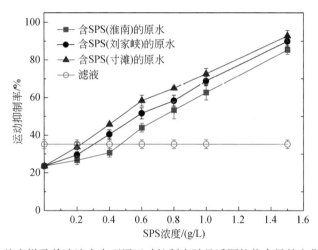

图6-3-4 模拟自然水样及其滤液中大型溞运动抑制率随悬浮颗粒物含量的变化关系（暴露36h）

6.3.3.2 悬浮颗粒物浓度对大型溞组织中芘含量的影响

芘在大型溞体内的富集在暴露48h后达到稳态（图6-3-5）。当自由溶解态芘的浓度从10μg/L增加到50μg/L时，芘在大型溞组织中的浓度逐渐增加，并且它们之间呈显著的线性关系（图6-3-2）。如图6-3-6所示，在模拟自然水样中，富里酸浓度为5mg/L，芘的自由溶解态浓度为30μg/L，悬浮颗粒物（淮南样品）浓度从0.2g/L增加至1.5g/L时，芘在大型溞组织中的浓度逐渐增加。在含芘的模拟自然水样滤液中，芘在大型溞组织中的浓度可以根据自由溶解态芘浓度与芘在大型溞组织中浓度拟合的线性方程（图6-3-2）计算得到。当悬浮颗粒物浓度大于0.4g/L时，模拟自然水样中大型溞组织中芘的浓度大于滤液体系中大型溞组织中芘的浓度；当悬浮颗粒物浓度小于0.4g/L时，模拟自然水样中大型溞组织中芘的浓度小于滤液体系中大型溞组织中芘的浓度。这一结果与前面大型溞运动抑制率的结果一致，说明无论采用大型溞运动抑制率还是体内芘的富集量来表征，都能体现悬浮颗粒物对水质评价的影响。

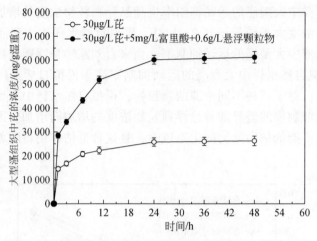

图 6-3-5　模拟体系中芘被大型溞吸收的曲线图（暴露 48h）

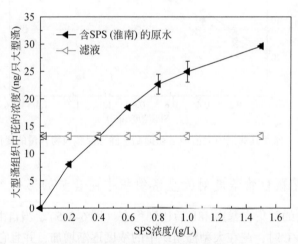

图 6-3-6　模拟自然水样及其滤液中芘在大型溞组织中的浓度随悬浮
颗粒物浓度的变化关系（暴露 48h）

6.3.4　悬浮颗粒物粒径对水质评价的影响

　　本节所研究的悬浮颗粒物粒径大小顺序为长江寸滩水文站>黄河刘家峡水文站>淮河淮南水文站（表 6-3-1）。在模拟自然水样中，当富里酸的浓度为 5mg/L，芘的自由溶解态浓度为 30μg/L 时，大型溞运动抑制率和大型溞组织中芘含量均随悬浮颗粒物粒径的变化而变化（图 6-3-7 和图 6-3-8），其大小顺序均为寸滩>刘家峡>淮南，与悬浮颗粒物粒径大小的顺序一致。而且，根据图 6-3-4 的结果，当来自淮南的悬浮颗粒物浓度为 0.6g/L 时，用传统水质评价法评价芘的生物有效性低估了 25.0%；当来自刘家峡的悬浮颗粒物浓度为 0.6g/L 时，用传统水质评价法评价芘的生物有效性低估了 46.8%；当来自寸滩的悬浮颗粒物浓度为 0.6g/L 时，用传统水质评价法评价芘的生物有效性低估了 65.7%。因此，不同粒径悬浮颗粒物对水质评价的影响存在差异，这可能是因为来自寸滩的悬浮颗粒物在 63～100μm 区间的比例（34.5%）最高，其次是刘家峡（6.61%）和淮南（0.91%）。前面 6.2 节的研究结果表明大型溞摄食 50～100μm 的悬浮颗粒物多于 0～50μm 和 100～150μm 的悬浮颗粒物，且 50～100μm 颗粒物上吸附态多环芳烃的生物有效性比例最高，因此长江寸滩水文站悬浮颗粒物结合态芘的生物有效性高于来自黄河和淮河的颗粒物，导致对水质评价的影响也更大。由此说明，除了悬浮颗粒物浓度外，悬浮颗粒物粒径和组成也是影响水质评价的重要因素。

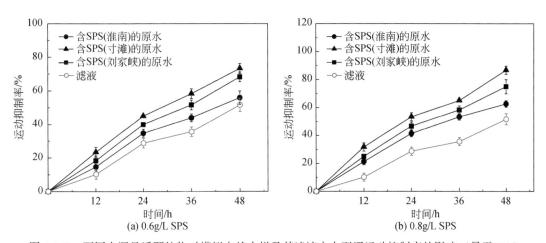

图 6-3-7　不同来源悬浮颗粒物对模拟自然水样及其滤液中大型溞运动抑制率的影响（暴露 48h）

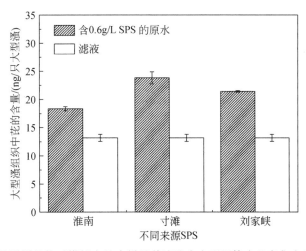

图 6-3-8　不同来源悬浮颗粒物对模拟自然水样及其滤液中大型溞体内芘富集含量的影响（暴露 48h）

6.3.5 溶解性有机质分子质量对水质评价的影响

当悬浮颗粒物浓度为0.6g/L，自由溶解态芘的浓度为30μg/L时，对于三种不同分子质量大小的富里酸（5mg/L），模拟自然水体中大型溞的运动抑制率均比滤液体系中的高（图6-3-9）。但大型溞运动抑制率随富里酸分子质量的变化而变化，其影响顺序为中分子质量（5000~10 000Da）>大分子质量（>10 000Da）>小分子质量（0~5000Da）。这与富里酸对芘的吸附能力以及富里酸结合态芘被大型溞吸收的途径相关（Lin et al., 2018a, 2018b）。这些结果表明除了悬浮颗粒物外，溶解性有机质的含量和分子质量也会影响污染物的生物有效性，进而影响水环境质量评价。

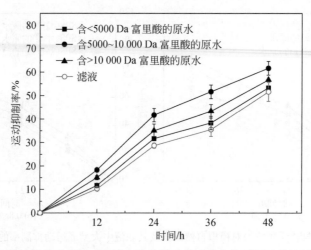

图6-3-9　富里酸分子质量对模拟自然水样及其滤液中大型溞运动抑制率的影响

SPS：0.6g/L，富里酸：5mg/L，暴露48h

如第1章所述，悬浮颗粒物的浓度在不同河流间以及同一河流的不同河段不同时间都会存在差异，而且很多水生生物可以摄食悬浮颗粒物，并且部分颗粒结合态有机污染物具有生物有效性和生物毒性。因此，当评价高浓度悬浮颗粒物河流中疏水性有机污染物的生态环境风险时，传统水环境质量评价（不含颗粒物的滤液）通常可能低估疏水性有机污染物的生物有效性和生物毒性。然而，在地下水、一些湖泊以及某些河流中，悬浮颗粒物浓度较低，如果其溶解性有机质含量较高，传统水环境质量评价（不含颗粒物的滤液）可能会高估疏水性有机污染物的生物有效性和毒性。因此，当评估被疏水性有机物污染的水体环境质量时，应当综合考虑悬浮颗粒物浓度、粒径和组成以及溶解性有机质的含量和组成等的影响。

6.4 小　　结

本章以典型疏水性有机污染物多环芳烃为例，以大型溞为模式生物，研究了与泥沙颗粒结合的疏水性有机污染物对大型溞的生物有效性和生物毒性，分析了泥沙粒径和组成对污染物生物有效性的影响机制，同时探讨了泥沙含量、粒径和组成以及溶解性有机质对疏水性有机污染物水质评价的影响。所得主要结论如下：

（1）通过控制多环芳烃在水体的自由溶解态浓度，比较有无悬浮泥沙存在条件下多环芳烃对大型溞的毒性效应，结果表明：①泥沙的存在均显著提高了水体多环芳烃对大型溞的毒性效应，说明泥沙结合态多环芳烃部分具有生物有效性。而且泥沙结合态多环芳烃的生物有效性受泥沙粒径和组成的影响，其中与无定形有机碳结合的多环芳烃的生物有效性显著高于黑炭结合态。②以黄河悬浮泥沙为例，不同粒径泥沙结合态多环芳烃的生物有效性比例为 $50 \sim 100\,\mu m$ 粒径的泥沙$>0 \sim 50\,\mu m$ 粒径的泥沙$>100 \sim 150\,\mu m$ 粒径的泥沙。③将污染物在泥沙上的吸附/解吸作用与大型溞对泥沙的摄食作用相结合分析了泥沙的粒径和组成的影响机制，发现泥沙结合态多环芳烃的生物有效性不仅取决于泥沙吸附多环芳烃的含量，还取决于泥沙的粒径、组成以及泥沙被生物体摄入的情况。

（2）通过模拟实验研究了悬浮颗粒物和溶解性有机质对多环芳烃水质评价的影响，结果表明：①综合大型溞运动抑制率和芘在大型溞组织中的浓度，发现在模拟水样中（自由溶解态芘和富里酸的浓度分别为 $30\,\mu g/L$ 和 $5\,mg/L$），当悬浮颗粒物浓度大于 $0.2 \sim 0.4\,g/L$ 时，传统水质评价法（基于 $0.45\,\mu m$ 滤膜过滤自然水样获得的 HOCs 总溶解态浓度进行评价）将低估芘的生物有效性；当悬浮颗粒物浓度大于 $0.6\,g/L$，芘的生物有效性将被传统水质评价法低估 20% 以上，此时悬浮颗粒物对水质评价的影响不容忽视。②除了悬浮颗粒物含量外，水环境质量评价会进一步受悬浮颗粒物粒径和组成以及溶解性有机质含量和分子量的影响，而且悬浮颗粒物浓度的影响阈值将随悬浮颗粒物粒径和溶解性有机质含量和分子量的变化而变化。因此，实际的水质评价中需要综合考虑悬浮颗粒物的浓度和粒径以及溶解性有机质的含量和分子量等水环境条件。

参 考 文 献

Argyrou M E, Bianchi T S, Lambert C D. 1997. Transport and fate of dissolved organic carbon in the Lake Pontchartrain estuary, Louisiana, U. S. A. Biogeochemistry, 38（2）: 207-226.

de Coen W M, Janssen C R. 2003. The missing biomarker link: relationships between effects on the cellular energy allocation biomarker of toxicant-stressed *Daphnia magna* and corresponding population characteristics. Environmental Toxicology & Chemistry, 22: 1632-1641.

Fan W, Tang G, Zhao C, et al. 2009. Metal accumulation and biomarker responses in *Daphnia magna* following cadmium and zinc exposure. Environmental Toxicology and Chemistry, 28（2）: 305-310.

Gillis P, Chou-Fraser P, Ranville J, et al. 2005. *Daphnia* need to be gut-cleared too: the effect of exposure to and ingestion of metal-contaminated sediment on the gut-clearance patterns of *D. magna*. Aquatic Toxicology, 71: 143-154.

Gophen M, Geller W. 1984. Filter mesh size and food particle uptake by daphnia. Oecologia, 64: 408-412.

Harbison G, McAlister V. 1979. The filter-feeding rates and particle retention efficiencies of three species of *Cyclosalpa* (Tunicata, Thaliacea). Limnology and Oceanography, 24: 875-892.

Huang L, Lu D, Diao J, et al. 2012. Enantioselective toxic effects and biodegradation of benalaxyl in *Scenedesmus obliquus*. Chemosphere, 87: 7-11.

Lin H, Xia X H, Bi S Q, et al. 2018a. Quantifying bioavailability of pyrene associated with dissolved organic matter of various molecular weights to *Daphnia magna*. Environmental Science & Technology, 52: 644-653.

Lin H, Xia X H, Jiang X M, et al. 2018b. Bioavailability of pyrene associated with different types of protein compounds: direct evidence for its uptake by *Daphnia magna*. Environmental Science & Technology, 52 (17): 9851-9860.

Liu T, Xia X H, Liu S D, et al. 2013. Acceleration of denitrification in turbid rivers due to denitrification occurring on suspended sediment inoxic waters. Environmental Science & Technology, 47 (9): 4053-4061.

OECD. 2008. OECD Guidlines for the Testing of Chemicals. Paris: Organization for Economic Co-operation and Development.

Taipale S, Brett M, Hahn M, et al. 2014. Differing *Daphnia magna* assimilation efficiencies for terrestrial, bacterial, and algal carbon and fatty acids. Ecology, 95: 563-576.

Tian S, Zhu L, Bian J, et al. 2012. Bioaccumulation and metabolism of polybrominated diphenyl ethers in carp (*Cyprinus carpio*) in a water/sediment microcosm: important role of particulate matter exposure. Environmental Science & Technology, 46: 2951-2958.

第7章 沉积物组成对有机污染物微生物可利用性的影响

7.1 引　言

沉积物是环境中有机污染物的重要汇集区，许多有机污染物在经过长时间的环境迁移后，通过地表径流或降水进入河流水体，最后通过分配和吸附作用被沉积物滞留。沉积物中的有机质（SOM）对疏水性有机污染物有着强烈的吸附作用，从而显著影响污染物的迁移和生物有效性。另外，水相溶解态有机质（DOM）对沉积物中污染物的生物有效性也具有重要的影响。大量研究表明，沉积物中的有机质以及水相溶解态有机质的含量和组成是影响水环境中污染物生物有效性的关键因子。

水相和沉积物中的有机质具有高度非均质性，既有相对简单的有机分子如有机酸、氨基酸和多糖，又有复杂的有机分子如干酪根和腐殖质，另外还有其他人为引进的碳质材料。黑炭（black carbon，BC）和碳纳米管（CNTs）是两种典型的碳质材料。过去一个世纪，生物质的燃烧和化石燃料的消耗急剧增加了环境中黑炭的含量，也大大增加了沉积物中黑炭的含量。碳纳米管是一种具有特殊结构（径向尺寸为纳米量级，轴向尺寸为微米量级）的一维量子材料。碳纳米管由于具有特别的性质而被广泛用作吸附剂、抗菌剂和高通量膜等（Mauter and Elimelech，2008）。然而，在大量生产和使用碳纳米管的过程中，也不可避免地使一些碳纳米管进入到环境中（Li et al.，2017；Petersen et al.，2011）。已有研究表明，沉积物中的胡敏酸、干酪根和黑炭等对有机污染物的吸附起决定性作用（Accardi-Dey and Gschwend，2002；Song et al.，2002），如黑炭和碳纳米管具有很大的比表面积，对多种污染物具有强烈的吸附作用。同时这些不同形态的有机质将通过影响有机污染物的解吸过程和微生物的分布等进而影响吸附态污染物的微生物可利用性。影响沉积物中有机污染物生物有效性的过程主要包括污染物从沉积物中的解吸作用、溶液传输作用和生物膜吸收作用等过程（Harmsen，2007），因此吸附态有机污染物的解吸速率和解吸率就成为其生物有效性的限制因素。

多溴联苯醚（polybrominated diphenyl ethers，PBDEs）是一类含有209种同源体的溴代联苯醚类化合物，其化学通式为 $C_{12}H_{(0\sim9)}Br_{(1\sim10)}O$。PBDEs 作为一类溴化物阻燃剂而经常被添加到各类消费品中，如电子和电气化产品、聚合物材料、纺织品等。自20世纪70年代人类开始生产使用 PBDEs 以来，全球范围内不断有在各类环境介质（大气、水、沉积物、土壤等）、生物体（鱼类、贝类、鸟类、树木等）及人体（母乳、血清、脂肪等）中检测出 PBDEs 的报道（Ge et al.，2014；Shaw et al.，2008），由于 PBDEs 在环境中的持久性及其对人体和生物体的毒性（Hakk and Letcher, 2003; Lee and Kim, 2015），2009 年 5 月在瑞士日内瓦召开的《关于持久性有机污染物的斯德哥尔摩公约》第四次缔约方大会上，商用八溴联苯醚和商用五溴联苯醚被列入 9 种新增的持久性有机污染物中，欧洲和美国分别在 2003 年和 2006 年禁止生产和使用五溴联苯醚和八溴联苯醚（Zhao et al., 2018）。但目前，十溴联苯醚在很多亚洲国家，如中国和韩国等仍在使用（Wang et al., 2016）。

PBDEs 物理性质和化学结构比较稳定，亲脂性强而难溶于水，进入环境后能够长期存在，因此在近几十年各个环境要素中积累了大量的 PBDEs，其中以土壤和沉积物中 PBDEs 的含量最高。土壤和沉积物通常含有大量的厌氧微生物，这些微生物对沉积物中 PBDEs 的降解和转化起着重要作用。通常来讲，微生物降解一般包括好氧降解和厌氧降解两种情况，由于 PBDEs 具有较强的疏水性并吸附到土壤/沉积物内部有机碳组分上，因此目前研究多集中于厌氧降解（Robrock et al., 2009; Zhao et al., 2018）。PBDEs 的厌氧微生物降解主要为还原脱溴模式，即从 n 到 $n-1$ 溴的逐步脱溴过程，产物为低溴化 PBDEs 同源体。Gerecke 等（2005）报道，十溴联苯醚（BDE-209）在厌氧中温消化污泥中经过 238 天培养后，它的间位和对位溴原子发生还原脱溴而产生八溴联苯醚。Robrock 等（2008）用综合二维气相色谱（GC×GC）技术研究了七种 PBDEs 被三种不同菌种的厌氧脱卤细菌脱溴的路径，结果表明高溴化 PBDEs 的微生物还原脱溴的半衰期很长，完全脱溴比较困难，溴化程度较低的 PBDEs 同源体如五溴联苯醚（BDE-99）和四溴联苯醚（BDE-47）的转化速率比较快，一些菌种三周内就完全脱去了初始浓度为纳摩尔级的四溴联苯醚。但由于降解菌的数量以及 PBDEs 生物有效性等因素的影响，土壤和沉积物中 PBDEs 厌氧降解率较低，其中有机质可能是影响其生物降解的重要因素。

本章以 PBDEs 为例来研究碳质材料和不同形态有机质对沉积物中有机污染物微生物可利用性的影响。选择在环境中含量较高的 BDE-47 为目标污染物，研究溶解性有机质对吸附态 PBDEs 微生物降解作用的影响，碳质材料对沉积物中 PBDEs 微生物可利用性的影响，以及我国六条典型河流自然沉积物中 PBDEs 的微生物可利用性，并结合不同条件下吸附态 PBDEs 的解吸作用研究，分析不同形态有机质和碳质材料对吸附态和沉积物中 PBDEs 微生物可利用性的影响机制，为吸附态和沉积物中 PBDEs 等持久性有机污染物的迁移转化过程行为预测和污染治理提供科学依据。具体研究方法如下。

7.1.1 沉积物、黑炭和碳纳米管的采集、制备与表征

本研究采集了我国不同地域的六条代表性河流，包括永定河（YDH）、海河（HiH）、黄河（HH）、汉江（HJ）、长江（CJ）、珠江（ZJ）的表层沉积物，河流流域覆盖我国除东北外的大部分地区，采样时尽量远离可能的污染源，使所有沉积物样品具有代表性。样品采集后迅速放在洁净的聚乙烯塑料袋内封存，运回实验室后将沉积物样品放置于风干盘中，除去其中混杂的石子等杂物，放在阴凉处自然风干。待沉积物样品风干后，将样品放在牛皮纸上，用木棍压碎，过 1mm 筛，然后放在 4℃ 冰箱中冷藏备用。使用前对所有沉积物样品用 γ 射线（^{60}Co 放射源）照射灭菌，辐射剂量为 2.5Mrad。

黑炭的制备和预处理：采集玉米秸秆和桃木若干段，在 105℃ 烘箱中烘干 48h，晾至室温后取适量秸秆或木段放置于密闭性良好的铝盒内，分别放入已升温至 400℃ 的马弗炉内，隔绝空气灼烧 2h，取出后在封闭铝盒中自然降温至室温。烧制好的黑炭用研钵磨细过 100 目不锈钢筛。为了消除黑炭中的硅和金属盐对实验结果的影响，本研究对人工制备的黑炭样品进行了预处理。取 50g 黑炭样品用 1L HCl-HF（体积比为 1∶1）进行酸洗，重复酸洗四次以后，用蒸馏水对黑炭样品彻底冲洗四次，以去除黑炭表面残留的可溶性盐及含硅化合物，然后将这些黑炭样品在 80℃ 烘箱中烘干，最后将干燥的黑炭样品放凉后装入棕色广口瓶中于黑暗条件下保存备用。

碳纳米管的制备：根据比表面积和内径的不同，将购得的两种商业碳纳米管（纯度>98%）分别标记为 MWCNT-1 和 MWCNT-2，在研钵中研磨后过 100 目筛，储存于棕色广口瓶中备用。

沉积物、黑炭和碳纳米管的表征：对沉积物有机质的含量和组成进行分析，对黑炭和碳纳米管的 BET 比表面积、内孔结构以及碳（C）、氢（H）、氮（N）元素等进行分析。碳纳米管的管径和管长由厂家提供。

7.1.2 BDE-47 在沉积物和碳质材料上的老化–解吸实验

BDE-47 在沉积物中的老化：称取某个地域河流沉积物样品 2.0g 放入 50mL 聚四氟乙烯离心管中，用移液管加入 1mL BDE-47 的二氯甲烷溶液（20.0μg/mL），在通风橱内 2～3h 挥干二氯甲烷溶剂，再加入 2.5mL 蒸馏水和 30μL 叠氮化钠溶液（20g/L），在黑暗条件下老化 100 天。沉积物中 BDE-47 的最终浓度为 10μg/g（20.6nmol/g）。每个地域的河流沉积物都做三个平行样。

BDE-47 在碳质材料中的老化：称取 0.15g 黑炭或碳纳米管放入 20mL 顶空瓶中，加入 BDE-47 的二氯甲烷溶液，在通风橱内 2～3h 挥干二氯甲烷溶剂，然后加入 2mL 蒸馏水，压上瓶盖后在黑暗条件下老化 100 天。

沉积物中 BDE-47 的解吸实验：称取 0.2g 前处理过的 Tenax TA，装入网孔大小为 200 目的不锈钢网兜中，保证网兜的密封性以免 Tenax TA 珠子漏出网。往老化后的离心管中加入 20mL 蒸馏水和适量叠氮化钠溶液，使体系中叠氮化钠的浓度为 200mg/L，然后再往离心管中加入一个装有 Tenax TA 的网兜，将离心管放入振荡培养箱中在 30℃ 下以 150r/min 的速度振荡。经过 1h、4h、9h、12h、24h、48h、72h、180h、336h、480h 和 600h 后，用镊子从离心管中取出 Tenax TA 珠子用于以后的提取，再用滴管仔细地从管中移出上清液，然后重新加入新鲜的介质（同上）和 Tenax TA 珠子进行解吸（600h 的解吸样品除外）。采用同样的程序进行碳质材料上 BDE-47 的解吸实验。

Tenax TA 上 BDE-47 的分析：将解吸实验后装有 Tenax TA 珠子的不锈钢网兜用蒸馏水仔细冲洗，冲走 Tenax TA 表面吸附的沉积物，然后放入盛有 10mL 正己烷的玻璃瓶中，将瓶子置于超声清洗仪中超声 20min，再用滴管慢慢将正己烷相转移到干净的 10mL 刻度管中，用柔和的氮气流吹干。用微量进样器往刻度管中加入 1mL 二氯甲烷，使 BDE-47 重新溶解，然后立即转移到一个 2mL GC-MS 小瓶中，并加入 10μL 内标物（十氯联苯 PCB 209，10mg/L），准备用 GC-MS 测定。最后一次解吸结束后，将离心管以 4000r/min 的速度离心 8min，倒掉上清液，再把离心管底部的沉积物用干净的勺子转移到铝箔纸上，在 40℃ 下烘干后萃取和测定解吸完成后沉积物中残留的 BDE-47 含量。管中的水相在预实验中，加入到样品中的 Tenax 珠子的回收率为 97%。

7.1.3 BDE-47 在沉积物和碳质材料上的老化–降解实验

7.1.3.1 培养基的配制

1mol/L 磷酸缓冲液：称取 34g KH_2PO_4 溶解于 250mL 蒸馏水（pH = 4.25），称取 67g Na_2HPO_4 溶解于 250mL 蒸馏水（pH = 8.44），将 250mL KH_2PO_4 与 115mL Na_2HPO_4 混合成为 1mol/L 磷酸缓冲液（pH = 7.0）。

0.1% 氧化还原指示剂：称取 0.1g 刃天青钠溶解于 100mL 蒸馏水。

微量元素储备液：称取 1μg EDTA-Na、2μg $FeSO_4 \cdot 7H_2O$、0.2μg $CaCl_2 \cdot 6H_2O$、0.03μg $MnCl_2 \cdot 4H_2O$、0.1μg $ZnSO_4 \cdot 7H_2O$、0.3μg H_3BO_3、0.01μg $CuCl_2 \cdot 2H_2O$、0.033μg $NaMoO_4 \cdot 2H_2O$、0.2μg $CoCl_2 \cdot 6H_2O$，用蒸馏水溶解后转移至 1L 容量瓶中，定容。

维生素溶液：称取 0.1g 对氨基苯甲酸、0.05g 维生素 M、0.1g 硫辛酸、0.2g 维生素 B_1、0.1g 维生素 B_2、0.2g 维生素 B_3、0.1g 维生素 B_5、0.5g 维生素 B_6、0.1g 维生素 B_{12} 和 0.02g 维生素 H，用蒸馏水溶解后转移至 1L 容量瓶中，定容、摇匀后得到维生素母液。再将此母液稀释 1000 倍，即可得到维生素溶液。

基础培养液：称取 0.1g 酵母膏、1g NH_4Cl、0.1g $MgSO_4 \cdot 7H_2O$、0.05g $CaCl_2 \cdot 2H_2O$，用蒸馏水溶解后转移至 1L 容量瓶，加入 1mL 1mol/L 磷酸缓冲液、2mL 微量元素储备液、1mL 0.1% 氧化还原指示剂，定容。

7.1.3.2 沉积物中 BDE-47 的老化和厌氧降解实验

污染物的老化：称取某种河流沉积物样品 50g 放入 100mL 顶空瓶中，用移液管加入 1mL BDE-47 标准储备液二氯甲烷（500μg/mL），在通风橱内 2~3h 挥干二氯甲烷溶剂，再加入 50mL 蒸馏水，用压盖器压上带有聚四氟乙烯垫片的中空铝盖，在黑暗条件下老化 100 天。沉积物中 BDE-47 的最终浓度为 10μg/g（20.6nmol/g）。

污染物的降解：污染物老化过程结束后，将顶空瓶打开，用量筒往里面加入 30mL 基础培养液后再次压上盖子，盖子中心插入一个针头，然后将顶空瓶放入高压灭菌锅中在 121℃ 下灭菌 30min。沉积物体系灭菌后立即拔出针头，避免在冷却过程中有空气进入。待顶空瓶冷却到室温后，往各个瓶中用一次性注射器依次加入 1mL 磷酸缓冲溶液（pH ≈ 6.5）、0.3mL 碳酸氢钠溶液（0.5mol/L）、0.3mL 丙酸钠溶液（0.5mol/L）、0.3mL 硫化钠溶液（1.0mmol/L）、50μL 维生素溶液和 0.5mL 三氯乙烯溶液（200mg/L）。最后往降解样品中加入 1mL 菌悬液，控制样品中加入 0.5mL 叠氮化钠溶液（20g/L），每个样品做三个平行样。所有样品都加完后，用封口膜将顶空瓶的瓶盖密封，避免瓶盖漏气，最后将各个顶空瓶放入振荡培养箱中在 30℃下以 150r/min 的速度振荡培养。

对于 BDE-47 在碳质材料上的老化和厌氧降解实验，其老化与前面 BDE-47 在碳质材料上的老化–解吸实验中的老化实验步骤一致，厌氧降解实验与 BDE-47 在沉积物上的厌氧降解实验一致。

7.1.4 PBDEs 的测定

PBDEs 测定采用 GC-MS（Agilent 7890A-5975MSD，USA）方法测定，仪器采用 EI 离子源，色谱柱为 DB-5（30m×0.25mm×0.25μm）。升温程序：110℃下停留 2min，再以 20℃/min 的速度升温到 300℃，在 300℃下停留 5.5min。其他条件：载气为高纯氦气，柱流速为 1.0mL/min，进样口温度为 275℃，离子源温度为 230℃，四极杆温度为 150℃。进样量 1μL，不分流进样，仪器检测模式为选择离子扫描（SIM）。样品测定采用内标法，内标物为 PCB 209。

7.2 不同地域河流沉积物中 BDE-47 的微生物可利用性

7.2.1 不同地域河流沉积物的基本性质

如表 7-2-1 所示，在我国不同地域的六条代表性河流（永定河、海河、黄河、汉江、长江、珠江）中，永定河和汉江沉积物样品中的 TOC 含量超过 1%，分别为 3.38% 和 1.02%，其他四条河流沉积物的 TOC 含量均小于 1%，表明这些河流沉积物有机质含量总体较低。从黑炭含量来看，除永定河沉积物外，南方河流沉积物的黑炭含量要高于北方河流。另外，长江和珠江沉积物中背景 PBDEs 的含量分别为 0.15ng/g 和 1.10ng/g，其他四种河流沉积物中的背景 PBDEs 均未检出。

表 7-2-1 不同地域河流沉积物的基本性质

沉积物来源	BC 含量/%	TOC 含量/%	BC/TOC	∑PBDEs/(ng/g)
永定河	0.29	3.38	0.09	n.d.
海河	0.09	0.68	0.13	n.d.
黄河	0.025	0.031	0.81	n.d.
汉江	0.19	1.02	0.19	n.d.
长江	0.30	0.52	0.58	0.15
珠江	0.28	0.89	0.31	1.10

注：n.d. 表示未检出。

7.2.2 BDE-47 从河流沉积物上的解吸作用

7.2.2.1 BDE-47 的解吸动力学

BDE-47 在沉积物上老化 100 天后的吸附量研究结果显示，由于 BDE-47 在水中的溶解度较小（15μg/L），沉积物上 BDE-47 的吸附率接近 100%，吸附量均超过 9.98μg/g。BDE-47 从沉积物中的解吸动力学用三相一级解吸动力学模型（Harwood et al., 2015）来分析：

$$\frac{S_t}{S_0} = F_f \cdot e^{-k_f \cdot t} + F_s \cdot e^{-k_s \cdot t} + F_{vs} \cdot e^{-k_{vs} \cdot t} \qquad (7\text{-}2\text{-}1)$$

$$F_f + F_s + F_{vs} = 1 \qquad (7\text{-}2\text{-}2)$$

式中，S_t 和 S_0 分别是解吸实验 $t(h)$ 时刻沉积物上 BDE-47 的吸附量（ng/g）和解吸实验开始时沉积物上 BDE-47 的吸附量（ng/g）；F_f、F_s 和 F_{vs} 分别是沉积物中快解吸、慢解吸和极慢解吸部分 BDE-47 的比例；k_f、k_s 和 k_{vs} 分别是快解吸、慢解吸和极慢解吸阶段 BDE-47 的解吸速率常数（h^{-1}）；t 代表解吸时间（h）。

如图 7-2-1 所示，BDE-47 从六种沉积物上的解吸数据能很好地服从一级解吸动力学方程，拟合曲线和实测结果的相关系数（R^2）均大于 0.95（表 7-2-2）。三个平行实验样品的相对标准偏差都小于 20%，通过将 Tenax TA 吸收的 BDE-47 和残留在沉积物上的 BDE-47 量相加，再与加入到沉积物中的 BDE-47 初始量相比，结果表明 BDE-47 在 Tenax TA 辅助解吸过程中的回收率范围为 88%~115%。解吸动力学曲线拟合参数显示，BDE-47 主要富集在黄河沉积物上的快解吸部分和永定河沉积物上的慢解吸部分（分别为 44.8% 和 57.1%），以及长江、汉江、海河和珠江沉积物上的极慢解吸部分（分别为 53.1%、53.2%、45.2% 和 36.4%）。一些研究报道了其他几种疏水性有机化合物从沉积物上的解

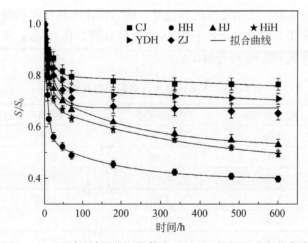

图 7-2-1　不同地域河流沉积物中 BDE-47 的解吸动力学曲线

吸，如对于大部分为氯联苯（PCBs）和 PAHs 来说，极慢解吸部分占总量的 30%~50%（Kukkonen et al.，2004；Greenberg et al.，2005）。BDE-47 在六种沉积物上的快解吸速率常数为 $4.02\times10^{-2}\sim12.30\times10^{-2}\,h^{-1}$，与以前报道的其他疏水性有机污染物的快解吸速率常数比较接近（Cornelissen et al.，1997；Greenberg et al.，2005）。本节中，BDE-47 在各个沉积物上的慢解吸和极慢解吸速率常数相对于其他报道比较低，这可能是因为本研究中 BDE-47 在沉积物中的老化时间较长以及 BDE-47 与有机质等的结合能力较强，降低了 BDE-47 的解吸能力（de la Cal et al.，2008）。

表 7-2-2 不同地域河流沉积物中 BDE-47 的解吸动力学曲线拟合参数

	$F_f/\%$	k_f/h^{-1}	$F_s/\%$	k_s/h^{-1}	$F_{vs}/\%$	k_{vs}/h^{-1}	R^2
长江	18.5±1.6	0.0566±0.2552	28.4±1.6	(7.33±2.32)×10^{-7}	53.1±1.0	1.16×10^{-125}	0.966
黄河	44.8±3.1	0.1230±0.8934	15.7±2.5	0.0057±0.0098	39.5±2.3	5.35×10^{-129}	0.992
汉江	25.0±1.9	0.1040±0.6732	21.8±1.7	0.0045±0.0143	53.2±2.1	3.29×10^{-101}	0.994
海河	31.8±1.4	0.0918±1.0090	23.0±3.5	0.0026±0.0065	45.2±4.3	1.76×10^{-117}	0.997
永定河	24.4±1.4	0.0495±0.3200	57.1±9.7	1.72×10^{-7}	18.5±9.5	5.84×10^{-118}	0.984
珠江	29.9±2.0	0.0402±0.2019	33.7±6.0	3.87×10^{-123}	36.4±6.0	1.78×10^{-125}	0.952

7.2.2.2 沉积物中黑炭和总有机碳对 BDE-47 解吸作用的影响

本研究所用六种河流沉积物的黑炭含量大小顺序为：长江>永定河>珠江>汉江>海河>黄河；总有机碳含量的大小顺序为：永定河>汉江>珠江>海河>长江>黄河。如图 7-2-1 所示，总的来说六种河流沉积物上 BDE-47 的解吸比例大小顺序为：黄河>海河>汉江>珠江>永定河>长江。BDE-47 的解吸比例随着沉积物中黑炭含量的升高而降低，相关分析结果显示，沉积物上 BDE-47 在不同时间的解吸率与沉积物中黑炭含量呈显著负相关（$p<0.01$），与总有机碳含量也呈负相关（表 7-2-3），表明黑炭含量是影响沉积物中 BDE-47 解吸的关键因素。为了进一步探讨河流沉积物中黑炭来源对吸附态 BDE-47 解吸作用的影响，本研究用沉积物中黑炭含量对体系中吸附态 BDE-47 的解吸残留量进行了标准化。结果表明，六条河流沉积物中黑炭含量标准化后的 BDE-47 解吸残留量随解吸时间的变化趋势还存在显著差异（图 7-2-2），这说明除黑炭含量外，沉积物中黑炭来源对吸附态 BDE-47 的解吸也有较大影响。另外，我们对沉积物上 BDE-47 在各个时段的解吸率以及快解吸、慢解吸和极慢解吸部分比例与黑炭、总有机碳含量之间的关系进行了分析。结果表明，BDE-47 在不同解吸时间的解吸率均与沉积物中黑炭的含量呈显著负相关；沉积物上 BDE-47 的快解吸部分比例与黑炭含量呈显著负相关（$p<0.05$），慢解吸部分比例与总有机碳含量呈显著正相关（$p<0.01$），极慢解吸部分比例与黑炭、总有机碳含量都呈负相关，但不显著（表 7-2-3）。这说明 BDE-47 的快解吸部分比例受沉积物中黑炭含量的影响较大，黑炭含量越高，BDE-47 的快解吸部分比例越低；BDE-47 的慢解吸部分比例受总有机碳含量的影响较大，慢解吸部分比例随着总有机碳含量的增加而增大。

表 7-2-3　河流沉积物中 BDE-47 不同解吸时间的解吸率与沉积物 BC 和 TOC 含量的相关性

		解吸率							
		$t(24)^a$	$t(72)^a$	$t(336)^a$	$t(480)^a$	$t(600)^a$	快解吸	慢解吸	极慢解吸
BC	r	-0.955^{**}	-0.946^{**}	-0.958^{**}	-0.960^{**}	-0.959^{**}	-0.847^*	0.699	-0.200
	p	0.003	0.004	0.003	0.002	0.002	0.033	0.123	0.704
TOC	r	-0.499	-0.472	-0.500	-0.494	-0.494	-0.422	0.940^{**}	-0.767
	p	0.314	0.344	0.313	0.319	0.319	0.405	0.005	0.075

　a 括号中为解吸时间，单位为 h。

　* 相关分析的显著性水平为 0.05（双尾检验）。

　** 相关分析的显著性水平为 0.01（双尾检验）。

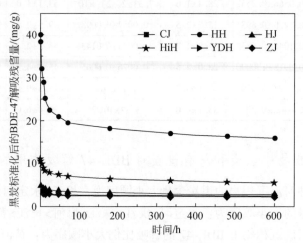

图 7-2-2　不同地域河流沉积物中黑炭含量标准化后的 BDE-47 解吸残留量

7.2.3　河流沉积物中 BDE-47 的微生物降解作用

　　本节研究了相同初始浓度的 BDE-47 在不同地域沉积物体系中的降解，最长降解时间为 120 天。研究结果表明在各个沉积物体系中都有降解产物出现，尤其是在培养 30 天以后降解速率明显加快，培养 60 天后降解速率逐渐放缓，产物总量趋于稳定。以黄河沉积物为例，BDE-47 经过 30 天厌氧降解后，体系中降解产物的总量为 166.93ng/g，降解率为 2.2%；当降解时间达到 60 天时，体系中的产物总量为 542.90ng/g，是降解 30 天时产物总量的 3 倍以上，降解率达到了 7.3%；当降解时间达到 120 天时，沉积物体系中的产物总量为 587.93ng/g，与 60 天相比仅增加了 45.03ng/g，降解率为 7.9%（图 7-2-3）。对于不同地域河流沉积物，在各个降解时间点，产物总量也呈现出一定的规律性。总体来说，不同地域沉积物中 BDE-47 的降解率顺序为：黄河>海河>汉江>珠江>永定河>长江。这可能与沉积物中的黑炭含量有关。由于黑炭对疏水性有机污染物具有强烈的吸附作用，沉积物体系中 BDE-47 的自由溶解态浓度降低，从而影响这些污染物在沉积物中的生物有效性。

本研究各个沉积物中黑炭含量的顺序为：长江>永定河>珠江>汉江>海河>黄河。在不同降解时间下，各个沉积物中 BDE-47 的降解率与沉积物黑炭和总有机碳含量之间的相关分析结果表明，除降解 10 天的样品外，各个降解时间点 BDE-47 的降解率与沉积物中的黑炭含量呈显著负相关（$p<0.01$）（表 7-2-4），即沉积物中的黑炭含量越高，在相同降解时间下 BDE-47 的降解率越低；同时，不同降解时间下 BDE-47 的降解率与沉积物的总有机碳含量也呈负相关，但是不显著，说明本研究中黑炭含量是影响沉积物中 BDE-47 微生物可利用性的主要因素。

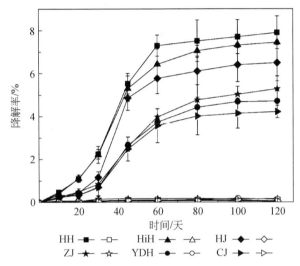

图 7-2-3　不同地域河流沉积物中 BDE-47 的微生物降解率

图中实心符号代表降解样品，空心符号代表控制样品

表 7-2-4　河流沉积物中 BDE-47 不同降解时间的降解率与沉积物 BC 和 TOC 含量的相关性

		降解率							
		$t(10)^a$	$t(20)^a$	$t(30)^a$	$t(45)^a$	$t(60)^a$	$t(80)^a$	$t(100)^a$	$t(120)^a$
BC	r	−0.753	−0.938**	−0.978**	−0.947**	−0.984**	−0.983**	−0.975**	−0.973**
	p	0.084	0.006	0.001	0.004	0.000	0.000	0.001	0.001
TOC	r	−0.168	−0.537	−0.531	−0.480	−0.533	−0.500	−0.478	−0.502
	p	0.751	0.272	0.278	0.335	0.276	0.312	0.337	0.310

a 括号中为降解时间，单位为天。

** 相关分析的显著性水平为 0.01（双尾检验）。

从降解产物的含量分布来看，BDE-47 的降解产物主要有三种，包括二溴产物 BDE-4 和三溴产物 BDE-17、BDE-28。随着降解时间的延长，沉积物中三种产物的含量都在增加，其中 BDE-17 一直占主导地位，表明本研究中 BDE-47 的主要降解产物为 BDE-17（图 7-2-4）。但随着降解时间的延长，三溴产物（BDE-17 和 BDE-28）的比例在逐渐降低，而二溴产物（BDE-4）的比例在逐渐升高。这说明 BDE-47 在沉积物体系中的厌氧降解可能是一个逐步

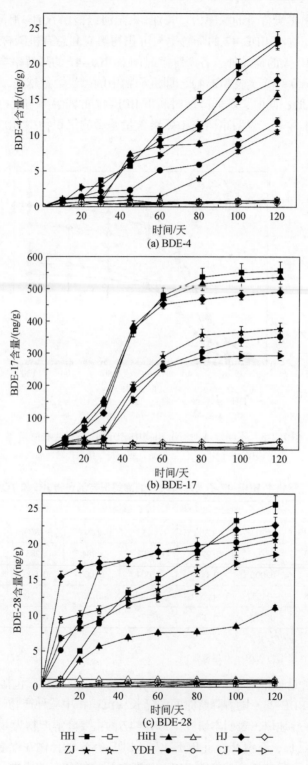

图 7-2-4　沉积物中不同降解时间三种主要产物含量变化

图中实心符号代表降解样品，空心符号代表控制样品脱溴的过程。BDE-17 的相对含量远远高于 BDE-28，表明 BDE-47 更容易从对位脱去一个溴原子。例如，黄河沉积物体系中的 BDE-47 经过 10 天厌氧降解后，产物中 BDE-4、BDE-17、BDE-28 的相对含量分别为 0.5%、91.2%、8.3%；经过 120 天降解后，产物中 BDE-4 的相对含量升高到 8.6%，而 BDE-17 和 BDE-28 的相对含量分别下降为 87.7% 和 3.7%（图 7-2-5）。与沉积物中 BDE-47 的厌氧降解相似，PBDEs 在其他介质中以及其他的降解方式（如光降解、纳米材料催化降解）中（Robrock et al.，2008；Keum and Li，2005；Sun et al.，2009），也显示出逐步脱溴机制。本研究的结果也表明，由于不同 PBDEs 的疏水性不同，与黑炭的亲和力存在差异，从而可能导致它们的生物有效性不同。因此，黑炭的存在可能会影响沉积物中 PBDEs 的同系物组成。

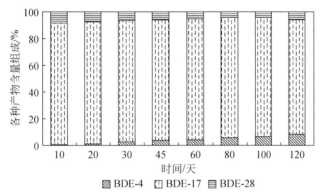

图 7-2-5　黄河沉积物体系中 BDE-47 不同降解时间的产物组成

7.2.4　沉积物中 BDE-47 微生物降解与解吸之间的关系

通过分析沉积物中 BDE-47 降解率与解吸率之间的关系，本节研究了解吸过程对微生物降解的影响。为了保证降解和解吸数据具有可比性，我们以降解和解吸 20 天的实验结果为例，对沉积物中 BDE-47 的降解率和解吸率进行相关分析，发现 BDE-47 在沉积物上的降解率与解吸率之间呈显著正相关（$p<0.01$）（图 7-2-6）。另外，三种主要降解产物的产量与 BDE-47 的解吸率也呈现显著正相关关系（$p<0.05$）（图 7-2-7）。这些结果表明，沉积物中 BDE-47 的解吸对其微生物降解有重要影响。以前的研究表明，污染物的解吸、生物富集和生物降解之间关系紧密（Alexander，2000）。通常认为，土壤和沉积物中能够直接被微生物利用的主要是快解吸部分的污染物，慢解吸导致吸附态污染物的生物降解速率下降（Cornelissen et al.，2005）。例如，Rhodes 等（2008）用羟丙基-β-环糊精研究了黑炭对土壤中菲的解吸和矿化的影响，发现天然土壤中菲的解吸率与矿化率之间存在显著的线性相关。Cornelissen 等（1998）用 Tenax TA 研究了生物修复前后沉积物中 15 种 PAHs 的解吸动力学，发现 PAHs 的生物降解比例与快解吸比例直接相关，沉积物中 PAHs 的生物有效性完全可以通过它的初始快解吸比例进行预测。因此，结合本研究结果，我们推测 PBDEs 从沉积物上的解吸是其微生物可利用性的重要控制过程。

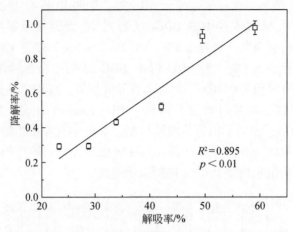

图 7-2-6　沉积物中 PBDEs 的微生物降解率和解吸率之间的关系（20 天）

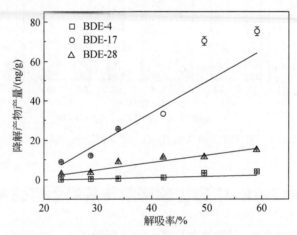

图 7-2-7　三种降解产物的产量和解吸率之间的关系

7.3　碳质材料对沉积物中 BDE-47 微生物降解作用的影响

7.3.1　含不同碳质材料的沉积物体系中 BDE-47 微生物降解速率

　　碳质材料的比表面积、比孔体积和孔径等理化性质对其吸附性能有很大影响。本研究的表征结果表明，所用的两种黑炭（玉米秸秆制备的 BCs、木材制备的 BCw）的 H/C 摩尔比均小于 1（表 7-3-1），说明人工制备的黑炭具有较好的芳香结构。BCs 的比表面积（S_{BET}）为 11.63m²/g，BCw 的比表面积为 5.04m²/g，表明玉米秸秆制备的黑炭的比表面积比较高。这也能从它们的内部结构数据得到证明，BCs 和 BCw 的孔径（D_{pore}）分别为 52.95nm 和 46.25nm，比孔体积（V_{pore}）分别为 $4.51×10^{-3}$ cm³/g 和 $2.83×10^{-3}$ cm³/g。两种黑炭内部的孔径比较接近，而 BCs 的比孔体积远高于 BCw，说明玉米秸秆制备的黑炭比木材制备的黑炭更加疏松多孔。本研究中所用黑炭的比表面积与其他研究中的结果具有一定可比性（Brown et al., 2006）。

所用的两种碳纳米管 MWCNT-1 和 MWCNT-2 的碳元素（C）含量均接近 100%，说明本研究所用两种碳纳米管的纯度较高。MWCNT-1 和 MWCNT-2 的比表面积分别为 159.46m²/g 和 65.94m²/g，二者的孔径分别为 22.00nm 和 17.14nm（表 7-3-1）。MWCNT-1 的比表面积为 MWCNT-2 的两倍多，而孔径比较接近，说明 MWCNT-1 含有的介孔更加丰富。碳纳米管的比孔体积测定结果显示，MWCNT-1 和 MWCNT-2 的比孔体积分别为 0.870cm³/g 和 0.247cm³/g，MWCNT-1 的比孔体积远远高于 MWCNT-2，这也进一步证明 MWCNT-1 的介孔相对比较丰富。与黑炭相比，两种碳纳米管的芳香化程度、比表面积和比孔体积更高，表明碳纳米管可能对疏水性有机污染物具有更高的吸附量和更强的亲和力。

表 7-3-1　黑炭和碳纳米管的基本性质

名称	来源	元素分析					结构性质				
		元素含量/%			摩尔比		比表面积及孔径			碳纳米管结构分析	
		C	H	N	H/C	N/C	S_{BET} /(m²/g)[a]	V_{pore} /(cm³/g)[b]	D_{pore} /nm[b]	管径 /nm	管长 /μm
BCs	秸秆	66.60	4.10	1.68	0.74	0.02	11.63	4.51×10^{-3}	52.95		
BCw	木材	73.10	4.46	0.49	0.73	0.0057	5.04	2.83×10^{-3}	46.25		
MWCNT-1	—	97.49	0.76	—	0.09	—	159.46	0.870	22.00	10~20	~20
MWCNT-2	—	97.26	0.11	—	0.014	—	65.94	0.247	17.14	>50	~10

a 应用多点 BET 测试理论和氮气在 77K 下的脱附等温曲线表征的样品比表面积（S_{BET}）。

b 应用 BJH 理论和氮气在 77K 下的脱附等温曲线表征的样品介孔（1.7000nm<孔径<300.000nm）比孔体积（V_{pore}）和孔径（D_{pore}）。

当 BDE-47 的初始浓度相同，含不同碳质材料的沉积物体系经过 100 天的厌氧培养后，沉积物中都有一定的 BDE-47 降解产物出现，降解率随着沉积物中碳质材料含量的增加而迅速下降，说明碳质材料的加入降低了沉积物中 BDE-47 的微生物降解作用，导致 BDE-47 降解率大大降低。例如，经过 100 天厌氧降解后，未人工加入碳质材料的沉积物中 BDE-47 的降解率为 5.68%（图 7-3-1）；当加入 1.5% 的 BCw，沉积物中 BDE-47 的降解率为 1.42%，与未加碳质材料时相比总量下降了 75%；当沉积物中 BCw 的含量增大到 5% 时，降解 100 天后 BDE-47 的降解率小于 0.5%，仅为未加碳质材料时降解率的 7%。沉积物中加入其他三种碳质材料（BCs、MWCNT-1 和 MWCNT-2）后，BDE-47 的降解率也随着碳质材料含量的增加迅速下降。这些结果表明，碳质材料的加入降低了沉积物中 BDE-47 的微生物可利用性。从碳质材料的类型看，当沉积物中加入碳质材料的含量相同时，经过 100 天厌氧培养后，BDE-47 的降解率大小顺序为：BCw>BCs>MWCNT-2>MWCNT-1。

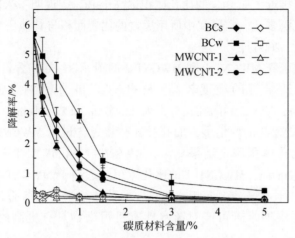

图 7-3-1　不同来源和含量的碳质材料对沉积物中 BDE-47 降解的影响（100 天）
图中实心符号代表降解样品，空心符号代表控制样品

　　不同来源和含量的碳质材料对沉积物中 BDE-47 降解产物的影响也从另一角度验证了上述结果。本研究中 BDE-47 的三种降解产物 BDE-4、BDE-17 和 BDE-28 的产量都随着沉积物中碳质材料含量的增加而下降（图 7-3-2）。当碳质材料含量小于 1.5% 时，三种降解产物的产量随着沉积物中碳质材料含量的增加迅速下降；当沉积物中碳质材料的含量大于1.5% 时，BDE-47 三种降解产物的产量随碳质材料含量的增加而降低的幅度趋于平缓。以BDE-47 的优势降解产物 BDE-17 为例分析和阐述碳质材料对沉积物中 BDE-47 厌氧降解过程的影响。在本研究的原始沉积物中，初始浓度为 10μg/g 的 BDE-47 在经过 100 天厌氧降解后，优势产物 BDE-17 的产量为 444.5ng/g；当沉积物中分别加入 1.5% 的 BCs、BCw、MWCNT-1 和 MWCNT-2 时，BDE-17 的产量降为 72.4ng/g、129.3ng/g、17.5ng/g 和47.6ng/g，下降幅度分别为 83.7%、70.9%、96.1% 和 89.3%，BDE-47 的微生物可利用性大大降低；当沉积物中分别加入 5.0% 的 BCs、BCw、MWCNT-1 和 MWCNT-2 时，BDE-17

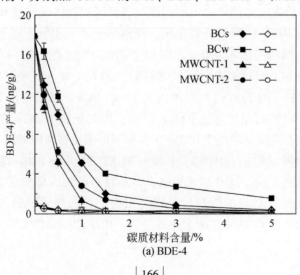

(a) BDE-4

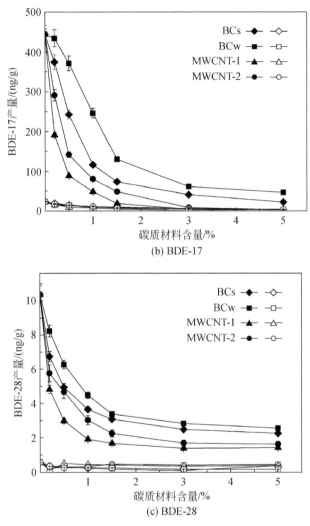

(b) BDE-17

(c) BDE-28

图 7-3-2　碳质材料对沉积物中各种 BDE-47 降解产物生成量的影响

图中实心符号代表降解样品，空心符号代表控制样品

的产量进一步降为 21.2ng/g、45.4ng/g、2.7ng/g 和 1.5ng/g，与原始沉积物相比，添加黑炭的沉积物体系中 BDE-17 的产量已经降到 10.2% 以下，而添加碳纳米管的沉积物体系中 BDE-17 的产量可以忽略不计。这些结果表明，碳质材料对沉积物中 BDE-47 的微生物可利用性的影响显著，少量碳质材料的加入即可明显降低 BDE-47 的微生物可利用性，这对土壤和沉积物环境的污染修复具有现实指导意义。从碳质材料的来源看，在碳质材料含量相同的沉积物体系中，碳质材料的比表面积越高，则 BDE-47 三种降解产物的产量越低。由于黑炭的比表面积比碳纳米管低，因此沉积物–黑炭体系中 BDE-47 三种降解产物的含量都高于碳纳米管体系。

7.3.2　碳质材料对沉积物中 BDE-47 微生物降解作用的影响机制

7.3.2.1　BDE-47 从碳质材料上的解吸作用

BDE-47 从四种碳质材料上的解吸符合三相一级解吸动力学模型（图 7-3-3），拟合曲线和实测数据比较接近，相关系数（R^2）大于 0.97（表 7-3-2）。四种碳质材料上吸附态 BDE-47 的吸附解吸特征比较相似，极慢解吸部分占主导地位，占总吸附量的 89.0% ~ 93.4%，快解吸和慢解吸部分比例较低。BCs、BCw、MWCNT-1 和 MWCNT-2 上 BDE-47 的快解吸比例分别为 5.2%、5.9%、4.1% 和 1.8%。相比之下，黑炭上 BDE-47 的快解吸比例要高于多壁碳纳米管，表明黑炭上 BDE-47 的解吸相对于碳纳米管上更加容易一些。这可能是因为碳纳米管的芳香程度比黑炭高（Pan and Xing，2008），以及含有疏水性有机污染物高能吸附位（Oleszczuk et al.，2009；Yan et al.，2008），因此碳纳米管对疏水性有机污染物的吸附亲和力比黑炭强，吸附态 BDE-47 的解吸能力也随之降低。另外，比表面积可能也是导致黑炭上 BDE-47 的快解吸比例高于碳纳米管的原因之一。碳质材料上不同解吸时间 BDE-47 的解吸率与碳质材料的比表面积之间存在负相关关系（表 7-3-3），这表明比表面积是影响碳质材料上 BDE-47 解吸率的重要因素，BDE-47 的解吸率随着碳质材料比表面积的增大而降低。从解吸速率常数来看，与 MWCNT-1 相比，BDE-47 从 BCs、BCw 和 MWCNT-2 上的快解吸和慢解吸速率常数比较接近，而 MWCNT-1 上的快解吸速率常数则比较低，与其他三种碳质材料相差两个数量级，这可能是由于 MWCNT-1 的比表面积最大，因而对 BDE-47 的吸附能力更强。四种碳质材料上 BDE-47 的极慢解吸速率常数差别较大，总的来说碳纳米管上的极慢解吸速率常数比黑炭小，反映了碳纳米管对 BDE-47 具有极强的吸附亲和力，影响其从碳纳米管上的解吸。

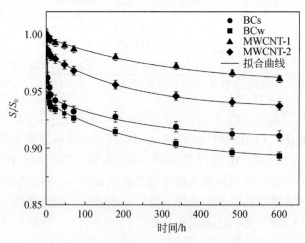

图 7-3-3　黑炭和碳纳米管上 BDE-47 的解吸动力学

表 7-3-2　黑炭和碳纳米管上 BDE-47 的解吸动力学拟合参数

	$F_f/\%$	k_f/h^{-1}	$F_s/\%$	k_s/h^{-1}	$F_{vs}/\%$	k_{vs}/h^{-1}	R^2
BCs	5.2±0.3	0.2612±0.1117	3.7±0.4	0.0044±0.0020	91.1±0.4	5.11E-102	0.988
BCw	5.9±0.4	1.1694±0.7142	5.1±0.4	0.0042±0.0011	89.0±0.5	8.18E-116	0.993
MWCNT-1	4.1±0.5	0.0032±0.0121	5.8±0.3	0.0004±0.0001	90.1±0.2	4.82E-118	0.976
MWCNT-2	1.8±0.1	0.2953±0.0645	4.8±0.1	0.0047±0.0048	93.4±0.1	8.73E-140	0.998

表 7-3-3　BDE-47 的解吸率和碳质材料比表面积之间的相关性

		解吸率				
		$t\,(12)^a$	$t\,(48)^a$	$t\,(180)^a$	$t\,(480)^a$	$t\,(600)^a$
S_{BET}	r	−0.934	−0.947	−0.967*	−0.962*	−0.954*
	p	0.066	0.053	0.033	0.038	0.046

a BDE-47 的解吸时间（h）。

* 相关分析的显著性水平为 0.05（双尾检验）。

7.3.2.2　BDE-47 微生物降解与解吸作用之间的关系

向沉积物中人为添加有机质或碳质材料能通过两个方面影响污染物的生物降解。一方面，有机质或碳质材料对有机污染物的强烈吸附作用能显著降低污染物对微生物的可利用性，一般认为，微生物只能降解溶解态的有机污染物（Bosma et al., 1997），疏水性有机污染物和沉积物中有机质的相互作用会显著降低其溶解态浓度。尤其是当有机质含量较高或吸附能力较强时，沉积物中的有机污染物几乎全部与有机质结合，而吸附在有机质上的污染物容易发生解吸迟滞现象，不容易发生解吸作用而被微生物所利用。另一方面，有机质含量的增加可能会影响沉积物中微生物的活性。沉积物中的有机质是微生物重要的碳源和能源（Dilly, 2004；Yang et al., 2011），有机质含量的适度增加可能会促进沉积物中微生物的生长。本研究往沉积物中添加的有机质为黑炭和碳纳米管，这两类碳质材料本身很难作为微生物生长的碳源和能源（Bird et al., 1999；Petersen et al., 2011），它们只可能降低沉积物中 BDE-47 的生物有效性，对微生物生长的促进作用可能不显著。而且，由于黑炭和碳纳米管对沉积物中 BDE-47 的滞留作用，可能抑制了 PBDEs 降解菌的生长，导致 BDE-47 降解率的迅速下降。

如表 7-3-4 所示，含有不同比例碳质材料的沉积物中 BDE-47 的降解率均与碳质材料上 BDE-47 的快解吸比例呈正相关、与极慢解吸比例呈负相关，表明 BDE-47 的快解吸比例较高的碳质材料上污染物的降解率也高，同时极慢解吸比例越高则降解率越低。这个结果和大多研究的结果比较吻合。有研究表明，污染物的快解吸部分与沉积物中污染物的生物有效性关系紧密（Cornelissen et al., 2001；Cornelissen et al., 1997；You et al., 2007），快解吸比例直接影响着沉积物中污染物的微生物可降解程度。有研究者用 Tenax TA 辅助解吸的方法研究了沉积物中 PBDEs 的解吸过程后，提出可以用 6h 或 24h 的解吸比例近似代替沉积物中 PBDEs 的快解吸比例甚至生物有效性（de la Cal et al., 2008；Liu et al., 2011）。本研究表明 BDE-47 的快解吸比例可以近似表达沉积物中 BDE-47 的生物有效性，也可以预测沉积物中 BDE-47 的微生物可利用性。

表 7-3-4　沉积物中 BDE-47 的降解率（100 天）与解吸动力学参数（25 天）之间的相关性

| | | 降解率 | | | | | |
		f（0.2%）[a]	f（0.5%）[a]	f（1.0%）[a]	f（1.5%）[a]	f（3.0%）[a]	f（5.0%）[a]
F_f	r	0.681	0.643	0.657	0.510	0.645	0.557
	p	0.319	0.357	0.343	0.490	0.355	0.443
F_s	r	−0.442	−0.179	−0.185	−0.425	0.023	0.153
	p	0.558	0.821	0.815	0.575	0.977	0.847
F_{vs}	r	−0.446	−0.531	−0.542	−0.290	−0.628	−0.605
	p	0.554	0.469	0.458	0.710	0.372	0.395

a 括号中为沉积物中碳质材料的添加量。

7.4　溶解性有机质对碳质材料上吸附态 BDE-47 微生物可利用性的影响

7.4.1　溶解性有机质对碳质材料上吸附态 BDE-47 解吸作用的影响

本研究选择的三种溶解性有机质为没食子酸（GA）、单宁酸（TA）和胡敏酸（HA）。没食子酸和单宁酸的分子量分别为 170.12 和 1701.2，它们分别代表小分子和大分子溶解性有机质。胡敏酸没有确定的分子量，它的平均分子量一般为 10 000 左右，代表高分子溶解性有机质。三种溶解性有机质对黑炭和碳纳米管上 BDE-47 的解吸分别呈现出不同的影响趋势。随着体系中没食子酸浓度的增大，BCs 和 BCw 上 BDE-47 的解吸量逐渐增大。例如，当体系中没食子酸浓度分别为 0mg/L、50mg/L、100mg/L 时，BCs 上 BDE-47 经过 360h 解吸后的解吸率分别为 10.1%、12.3%、13.5%（图 7-4-1），BCw 上的解吸率分别为 8.5%、9.2%、11.3%（图 7-4-2），说明没食子酸促进了黑炭上 BDE-47 的解吸。然而，和没食子酸不同，单宁酸却表现出相反的趋势。随着体系中单宁酸浓度的增大，两种黑炭上 BDE-47 的解吸量都降低了。例如，当体系中单宁酸浓度分别为 0mg/L、50mg/L、100mg/L 时，BCs 上 BDE-47 经过 360h 后的解吸率分别为 10.1%、6.2%、4.9%（图 7-4-1），BCw 上的解吸率分别为 8.5%、6.8%、5.5%（图 7-4-2），单宁酸的加入抑制了黑炭上 BDE-47 的解吸。胡敏酸对黑炭上 BDE-47 解吸的影响随其浓度的增大表现出不同的趋势。当体系中胡敏酸的浓度从 0 增大到 50mg/L 时，两种黑炭上 BDE-47 的解吸量都增大了一倍以上，而胡敏酸浓度进一步增大到 100mg/L 时，两种黑炭上 BDE-47 的解吸量有所降低，但都高于不加胡敏酸时的解吸量。总体来说，没食子酸和胡敏酸促进了黑炭上 BDE-47 的解吸，而单宁酸则对 BDE-47 的解吸起抑制作用。对于 BDE-47 从碳纳米管上的解吸，三种溶解性有机质都表现出相同的作用趋势，即 MWCNT-1 和 MWCNT-2 上 BDE-47 的解吸量随着体系中溶解性有机质浓度的增大而降低（图7-4-3和图7-4-4）。例如，当体系中三种溶解性有机质的浓度为100mg/L时，MWCNT-1和MWCNT-2上解吸360h后BDE-47的解吸率不到未加溶解性有机质体系解吸率的一半。

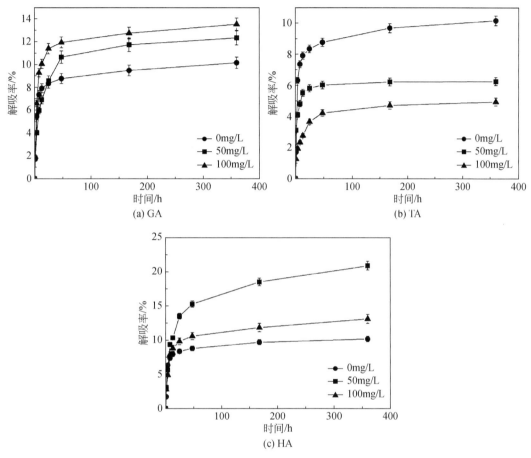

图 7-4-1　不同浓度溶解性有机质对 BCs 上吸附态 BDE-47 解吸的影响

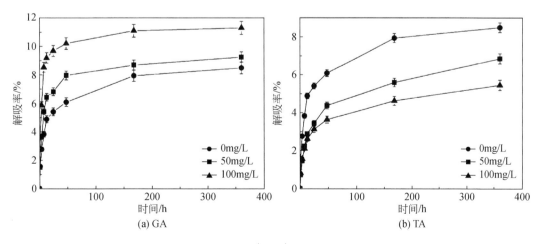

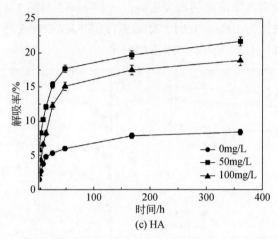

(c) HA

图 7-4-2　不同浓度溶解性有机质对 BCw 上吸附态 BDE-47 解吸的影响

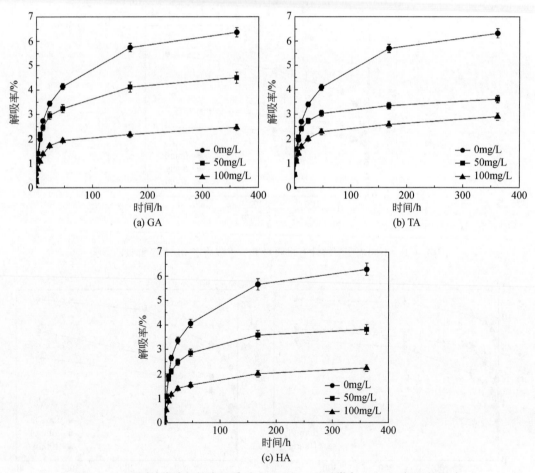

(a) GA

(b) TA

(c) HA

图 7-4-3　不同浓度溶解性有机质对 MWCNT-1 上吸附态 BDE-47 解吸的影响

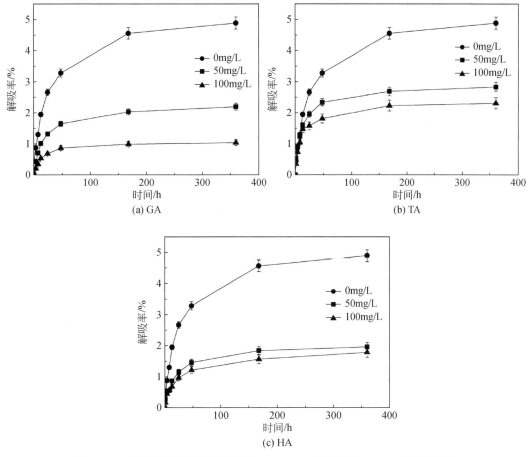

图 7-4-4 不同浓度溶解性有机质对 MWCNT-2 上吸附态 BDE-47 解吸的影响

微孔填充和表面吸附是疏水性有机污染物在黑炭和碳纳米管上的主要吸附机理。微孔填充主要受吸附剂的物理结构和内孔孔径影响，表面吸附则受到很多因素的影响，如疏水作用、氢键、静电引力和 π-π 共轭等（Pan and Xing, 2008）。本研究中 BCs 和 BCw 的比表面积分别为 11.63m²/g 和 5.04m²/g，孔径分别为 52.95nm 和 46.25nm（表 7-3-1）。黑炭较大的孔径有利于溶解性有机质进入，而较小的比表面积，导致黑炭表面的吸附位比较有限。因此，分子量最小的没食子酸很容易进入黑炭的介孔中，并和 BDE-47 发生竞争，促进 BDE-47 从黑炭表面的解吸。没食子酸的浓度越高，竞争吸附越激烈，也更有利于 BDE-47 的解吸。单宁酸的分子量是没食子酸的十倍，分子结构也比较复杂，对有机污染物吸附的影响也比较大。Qiu 等（2009）研究了溶解性有机质在黑炭上的预先负载对农药在黑炭上吸附能力的影响，发现溶解性有机质的分子尺寸对疏水性有机污染物在黑炭上的吸附影响很大，大分子的溶解性有机质在黑炭表面的预负载能有效降低黑炭的比表面积，并因此降低有机污染物在黑炭上的吸附量。然而，本研究中 BDE-47 在黑炭体系中提前进行了老化，然后进行溶解性有机质对黑炭上吸附态 BDE-47 的解吸影响研究。因此，和小分子的没食子酸相比，单宁酸在黑炭表面的吸附不仅没有促进 BDE-47 的解吸，反而可能由于堵塞了黑炭表面的介孔，阻碍了 BDE-47 从黑炭上的解吸，导致 BDE-47 的解吸量随着体系中单宁酸浓度的升高而降低。疏水性有机污染物和溶解性有机质之间相互作用的主要机制是疏水性作用，胡敏酸是一种天然有机高分子化合物，它具有疏水性内核和亲水性的侧链，这种微观结构会影响疏水性有机污染物的水溶性。有研究表明，一方面，由于溶质分子在高分子量溶解性有机质的疏水性微观环境中的分配作用，水溶态胡敏酸能促进农药和 PCBs 在土壤中的解吸，增大这些污染物在水中的溶解度（Chiou et al., 1986）。另一方面，随着水中溶解性有机质浓度的增大，分子之间会发生聚集，使溶解性有机质分子中疏水性基团的有效数目减少，降低了疏水性有机污染物的表观溶解度（Alvarez-Puebla et al., 2006）。由此可知，胡敏酸对疏水性有机污染物在水中解吸的影响具有两重性。本研究结果表明，当体系中胡敏酸的浓度为 50mg/L 时，与体系中不加胡敏酸相比，BDE-47 的解吸量迅速增大，可能是由于部分吸附态 BDE-47 从黑炭表面解吸下来，和体系中的胡敏酸结合生成了络合物，使 BDE-47 在黑炭和胡敏酸之间进行了分配。当胡敏酸浓度进一步增大到 100mg/L 时，体系中 BDE-47 的解吸量下降，这可能是由于水中的胡敏酸分子之间形成了聚集体，导致一部分胡敏酸分子的疏水性基团不能再和 BDE-47 分子结合，因此BDE-47 的解吸量下降。

有机化合物在碳纳米管上的吸附主要受两个因素的影响，一个是有机化合物类型（如极性和非极性），另一个是碳纳米管在水中的分散性（Pan and Xing, 2008）。一般认为，碳纳米管的外表面含有大量均匀分布的疏水性吸附位，疏水性相互作用是有机化合物在碳纳米管上吸附的主要机理（Gotovac et al., 2006; Pyrzynska et al., 2007）。BDE-47 是一种疏水性有机污染物，和碳纳米管间的疏水作用比较强，因此碳纳米管在水中的分散性就成为影响其吸附 BDE-47 的关键因素。溶解性有机质在碳纳米管表面的吸附能显著增强碳纳米管在水中的分散性（Hyung et al., 2007; Lin and Xing, 2008; Su and Lu, 2007），使更多的表面吸附位暴露出来，促进碳纳米管和有机化合物间的相互作用。另外，虽然溶解性有机质可能会促进 BDE-47 的溶解，促进其从碳纳米管上的解吸，但在本研究中可能不如对碳纳米管分散作用的影响显著，因此导致本研究中出现的结果，即没食子酸、单宁酸和胡敏酸三种溶解性有机质都能抑制碳纳米管上吸附态 BDE-47 的解吸，且解吸量随着有机质浓度的升高而降低（图 7-4-3 和图 7-4-4）。

7.4.2 溶解性有机质对碳质材料上吸附态 BDE-47 降解作用的影响

当降解体系中加入溶解性有机质没食子酸（GA）、单宁酸（TA）和胡敏酸（HA）时，四种碳质材料上吸附态 BDE-47 的降解率都明显增加，且大多数体系中随着溶解性有机质浓度的升高，BDE-47 的降解率也随之增大（图 7-4-5 ~ 图 7-4-8）。溶解性有机质的影响机制可能从以下几方面来分析。

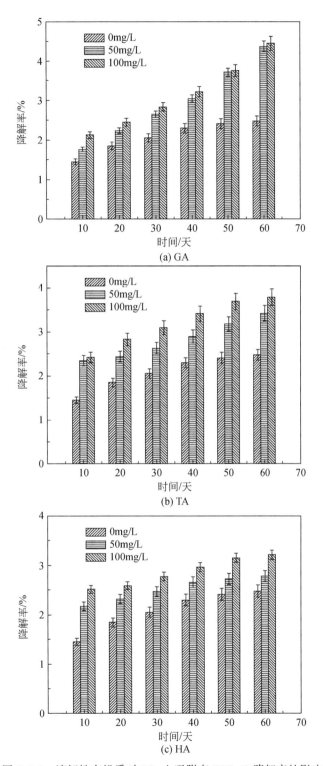

图 7-4-5　溶解性有机质对 BCs 上吸附态 BDE-47 降解率的影响

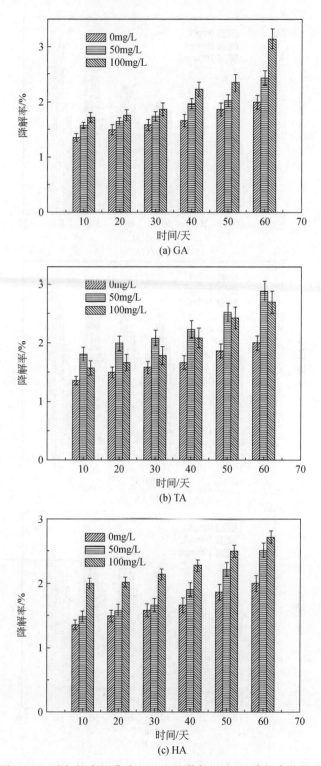

图 7-4-6 溶解性有机质对 BCw 上吸附态 BDE-47 降解率的影响

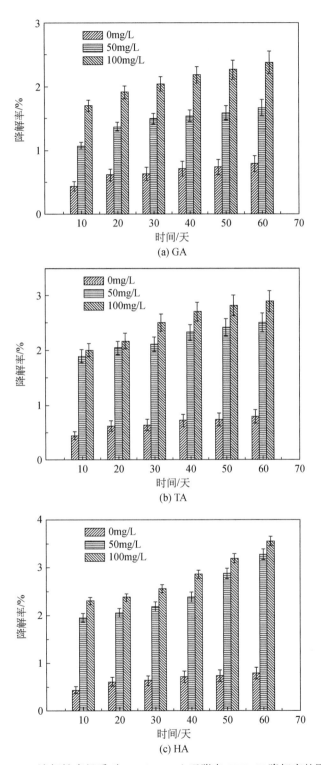

图 7-4-7　溶解性有机质对 MWCNT-1 上吸附态 BDE-47 降解率的影响

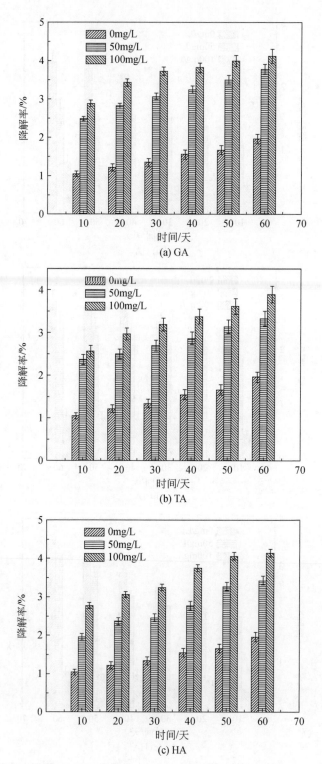

图 7-4-8　溶解性有机质对 MWCNT-2 上吸附态 BDE-47 降解率的影响

溶解性有机质能增大疏水性有机污染物的溶解度和协助有机污染物进入微生物细胞。溶解性有机质对疏水性有机污染物的增溶作用已被广泛认可（Chiou et al.，1986）。疏水性有机污染物溶解度的增大，有利于它们在水中自由扩散，增大了它们向微生物细胞的扩散速率（Haftka et al.，2008）和流动通量，从而促进微生物对有机污染物的降解（Haftka et al.，2008；Smith et al.，2009）。为了进一步分析本研究中溶解性有机质对 BDE-47 降解的影响，我们研究了没食子酸、单宁酸和胡敏酸对水中 BDE-47 降解的影响。结果如图 7-4-9 所示，当降解 10 天时，溶解性有机质的存在显著增大了 BDE-47 的降解率（$p<0.05$），溶解性有机质存在体系中 BDE-47 的降解率约为无有机质体系中的 2 倍。然而，当降解时间超过 20 天时，溶解性有机质对 BDE-47 降解率的影响逐渐降低。例如，经过 60 天降解后，当水中无溶解性有机质时，BDE-47 的降解率为 38.5%；当体系中分别加入 50mg/L 的没食子酸、单宁酸和胡敏酸时，BDE-47 的降解率分别为 43.7%、40.3% 和 42.5%，降解率稍微有所升高；当体系中分别加入 100mg/L 的没食子酸、单宁酸和胡敏酸时，BDE-47 的降解率分别为 47.9%、43.7% 和 45.6%，稍高于加入 50mg/L 溶解性有机质时对应体系的降解率。这表明在短时间内溶解性有机质的存在能迅速增大水中 BDE-47 的降解率，

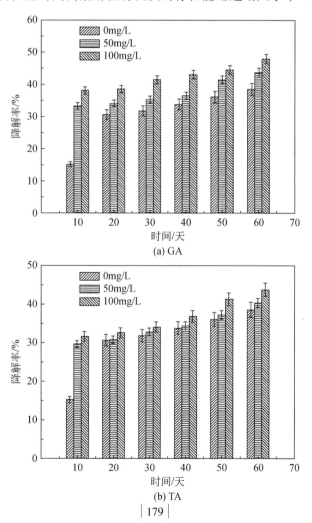

(a) GA

(b) TA

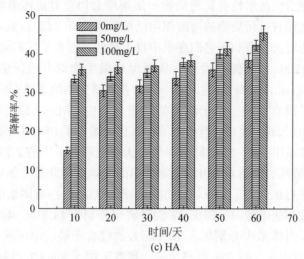

(c) HA

图 7-4-9　溶解性有机质的浓度对水中 BDE-47 降解率的影响

随着时间的延长，这种促进作用下降，即溶解性有机质的存在能增大水中 BDE-47 的降解速率，但对其在长时间段内降解率的影响不显著。

从溶解性有机质的类型看，没食子酸对 BDE-47 的降解作用促进最大，其次为胡敏酸，单宁酸对微生物降解 BDE-47 的促进作用最小（图 7-4-10）。例如，当体系中没食子酸、单宁酸和胡敏酸的浓度均为 100mg/L 时，培养 10 天后，三种体系中 BDE-47 的降解率分别为 38.1%、31.5% 和 36.0%；培养 30 天后，降解率分别为 41.4%、34.0% 和 37.0%，三种溶解性有机质体系中 BDE-47 的降解率大小顺序均为：没食子酸>胡敏酸>单宁酸。相似的结果也都出现在其他降解时段内。单因素方差分析结果表明，降解初期（10 天）不同种类溶解性有机质体系中 BDE-47 的降解率有显著差异，但在降解后期（60 天）BDE-47 降解率的差异不显著。

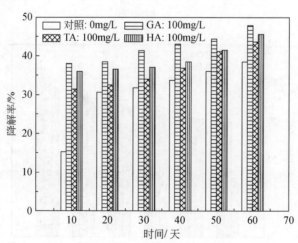

图 7-4-10　不同类型溶解性有机质对水中 BDE-47 微生物降解影响的对比

一般认为，溶解性有机质促进了疏水性有机污染物在水中的溶解，增大了它们的溶解度（Chiou et al., 1986），但降低了疏水性有机污染物的生物有效性，因为与溶解性有机质的结合导致疏水性有机污染物自由溶解态浓度的减小（Akkanen and Kukkonen, 2003）。然而，最近的研究证明，溶解性有机质的存在也能促进疏水性有机污染物的微生物降解（Haftka et al., 2008；Zhu and Aitken, 2010）。Smith 等（2009）研究了被胡敏酸吸附的多环芳烃的微生物降解，发现吸附在胡敏酸上的菲能直接进入微生物细胞，增大了降解体系中菲的流动通量和生物降解，胡敏酸的存在使菲的降解速率增大了 4.8 倍，在这个过程中胡敏酸成为增大菲流动通量的载体。Haftka 等（2008）研究了溶解性有机质对多环芳烃微生物降解的影响，发现溶解性有机质能够促进微生物细胞对周围未扰动界面层中溶解性有机污染物的快速吸收，这也是它促进疏水性有机污染物微生物降解作用的一个原因。根据以上分析可知，本研究中三种溶解性有机质在降解初期对 BDE-47 微生物降解的促进作用，可能是因为它们和 BDE-47 的结合增大了 BDE-47 进入微生物细胞的流动通量，因而使 BDE-47 的降解速率加快。没食子酸、单宁酸和胡敏酸与 BDE-47 的结合能力以及向微生物细胞迁移速率的不同导致三种有机质的影响存在差异。

另外，溶解性有机质可能通过影响 BDE-47 从碳质材料上的解吸作用而影响其生物降解作用。为了探求在溶解性有机质存在时吸附态 BDE-47 降解和解吸之间的关系，我们对碳质材料上 BDE-47 的降解率与解吸率进行相关分析。结果表明，没食子酸存在时，黑炭上 BDE-47 的降解率与解吸率之间存在显著的正相关（图 7-4-11），没食子酸在促进 BDE-47 解吸的同时也促进了其微生物降解。然而，单宁酸和胡敏酸存在时，黑炭上 BDE-47 的降解率与解吸率之间没有显著的相关性（$p>0.05$），表明这两种溶解性有机质存在下，黑炭上 BDE-47 降解和解吸之间的关系比较复杂。

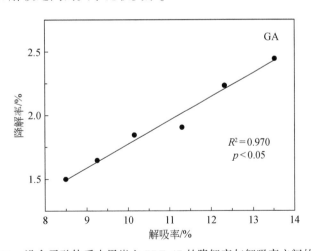

图 7-4-11　没食子酸体系中黑炭上 BDE-47 的降解率与解吸率之间的相关性

对于碳纳米管上 BDE-47 降解与解吸之间的关系，研究结果表明三种溶解性有机质存在时，BDE-47 的降解率与解吸率之间都存在显著的负相关关系（图 7-4-12），BDE-47 的降解率随着解吸率升高而下降。通常来说，吸附态污染物很难被微生物直接利用，污染物要先从吸附剂上解吸到水相，才能被微生物利用，因此污染物的降解率应该与解吸率呈正相关。为了深入探讨本研究中溶解性有机质存在时碳纳米管上吸附态 BDE-47 的降解率与解吸率呈负相关的原因，本节分析了不含溶解性有机质体系中碳质材料上吸附态 BDE-47 的降解率与解吸率之间的关系。结果表明碳纳米管上吸附态 BDE-47 的降解率与解吸率存在显著的正相关（$p<0.05$），BDE-47 的降解率随解吸率的增大而增大（图7-4-12）。这个结果说明，溶解性有机质的存在改变了碳纳米管上吸附态 BDE-47 解吸与降解之间的关系。虽然溶解性有机质使碳纳米管在水中的分散性大大增强，从而增大了 BDE-47 在碳纳米管上的吸附量，导致吸附态 BDE-47 的解吸率大大降低，但由于溶解性有机质能加快水中 BDE-47 的降解速率，进而又促进了吸附态 BDE-47 从碳纳米管上的解吸，在两种影响的综合作用下，与未加溶解性有机质的体系相比，同一时刻碳纳米管上吸附态 BDE-47 的降解率升高了。另外的原因可能是微生物能促进吸附态 BDE-47 的解吸或者直接利用碳纳米管上的吸附态 BDE-47，这个现象在其他类似研究中也有过报道。例如，在前面的章节中我们介绍过，在研究黑炭和碳纳米管上吸附态菲的生物有效性时也发现在菲的快速降解阶段，吸附态菲的微生物降解速率大于它的解吸速率，说明微生物可能会主动促进碳质材料上吸附态污染物的解吸并加以利用。因此，我们认为溶解性有机质对吸附态 BDE-47 微生物可利用性的促进可能是微生物和溶解性有机质综合作用的结果。和 BDE-47 的解吸相比，微生物降解过程对吸附态 BDE-47 的微生物可利用性有着更加重要的作用。

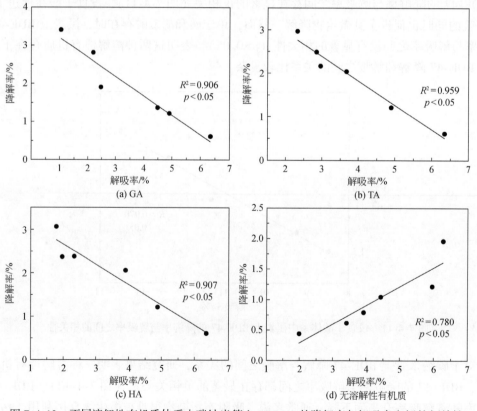

图 7-4-12　不同溶解性有机质体系中碳纳米管上 BDE-47 的降解率与解吸率之间的相关性

7.5 小　结

本章选取 PBDEs 中的 BDE-47 为模式污染物，重点研究了我国六条典型河流的自然沉积物中 PBDEs 的微生物可利用性，碳质材料对沉积物中 PBDEs 微生物可利用性的影响，以及溶解性有机质对吸附态 PBDEs 微生物降解作用的影响，并结合不同条件下吸附态 PBDEs 的解吸作用研究，分析了不同形态有机质和碳质材料对沉积物中 PBDEs 微生物可利用性的影响机制。得到的主要研究结论如下：

（1）我国六条典型河流的自然沉积物体系中，BDE-47 在培养 30 天以后降解速率明显加快，培养 60 天时降解速率逐渐放缓，产物总量趋于稳定。当降解 120 天时，黄河沉积物中 BDE-47 的降解率最大（7.9%），长江沉积物中 BDE-47 的降解率最小（4.2%）。总的来说，相同降解时间下沉积物中 BDE-47 降解率的大小顺序为：黄河>海河>汉江>珠江>永定河>长江。随着降解时间的延长，所有沉积物中 BDE-47 的低溴降解产物（BDE-4）比例逐渐升高，高溴降解产物（BDE-17 和 BDE-28）的比例逐渐降低。六条河流的自然沉积物上 BDE-47 的解吸动力学都符合三相一级解吸动力学模型，解吸包括快解吸、慢解吸和极慢解吸三个部分。相关分析结果表明，黑炭含量可能会影响 BDE-47 在沉积物上的解吸率。另外，珠江、长江、汉江和永定河四种沉积物中黑炭的来源可能也对 BDE-47 的解吸有较大影响。我国珠江、长江、汉江、黄河、海河和永定河沉积物上 BDE-47 的微生物降解率与解吸率呈显著正相关（$p<0.01$），三种主要降解产物的产量与 BDE-47 的解吸率也呈正相关关系（$p<0.05$），说明解吸是沉积物中 BDE-47 微生物降解的控制过程。BDE-47 的降解率和解吸率均与沉积物中黑炭的含量呈显著负相关（$p<0.01$），由此说明黑炭是影响沉积物中 BDE-47 生物有效性的关键因素。

（2）沉积物中黑炭和碳纳米管的存在均显著降低了 BDE-47 的微生物降解率，BDE-47 降解的各子产物和产物总量均随沉积物中黑炭和碳纳米管含量的增大而迅速下降，但当含量超过 3% 时，不同黑炭和碳纳米管体系的产物总量没有显著差异，表明碳质材料的含量比来源对沉积物中 BDE-47 的微生物可利用性影响更大。碳质材料上吸附态 BDE-47 的解吸率与碳质材料的比表面积呈显著负相关（$p<0.05$），解吸过程包括快解吸、慢解吸和极慢解吸三部分，符合三相一级解吸动力学。且含有不同比例黑炭和碳纳米管沉积物中 BDE-47 的降解率均与碳质材料上 BDE-47 的快解吸比例呈正相关，与极慢解吸比例呈负相关，表明含有碳质材料的沉积物中 BDE-47 的生物降解主要受碳质材料上吸附态 BDE-47 的快解吸过程所控制。

（3）不同溶解性有机质对黑炭和碳纳米管上吸附态 BDE-47 解吸作用的影响存在显著差异。小分子量的没食子酸能促进黑炭上 BDE-47 的解吸，且解吸率随没食子酸浓度的增大而增大；胡敏酸也促进了 BDE-47 的解吸，但随着胡敏酸浓度的增大，促进作用有所下降；而较大分子量的单宁酸则阻碍了 BDE-47 的解吸。这是由于三种溶解性有机质的分子尺寸存在差异，在黑炭上的吸附作用不同所导致。三种溶解性有机质均对碳纳米管上 BDE-47 的解吸存在显著的降低作用（$p<0.05$），这是因为溶解性有机质对碳纳米管的分

散作用使 BDE-47 的吸附作用进一步增强。但所有溶解性有机质均对黑炭和碳纳米管上吸附态 BDE-47 的微生物降解存在显著的促进作用，这可能是微生物和溶解性有机质综合作用的结果。

参 考 文 献

Accardi-Dey A, Gschwend P M. 2002. Assessing the combined roles of natural organic matter and black carbon as sorbents in sediments. Environmental Science & Technology, 36: 21-29.

Akkanen J, Kukkonen J V K. 2003. Measuring the bioavailability of two hydrophobic organic compounds in the presence of dissolved organic matter. Environmental Toxicology and Chemistry, 22: 518-524.

Alexander M. 2000. Aging, bioavailability, and overestimation of risk from environmental pollutants. Environmental Science & Technology, 34: 4259-4265.

Alvarez-Puebla R A, Valenzuela-Calahorro C, Garrido J J. 2006. Theoretical study on fulvic acid structure, conformation and aggregation: a molecular modelling approach. Science of the Total Environment, 358: 243-254.

Bird M I, Moyo C, Veenendaal E M, et al. 1999. Stability of elemental carbon in a savanna soil. Global Biogeochemical Cycles, 13: 923-932.

Bosma T N P, Middeldorp P J M, Schraa G, et al. 1997. Mass transfer limitation of biotransformation: quantifying bioavailability. Environmental Science & Technology, 31: 248-252.

Brown R A, Kercher A K, Nguyen T H, et al. 2006. Production and characterization of synthetic wood chars for use as surrogates for natural sorbents. Organic Geochemistry, 37: 321-333.

Chiou C T, Malcolm R L, Brinton T I, et al. 1986. Water solubility enhancement of some organic pollutants and pesticides by dissolved humic and fulvic-acids. Environmental Science & Technology, 20: 502-508.

Cornelissen G, Gustafsson Ö, Bucheli T D, et al. 2005. Extensive sorption of organic compounds to black carbon, coal, and kerogen in sediments and soils: mechanisms and consequences for distribution, bioaccumulation, and biodegradation. Environmental Science & Technology, 39: 6881-6895.

Cornelissen G, Rigterink H, Ferdinandy M M A, et al. 1998. Rapidly desorbing fractions of PAHs in contaminated sediments as a predictor of the extent of bioremediation. Environmental Science & Technology, 32: 966-970.

Cornelissen G, Rigterink H, Ten Hulscher D E M, et al. 2001. A simple Tenax® extraction method to determine the availability of sediment-sorbed organic compounds. Environmental Toxicology and Chemistry, 20: 706-711.

Cornelissen G, Vannoort P C M, Govers H J. 1997. Desorption kinetics of chlorobenzenes, polycyclic aromatic hydrocarbons, and polychlorinated biphenyls: sediment extraction with Tenax® and effects of contact time and solute hydrophobicity. Environmental Toxicology and Chemistry, 16: 1351-1357.

de la Cal A, Eljarrat E, Grotenhuis T, et al. 2008. Tenax® extraction as a tool to evaluate the availability of polybrominated diphenyl ethers, DDT, and DDT metabolites in sediments. Environmental Toxicology and Chemistry, 27: 1250-1256.

Dilly O. 2004. Effects of glucose, cellulose, and humic acids on soil microbial eco-physiology. Journal of Plant Nutrition and Soil Science, 167: 261-266.

Ge J, Liu M, Yun X, et al. 2014. Occurrence, distribution and seasonal variations of polychlorinated biphenyls and polybrominated diphenyl ethers in surface waters of the East Lake, China. Chemosphere, 103: 256-262.

Gerecke A C, Hartmann P C, Heeb N V, et al. 2005. Anaerobic degradation of decabromodiphenyl ether. Environmental Science & Technology, 39: 1078-1083.

Gotovac S, Hattori Y, Noguchi D, et al. 2006. Phenanthrene adsorption from solution on single wall carbon nanotubes. Journal of Physical Chemistry B, 110: 16219-16224.

Greenberg M S, Burton G A, Landrum P F, et al. 2005. Desorption kinetics of fluoranthene and trifluralin from Lake Huron and Lake Erie, USA, sediments. Environmental Toxicology and Chemistry, 24: 31-39.

Haftka J J H, Parsons J R, Govers H J, et al. 2008. Enhanced kinetics of solid-phase microextraction and biodegradation of polycyclic aromatic hydrocarbons in the presence of dissolved organic matter. Environmental Toxicology and Chemistry, 27: 1526-1532.

Hakk H, Letcher R J. 2003. Metabolism in the toxicokinetics and fate of brominated flame retardants: a review. Environment International, 29: 801-828.

Harmsen J. 2007. Measuring bioavailability: from a scientific approach to standard methods. Journal of Environmental Quality, 36: 1420-1428.

Harwood A D, Nutile S A, Landrum P F, et al. 2015. Tenax extraction as a simple approach to improve environmental risk assessments. Environmental Toxicology and Chemistry, 34: 1445-1453.

Hyung H, Fortner J D, Hughes J B, et al. 2007. Natural organic matter stabilizes carbon nanotubes in the aqueous phase. Environmental Science & Technology, 41: 179-184.

Keum Y S, Li Q X. 2005. Reductive debromination of polybrominated diphenyl ethers by zerovalent iron. Environmental Science & Technology, 39: 2280-2286.

Kukkonen J V K, Landrum P F, Mitra S, et al. 2004. The role of desorption for describing the bioavailability of select polycyclic aromatic hydrocarbon and polychlorinated biphenyl congeners for seven laboratory-spiked sediments. Environmental Toxicology and Chemistry, 23: 1842-1851.

Lee H J, Kim G B. 2015. An overview of polybrominated diphenyl ethers (PBDEs) in the marine environment. Ocean Science Journal, 50: 119-142.

Li B, Zhu H K, Sun H W, et al. 2017. Effects of the amendment of biochars and carbon nanotubes on the bioavailability of hexabromocyclododecanes (HBCDs) in soil to ecologically different species of earthworms. Environmental Pollution, 222: 191-200.

Lin D H, Xing B S. 2008. Tannic acid adsorption and its role for stabilizing carbon nanotube suspensions. Environmental Science & Technology, 42: 5917-5923.

Liu M, Tian S Y, Chen P, et al. 2011. Predicting the bioavailability of sediment-associated polybrominated diphenyl ethers using a 45-d sequential Tenax extraction. Chemosphere, 85: 424-431.

Mauter M S, Elimelech M. 2008. Environmental applications of carbon-based nanomaterials. Environmental Science & Technology, 42: 5843-5859.

Oleszczuk P, Pan B, Xing B. 2009. Adsorption and desorption of oxytetracycline and carbamazepine by multiwalled carbon nanotubes. Environmental Science & Technology, 43: 9167-9173.

Pan B, Xing B S. 2008. Adsorption mechanisms of organic chemicals on carbon nanotubes. Environmental Science & Technology, 42: 9005-9013.

Petersen E J, Zhang L W, Mattison N T, et al. 2011. Potential release pathways, environmental fate, and ecological risks of carbon nanotubes. Environmental Science & Technology, 45: 9837-9856.

Pyrzynska K, Stafiej A, Biesaga M. 2007. Sorption behavior of acidic herbicides on carbon nanotubes. Microchimica Acta, 159: 293-298.

Qiu Y, Xiao X, Cheng H, et al. 2009. Influence of environmental factors on pesticide adsorption by black carbon: pH and model dissolved organic matter. Environmental Science & Technology, 43: 4973-4978.

Robrock K R, Coelhan M, Sedlak D L, et al. 2009. Aerobic biotransformation of polybrominated diphenyl ethers (PBDEs) by bacterial isolates. Environmental Science & Technology, 43: 5705-5711.

Robrock K R, Korytár P, Alvarez-Cohen L . 2008. Pathways for the anaerobic microbial debromination of polybrominated diphenyl ethers. Environmental Science & Technology, 42: 2845-2852.

Rhodes A H, Carlin A, Semple K T. 2008. Impact of black carbon in the extraction and mineralization of phenanthrene in soil. Environmental Science & Technology, 42: 740-745.

Shaw S D, Brenner D, Berger M L, et al. 2008. Bioaccumulation of polybrominated diphenyl ethers in harbor seals from the northwest Atlantic. Chemosphere, 73: 1773-1780.

Smith K E C, Thullner M, Wick L Y, et al. 2009. Sorption to humic acids enhances polycyclic aromatic hydrocarbon biodegradation. Environmental Science & Technology, 43: 7205-7211.

Song J, Peng P A, Huang W. 2002. Black carbon and kerogen in soils and sediments: 1—Quantification and characterization. Environmental Science & Technology, 36: 3960-3967.

Su F S, Lu C S. 2007. Adsorption kinetics, thermodynamics and desorption of natural dissolved organic matter by multiwalled carbon nanotubes. Journal of Environmental Science and Health Part A-Toxic/Hazardous Substances & Environmental Engineering, 42: 1543-1552.

Sun C Y, Zhao D, Chen C C, et al. 2009. TiO$_2$-mediated photocatalytic debromination of decabromodiphenyl ether: Kinetics and intermediates. Environmental Science & Technology, 43: 157-162.

Wang G G, Peng J L, Zhang D H, et al. 2016. Characterizing distributions, composition profiles, sources and potential health risk of polybrominated diphenyl ethers (PBDEs) in the coastal sediments from East China Sea. Environmental Pollution, 213: 468-481.

Yan X M, Shi B Y, Lu J J, et al. 2008. Adsorption and desorption of atrazine on carbon nanotubes. Journal of Colloid and Interface Science, 321: 30-38.

Yang Y, Zhang N, Xue M, et al. 2011. Effects of soil organic matter on the development of the microbial polycyclic aromatic hydrocarbons (PAHs) degradation potentials. Environmental Pollution, 159: 591-595.

You J, Pehkonen S, Landrum P F, et al. 2007. Desorption of hydrophobic compounds from laboratory-spiked sediments measured by tenax absorbent and matrix solid-phase microextraction. Environmental Science & Technology, 41: 5672-5678.

Zhao C, Yan M, Zhong H, et al. 2018. Biodegradation of polybrominated diphenyl ethers and strategies for acceleration: a review. International Biodeterioration & Biodegradation, 129: 23-32.

Zhu H B, Aitken M D. 2010. Surfactant-enhanced desorption and biodegradation of polycyclic aromatic hydrocarbons in contaminated soil. Environmental Science & Technology, 44: 7260-7265.

第8章 沉积物组成对有机污染物生物富集作用的影响

8.1 引　言

沉积物中有机质的含量和组成是影响有机污染物生物有效性的关键因素。有机污染物一旦进入水体，便由于吸附等作用的影响变得难以被生物利用。随着有机污染物进入沉积物的时间延长，其可提取性降低，生物有效性也降低，这种现象被称为"老化"（Alexander，2000；Ter Laak et al.，2006）。研究表明，"老化"是影响有机污染物生物有效性的因素之一。有机污染物老化时间越长，其生物有效性越低。"老化"现象的存在主要是由于沉积物中存在的某些有机组分（如天然有机质、黑炭等）与污染物的相互作用所致。

研究沉积物中有机污染物对生物有效性的最直接方法就是监测底栖生物体内组织中有机污染物的浓度，但由于该方法需要较长的生物培养时间，成本较高，且不同生物之间的差异较大，难以找到统一的评价标准。由于生物方法的不足，研究者开始转向采用化学方法或者生物取代装置来研究有机污染物的生物有效性。有机污染物的自由溶解态浓度通常作为表征其生物有效浓度的重要指标。大量研究表明，沉积物中有机污染物可以被生物利用的部分（生物有效浓度）与其孔隙水自由溶解态浓度具有很好的相关性。因此，通常将污染物的孔隙水自由溶解态浓度作为其生物有效浓度。然而，测定有机污染物的孔隙水自由溶解态浓度存在较大的困难，被动采样器的出现为其测定提供了极大的可能。目前研究较多的被动采样装置包括半透膜装置（SPMDs）（Huckins et al.，1993）、固相微萃取（SPME）（Hawthorne et al.，2005）、聚乙烯膜装置（PEDs）（Adams et al.，2007；Fernandez et al.，2009）等。其中，SPMDs 中的三油酸甘油酯容易发生泄漏而影响测定，并且暴露时间要求较长（Adams et al.，2007）；固相微萃取使用溶剂少，样品分析简单，但其纤维脆弱，不利于现场应用（Adams et al.，2007；Zeng et al.，2004）；聚乙烯膜装置简单，使用示踪剂可以大大缩短平衡时间，在实验室和现场方面应用潜力均较大，受到研究者的重视，目前已经成为较为成熟的被动采样器之一（Adams et al.，2007；Fernandez et al.，2009；Tomaszewski and Luthy，2008）。

本章以在环境中普遍存在和含量较高的有机污染物多环芳烃以及新型污染物全氟化合物为例来研究碳质材料和不同形态有机质对沉积物中"老化态"有机污染物生物有效性的影响，包括黑炭和碳纳米材料以及各种溶解性有机质的影响。摇蚊幼虫是底栖生物的优势种，在实验室培养简单，已被广泛地作为指示物种用来评价河流和沉积物的污染情况。因此我们采用污染物在摇蚊幼虫体内的富集作用表征其生物有效性，同时采用聚乙烯膜装置分析多环芳烃的自由溶解态浓度，研究碳质材料和不同形态有机质对污染物生物有效性（生物富集作用）的影响及影响机制。

8.2 沉积物中黑炭的含量与组成对多环芳烃自由溶解态浓度的影响

8.2.1 研究方法

8.2.1.1 黑炭的制备、净化与表征

模拟实验所采用的原始基质分别为有机质含量较低和较高的两种河流沉积物。黑炭的制备：将收集的木材和玉米秸秆晾干。玉米秸秆在320℃隔绝空气热解2~3h，恢复到常温后，研磨通过60目筛，在棕色广口瓶中封口保存；木材在340℃隔绝空气热解3~4h，处理方式同上。为了与原始基质中的黑炭进行区分，原始基质中的黑炭缩写为BC，本研究制备的两种黑炭缩写为char-wood和char-stalk。黑炭的净化：研磨以后的黑炭在正己烷中浸泡48h以上去除黑炭制备过程中同时生成的多环芳烃，在摇床上振荡，然后静置待黑炭沉降以后，将上层清液倾倒入废液缸，将剩余正己烷在通风橱内挥发至干。对处理后的黑炭进行元素分析、BET比表面积及孔径测定、¹³C NMR分析等。

8.2.1.2 人工沉积物体系的构建

取1000g原始基质，然后准确称取1g、2g、5g、8g、10g、15g黑炭分别加入到两种基质中，每个基质得到含有2种不同来源、6个不同浓度梯度黑炭的人工沉积物体系。将1kg人工配制的沉积物转移到3L玻璃缸中进行老化：向每千克模拟体系中加入10mL多环芳烃混合液，人工混匀并在通风橱内挥发2~3h，而后向每个体系中加入10mL叠氮化钠溶液（10g/L）以及一定量的蒸馏水。最后，将玻璃缸密封，避光老化60天。

8.2.1.3 聚乙烯膜在不同人工沉积物体系内的暴露及分析测定

采用第3章3.2.1节所述的聚乙烯膜装置法测定沉积物孔隙水中多环芳烃的自由溶解态浓度。沉积物–水体系老化至50天时，将各体系引入到25℃的恒温环境下继续老化以使体系内外温度达到一致。老化至60天，将负载有氘代物的聚乙烯膜引入各人工沉积物体系用于测定沉积物中污染物的活度以及孔隙水中污染物的浓度。每个实验体系放置3个聚乙烯膜平行样，然后加入蒸馏水使各人工沉积物体系内液相与固相的质量之比均为1.5：1，在25℃下采样7天。

暴露结束后，将聚乙烯膜从人工沉积物体系中取出，用蒸馏水冲洗聚乙烯膜表面的泥沙，在通风橱中风干聚乙烯膜表面的水分，然后将其放入100mL具塞磨口三角瓶中，选取

约30%的聚乙烯膜样品加入回收率指示剂（2-氟联苯），然后加入60mL正己烷进行萃取。提取结束后，在旋转蒸发仪上将提取液浓缩至5mL以下，然后氮吹定容至1mL或2mL，向定容后溶液中加入20μL间三联苯内标物（10μg/mL），准备GC-MS分析。同时对初始状态下聚乙烯膜中氘代物的含量进行测定。

8.2.2　原始沉积物基质及人工制备黑炭的性质

对于所研究的两种沉积物，第一种沉积物的有机碳含量较低，为0.15%±0.03%（$N=3$）；第二种沉积物的有机碳含量较高（1.53%±0.02%），约为第一种沉积物的10倍。第一种沉积物中黑炭含量低于0.03%，第二种沉积物中黑炭的含量为0.33%±0.03%。

从表8-2-1中可知，由木材得到的黑炭（char-wood）的碳元素含量略高于由秸秆制备的黑炭（char-stalk），而氢元素含量水平相当，氮元素的含量具有较大的差异。本研究中制备的黑炭中碳元素的含量与其他研究中得到的结果具有可比性。如Chen等（2008a）在300℃隔绝空气加热针叶松得到的产物碳元素含量为68.87%，与本研究中加热木材得到的产物（碳元素含量为70.12%）具有较好的一致性。两种来源黑炭的C/H比例接近于1，说明黑炭的化学组成以芳香性的苯环为主。图8-2-1为木材来源的黑炭，以及秸秆来源黑炭的^{13}C NMR谱图。两者的谱图均在100~150ppm的化学位移范围内出现很强的峰形，这也进一步证明了芳香性苯环的存在。木材来源黑炭的氮元素比例明显低于秸秆来源的黑炭，可能是农田中的氮元素更加充足而被植物吸收后残留在秸秆内所致。

表8-2-1　人工制备黑炭的性质

样品名称	原材料	元素含量/%			摩尔比		BET比表面积 /(m²/g)	平均孔径 /nm
		C	H	N	C/H	C/N		
char-wood	马尾松（Pinus massoniana Lamb）	70.12	4.464	0.088	1.31	929.62	4.62	5.0974
char-stalk	玉米秸秆（Zea mays）	58.84	4.126	1.684	1.19	40.76	2.81	15.0262

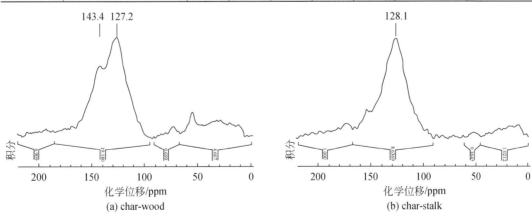

图8-2-1　两种不同来源黑炭的^{13}C-NMR谱图

　　木材来源黑炭的 BET 比表面积略高于秸秆来源的黑炭。两种不同来源黑炭的 BET 比表面积均不高，远远低于 Chun 等（2004）在类似条件下制备的黑炭的 116m²/g 和 Zhu 等（2005）制备的黑炭的 290m²/g，略低于 Chen 等（2008a）在 300℃条件下所得产物的 19.92m²/g。但是，Brown 等（2006）利用木材制备了一系列不同温度下的黑炭产物，其 450℃产物的 BET 比表面积为 1.34~6.32m²/g，与本研究利用木材制备的黑炭的 BET 比表面积具有很好的一致性。同样，Hammes 等（2006）利用木材和草类在 450℃条件下制备的黑炭的 BET 比表面积分别为 2.0m²/g 和 5.9m²/g，与本研究的结果较为接近。James 等（2005）在 300℃条件下热解 *P. sylvestris* 得到的产物的 BET 比表面积仅为 1m²/g，同样条件下热解 *B. pendula* 得到的产物 BET 比表面积为 2.3m²/g，这与本研究的研究结果是类似的。人工制备黑炭的表面性质由很多因素决定，如原材料、加热条件等（James et al.，2005）。加热的最终温度以及升温速率是影响最终产物表面性质的主要因素（Brown et al.，2006）。研究表明，制备过程的终点温度越高，升温速率越快，得到的黑炭 BET 比表面积越高，且升温速率的影响比终点温度的影响较大（Brown et al.，2006）。

　　图 8-2-2 是两种不同来源黑炭的电镜照片，从图中可以看出黑炭的孔径较大。此外，表 8-2-1 给出的黑炭的性质表明：本研究制备的黑炭的平均孔径位于中孔级别（2~50nm），而黑炭较大的 BET 比表面积一般是由较为丰富的微孔（<2nm）所引起，因此这也是本研究制备产物 BET 比表面积较小的原因之一。

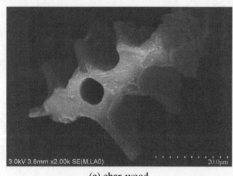 
(a) char-wood　　　　　(b) char-stalk

图 8-2-2　两种不同来源黑炭的电镜照片

　　森林大火是自然界中产生黑炭的一个重要原因，全世界范围内，黑炭的年排放量在 0.5 亿~2 亿 t，其中大约 80% 来源于植物的燃烧（Ghosh，2007）。1989 年加拿大森林大火（主要树木种类 *Populus* spp.）产生的黑炭的 BET 比表面积为 1.7m²/g，在野外燃烧同种树木得到的产物的 BET 比表面积也仅为 2.4m²/g。还有研究表明，不同种类的树木混合在一起在自然条件下燃烧产生的混合黑炭的 BET 比表面积为 3.1m²/g（James et al.，2005）。因此，与自然条件下所获得黑炭的比表面积具有可比性，具有重要的环境意义。

8.2.3 黑炭来源和含量对沉积物中 PAHs 自由溶解态浓度的影响
——以有机碳含量较低的沉积物为基质的体系

以第一种有机碳含量较低的沉积物为基质的体系中，菲、芘、䓛的孔隙水自由溶解态浓度随着黑炭添加量的增加显著下降（图 8-2-3）。未添加黑炭的原始基质中菲、芘、䓛的孔隙水自由溶解态浓度分别为（297.29±49.42）ng/mL、（39.55±0.20）ng/mL、（3.22±0.28）ng/mL。仅仅添加 0.1% 木材来源黑炭就能使上述三种污染物的孔隙水自由溶解态浓度分别降至（27.25±3.27）ng/mL、（1.68±0.25）ng/mL、（0.15±0.01）ng/mL，三种污染物的孔隙水自由溶解态浓度降低幅度均为 90% 左右。当木材来源黑炭的添加量由 0.1% 增加至 0.2% 时，菲、芘、䓛的孔隙水自由溶解态浓度分别降至（14.50±1.08）ng/mL、（0.86±0.24）ng/mL、（0.05±0.02）ng/mL，降低幅度小于从 0 到 0.1% 添加量时的降低幅度。此后随着木材来源黑炭的添加量增加，污染物孔隙水自由溶解态浓度降低，而且随着添加量的增加，木材来源黑炭的添加量每升高 0.1% 使污染物孔隙水自由溶解态浓度降低的幅度均在减小。当木材来源黑炭的添加量大于 0.8% 时，三种污染物的孔隙水自由溶解态浓度随添加量的变化不再明显。添加 1.5% 木材来源黑炭可以使菲、芘、䓛的孔隙水自由溶解态浓度分别降至（2.17±0.13）ng/mL、（0.12±0.01）ng/mL、（$9.8×10^{-3}±2.2×10^{-3}$）ng/mL，相对于原始基质的降低幅度均达到 99% 以上。

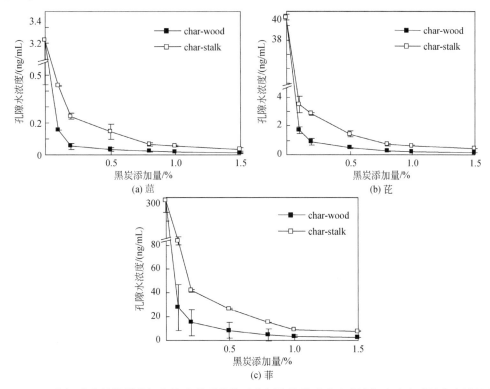

图 8-2-3　以有机碳含量较低的沉积物为基质的体系中污染物孔隙水自由溶解态浓度随黑炭含量的变化

含有秸秆来源黑炭的人工沉积物体系中菲、芘、䓛的孔隙水自由溶解态浓度均高于含有等量木材来源黑炭的沉积物体系中相应的污染物孔隙水自由溶解态浓度。两种不同来源的黑炭对 PAHs 的孔隙水自由溶解态浓度影响不同。从图 8-2-3 中可以看出，对于菲而言，含有 0.2% 木材来源黑炭的人工沉积物体系中菲的浓度为（14.50±1.08）ng/mL，而要使菲浓度由原始基质的（297.29±49.42）ng/mL 降低至此浓度，则需要向体系中添加约 0.8% 的秸秆来源的黑炭，这是由两种来源黑炭的性质差异所造成。同样，含有 0.2% 木材来源黑炭的人工沉积物体系中芘的孔隙水自由溶解态浓度为（0.86±0.24）ng/mL，这个浓度与含有 0.8% 秸秆来源黑炭的人工沉积物体系芘的孔隙水自由溶解态浓度［（0.67±0.07）ng/mL］相当。可见，木材来源黑炭对污染物的吸附作用要强于秸秆来源的黑炭。

8.2.4 黑炭来源和含量对沉积物中 PAHs 自由溶解态浓度的影响 ——以有机碳含量较高的沉积物为基质的体系

图 8-2-4 为以有机碳含量较高的沉积物为基质的人工沉积物体系中 PAHs 孔隙水自由溶解态浓度随黑炭含量的变化关系图。与以有机碳含量较低的沉积物为基质的人工沉积物体系相似，随着黑炭含量的升高，菲、芘、䓛的孔隙水自由溶解态浓度均呈现降低的趋势。在不添加黑炭的原始有机碳含量较高的沉积物构建的人工沉积物体系中，菲、芘、䓛的孔隙水自由溶解态浓度分别为（4.40±0.70）ng/mL、（0.49±0.01）ng/mL、（0.05±0.003）ng/mL，低于由有机碳含量较低的原始沉积物基质构建的人工沉积物体系中的污染物浓度，这是由于有机碳含量较高的沉积物中含有较高的总有机碳和黑炭。含有 0.1% 木材来源黑炭的人工沉积物体系中，菲、芘、䓛的孔隙水自由溶解态浓度分别降至（3.76±0.33）ng/mL、（0.42±0.09）ng/mL、（0.03±0.0）ng/mL。相对于由原始基质构建的体系，三种污染物的降低幅度分别为 14.5%、12.3%、40.0%，这种降低幅度要低于以有机碳含量较低的沉积物为基质的含有 0.1% 木材来源黑炭的沉积物体系。与以有机碳含量较低的沉积物为基质的体系相类似，当木材来源黑炭的添加量大于 0.8% 时，三种污染物的孔隙水自由溶解态浓度随添加量的变化不再明显。添加 1.5% 木材来源的黑炭可以使菲、芘、䓛的孔隙水自由溶解态浓度分别降至（1.60±0.08）ng/mL、（0.15±0.02）ng/mL、（7.97×10^{-3}±0.97×10^{-3}）ng/mL，相对于原始基质的降低幅度均达到 60% 以上。与以有机碳含量较低的沉积物为基质的人工沉积物体系类似，木材来源黑炭对沉积物中污染物的孔隙水自由溶解态浓度的降低作用更显著。

8.2.5 污染物孔隙水自由溶解态浓度随黑炭含量的变化关系

综上所述，不论以有机碳含量较低的沉积物为基质的体系，还是以有机碳含量较高的沉积物为基质的体系，污染物的孔隙水自由溶解态浓度与黑炭的含量均呈现负相关关系。进一步分析发现，污染物孔隙水自由溶解态浓度的倒数与人工黑炭的含量呈现线性关系（图 8-2-5），并且符合式（8-2-1）：

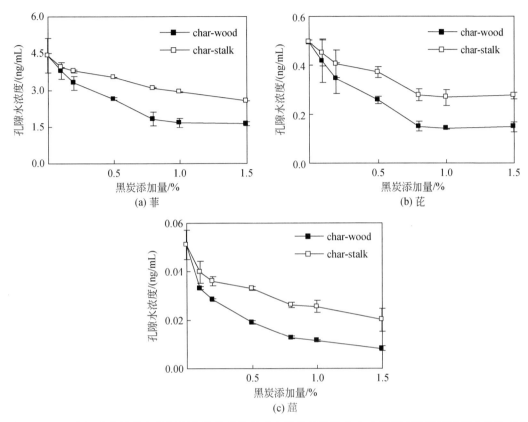

图 8-2-4 以有机碳含量较高的沉积物为基质的体系中污染物孔隙水自由溶解态浓度随黑炭含量的变化

$$\frac{1}{C_{iw}} = A \cdot f_{char} + B \qquad (8\text{-}2\text{-}1)$$

其中，C_{iw} 为污染物的孔隙水自由溶解态浓度（ng/mL）；f_{char} 为沉积物中人工制备黑炭的质量分数；A、B 为常数。

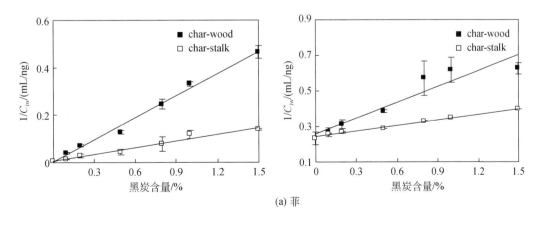

(a) 菲

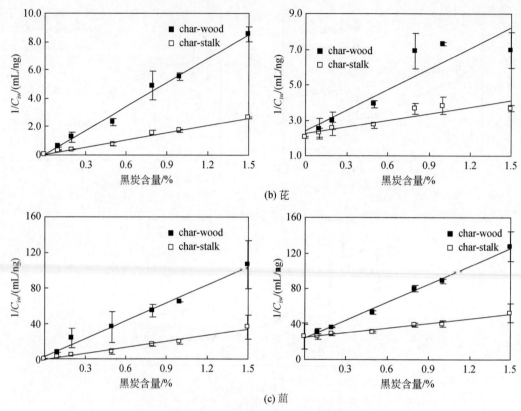

图 8-2-5　PAHs 孔隙水自由溶解态浓度倒数与添加黑炭含量的变化关系

左列为有机碳含量较低的沉积物，右列为有机碳含量较高的沉积物

　　结果如表 8-2-2 所示，对于不同沉积物体系中的所有污染物，相关系数均在 0.827 以上 ($p=0.01$)。由此，我们可以得出污染物孔隙水自由溶解态浓度 C_{iw} 与黑炭含量之间的一般关系，如式（8-2-2）所示：

$$C_{iw} = \frac{1}{A \cdot f_{char} + B} \tag{8-2-2}$$

表 8-2-2　PAHs 孔隙水自由溶解态浓度与黑炭含量的变化关系拟合结果 ［式（8-2-1）］

基质类型	黑炭类型	污染物	A	B	决定系数（R^2）	相关系数（r）
有机碳含量较低的 沉积物	char-wood	菲	31.63	0	0.98	0.993
		芘	575.32	−0.06	0.97	0.986
		䓛	6716.30	2.73	0.87	0.944
	char-stalk	菲	9.53	0	0.89	0.953
		芘	172.42	0.03	0.98	0.991
		䓛	2360.66	−1.82	0.82	0.916

续表

基质类型	黑炭类型	污染物	A	B	决定系数（R^2）	相关系数（r）
有机碳含量较高的沉积物	char-wood	菲	29.09	0.26	0.81	0.920
		芘	377.27	2.51	0.74	0.894
		䓛	6979.29	21.68	0.97	0.977
	char-stalk	菲	10.25	0.24	0.99	0.976
		芘	116.32	2.30	0.68	0.866
		䓛	1861.36	23.08	0.81	0.827

8.2.6 黑炭来源和含量对沉积物中 PAHs 自由溶解态浓度的影响机理

在沉积物中添加黑炭增加了对多环芳烃的吸附作用，从而降低了其孔隙水的自由溶解态浓度或总溶解态浓度。由于黑炭中的溶解性有机碳都已在添加前去除，因此黑炭的添加不会显著影响沉积物体系中的溶解性有机质。故我们可以将添加了黑炭的沉积物体系对多环芳烃的吸附概化为两部分：①原始沉积物（包括其中的溶解性有机质）对多环芳烃的吸附；②所添加的黑炭对多环芳烃的吸附。虽然沉积物和黑炭对多环芳烃存在非线性吸附作用，但由于达到平衡的体系中水相多环芳烃的自由溶解态含量很低，说明在此时的吸附还符合线性分配作用。因此，我们可以用下面的公式来表征多环芳烃的吸附作用：

$$Q_{tot} = f_{sed} K_{sed} C_{iw} + f_{char} K_{char} C_{iw} \qquad (8\text{-}2\text{-}3)$$

其中，Q_{tot} 为人工沉积物体系中固体介质上吸附的污染物总量（μg/kg）；C_{iw} 为污染物的孔隙水自由溶解态浓度（μg/L）；f_{sed} 为人工沉积物体系中原始沉积物的质量分数；f_{char} 为人工沉积物体系中所添加黑炭的质量分数；K_{sed} 为多环芳烃在人工沉积物体系中原始沉积物上的固-水分配系数（L/kg）；K_{char} 为多环芳烃在人工沉积物体系中黑炭上的固-水分配系数（L/kg）。

式（8-2-3）可进一步变形为

$$\frac{1}{C_{iw}} = \frac{K_{char}}{Q_{tot}} \cdot f_{char} + \frac{f_{sed} K_{sed}}{Q_{tot}} \qquad (8\text{-}2\text{-}4)$$

由于水相中多环芳烃占体系总多环芳烃的比例很小，故式（8-2-4）中的 Q_{tot} 几乎等同于体系初始加入的多环芳烃的量。又由于每个体系初始加入多环芳烃的量相等，多环芳烃在每一种黑炭或每一种原始沉积物上的固-水分配系数基本为常数，体系中加入的黑炭含量很低，f_{sed} 可基本等同于 1，因此式（8-2-4）可转化为

$$\frac{1}{C_{iw}} = A \cdot f_{char} + B \qquad (8\text{-}2\text{-}5)$$

其中 A、B 为常数。这样我们就得到与式（8-2-1）相同的关系式。常数 A 反映黑炭对多环芳烃的吸附能力，从表 8-2-2 可看出，木材来源黑炭 A 值大，这是由于其碳含量高、比

表面积大，对多环芳烃的吸附能力强。常数 B 反映原始沉积物对多环芳烃的吸附能力，从表 8-2-2 可看出，有机碳含量较高的原始沉积物 B 值也相应大些。

8.3 沉积物中黑炭对多环芳烃在摇蚊幼虫体内生物富集的影响

8.3.1 研究方法

人工沉积物体系的构建与 8.2 节一致。用于实验的摇蚊幼虫（*Chironomus plumosus larvae*）在暴露实验前进行实验室驯养和清空肠胃：20~50L 水族箱，加入自然光照下曝气后的自来水，不喂食；适当通气；温度：21℃；光周期：16L/8D（16h 光照，8h 黑暗）。幼虫需要在实验室条件下驯养并清空肠胃 24h 后用于暴露实验。摇蚊幼虫中的公虫个体大、活动能力强、存活时间长、存活率高，因此均采用 3~4 龄摇蚊幼虫的公虫用于实验。实验用虫平均体长为 2.5cm，体重平均为 25~30mg 湿重，脂肪含量平均值为 7.5% ±0.5%（g 脂肪/干重）。

在每个准备好的人工沉积物-水体系中放入活动能力强的摇蚊幼虫个体 35 只或 40 只，盖上纱布，不通气，实验持续 10 天，以保证它们不会羽化。实验终点后用筛分法将幼虫与沉积物分离，检查存活情况，滤去水分，称湿重，冷冻干燥 48h 后，称干重。每次暴露做三个平行样。采用加速溶剂提取法萃取摇蚊幼虫体内的多环芳烃，然后过柱净化脂肪，最后采用 GC-MS 分析。

8.3.2 黑炭对摇蚊幼虫存活和生长的影响

以有机碳含量较低的沉积物为基质的人工沉积物体系中，35 只摇蚊幼虫的存活数目为 17~29 只（存活率 48.6%~82.9%），均未出现化蛹羽化，平均成活率为 71.4%，其中 38 个实验体系中有 23 个体系中的存活个体达到 24~26 只，成活率为 68.6%~74.3%；单个个体平均干重为 4.8~6.6mg，平均值为（5.8±0.5）mg。以黑炭来源和黑炭含量为控制变量，摇蚊幼虫的存活率和个体平均干重分别为观测变量，进行多因素方差分析，结果表明，黑炭来源、黑炭含量以及黑炭来源和含量的交互作用对摇蚊幼虫的存活率均没有显著影响（$p>0.05$），但黑炭含量以及黑炭来源和含量的交互作用对个体平均干重有显著影响（$p<0.05$）；应用最小显著性差异法（least significant difference，LSD）对黑炭含量进行单因素方差分析也发现未添加黑炭体系中摇蚊幼虫个体平均干重稍高，与添加 0.1%、0.2% 和 1% 黑炭含量的体系间差异极为显著（$p<0.002$），但与其他添加体系间差异不显著（$p>0.05$）。进一步做相关性分析则发现：木材和玉米秸秆两种来源的黑炭含量，与摇蚊幼虫的存活率和个体平均干重也均没有相关性（$p>0.05$，$N=38$）。

以有机碳含量较高的沉积物为基质的人工沉积物体系中，40 只摇蚊幼虫的存活数目为 25~38 只（存活率为 62.5%~95.0%），平均成活率为 80.0%，其中 41 个实验体系中有 34 个体系中的存活率超过 72.5%，成活率高于以有机碳含量较低的沉积物为基质的实验体系中的成活率；个体平均干重为 6.6~8.6mg，平均值为 7.5mg，其中 41 个体系中有 36 个体系中的个体平均干重超过 7.0mg，也远高于以有机碳含量较低的沉积物为基质的实验体系中的生物体个体平均干重。以黑炭来源和黑炭含量为控制变量，摇蚊幼虫的存活率和个体平均干重分别为观测变量，进行多因素方差分析，结果表明，黑炭来源、黑炭含量以及黑炭来源和含量的交互作用对摇蚊幼虫的存活率和个体平均干重均没有显著影响（$p>0.05$）；应用最小显著性差异法对黑炭含量进行单因素方差分析也发现添加不同黑炭含量的体系间存活率和个体干重均无显著差异（$p>0.05$）。

上述结果表明，黑炭含量对幼虫的生长可能有一定的影响，但这种影响或许不是单方面影响，从而使幼虫个体平均干重上升或下降的规律并不显著。黑炭对摇蚊幼虫有两个方面的影响：一方面随着黑炭含量的增加，体系中多环芳烃的生物有效态浓度降低，对摇蚊幼虫的毒性作用减弱；另一方面由于黑炭的添加可能不利于管栖生物摇蚊幼虫营造管穴，尤其是对于有机碳含量较低的第一种沉积物，所添加的黑炭不能与沉积物很好混合，导致部分黑炭在体系中以漂浮形式存在，不利于摇蚊幼虫的生活，且与第二种有机碳含量较高的沉积物相比，其体系内多环芳烃的生物有效态浓度较高，因此这两方面的原因综合导致其体系内摇蚊幼虫的存活率和体重均较低。

8.3.3 黑炭对摇蚊幼虫生物积累 PAHs 的影响

如图 8-3-1 所示，在以有机碳含量较高的沉积物为基质的实验体系中，添加 char-stalk 时，摇蚊幼虫体内菲的累积量为 1.40~5.50mg/kg［平均值为（3.78±1.83）mg/kg，$N=16$］；芘的累积量为 0.71~4.59mg/kg［平均值为（2.69±1.53）mg/kg，$N=18$］；䓛的累积量为 0.48~1.81mg/kg［平均值为（1.09±0.40）mg/kg，$N=14$］。在添加 char-wood 时，摇蚊幼虫体内菲的累积量为 0.51~5.67mg/kg［平均值为（2.84±1.86）mg/kg，$N=14$］，芘的累积量为 0.89~4.47mg/kg［平均值为（2.74±1.16）mg/kg，$N=19$］，䓛的累积量为 0.51~1.42mg/kg［平均值为（0.88±0.34）mg/kg，$N=16$］。以上实验体系中的摇蚊幼虫体内污染物的累积量均为扣除背景沉积物的累积量。

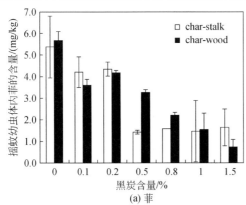

(a) 菲

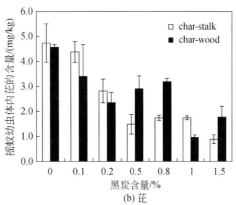

(b) 芘

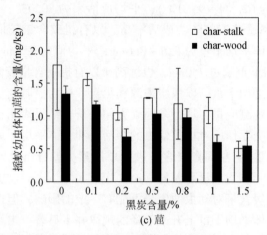

(c) 䓛

图 8-3-1　有机碳含量较高的沉积物−基质体系中摇蚊幼虫对多环芳烃的累积量

整体来说，随着体系中黑炭含量的增加，生物体内多环芳烃的含量存在降低的趋势（图 8-3-1）。进一步将 char-stalk 或 char-wood 的含量分别与摇蚊幼虫体内菲、芘、䓛浓度的倒数（$1/C_{Phe}$、$1/C_{Pyr}$、$1/C_{Chr}$ 统一计作 $1/C_{iB}$）作回归分析。结果如表 8-3-1 所示：除 $1/C_{Pyr}$ 与 char-wood 的含量拟合得到的相关系数较小外，其他情况下，摇蚊幼虫体内污染物累积量的倒数与黑炭含量均为显著正相关，这与前面多环芳烃孔隙水自由溶解态浓度与黑炭含量的关系类似［式（8-3-5）］。因此，随着沉积物中黑炭含量的升高，多环芳烃生物积累量将降低，而且这种降低与孔隙水自由溶解态浓度的降低一致，说明摇蚊幼虫对三种多环芳烃的积累可能主要受孔隙水自由溶解态浓度影响。

表 8-3-1　有机碳含量较高的沉积物−基质体系中生物体内 PAHs 含量的倒数与

黑炭含量的拟合方程 $\dfrac{1}{C_{iB}}=A_1 \cdot f_{char}+B_1$

黑炭类型	污染物	A_1	B_1	R^2
char-stalk	Phe	0.2194	0.1611	0.6303
	Pyr	0.5391	0.2198	0.8587
	Chr	0.7371	0.5006	0.7122
char-wood	Phe	0.7364	0.0864	0.878
	Pyr	0.0939	0.2865	0.3862
	Chr	0.7397	0.7023	0.8613

滤食性（filter feeding）或沉食性（deposit-feeding）的底栖无脊椎动物对污染物的生物积累通常具有两种摄食路径：①呼吸作用或身体表皮吸收上覆水或孔隙水中的污染物；②从沉积物或悬浮颗粒物中吸收污染物，包括摄食颗粒物、污染物在消化道内从颗粒物上发生解吸和被消化道吸收的过程。$\lg K_{ow}$ 值越大的污染物越有可能通过摄食沉积物或颗粒物的路径被生物体吸收。有研究推测当 $\lg K_{ow}>5$ 时，摄食沉积物颗粒是生物体吸收污染物的

主要路径,虽然这个趋势已经得到其他研究者的验证(Weston et al., 2000),但这个临界值(lgK_{ow}=5)仅是利用来源各异的文献数据而得出的结论,因为缺少同种生物间的比较和同等实验条件的控制而仅具有参考价值。而菲、芘和䓛的 lgK_{ow} 值(<6)都不大,理论上应更容易受孔隙水自由溶解态浓度的影响。另外,不同生物对同种 PAHs 可能有不同的反应(Ferguson et al., 2008;Rust et al., 2004),不同生物对沉积物摄食能力也不相同,如 Lu 等(2004)采用的 *Ilyodrilus templetoni* 在掺加了菲的沉积物中每天依然能够摄食超过 10 倍身体干重的沉积物,而本研究体系中采用的摇蚊幼虫主要通过滤食性摄食,直接摄食沉积物的量较小(Walshe, 1947),因此由于本研究中有机碳含量较高的沉积物–基质体系中悬浮颗粒物较少,摇蚊幼虫对 PAHs 的积累仍有可能主要受孔隙水自由溶解态浓度影响。

但对于有机碳含量较低的沉积物体系(图 8-3-2),我们发现随着体系黑炭含量的增加,摇蚊幼虫体内多环芳烃的含量并没有体现降低的趋势。这可能是因为该体系沉积物的有机质含量较低,添加的黑炭部分漂浮在水体,属于滤食性底栖无脊椎动物的摇蚊幼虫容易摄食这部分吸附有污染物的黑炭,而且摄食量可能随着所添加黑炭含量的增加而增加。虽然孔隙水中多环芳烃的自由溶解态浓度随着黑炭含量的增加而降低,但由于摄食作用的相反影响,最终导致随着体系黑炭含量的增加,摇蚊幼虫体内多环芳烃的含量并没有明显的变化趋势。

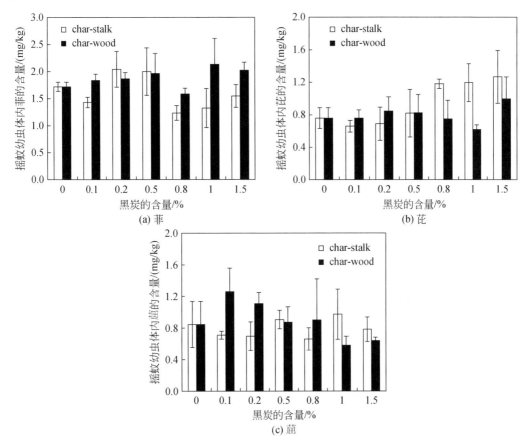

图 8-3-2　有机碳含量较低的沉积物–基质体系中摇蚊幼虫对多环芳烃的累积量

上述研究结果表明，黑炭可以显著降低污染物的孔隙水自由溶解态浓度进而对污染物起到固定作用，是一种强有力的污染物修复剂。例如，对于以有机碳含量较低的沉积物为基质的体系，仅仅添加0.1%的木材来源的黑炭就能使三种污染物的孔隙水自由溶解态浓度降低88%以上。被修复沉积物的性质、黑炭的添加量、黑炭吸附性能的强弱都直接影响污染物孔隙水自由溶解态浓度的降低幅度。黑炭在污染修复方面具有很大的应用前景，尤其是秸秆来源的黑炭，对于资源回收利用也能起到一定的作用。但在使用之前需要综合考虑黑炭对生物的影响，以及对污染物被生物吸收利用情况的影响。

8.4 碳质材料对沉积物中全氟化合物在摇蚊幼虫体内生物富集的影响

8.4.1 研究方法

8.4.1.1 研究材料

本节所研究的碳质材料（CMs）包括单壁碳纳米管（single-walled carbon nanotubes，SWCNTs）、2种多壁碳纳米管（multiwalled carbon nanotubes，MWCNTs）、2种分别由玉米秸秆和柳木屑热解制备的焦炭（M400，W400）以及2种分别由玉米秸秆燃烧所得的烟灰，碳质材料的理化性质如表8-4-1。实验用沉积物采集于永定河上游（N40°01′06″，E115°50′26″），采集的沉积物风干、磨碎后过2mm尼龙筛，去除大颗粒的碎石和动植物残体。

表 8-4-1 碳质材料种类及理化性质

名称	元素组成/%			BET 比表面积 /(m²/g)	微孔面积 /(m²/g)	中大孔面积 /(m²/g)	pH$_{zpc}$
	C	H	N				
W400	73.1	4.46	0.486	7.21	—	—	2.3
M400	66.6	4.09	1.68	11.6	—	—	2.2
MA	11.2	3.76	1.32	38.3	12.1	26.2	10.5
名称	外径 /nm	长度 /μm	纯度 /%	BET 比表面积 /(m²/g)	微孔面积 /(m²/g)	中大孔面积 /(m²/g)	pH$_{zpc}$
MWCNT10	10~20	10~30	>95	324.9	32.5	292.4	3.2
MWCNT50	>50	10~20	>95	97.2	19.9	77.3	3.5
SWCNT	1~2	5~30	>95	547.2	80.7	466.5	3.9

本研究选取了在环境中检出频率较高、毒性较大、生物富集能力较强的6种典型长链PFASs作为目标污染物，包括全氟辛烷磺酸（PFOS）、全氟辛酸（PFOA）、全氟壬酸（PFNA）、全氟癸酸（PFDA）、全氟十一酸（PFUnA）和全氟十二酸（PFDoA）。

8.4.1.2　实验方法

将一定量过筛的沉积物加入到一系列 500mL 聚乙烯烧杯中，然后根据沉积物质量分别添加 0、0.2%、0.4%、0.6%、1.0% 和 1.5% 的碳质材料，每个烧杯最多只添加一种碳质材料，然后加入 PFASs 甲醇溶液并充分混合，在通风橱中将甲醇挥干，加入一定量蒸馏水，以模拟真实的沉积物–水体系。密封在 25℃ 的黑暗条件下老化 60 天。每个处理设置三个平行样。老化结束后，加入驯化好的摇蚊幼虫进行暴露实验，其中对于 PFASs 生物富集的动力学实验，取样时间分别为 0 天、1 天、2 天、3 天、5 天、7 天、9 天、11 天；对于非动力学实验，持续时间设定为暴露 10 天。生物富集实验结束后，通过筛分从沉积物中获得幼虫，计数存活的幼虫，仔细清洗，并在蒸馏水中净化 6h 以清空肠道中的沉积物。

摇蚊幼虫体内的 PFASs 使用离子对法萃取（Kannan et al., 2006）：将磨细的摇蚊幼虫样品置于 10mL 聚丙烯（PP）离心管中，加入回收率指示剂 MPFOA 和 MPFOS 各 10ng；再加入 0.25mL 0.5mol/L 四丁基硫酸氢铵（TBA）溶液（pH=10）、1mL 0.25mol/L 碳酸钠溶液（pH=10）和 2.5mL MTBE，允分摇匀后于 25℃、250r/min 振荡 30min；然后于 4000r/min 离心 15min，将有机层转移至另一干净的 15mL PP 离心管。然后再加入 2.5mL MTBE，重复上述操作 2 次，将收集到的有机萃取液收集至同一支 15mL PP 离心管，涡旋混匀。用氮气慢速将有机溶剂吹至近干，用甲醇定容至 1mL，用 0.2μm 尼龙滤膜过滤至 2mL PP 材质的自动进样瓶，然后上机测定 PFASs 含量。

样品中 PFASs 的含量用液相色谱–电喷雾负电离子源串联质谱（LC-MS/MS，Dionex Ultimate 3000-API 3200）测定。C_{18} 色谱柱（美国 Waters 公司）参数为 4.6mm×150mm×5μm。流动相 A 为 5mmol/L 乙酸铵溶液，B 为甲醇；流动相流速 1mL/min；梯度淋洗程序：70% 流动相 B 保持 1min，然后在 4min 内从 70% 上升至 95%，保持 3min，在 3min 内从 95% 降低至 70%。检测方式为多反应监测（MRM），PFASs 的质谱参数见表 8-4-2，进样体积 10μL。

表 8-4-2　全氟化合物的物理性质及分析参数

全氟化合物	分子结构	溶解度（24℃）[a] /(g/L)	$\lg K_{ow}$[b]	$\lg K_{oc}$[c] (SE，N=3)	特征离子 (Q1>Q3)（m/z）
全氟辛烷磺酸 PFOS	$C_8F_{17}SO_3H$	0.570	5.25	2.57（0.13）	498.9>79.8
全氟辛酸 PFOA	$C_7F_{15}COOH$	4.300	4.30	2.06	412.9>369.0
全氟壬酸 PFNA	$C_8F_{17}COOH$		4.84	2.39（0.09）	463.0>418.9
全氟癸酸 PFDA	$C_9F_{19}COOH$	0.260	5.30	2.76（0.11）	512.9>468.9

续表

全氟化合物	分子结构	溶解度（24℃）[a] /(g/L)	$\lg K_{ow}$ [b]	$\lg K_{oc}$ [c] (SE, $N=3$)	特征离子 (Q1>Q3) (m/z)
全氟十一酸 PFUnA	$C_{10}F_{21}COOH$	0.092	5.76	3.30 (0.11)	562.9>518.9
全氟十二酸 PFDoA	$C_{11}F_{23}COOH$	—	—	—	612.9>569.0
同位素全氟辛酸 MPFOA	[1,2,3,4-^{13}C4]全氟辛酸				416.8>371.8
同位素全氟辛酸 MPFOS	[1,2,3,4-^{13}C4]全氟辛磺酸				503.0>79.9

a 溶解度数据来自 Jensen A A，Poulsen P B，Bossi R. 2008. Survey and Environmental/Health Assessment of Fluorinated Substances in Impregnated Consumer Products and Impregnating Agents，No. 99. Danish Environmental Protection Agency，Copenhagen.

b 辛醇–水分配系数（$\lg K_{ow}$）数据来自 Arp H P H，Niederer C，Goss K U. 2006. Predicting the partitioning behavior of various highly fluorinated compounds. Environmental Science & Technology，40：7298-7304.

c 有机碳–水分配系数（$\lg K_{oc}$）数据来自 Higgins C，Luthy R. 2006. Sorption of perfluorinated surfactants on sediments. Environmental Science & Technology，40：7251-7256.

8.4.1.3　质量控制与质量保证

为避免玻璃材质器皿对 PFASs 的吸附以及其他含氟材料对实验的干扰，实验所用到的烧杯、离心管、样品瓶等器皿均为 PP 材质，使用前用甲醇润洗 3 次。每种 PFASs 的检出限按 3 倍信噪比（S/N=3）计算、定量限按 10 倍信噪比（S/N=10）计算，水样中 PFASs 的定量限为 0.01～0.058μg/L，摇蚊幼虫组织中 PFASs 的定量限为 0.25～0.75ng/g。空白水样、沉积物和摇蚊幼虫组织中 PFASs 含量均低于检出限。每个样品中的 PFASs 含量用外标法定量。每种 PFASs 的标准曲线相关系数均高于 0.99。为了保证目标化合物的萃取效率，对所有 PFASs 和回收率指示物进行加标回收率实验，PFOA、PFOS、PFNA、PFDA、PFUnA 和 PFDoA 的回收率范围为 87%～96%，回收率指示剂 MPFOS 和 MPFOA 回收率为91%～100%。在样品检测过程中，每 10 个样品后加入 1 个溶剂空白和 1 个标准液。使用溶剂空白以检测仪器的背景值，使用标准液以检查标准曲线的有效性。当标准液测定值与理论值的偏差超过±20% 时，重新绘制标准曲线。所有有关 PFASs 在摇蚊幼虫体内含量的数据均基于摇蚊幼虫干重计算得到，表示方式为平均值±标准偏差。在生物体中富集的每种 PFASs 均低于沉积物中全部加标物含量的 1%，表明生物富集实验中沉积物-CMs-水体系中的 PFASs 保持稳定。所有数据用 SPSS 18.0 和微软 Excel 2013 进行统计分析。用单因素方差分析比较两组数据间差异的显著性。

8.4.2 PFASs 的生物富集动力学和生物富集系数

暴露实验中，沉积物–水体系中摇蚊幼虫的存活率为 92% ±6.7%。所有生物富集系统间的存活率没有显著差异 ($p > 0.05$)。与暴露前相比，生物富集实验后摇蚊幼虫个体的平均湿重无显著变化 ($p > 0.05$)。PFASs 在摇蚊幼虫体内生物富集的动力学曲线如图 8-4-1 所示，同一 PFASs 在不同沉积物体系中达到富集平衡所需的时间大致相同，但不同 PFASs 在不同或者相同沉积物体系中达到富集平衡所需时间都有差异。例如，PFOA 在不同沉积物体系中达到富集平衡所需的时间都大致为 3 天，然而 PFDoA 达到平衡所需的时间为 5 天，比 PFOS 延迟 2 天。

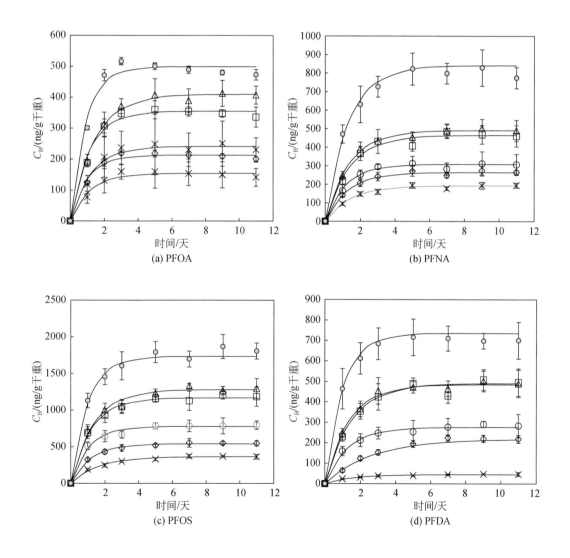

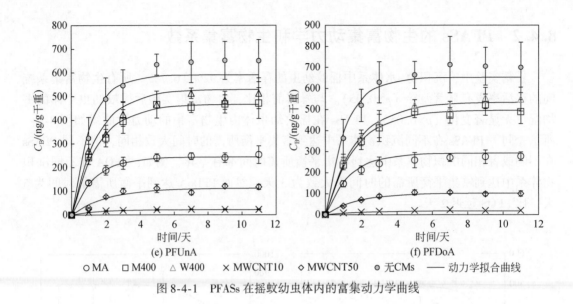

图 8-4-1　PFASs 在摇蚊幼虫体内的富集动力学曲线

PFASs 在摇蚊幼虫体内的生物富集动力学参数根据如下动力学模型拟合计算（Landrum，1989）：

$$C_B = k_u C_{s,oc} \left(\frac{1-e^{-k_e t}}{k_e} \right) \tag{8-4-1}$$

其中，C_B 是摇蚊幼虫体内的 PFASs 含量（ng/g 干重）；$C_{s,oc}$ 是沉积物中 PFASs 的有机碳标准化浓度（ng/g_{oc}）；k_u 是吸收速率常数 $[g_{oc}/(g_{dw} \cdot d)]$；$k_e$ 是排出速率常数（d^{-1}）；t 是暴露时间（天）。富集在摇蚊幼虫中的每种 PFASs 不到沉积物中全部加标物质的 1%；除了当沉积物中没有 CMs 时，PFOA、PFNA 和 PFOS 在水相中的含量最高达到总量的 15%，在大多数情况下，水相中的 PFASs 总量不到 5%。因此，沉积物中 PFASs 的加标浓度（0.1mg/kg，4587ng/g_{oc}）可以被认为是 $C_{s,oc}$，并由此来计算 k_u 和 k_e 值。如表 8-4-3 所示，对于原始沉积物，k_u 范围为 0.118~0.374g_{oc}/$(g_{dw} \cdot d)$，其中 PFOS 最高；k_e 范围为 0.753~1.104d^{-1}，其中 PFNA 最低。本研究中的 k_u 与 Higgins 等（2007）的研究结果一致，而 k_e 高于 Higgins 等（2007）和 Liu 等（2011）的研究结果。这可能是由于受试生物的生理特征差异所致。

表 8-4-3　不同沉积物体系中 PFASs 在摇蚊幼虫体内的生物富集动力学参数及生物富集系数（平均值，标准偏差）

	化合物	k_u /$[g_{oc}/(g_{dw} \cdot d)]$	k_e/d^{-1}	R^2	$BSAF_{dw}^{kinetic}$ /(g_{oc}/g_{dw})	$BSAF_{dw}^{SS}$ /(g_{oc}/g_{dw})	BSAF 降低百分率/% （与无 CMs 比）
无 CMs	PFOS	0.374（0.062）	0.990（0.190）	0.916	0.378（0.060）	0.394（0.024）	
	PFOA	0.120（0.032）	1.104（0.211）	0.897	0.108（0.022）	0.103（0.009）	
	PFNA	0.138（0.021）	0.753（0.121）	0.959	0.183（0.037）	0.169（0.012）	

续表

	化合物	k_u /[g_{oc}/($g_{dw}\cdot d$)]	k_e/d^{-1}	R^2	$BSAF_{dw}^{kinetic}$ /(g_{oc}/g_{dw})	$BSAF_{dw}^{SS}$ /(g_{oc}/g_{dw})	BSAF 降低 百分率/% (与无 CMs 比)
无 CMs	PFDA	0.158（0.009）	0.986（0.192）	0.949	0.160（0.032）	0.156（0.020）	
	PFUnA	0.118（0.021）	0.916（0.129）	0.947	0.129（0.031）	0.142（0.019）	
	PFDoA	0.128（0.012）	0.900（0.092）	0.954	0.141（0.021）	0.152（0.026）	
MA	PFOS	0.159（0.031）	0.938（0.082）	0.904	0.169（0.012）	0.174（0.012）	55
	PFOA	0.043（0.010）	0.818（0.093）	0.915	0.053（0.013）	0.050（0.007）	51
	PFNA	0.057（0.009）	0.848（0.081）	0.945	0.067（0.009）	0.067（0.012）	63
	PFDA	0.046（0.012）	0.765（0.093）	0.948	0.061（0.013）	0.062（0.012）	62
	PFUnA	0.040（0.009）	0.751（0.054）	0.988	0.054（0.013）	0.055（0.008）	58
	PFDoA	0.048（0.012）	0.753（0.090）	0.993	0.059（0.003）	0.060（0.004）	58
M400	PFOS	0.210（0.032）	0.824（0.093）	0.972	0.255（0.023）	0.259（0.029）	33
	PFOA	0.069（0.012）	0.891（0.023）	0.939	0.077（0.013）	0.073（0.006）	29
	PFNA	0.072（0.023）	0.711（0.134）	0.931	0.101（0.033）	0.100（0.012）	45
	PFDA	0.070（0.023）	0.654（0.120）	0.936	0.106（0.013）	0.108（0.015）	34
	PFUnA	0.066（0.013）	0.648（0.141）	0.978	0.102（0.011）	0.103（0.014）	21
	PFDoA	0.066（0.020）	0.609（0.060）	0.977	0.109（0.020）	0.107（0.012）	23
W400	PFOS	0.206（0.041）	0.737（0.080）	0.951	0.280（0.012）	0.283（0.030）	26
	PFOA	0.063（0.013）	0.705（0.200）	0.981	0.089（0.013）	0.089（0.007）	18
	PFNA	0.078（0.021）	0.729（0.210）	0.981	0.107（0.028）	0.109（0.014）	42
	PFDA	0.077（0.013）	0.728（0.130）	0.978	0.107（0.010）	0.107（0.015）	33
	PFUnA	0.076（0.020）	0.658（0.191）	0.951	0.109（0.010）	0.112（0.014）	16
	PFDoA	0.069（0.012）	0.592（0.120）	0.967	0.117（0.021）	0.120（0.016）	17
MWCNT10	PFOS	0.049（0.009）	0.613（0.060）	0.963	0.080（0.009）	0.080（0.007）	79
	PFOA	0.029（0.009）	0.862（0.020）	0.901	0.037（0.003）	0.031（0.002）	66
	PFNA	0.029（0.003）	0.688（0.063）	0.956	0.042（0.003）	0.042（0.003）	77
	PFDA	0.006（0.002）	0.613（0.063）	0.951	0.010（0.002）	0.010（0.002）	94
	PFUnA	0.003（0.001）	0.645（0.033）	0.982	0.005（0.001）	0.005（0.0004）	96
	PFDoA	0.002（0.000）	0.518（0.010）	0.931	0.004（0.0003）	0.004（0.001）	97
MWCNT50	PFOS	0.098（0.030）	0.830（0.122）	0.974	0.118（0.034）	0.120（0.008）	69
	PFOA	0.046（0.010）	0.990（0.134）	0.911	0.046（0.009）	0.044（0.004）	57
	PFNA	0.044（0.010）	0.763（0.092）	0.963	0.058（0.009）	0.058（0.003）	68
	PFDA	0.018（0.003）	0.377（0.034）	0.988	0.049（0.013）	0.048（0.004）	69
	PFUnA	0.012（0.001）	0.487（0.034）	0.872	0.025（0.009）	0.026（0.002）	81
	PFDoA	0.013（0.003）	0.579（0.023）	0.959	0.023（0.003）	0.022（0.005）	84

已有研究发现，脂肪并不是 PFASs 生物富集的主要部位（Martin et al.，2003），而且极少研究报道离子型有机污染物的脂质标准化生物−沉积物累积因子（BSAF）。因此，我们根据生物体内污染物的总量计算了 PFASs 的生物富集系数，包括基于动力学方法（$BSAF_{dw}^{kinetic}$，k_u/k_e，g_{oc}/g_{dw}）和基于富集稳态浓度方法（$BSAF_{dw}^{ss}$，$C_B/C_{s,oc}$，g_{oc}/g_{dw}）的计算，其中 C_B 是达到富集稳态时摇蚊幼虫体内 PFASs 的浓度。计算结果如表 8-4-3 所示，两种方法所得结果非常一致。

8.4.3 碳质材料浓度对 PFASs 生物富集的影响

随着沉积物中 CMs 浓度的增加，摇蚊幼虫体内的 PFASs 含量逐渐降低（图 8-4-2）。例如，当沉积物中添加的 MWCNT10 从 0 增加到 0.2%、0.4%、0.6%、1.0% 和 1.5% 时，摇蚊幼虫体内的 PFOS 含量从 1698ng/g 干重降至 1337ng/g 干重、1104ng/g 干重、1006ng/g 干重、825ng/g 干重和 370ng/g 干重。这与我们之前关于摇蚊幼虫对沉积物中多环芳烃富集的结果一致，因此我们推测 CMs 对沉积物中 PFASs 生物富集的影响与多坏芳烃类似。

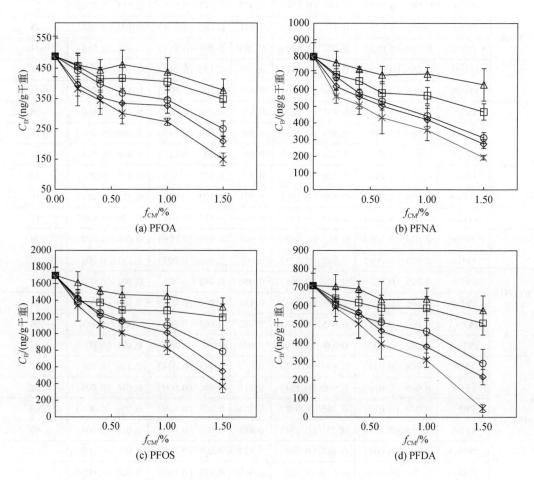

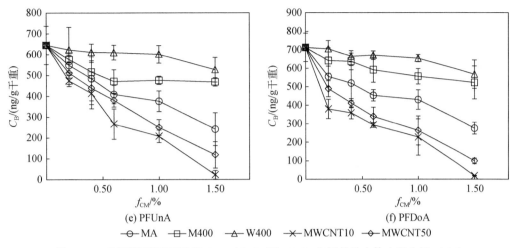

图 8-4-2　不同类型不同浓度 CMs（f_{CM}）下 PFASs 在摇蚊幼虫体内的含量（C_B）

　　进一步分析表明，摇蚊幼虫体内 PFASs 含量的倒数与沉积物中 CMs 的添加比例（f_{CM}，%）呈线性正相关（$p<0.05$）（图 8-4-3）。可见，CMs 对 PFASs 在摇蚊幼虫体内的富集有显著影响，为分析产生这些影响的机制，我们以 PFOS 为例研究了 CMs 和沉积物对其的吸附作用。如图 8-4-4 所示，虽然 PFOS 在原始沉积物上的吸附符合 Langmuir 模型，但当吸附量小于 10mg/kg 时，PFOS 在沉积物和水之间几乎呈线性分配作用。如图 8-4-5 和表 8-4-4 所示，PFOS 在其他碳质材料上的吸附符合 Langmuir 或 Freundlich 模型，当吸附量小于 10mg/kg 时，吸附也基本符合线性分配作用。由于沉积物中每种 PFASs 的添加浓度为 0.1mg/kg，远远小于 10mg/kg，因此推测 PFASs 在含有碳质材料沉积物中的吸附也符合线性分配作用。另外，考虑到 PFOS 在原始 CMs 的吸附可能不同于含有沉积物的 CMs 上的吸附，并且 PFASs 在原始沉积物上的吸附可能也不同于在加入 CMs 的沉积物上的吸附，因此用如下复合吸附模型来描述 PFASs 在含有 CMs 的沉积物中的吸附作用，其表达式为

$$Q_{tot}=f_{CM}K_{d,CM}C_w+f_{sediment}K_{d,sediment}C_w \tag{8-4-2}$$

上式可改写为

$$\frac{1}{C_w}=\frac{K_{d,CM}}{Q_{tot}}f_{CM}+\frac{K_{d,sediment}}{Q_{tot}}f_{sediment} \tag{8-4-3}$$

其中，C_w 是 PFASs 在水相的平衡浓度（mg/L）；Q_{tot} 是 PFASs 在固相（包括沉积物和加入的 CMs）的平衡浓度（mg/kg$_{solid}$）；$K_{d,CM}$ 是沉积物存在条件下 PFASs 在 CM-水之间的分配系数（L/kg$_{CM}$）；$K_{d,sediment}$ 是添加 CMs 的沉积物中 PFASs 在沉积物–水之间的分配系数（L/kg$_{sediment}$）；$f_{sediment}$ 是沉积物在总固相中所占的百分数。如上所述，在大多数情况下，水相中的 PFASs 占体系 PFASs 总量不到 5%，并且每种沉积物体系中都加入了相同量的 PFASs，因此体系中 PFASs 的加标浓度即为 Q_{tot}。此外，$f_{sediment}$ 的范围为 98.5%~100%，可认为基本为常数 1。由于每种 PFASs 在沉积物上的分配系数基本维持不变，在每种碳质材

料上的吸附系数也基本维持不变，因此对于每种 PFASs，$\dfrac{K_{\mathrm{d,sediment}}}{Q_{\mathrm{tot}}}f_{\mathrm{sediment}}$ 项基本为常数，对于每种 PFASs 和每种 CMs，$\dfrac{K_{\mathrm{d,CM}}}{Q_{\mathrm{tot}}}$ 项也基本为常数。因此式（8-4-3）可以表示为

$$\frac{1}{C_{\mathrm{w}}} = A \cdot f_{\mathrm{CM}} + B \tag{8-4-4}$$

式中，A 和 B 为常数。

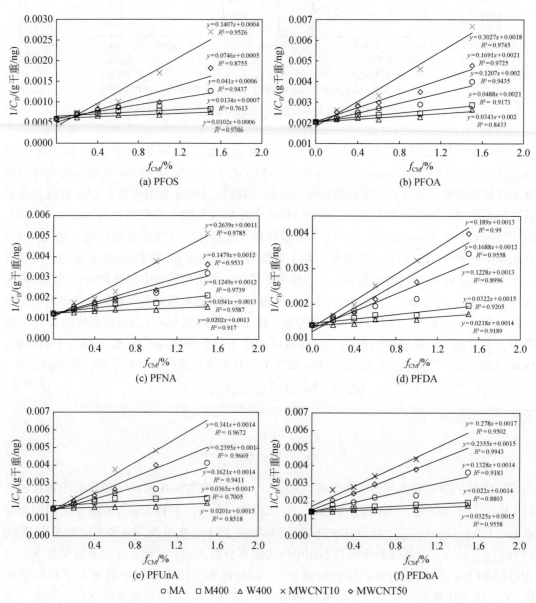

图 8-4-3　摇蚊幼虫体内 PFASs 含量的倒数（$1/C_{\mathrm{B}}$）与 CMs 添加量（f_{CM}）之间的相互关系

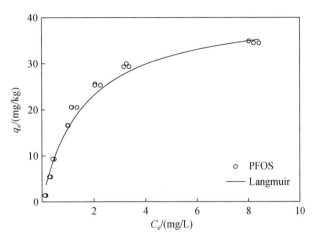

图 8-4-4　PFOS 在原始沉积物上的吸附

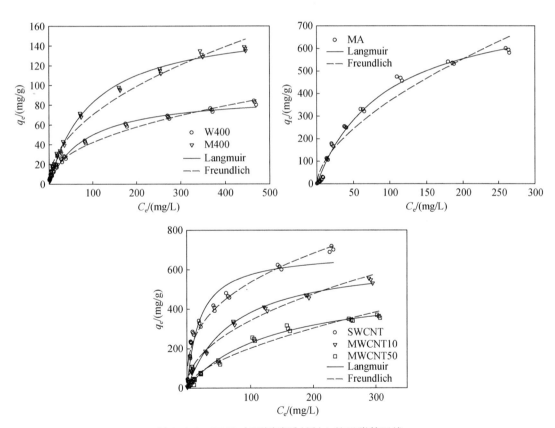

图 8-4-5　PFOS 在不同碳质材料上的吸附等温线

表 8-4-4　PFOS 在不同碳质材料上的吸附常数

碳质材料	Langmuir 模型			Freundlich 模型		
	$q_m/(mg/g)$	$b/(L/mg)$	R^2	$K/[mg^{1-n} \cdot L^n/g]$	n	R^2
W400	91.6	0.010	0.988	5.23	0.492	0.992
M400	164	0.011	0.994	7.27	0.459	0.986
MA	811	0.012	0.963	26.8	0.571	0.951
SWCNT	712	0.044	0.891	122	0.324	0.998
MWCNT10	656	0.014	0.975	47.1	0.437	0.991
MWCNT50	514	0.008	0.976	14.9	0.569	0.977

为了验证上述推测的准确性，我们将 W400 作为代表性 CMs，测定了沉积物-W400-水体系中水相 PFASs 浓度，结果如图 8-4-6 所示，水相中每种 PFASs 浓度的倒数与沉积物中 W400 添加量呈显著线性正相关（$p<0.05$），实际测定的结果与上述理论上的推测一致。

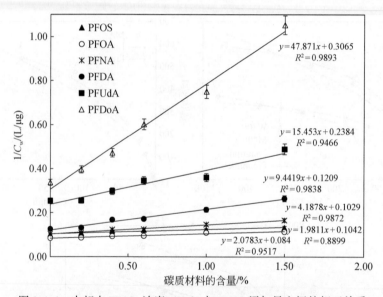

图 8-4-6　水相中 PFASs 浓度（C_w）与 W400 添加量之间的相互关系

如图 8-4-7 所示，摇蚊幼虫体内 PFOS 的含量与其水相实测浓度呈正相关。这表明，PFASs 的溶解态浓度对其在生物体内的富集起支配作用。随着 CMs 添加量的增加，PFASs 在 CMs 上的吸附引起水相 PFASs 溶解态浓度的降低，从而导致摇蚊幼虫对 PFASs 生物富集的减少。由于 $C_B = BAF \cdot C_w$，其中 BAF 是基于水相 PFASs 含量的生物富集系数（L/kg），摇蚊幼虫体内 PFASs 含量（C_B）与 CMs 添加量（f_{CM}）之间的关系遵循如下等式：

$$C_B = \frac{BAF}{\dfrac{K_{d,CM}}{Q_{tot}}f_{CM} + \dfrac{K_{d,sediment}}{Q_{tot}}f_{sediment}} \tag{8-4-5}$$

上式可变换为

$$\frac{1}{C_B} = \frac{K_{d,CM}}{BAF \cdot Q_{tot}} f_{CM} + \frac{K_{d,sediment}}{BAF \cdot Q_{tot}} f_{sediment} \tag{8-4-6}$$

由于 BAF 值基本维持不变，因此由该等式可推断 $1/C_B$ 与 f_{CM} 正相关，这与图 8-4-3 所示的结果一致。此外，方程式（8-4-6）中的 $f_{sediment} \cdot K_{d,sediment}/(BAF \cdot Q_{tot})$ 对于每种 PFASs 几乎相同，而 $K_{d,CM}/(BAF \cdot Q_{tot})$ 随着 CMs 类型的变化而变化，并且随 CMs-水分配系数增加而增加。这与实际图 8-4-3 展示的规律一致，即对于每种 PFASs，其截距基本相等，而其斜率随着 PFASs 在 CMs-水间分配系数增加而增加。这些研究结果也进一步表明，在低浓度条件下，PFASs 的吸附和生物富集都可以用传统的线性分配来描述。

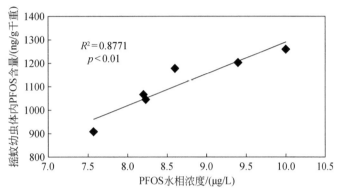

图 8-4-7　摇蚊幼虫体内 PFOS 含量与水相 PFOS 浓度的相互关系

将实际的生物富集实验结果代入式（8-4-6）拟合，我们能获得在 CMs-沉积物-水体系中，PFASs 分别在 CMs-水和沉积物-水之间的分配系数。结果如表 8-4-5 所示，对于同一种 PFASs，沉积物存在时其 CMs-水分配系数（$K_{d,CM}$）的大小顺序为：MWCNT10 > MWCNT50 > MA > M400 > W400，这与 CMs 的 BET 比表面积的大小顺序一致，也与在只有 CMs 存在时 PFASs 的分配系数顺序一致。与无沉积物时相比，PFOS 的 $K_{d,CM}$ 值在沉积物存在时要低得多。例如，没有沉积物存在时 PFOS 的 MWCNT10-水分配系数约为沉积物存在时的 3 倍。这可能是由于 CMs 表面会被沉积物中的有机质覆盖，有效的吸附表面减少。同样，CMs 存在时 PFOS 的沉积物-水分配系数（$K_{d,sediment}$）略低于 CMs 不存在时的分配系数（10.7L/kg），表明 CMs 的存在也可能影响沉积物对 PFOS 的吸附，但不同类型 CMs 对 PFASs 的沉积物-水分配系数的影响差异不显著。

根据体系未添加 CMs 时，PFASs 在水相的浓度以及在摇蚊幼虫体内的含量，获得了 PFASs 基于水相的生物富集系数（BAF），分别为 PFOS（126±4）、PFOA（21±2）、PFNA（41±2）、PFDA（156±4）、PFUnA（348±51）和 PFDoA（563±75）（单位均为 L/kg）。BAF 值随着碳氟链长的增加而增加，而且与具有同样碳氟链长的 PFNA 相比，PFOS 的 BAF 值更大，表明 PFOS 更易被生物富集。尽管 PFOS 的 BAF 值低于 PFDA、PFUnA 和 PFDoA，但是对于所有的体系，PFOS 在摇蚊幼虫体内的含量和 BSAF 值均高于其他 PFASs（表 8-4-3），这可能是由于在沉积物-水体系中 PFOS 水相浓度较高所致（图 8-4-6）。以往的研究也表明，PFOS 比其他 PFASs 更容易在水生生物中富集（Nakata et al.，2006；Wang et al.，2008）。与其他 HOCs 相比，本研究获得的 PFOS 的 BAF 值远低于菲（$10^{4.21}$），芘（$10^{5.11}$）和蒽（$10^{5.67}$）（Wang et al.，2011）。另外，原始沉积物中 PFASs 的 $BSAF_{dw}^{SS}$ 值（0.103 ~ 0.394）远高于我们以前研究的摇蚊幼虫体内菲（0.054）、芘（0.044）和蒽（105.67）的 $BSAF_{dw}^{SS}$ 值（Shen et al.，2012），这可能是由于 PFASs 在沉积物中分配系数较低而导致水相中 PFASs 浓度较高。

表 8-4-5　在 CMs-沉积物-水体系中 PFASs 分别在 CMs-水和沉积物-水之间的分配系数

CMs	PFOS	PFOA	PFNA	PFDA	PFUnA	PFDoA
有沉积物存在时的 CMs-水分配系数（$K_{d,CM}$）/（L/kg$_{CM}$）						
MWCNT10	1 801±90（5122[a]）	660±33	1 209±60	2 563±128	8 764±438	15 151±757
MWCNT50	955±95（2658[a]）	369±18	677±34	2 289±114	6 155±307	12 835±641
MA	525±26（1482[a]）	263±16	572±28	1 665±160	4 166±208	7 238±362
M400	172±26（1034[a]）	106±7	248±12	437±22	938±140	1 199±119
W400	131±7（993[a]）	75±7	93±9	296±15	517±51	1771±88
有 CMs 存在时的沉积物-水分配系数（$K_{d,sediment}$）/（L/kg$_{sediment}$）						
MWCNT10	5.1±0.3	3.9±0.2	5.0±0.2	17.6±0.9	36.0±1.8	92.7±4.6
MWCNT50	6.4±0.6	4.6±0.2	5.5±0.3	16.3±0.8	36.0±1.8	81.8±4.1
MA	7.7±0.4	4.4±0.3	5.5±0.3	17.6±1.7	36.0±1.9	76.3±3.8
M400	9.0±1.3	4.6±0.3	5.0±0.3	20.3±1.0	43.7±6.6	76.3±7.6
W400	7.7±0.4	4.4±0.4	6.0±0.6	19.0±1.0	38.6±3.9	81.8±4.1

a 没有沉积物存在时 PFOS 的 CMs-水分配系数。

添加 CMs 对沉积物中 PFASs 生物富集的影响程度随 PFASs 碳链长度的变化而变化。如表 8-4-3 所示，对于 MWCNT10 和 MWCNT50，除 PFOS 外，BSAF 值的降低比例随 PFAS 链长的增加而增加，这是因为 CMs 对链长较长的 PFASs 具有更强的吸附能力，从而导致水相中 PFASs 的浓度更低。进一步分析表明，BSAF 值的降低比例与 PFASs 的 K_{ow} 值呈显著正相关（$r = 0.906$，$p < 0.05$）。

8.4.4　碳质材料类型对 PFASs 生物富集的影响

在沉积物中添加相同浓度不同种类 CMs 会对 PFASs 的生物富集产生不同影响，其中碳纳米管对摇蚊幼虫体内 PFASs 生物富集的降低程度最大（图 8-4-1 和图 8-4-2）。例如，与未添加 CMs 的沉积物相比，添加 1.5% 焦炭（M400 和 W400）、烟灰（MA）和碳纳米管使 PFASs 的 BSAF 值分别降低 16% ~ 45%、51% ~ 63% 和 57% ~ 97%（表 8-4-3）。CMs 对 PFASs 的 BSAF 值降低程度顺序为：MWCNT10>MWCNT50>MA>M400>W400。

根据表 8-4-3 可知，不同类型 CMs 对 PFASs 在摇蚊幼虫体内的排出速率常数 k_e 值没有显著影响（$p > 0.05$），但对 PFASs 的吸收速率常数（k_u）存在显著影响（$p < 0.05$），在不

同类型 CMs 存在条件下 k_u 的大小顺序为：MWCNT10 < MWCNT50 < MA < M400 < W400 < 无 CMs。例如，当 CMs 的添加量为 1.5% 时，与无 CMs 的沉积物相比，PFOS 的 k_u 值分别下降了 87%、74%、57%、45% 和 44%，这是由于 CMs 对 PFASs 的吸附会降低其水相浓度及生物有效性，从而降低其生物吸收速率常数。

8.5　碳质材料和溶解性有机质对沉积物中全氟化合物在摇蚊幼虫体内富集的影响

8.5.1　研究方法

本节将探讨 2 种碳质材料 CMs（8.4 节所用的 W400 和 MWCNT10）和 4 种不同类型不同浓度的溶解性有机质 DOM［丹宁酸（TA）、富里酸（FA）、蛋白胨（PEP）和腐殖酸（HA）］单独存在和共存时对沉积物中 6 种典型 PFASs 在摇蚊幼虫体内富集的影响及其机制。

称量经过预处理的沉积物 200g 置于一系列 500mL PP 烧杯中，然后向烧杯中加入配制好的 PFASs 甲醇溶液。将烧杯置于通风橱中，待甲醇溶液完全挥发后将每个烧杯中的沉积物充分混匀。将烧杯分成 3 组，A 组烧杯中加入 W400，B 组烧杯中加入 MWCNT10，使每种 CMs 含量为 0.4%，C 组烧杯中不加入任何的 CMs。将所有烧杯用搅拌器在 60r/min 转速下搅拌 24h，以使添加的材料与沉积物充分混匀。然后，向每个烧杯中加入一定量的 TA、FA、PEP 以及 HA（每个烧杯中只加入 1 种 DOM），每个浓度水平有 3 个平行样。以未加入 PFASs 的烧杯作为空白，所有操作与其他烧杯完全相同。将所有烧杯密封，于 25℃ 下避光老化 60 天。老化结束后，向每个烧杯中加入 20 只（300~350mg）在实验室驯化 2 天的雄性摇蚊幼虫。经 10 天的生物富集实验后，将摇蚊幼虫从暴露体系中取出，用去离子水小心冲洗干净后用滤纸吸干表面水分，称量湿重。然后置于 PP 离心管中冷冻干燥 48h 后称量干重，充分磨细后用于摇蚊幼虫体内的 PFASs 含量分析。采用离子对法萃取摇蚊幼虫体内 PFASs。采用液相色谱-串联质谱（LC-MS/MS，Dionex Ultimate 3000-API 3200）测定样品中 PFASs 的含量。

8.5.2　未添加 CMs 时 DOM 对 PFASs 在摇蚊幼虫体内富集的影响

当摇蚊幼虫暴露于不添加 CMs 的沉积物-水体系中时，不同类型、不同浓度的 DOM 对 PFASs 在摇蚊幼虫体内富集的影响如图 8-5-1 所示。在沉积物-水体系中，DOM 的类型和添加浓度对摇蚊幼虫体内 PFASs 的含量都无显著影响。例如，当 PEP、HA 的添加浓度为 1mg/L、5mg/L 和 50mg/L 时，与未添加 PEP 和 HA 的对照相比，摇蚊幼虫体内的 PFOS 含量降低比例均低于 4%。在所有处理中，含有 8 个氟代碳原子的 PFOS 在摇蚊幼虫体内的含量最高［（1614±137）ng/g］，含有 7 个氟代碳原子的 PFOA 含量最低［（487±

67）ng/g]；虽然 PFNA 与 PFOS 都有 8 个氟代碳原子，但 PFNA 含量［（979±75）ng/g］显著低于 PFOS 含量。

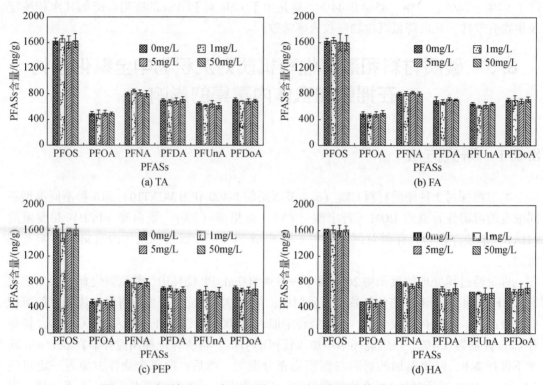

图 8-5-1　未添加 CMs 时 DOM 对 PFASs 在摇蚊幼虫体内富集的影响

8.5.3　未添加 DOM 时 CMs 对 PFASs 在摇蚊幼虫体内富集的影响

在未添加 DOM 的条件下，沉积物中添加 0.4% W400 和 0.4% MWCNT10 对 PFASs 在摇蚊幼虫体内富集的影响如图 8-5-2 所示。与对照（未添加 CMs）相比，添加 CMs 时摇蚊幼虫体内的 6 种 PFASs 含量均有不同程度的降低。与对照相比，添加量为 0.4% MWCNT10 对摇蚊幼虫体内 PFASs 含量的降低比例为 28%~51%，而同等添加量的 W400 对其降低比例均低于 16%。与对照相比，添加 0.4% MWCNT10 时，摇蚊幼虫体内 PFASs 的含量降低比例随 PFASs（PFOS 除外）氟代碳原子数增加而增加。如氟代碳原子数为 7 和 10 的 PFOA 和 PFUnA 在摇蚊幼虫体内的含量分别降低了 28% 和 37%。与前面的结果相似，PFOS 在摇蚊幼虫体内的富集量最高，而碳氟链最短的 PFOA 生物富集量最低。例如，经 0.4% MWCNT10 处理的暴露体系中，摇蚊幼虫体内的 PFOS 含量为 1161ng/g，而氟代碳原子数为 7 的 PFOA 含量仅为 345ng/g。

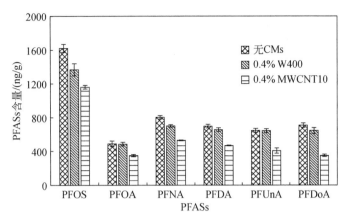

图 8-5-2　未添加 DOM 时 2 种 CMs 对 PFASs 在摇蚊幼虫体内富集的影响

8.5.4　DOM 和 CMs 共存对 PFASs 在摇蚊体幼虫内富集的影响

不同类型和浓度的 DOM 与 0.4% CMs 共存时对 PFASs 在摇蚊幼虫体内富集的影响如图 8-5-3 所示。与对照（未添加 CMs 和 DOM）相比，DOM 和 CMs 共存时，PFASs 在摇蚊幼虫体内的含量均有所降低。与对照相比，添加量为 0.4% 的 MWCNT10 对摇蚊幼虫体内 PFASs 含量的降低比例为 21%～56%，而同等添加量的 W400 对其降低比例均低于 20%。但是随着 DOM 浓度的增加，PFASs 在摇蚊幼虫体内的含量并无明显变化。例如，当 HA 的浓度为 1mg/L 和 50mg/L 时，与对照相比，摇蚊幼虫体内 PFDoA 含量的降低比例分别为 51% 和 50%，即 CMs 的加入是导致 PFASs 在摇蚊幼虫体内含量变化的主要因素，DOM 的类型和浓度对其影响不明显。在暴露体系中，无论是否添加 DOM 和 CMs，摇蚊幼虫体内的 PFOS 含量最高，PFOA 含量最低。

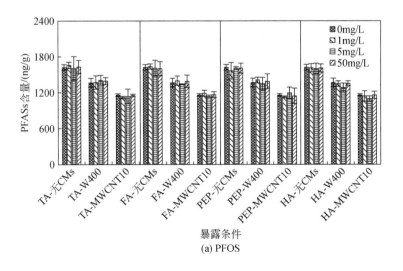

暴露条件
(a) PFOS

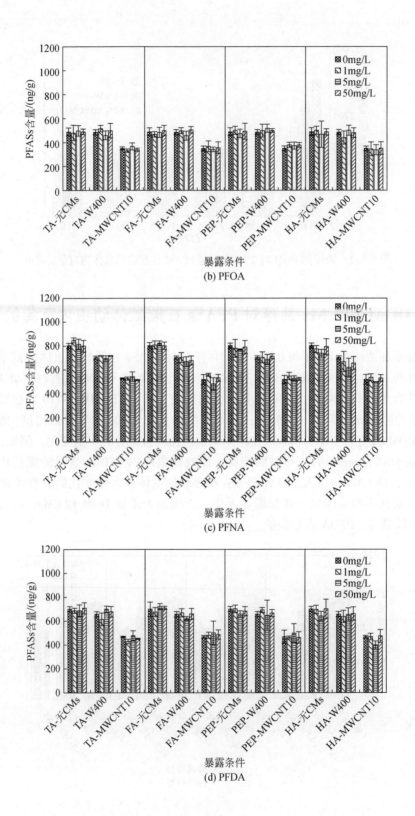

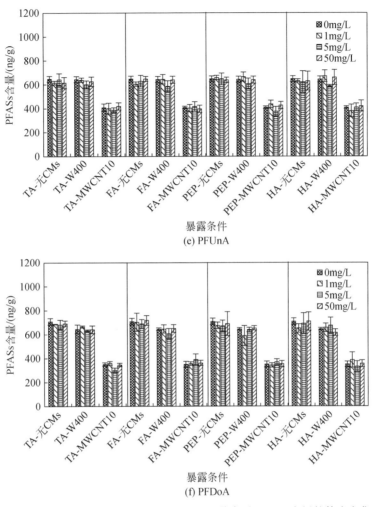

图 8-5-3　不同类型和浓度的 DOM 与 0.4% CMs 共存对 PFASs 在摇蚊体内富集的影响

DOM 对有机污染物在生物体内富集的影响受 4 个方面的制约，包括有机污染物的性质、DOM 的浓度、DOM 的性质以及水体的理化性质，在地表水体中，前 3 个方面是关键因子。对于传统的 HOCs（如 PAHs），DOM 的浓度越高、分子量或芳香度越高，其对有机物的吸附能力越强，从而使有机污染物的生物有效性越低，在生物体内的富集能力越低（Akkanen et al.，2001；Akkanen et al.，2012；Chen et al.，2008b）。与传统的 HOCs 相似，PFASs 也具有疏水性的碳氟链。因此，DOM 的浓度和类型对水体 PFASs 在生物体内的富集也有重要影响。我们已有的研究发现（Xia et al.，2015），在水体系中，当 HA 和鸡蛋清蛋白的添加量为 1mg/L 时，大型溞体内 PFASs（$C_8 \sim C_{12}$）的含量都有所提高；当 FA、HA、PEP 和鸡蛋清蛋白添加量为 20mg/L 时，大型溞体内的 PFASs 含量都有所降低，且 PEP 对大型溞体内 PFASs 含量的降低比例显著高于其他 DOM。而图 8-5-1 和图 8-5-3 表明，在沉积物–水体系中，无论是否添加 CMs，添加的 DOM 类型和浓度对摇蚊幼虫体内 PFASs

的含量均无显著影响。这是因为 DOM 加入到沉积物−水体系后，一方面，DOM 会与 PFASs 在沉积物（和 CMs）上发生竞争吸附作用，使水相中的 PFASs 浓度升高（Xia et al.，2012）；另一方面，水相中的 DOM 与 PFASs 结合，降低了 PFASs 的自由溶解态浓度（Xia et al.，2015）。这两个方面的相反作用，可能导致 DOM 对摇蚊幼虫体内 PFASs 生物富集的影响不显著。另外，计算暴露体系中的碳（C）含量发现，DOM 的加入量最大为 50mg/L，相当于每个烧杯中通过 DOM 加入的 C 最多为 15mg；通过 W400 和 MWCNT10（分别 0.4%）添加的 C 分别为 0.59g 和 0.76g。可见，在暴露体系中 DOM 的加入量远小于 CMs 的添加量，这也可能是 DOM 对摇蚊幼虫体内 PFASs 生物富集影响不显著的原因之一。

由图 8-5-2 和图 8-5-3 表明，在沉积物−水体系中，无论是否添加 DOM，添加 CMs 对摇蚊幼虫体内 PFASs 的含量与对照相比都有不同程度的降低。我们前面的研究发现，W400 和 MWCNT10 对 PFASs 具有吸附作用。由于 CMs 的吸附作用，水相中 PFASs 的自由溶解态浓度将降低，而污染物在生物体内的富集量与污染物自由溶解态浓度呈正相关（Gouliarmou et al.，2012），因此 W400 和 MWCNT10 的存在导致摇蚊幼虫体内 PFASs 的含量降低。PFASs 在 W400 与水之间的分配系数为 $75 \sim 1.8 \times 10^3$ L/kg，在 MWCNT10 与水之间的分配系数为 $6.6 \times 10^2 \sim 1.5 \times 10^4$ L/kg，可见，PFASs 在 MWCNT10 与水之间的分配系数明显高于在 W400 与水之间的分配系数。因此，在添加 MWCNT10 的沉积物−水体系中，摇蚊幼虫体内 PFASs 的含量显著低于添加 W400 的沉积物−水体系中的含量。综上分析，在本研究中，CMs 是导致 PFASs 在摇蚊幼虫体内富集量减少的主要因素，而 DOM 对其影响不显著。由此说明，沉积物−水体系中少量 DOM 的引入对 PFASs 在摇蚊幼虫体内的富集影响不大。

由于 PFASs 同时具有疏水性的碳氟链和亲水性的羧酸或磺酸基团，因此 PFASs 在环境中的行为具有自身的独特性。它们在水生生物体内的富集同时受氟代碳原子数和亲水官能团类型影响。氟代碳原子越多，其在生物体内的富集量越大。而本研究中摇蚊幼虫体内 PFASs 的含量与氟代碳原子数并没有明显的相关性。这是因为在沉积物存在的情况下，氟代碳原子数较多的 PFASs 在 CMs 与水之间有较大的分配系数，如具有 11 个氟代碳原子的 PFDoA 在 MWCNT10 与水之间的分配系数高达 15151L/kg，而具有 9 个氟代碳原子数的 PFDA 的分配系数只有 2563L/kg，当暴露体系中 PFASs 的总浓度和 CMs 的含量一定时，分配系数较高的 PFASs 的自由溶解态浓度必然低于分配系数较低的 PFASs。虽然氟代碳原子数多的 PFASs 更易于被生物富集，但在相对较低的自由溶解态浓度下其在摇蚊幼虫体内的富集量也可能比氟代碳原子数少的 PFASs 低。对比图 8-5-1 ~ 图 8-5-3 发现，在相同暴露条件下，PFOS 在摇蚊幼虫体内的含量明显高于其他 PFASs。在沉积物−水体系中，由于磺酸基团与羧酸基团的静电差异，PFOS 在沉积物（或 CMs）与水之间的分配系数大于具有 8 个氟代碳原子的 PFNA 和具有 7 个氟代碳原子的 PFOA，因此 PFOS 更易被沉积物（CMs）吸附，导致其在水相的自由溶解态浓度比 PFNA 和 PFOA 低。但是，由于磺酸基团的疏水性比羧酸基团更强，因此具有磺酸基的 PFOS 比具有羧基的 PFNA 和 PFOA 更易在生物体内富集。已有研究表明，PFOS 在生物体内基于水相浓度的生物富集系数高于 PFNA 和 PFOA（Dai et al.，2013）。因此，在沉积物−水体系中，虽然自由溶解态的 PFOS 比 PFNA 和 PFOA 低，但由于 PFOS 在摇蚊幼虫体内的生物富集作用显著高于 PFNA 和 PFOA，最终导致 PFOS 在摇蚊幼虫体内的生物富集量大于 PFNA 和 PFOA。与氟代碳原子数大于 8 的 PFASs 相比，虽然 PFOS 在生物体内基于水相浓度的生物富集系数较低（Dai et al.，2013），但在沉积物–水体系中，由于氟代碳原子数大于 8 的 PFASs 比 PFOS 更易于被沉积物（和 CMs）吸附，导致其自由溶解态浓度比 PFOS 低。且后者起主要作用，最终导致 PFOS 在摇蚊幼虫体内的富集量高于氟代碳原子数大于 8 的 PFASs。

8.6 小　结

本章研究了黑炭和碳纳米管等碳质材料（CMs）对沉积物中多环芳烃和全氟化合物生物有效性的影响，探明了碳质材料对污染物的沉积物孔隙水浓度的影响以及对污染物在摇蚊幼虫体内富集的影响，得到的主要结论如下：

（1）沉积物中污染物孔隙水浓度（或自由溶解态浓度）与所添加碳质材料的含量呈负相关，随着碳质材料含量的增加，污染物孔隙水浓度逐渐降低，二者符合关系式：$C_{iw} = 1/(A \cdot f_{CM} + B)$，其中 C_{iw} 为污染物的孔隙水浓度（或自由溶解态浓度），f_{CM} 为碳质材料的添加量。A 值反映不同来源碳质材料对污染物吸附能力的强弱，B 值反映沉积物基质之间的差异，原始基质对污染物的吸附能力越强，B 值就越大。当碳质材料含量高于 0.8% 时，污染物孔隙水浓度随含量的变化不再明显，污染物的孔隙水浓度趋近于某一常数。

（2）对于有机碳含量较高的沉积物体系，摇蚊幼虫体内污染物的含量随着碳质材料添加量的增加而降低，且摇蚊幼虫体内污染物含量的倒数与碳质材料添加量之间存在显著线性正相关关系，$C_{iB} = 1/(A \cdot f_{CM} + B)$，其中 C_{iB} 为污染物在摇蚊幼虫体内的含量，f_{CM} 为碳质材料的添加量，A 值反映碳质材料来源的差异，B 值反映沉积物基质之间的差异。碳质材料对污染物在生物体内含量的影响与其对污染物孔隙水浓度（或自由溶解态浓度）的影响一致，说明碳质材料主要通过影响污染物的孔隙水浓度（或自由溶解态浓度）进而影响污染物在生物体内的富集作用，污染物在生物体内的富集以水相吸收途径为主。随着碳质材料添加量的增加，体系中水相污染物浓度逐渐降低，从而导致污染物在摇蚊幼虫体内的吸收速率常数和富集量均降低。但对于有些沉积物体系，由于悬浮碳质材料的存在，摇蚊幼虫对碳质材料的摄食作用可能也是富集污染物的重要途径。

（3）碳质材料对摇蚊幼虫体内污染物生物富集的影响与碳质材料的理化性质有关，碳质材料对污染物生物富集的降低比例随其比表面积的增大而增大。在沉积物–水体系中，当碳质材料和溶解性有机质共存时，碳质材料是影响全氟化合物在摇蚊幼虫体内富集的主要因素，而少量溶解性有机质的引入对其影响不大。

参 考 文 献

Adams R G, Lohmann R, Fernandez L A, et al. 2007. Polyethylene devices: passive samplers for measuring dissolved hydrophobic organic compounds in aquatic environments. Environmental Science & Technology, 41: 1317-1323.

Akkanen J, Penttinen S, Haitzer M, et al. 2001. Bioavailability of atrazine, pyrene and benzo [a] pyrene in European river waters. Chemosphere, 45: 453-462.

Akkanen J, Slootweg T, Mäenpää K, et al. 2012. Bioavailability of organic contaminants in freshwater environments. //Guasch H, Ginebreda A, Geiszinger A. Emerging and priority pollutants in Rivers. Berlin: Springer: 25-53.

Alexander M. 2000. Aging, bioavailability, and overestimation of risk from environmental pollutants. Environmental Science & Technology, 34: 4259-4265.

Brown R A, Kercher A K, Nguyen T H, et al. 2006. Production and characterization of synthetic wood chars for use as surrogates for natural sorbents. Organic Geochemistry, 37: 321-333.

Chen B, Zhou D, Zhu L. 2008a. Transitional adsorption and partition of nonpolar and polar aromatic contaminants by biochars of pine needles with different pyrolytic temperatures. Environmental Science & Technology, 42: 5137-5143.

Chen S, Ke R, Zha J, et al. 2008b. Influence of humic acid on bioavailability and toxicity of benzo [k] fluoranthene to Japanese medaka. Environmental Science & Technology, 42: 9431-9436.

Chun Y, Sheng G, Chiou C T, et al. 2004. Compositions and sorptive properties of crop residue- derived chars. Environmental Science & Technology, 38: 4649-4655.

Dai Z N, Xia X H, Guo J, et al. 2013. Bioaccumulation and uptake routes of perfluoroalkyl acids in *Daphnia magna*. Chemosphere, 90: 1589-1596.

Ferguson P L, Chandler G T, Templeton R C. 2008. Influence of sediment-amendment with single-walled carbon nanotubes and diesel soot on bioaccumulation of hydrophobic organic contaminants by benthic inverte-brates. Environmental Science & Technology, 42: 3879-3885.

Fernandez L A, MacFarlane J K, Tcaciuc A P, et al. 2009. Measurement of freely dissolved PAH concentrations in sediment beds using passive sampling with low-density polyethylene strips. Environmental Science & Technology, 43: 1430-1436.

Ghosh U. 2007. The role of black carbon in influencing availability of PAHs in sediments. Human and Ecological Risk Assessment, 13: 276-285.

Gouliarmou V, Smith K E, de Jonge L W, et al. 2012. Measuring binding and speciation of hydrophobic organic chemicals at controlled freely dissolved concentrations and without phase separation. Analytical Chemistry, 84: 1601-1608.

Hammes K, Smernik R J, Skjemstad J O. 2006. Synthesis and characterisation of laboratory-charred grass straw (*Oryza saliva*) and chestnut wood (*Castanea sativa*) as reference materials for black carbon quantification. Organic Geochemistry, 37: 1629-1633.

Hawthorne S B, Grabanski C B, Miller D J, et al. 2005. Solid-phase microextraction measurement of parent and alkyl polycyclic aromatic hydrocarbons in milliliter sediment pore water samples and determination of K_{DOC} val-ues. Environmental Science & Technology, 39: 2795-2803.

Higgins C P, Mcleod P B, Macmanus-Spencer L A, et al. 2007. Bioaccumulation of perfluorochemicals in sediments by the aquatic oligochaete *Lumbriculus variegatus*. Environmental Science & Technology, 41: 4600-4606.

Huckins J N, Manuweera G K, Petty J D, et al. 1993. Lipid-containing semipermeable membrane devices for mo-nitoring organic contaminants in water. Environmental Science & Technology, 27: 2489-2496.

James G, Sabatini D A, Chiou C T. 2005. Evaluating phenanthrene sorption on various wood chars. Water Research, 39: 549-558.

Kannan K, Perrotta E, Thomas N J. 2006. Association between perfluorinated compounds and pathological conditions in southern sea otters. Environmental Science & Technology, 40: 4943-4948.

Landrum P F. 1989. Bioavailability and toxicokinetics of polycyclic aromatic hydrocarbons sorbed to sediments for the amphipod *Pontoporeia hoyi*. Environmental Science & Technology, 23: 588-595.

Liu C H, Gin K Y H, Chang V W C, et al. 2011. Novel perspectives on the bioaccumulation of PFCs- the concentration dependency. Environmental Science & Technology, 45: 9758-9764.

Lu X X, Reible D D, Fleeger J W. 2004. Relative importance of ingested sediment versus pore water as uptake routes for PAHs to the deposit-feeding oligochaete *Ilyodrilus templetoni*. Archives of Environmental Contamination and Toxicology, 47: 207-214.

Martin J W, Mabury S A, Solomon K R, et al. 2003. Bioconcentration and tissue distribution of perfluorinated acids in rainbow trout (*Oncorhynchus mykiss*). Environmental Toxicology and Chemistry, 22: 196-204.

Nakata H, Kannan K, Nasu T, et al. 2006. Perfluorinated contaminants in sediments and aquatic organisms collected from shallow water and tidal flat areas of the Ariake Sea, Japan: environmental fate of perfluorooctane sulfonate in aquatic ecosystems. Environmental Science & Technology, 40: 4916-4921.

Rust A J, Burgess R M, McElroy A E. 2004. Influence of soot carbon on the bioaccumulation of sediment-bound polycyclic aromatic hydrocarbons by marine benthic invertebrates: an interspecies comparison. Environmental Toxicology and Chemistry, 23: 2594-2603.

Shen M H, Xia X H, Wang F. 2012. Influences of multiwalled carbon nanotubes and plant residue chars on bioaccumulation of polycyclic aromatic hydrocarbons by *Chironomus plumosus* larvae in sediment. Environmental Toxicology and Chemistry, 31: 202-209.

Ter Laak T L, Barendregt A, Hermens J L M. 2006. Freely dissolved pore water concentrations and sorption coefficients of PAHs in spiked, aged, and field-contaminated soils. Environmental Science & Technology, 40: 2184-2190.

Tomaszewski J E, Luthy R G. 2008. Field deployment of polyethylene devices to measure PCB concentrations in pore water of contaminated sediment. Environmental Science & Technology, 42: 6086-6091.

Walshe B M. 1947. Feeding mechanisms of *Chironomus* larvae. Nature, 160: 474-474.

Wang F, Bu Q W, Xia X H. 2011. Contrasting effects of black carbon amendments on PAH bioaccumulation by *Chironomus plumosus* larvae in two distinct sediments: role of water absorption and particle ingestion. Environmental Pollution, 159: 1905-1913.

Wang Y, Yeung L W Y, Taniyasu S, et al. 2008. Perfluorooctane sulfonate and other fluorochemicals in waterbird eggs from South China. Environmental Science & Technology, 42: 8146-8151.

Weston D P, Penry D L, Gulmann L K. 2000. The role of ingestion as a route of contaminant bioaccumulation in a deposit-feeding polychaete. Archives of Environmental Contamination and Toxicology, 38: 446-454.

Xia X H, Chen X, Zhao X L. 2012. Effects of carbon nanotubes, chars, and ash on bioaccumulation of perfluorochemicals by *Chironomus plumosus* larvae in sediment. Environmental Science & Technology, 46: 12467-12475.

Xia X, Dai Z, Rabearisoa A H, et al. 2015. Comparing humic substance and protein compound effects on the bioaccumulation of perfluoroalkyl substances by *Daphnia magna* in water. Chemosphere, 119: 978-986.

Zeng E Y, Tsukada D, Diehl D W. 2004. Development of a solidphase microextraction-based method for sampling of persistent chlorinated hydrocarbons in an urbanized coastal environment. Environmental Science & Technology, 38: 5737-5743.

Zhu D, Kwon S, Pignatello J J. 2005. Adsorption of single-ring organic compounds to wood charcoals prepared under different thermochemical conditions. Environmental Science & Technology, 39: 3990-3998.

第9章 沉积物再悬浮作用下污染物的释放作用

9.1 引 言

疏水性有机污染物（hydrophobic organic contaminants，HOCs）在水环境中易与悬浮泥沙（SPS）或沉积物结合。通常情况下，河流中的底部沉积物可富集疏水性有机污染物而成为污染物的汇。但是，一旦沉积物被扰动，这些沉积物颗粒发生再悬浮进入上覆水体的同时也伴随着污染物的释放，导致上覆水体疏水性有机污染物赋存形态及生物有效性的变化。由此可见，沉积物再悬浮作用对水体疏水性有机污染物的形态和生物有效性有重要影响。

沉积物再悬浮现象在水体中普遍存在。再悬浮发生的根本原因是底部剪切力足以克服沉积物颗粒间的黏着力，使表层沉积物颗粒迁移进入水相（Tengberg et al.，2003）。沉积物再悬浮的产生有两大类因素：第一类是自然因素，如风、浪、潮汐、山洪和暴风雪等（Ferré et al.，2008；Siadatmousavi and Jose，2015）；第二类是人为因素，包括清淤（Je et al.，2007）、拖网捕鱼（de Madron et al.，2005；Pusceddu et al.，2005）、船只运行（Superville et al.，2015）和水利工程运行（Bi et al.，2014）等人为活动。以上各种事件通常以一定频率发生，导致水体沉积物有规律地进行着多次再悬浮-沉降过程。

影响沉积物再悬浮过程中污染物释放的三大水动力因素为再悬浮持续时间、再悬浮强度和再悬浮频率。其中，再悬浮强度和再悬浮持续时间对悬浮过程的影响已有大量研究（Feng et al.，2008；Qian et al.，2011；Ståhlberg et al.，2006；Wang and Yang，2010）。但是，对再悬浮频率的影响却知之甚少，且大多数文献更为关注单次再悬浮或沉降事件（Chalhoub et al.，2013；Kalnejais et al.，2007；Wang and Yang，2010；Yang et al.，2008）。沉积物再悬浮-沉降过程在河流或湖泊中经常反复发生。根据 Schoellhamer（1996）的研究结果，大多数再悬浮类型的持续时间为数小时，两次再悬浮之间的时间间隔一般为数小时到数周。沉积物多次再悬浮对水质的影响很可能不同于单次悬浮事件。以拖网捕鱼为例，在拖网时，底部沉积物再悬浮并释放污染物到上覆水体中。拖网结束后，悬浮泥沙又会沉降在表层沉积物上成为"新的表层沉积物"，新形成的表层当然不同于底部沉积物的初始表层。一旦水动力条件再次改变，新的表层沉积物又会再次发生悬浮，所以第二次再悬浮事件对水体水质和疏水性有机污染物生物有效性的影响很可能不同于第一次再悬浮事件。另外，目前关于沉积物多次再悬浮对水环境中疏水性有机污染物形态及生物有效性的影响研究还鲜有报道。

本章以典型疏水性有机污染物——多环芳烃为例，研究水体沉积物多次再悬浮–沉降过程对三种多环芳烃（菲、芘和䓛）赋存形态的影响。水样和沉积物样品均采自黄河小浪底水库出水口下游2km处，并采用室内模拟装置对这些样品进行了三次沉积物再悬浮–沉降实验。以多环芳烃的自由溶解态浓度来表征其生物有效性，在三次悬浮期间和沉降期间均同时测定了污染物的自由溶解态浓度和总溶解态浓度，同时，对悬浮泥沙的浓度、粒径和组成进行了分析。研究首次再悬浮过程中悬浮泥沙解吸释放和孔隙水释放对上覆水相污染物的贡献；对比分析三次再悬浮–沉降过程中污染物各个形态的变化特征；探讨多次再悬浮–沉降过程中多环芳烃形态变化的相关机理。具体的研究方法如下。

9.1.1　样品采集与预处理

2013 年 7 月下旬在黄河小浪底大坝下游（112°26′46.5″E，34°55′18.5″N）用 Van Veen 不锈钢抓斗采样器（Eijkelamp，Netherlands）采集表层 0 ~ 10cm 沉积物。剔除湿沉积物中肉眼可见的碎石和动植物。混匀后部分湿沉积物用来进行理化性质测定，以及沉积物中的多环芳烃浓度和孔隙水中多环芳烃浓度的测定。理化性质测定包括沉积物粒径、组成、总有机碳（total organic carbon，TOC）和黑炭（black carbon，BC）含量以及含水率。由于黄河沉积物的特有性质（砂质），用 0.45μm 的尼龙针头式过滤器直接过滤静置 2 天的湿沉积物得到的上清液即为孔隙水，预实验显示尼龙滤头对水相的多环芳烃没有显著影响。

9.1.2　沉积物再悬浮实验

模拟实验所用装置见图 9-1-1。该装置为丙烯酸材料制成的圆柱筒，高 60cm，底部直径（内径）为 25cm，并含有一排可由变速发动机控制振荡速率的振动格栅（Wang et al.，2009）。在圆柱筒底部放入约 1kg（湿重）的沉积物，然后缓慢注入 20L 含有 0.2g/L 叠氮化钠的超纯水并避免扰动沉积物。加水完成后，将装置封口并静置 7 天后进行实验。沉积物再悬浮时，振动格栅在沉积物上方 5.0 ~ 8.2cm 范围内摆动，故其振幅为 3.2cm，控制格栅振动频率的发动机转速为 150r/min，大约折合剪切力 6.4N/m²，此剪切力属于自然水体很多沉积物再悬浮发生时的剪切力范围（0.2 ~ 75N/m²）。同时，本研究中的实验参数如水深及沉积物厚度与之前文献（Feng et al.，2007；Schneider et al.，2007）报道的极为接近。

本研究中设置每次再悬浮事件的持续时间为 2h，相邻两次再悬浮事件之间间隔 7 天，实验的具体时间安排见图 9-1-2。每次沉积物再悬浮快结束时（2h、172h 和 342h），分别从高（high）、中（middle）和低（low）三个取样口各取出 350mL 水样。如图 9-1-1 所示，高、中、低取样口分别距装置底部 45cm、25cm 和 5cm。每次悬浮过后，分别在沉降 4h、8h、26h、47h 和 70h 后取样。所有样品迅速进行离心（4000r/min，20min）处理来分离悬浮泥沙和上清液。离心所得的悬浮泥沙样品冷冻干燥后称量并测定粒径分布。由于沉降过

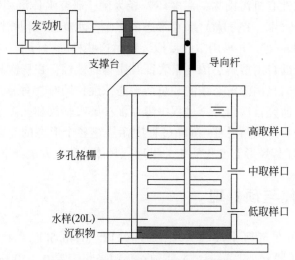

图 9-1-1　沉积物再悬浮模拟装置示意图

程中悬浮泥沙含量很低，不足以测定其粒径分布，故只对悬浮期间的样品进行了测定。

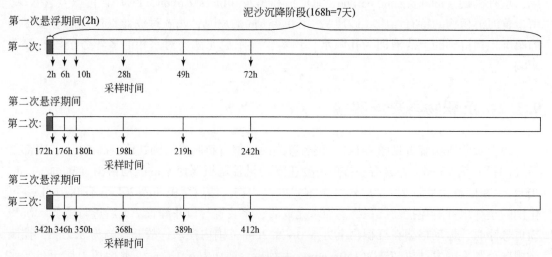

图 9-1-2　模拟实验的具体安排

黑色部分表示悬浮阶段；白色部分表示沉降阶段；箭头所指时间表示取样时间

9.1.3　多环芳烃的萃取与测定

上覆水和孔隙水中多环芳烃的总溶解态浓度用带有 Oasis HLB 萃取柱（Waters，Milford，MA，USA）的固相萃取（solid-phase extraction，SPE）装置测定。用聚乙烯膜装置（polyethylene device）来测定上覆水中和孔隙水中多环芳烃的自由溶解态浓度。聚乙烯膜装置的具体操作方法如下：首先将低密度聚乙烯（polyethylene，PE）膜（厚 51μm±

3μm，Carlisle Plastics，Inc.，Minneapolis，MN）裁剪成条状，每条大约重 1.5mg。将这些条状 PE 膜依次在二氯甲烷和甲醇中浸泡 48h，取出后用超纯水润洗，再浸泡在超纯水中48h。之后，将大约 30g 的条状 PE 膜放入广口棕色瓶中，加入 3L 氘代菲、氘代芘和氘代䓛的混合溶液中（浓度均为 10μg/L），浸泡 3 个月后备用。为了测定水相中多环芳烃的自由溶解态浓度，在 PE 膜萃取污染物过程中，PE 膜中负载的氘代物须至少损失 20%，预实验表明 PE 膜中氘代多环芳烃损失 20%～29% 所需的暴露时间约为 8h。

测定多环芳烃的自由溶解态浓度时，取一条状 PE 膜放入装有上清液的锥形烧瓶中，用铜丝固定保持 PE 膜浸泡在水样中且不贴壁。8h 后取出 PE 膜，用超纯水润洗后用滤纸吸干表面水分。实验结果表明 PE 膜上所吸附的污染物质量占整个瓶中污染物总质量的3.9% 以内，满足 <5% 的微耗要求。萃取 PE 膜时，每一条 PE 膜放入一个新的锥形瓶中，向瓶中加入 10mL 二氯甲烷和 50μL 浓度为 1mg/L 的回收率指示剂，进行多次萃取。

所有样品中的多环芳烃采用气相色谱质谱联用仪（GC-MS）测定。GC-MS 上各多环芳烃的标准曲线相关系数均在 0.99 以上。空白实验表明使用前 SPE 萃取柱上多环芳烃含量低于仪器检出限。菲、芘和䓛的加标回收率在 79.6%～104.9% 范围内（$N=15$）。回收率指示剂的回收率在水样中的范围是 66.9%～90.9%，在沉积物中的范围是 67.1%～87.6%，在 PE 膜中的范围是 60.0%～78.9%。所有数据均进行了回收率校正。每个样品均含有 3 份平行样。

9.2 沉积物多次再悬浮–沉降过程中悬浮泥沙的变化规律

初始沉积物和再悬浮过程中悬浮泥沙的表征见图 9-2-1 和图 9-2-2。本章中所用初始沉积物的粒径与其他研究所用的沉积物具有可比性（Alkhatib and Weigand，2002；Feng et al.，2008）。同时，本节中由于再悬浮作用导致的悬浮泥沙浓度不仅与文献报道的沉积物再悬浮模拟实验中的浓度（Hudjetz et al.，2014；Wang et al.，2009）相当，而且与 Eyrolle 等（2012）报道的某次洪水事件导致的罗纳河中再悬浮泥沙的含量相当。虽然三次再悬浮作用的强度（150r/min，6.4N/m²）相同，悬浮期间所有取样口的悬浮泥沙浓度则表现为：第一次<第二次<第三次。以中取样口为例，悬浮泥沙浓度从第一次悬浮期间的（6.78±0.03）g/L 上升到第二次悬浮期间的（9.36±0.10）g/L，再到第三次悬浮期间的（10.8±0.11）g/L。该现象可用以下机理解释：沉积物第一次悬浮后，悬浮起来的泥沙开始沉降为一层结构疏松的新表层沉积物覆盖在底部沉积物上。在随后的悬浮中，它们很容易再次悬浮进入上覆水相。同时，在悬浮–沉降过程中，悬浮泥沙也会发生动力絮凝过程，形成直径为 22～182μm 的低密度絮体（Guo and He，2011），一旦再次发生悬浮，这些絮体极易进入水相。以上推测的支撑数据如下：悬浮泥沙中粒径为 50～150μm 的细沙部分随悬浮次数增加而增加（图 9-2-2）。以高取样口为例，悬浮泥沙中粒径为 50～150μm 的细沙部分从第一次悬浮期间的 53.4% 增加到第二次悬浮期间的 62.5%，再到第三次悬浮期间的 69.6%。因此，在第二次和第三次悬浮时才会有越来越多的沉积物悬浮进入水相，导致悬浮泥沙浓度随悬浮次数增加而增大。此外，在泥沙沉降过程中，悬浮泥沙浓度刚开

始迅速下降，至 70h 时已经下降为 0.01g/L。

三次悬浮过程中悬浮泥沙的粒径均小于 300μm，其中黏土（<2μm）、粉砂（2~50μm）、细沙（50~150μm）和粗沙（>150μm）各自所占的比例均值分别为 0%±0%、31.9%±9.6%、63.6%±9.1% 和 4.49%±2.3%（图 9-2-2）。初始沉积物的粒径在 500μm 以内。所有悬浮泥沙的粒径组成均小于初始沉积物，这是由于本研究中的剪切力（6.4N/m²）不足以使大于 300μm 的颗粒悬浮进入水体。此外，悬浮泥沙的粒径组成在三次悬浮期间发生改变，粒径<50μm 那部分的总量和比例均表现为第一次>第二次>第三次（图 9-2-2），这是因为多次再悬浮使得<50μm 的部分产生絮凝并形成絮体。综上所述，多次再悬浮可改变水体悬浮泥沙的粒径组成。从整体垂向分布来看，每次沉积物再悬浮–沉降过程中，低取样口的悬浮泥沙浓度最高，中取样口次之，高取样口最低（图 9-2-2）。Wang 等（2009）所进行的室内模拟实验研究也发现底部水中悬浮泥沙的浓度高于表层水中悬浮泥沙的浓度。本研究中的结果也与天然水体中悬浮泥沙分布情况一致，Luo 等（2004）和 Bianchi 等（2002）分别报道了珠江和密西西比河下游底部水中悬浮泥沙浓度高于表层水中浓度的现象。

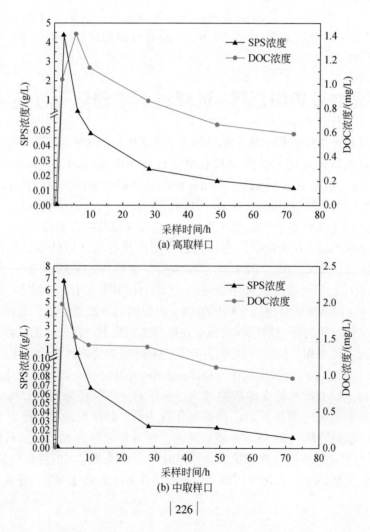

(a) 高取样口

(b) 中取样口

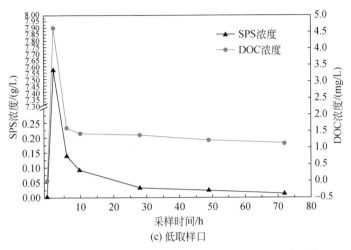

(c) 低取样口

图 9-2-1 首次再悬浮–沉降过程中 SPS 和 DOC 浓度变化

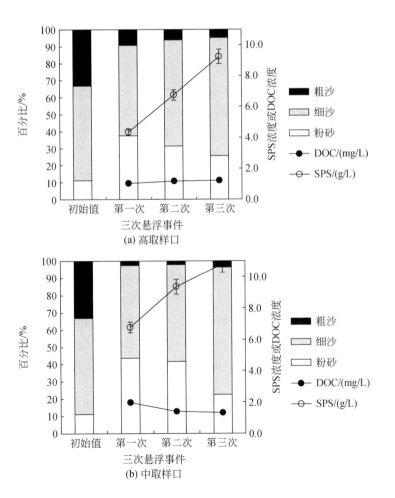

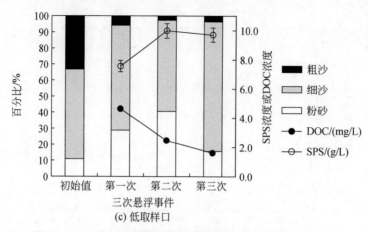

(c) 低取样口

图 9-2-2　三次悬浮期间的 SPS 浓度和粒径及水相 DOC 浓度

9.3　沉积物首次再悬浮-沉降过程中水相多环芳烃的变化规律

沉积物首次再悬浮-沉降过程中多环芳烃自由溶解态浓度和总溶解态浓度的变化见图 9-3-1。在开始悬浮前,上覆水相的多环芳烃浓度几乎为零。悬浮期间,由于底部沉积物悬浮进入水相释放污染物使得上覆水中的多环芳烃浓度升高。值得注意的是,在沉降阶段刚开始时,尽管悬浮泥沙含量已经开始下降,上覆水相的多环芳烃含量仍在增加,并在沉降 4h 后达到最大值。出现该现象的原因是悬浮持续时间(2h)不足以使多环芳烃在沉积物与初始浓度几乎为零的上覆水相之间达到平衡,在沉降的过程中悬浮泥沙仍在向水相释放污染物。沉降 4h 以后,水相的悬浮泥沙多为比表面积较大的小颗粒,这些小颗粒的内部孔径暴露在外,开始重新吸附水相的多环芳烃,导致多环芳烃自由溶解态浓度和总溶解态浓度均随时间下降。上覆水中多环芳烃浓度在沉降 8h 后开始缓慢下降,直到 26h 之后趋于平缓,此时悬浮泥沙浓度已经低于 0.05g/L。

首次悬浮过程中,多环芳烃的自由溶解态浓度和总溶解态浓度均表现为低取样口处最高,中取样口次之,高取样口最低(图 9-3-1)。以上结果与一些实地监测结果吻合。一些学者曾报道过疏水性有机污染物的自由溶解态浓度和总溶解态浓度在表层水和底部水之间存在显著差异(Fernandez et al., 2012;Luo et al., 2004;Zeng et al., 2005)。例如,Fernandez 等(2012)曾报道在 Palos Verdes 大陆架附近的海域里,底部水中 DDT 同系物的自由溶解态浓度约为表层水中的 6 倍。

在悬浮期间,菲、芘和䓛的自由溶解态浓度占总溶解态浓度的比例分别为 35.4% ± 12.1%、8.2% ±1.5% 和 1.5% ±0.4%。在沉降期间,这三种多环芳烃自由溶解态浓度占总溶解态浓度的比例分别为 64.8% ±13.1%、17.3% ±10.7% 和 2.4% ±1.9%。由于悬浮期间上覆水相的 DOC 浓度大于沉降期间(图 9-2-1),所以悬浮期间,与 DOC 或胶体结合的污染物较沉降期间多,导致沉降期间多环芳烃自由溶解态浓度占总溶解态浓度的比例大于

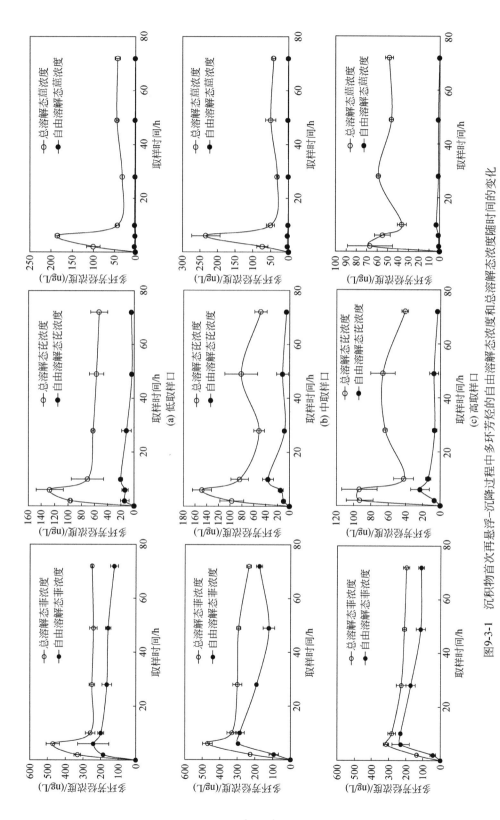

图9-3-1 沉积物首次再悬浮-沉降过程中多环芳烃的自由溶解态浓度和总溶解态浓度随时间的变化

悬浮期间。不论悬浮期间还是沉降期间，多环芳烃自由溶解态浓度占总溶解态浓度的比例均表现为：菲>芘>䓛，该比例与其辛醇-水分配系数的对数值（$\lg K_{ow}$）呈显著负相关。此结果与我们之前在永定河、黄河和海河实地观测的结果一致。

在悬浮-沉降过程中，多环芳烃在 DOC 和上覆水相间的分配系数（K_{DOC}, L/kg）可以用下式计算：

$$K_{DOC} = \frac{C_{TW} - C_{FW}}{C_{FW} \times [DOC]} \times 10^6 \tag{9-3-1}$$

其中，C_{TW} 和 C_{FW} 分别是上覆水中多环芳烃的总溶解态浓度和自由溶解态浓度（ng/L）；[DOC] 是上覆水中 DOC 的浓度（mg/L）。根据以上已知条件，可估算每次悬浮期间的 K_{DOC} 值。结果表明：三种多环芳烃的 K_{DOC} 值表现为菲<芘<䓛，与其 K_{ow} 值正相关。

如图 9-3-1 所示，多环芳烃在首次再悬浮-沉降事件的前 6h 内持续释放到上覆水中。以高取样口为例，三种多环芳烃在 6h 时的 $\lg K_{DOC}$ 值均小于 2h 时的值（表 9-3-1），表明多环芳烃从 DOC 相向上覆水相迁移。此结果间接表明在悬浮期间，一部分与悬浮泥沙中有机碳（OC）结合的多环芳烃随着 OC 释放而解吸释放至上覆水中，成为与 DOC 结合的多环芳烃，然后这些多环芳烃又从 DOC 相分离成自由溶解态。假如悬浮泥沙上的多环芳烃不是和 OC 作为一个整体解吸下来，悬浮泥沙上解吸的多环芳烃将会被解吸下来的 OC 重新吸附，导致 K_{DOC} 值增大，而这显然与表 9-3-1 中的结果不符。

表 9-3-1　首次再悬浮-沉降过程中高取样口处多环芳烃的 DOC-水分配系数和 SPS-水分配系数

PAHs	$\lg K_{DOC}$		$\lg K_P$	
	2h	6h	2h	6h
菲（phenanthrene）	6.55	5.42	3.99	3.42
芘（pyrene）	6.89	6.33	4.41	4.29
䓛（chrysene）	7.91	7.80	5.19	5.17

注：K_{DOC}、K_P 值单位为 L/kg。

在悬浮-沉降期间，上覆水中的多环芳烃包括以下三部分：自由溶解态、与 DOC 结合态和与悬浮泥沙结合态。因此，在该系统中多环芳烃的质量平衡可表示为

$$C_{sed} \times [SPS]_i \times V = C_{FWi} \times V + [DOC]_i \times K_{DOCi} \times C_{FWi} \times V \times 10^{-6} + [SPS]_i \times K_{Pi} \times C_{FWi} \times V \times 10^{-3}$$
$$\tag{9-3-2}$$

其中，V 是该装置中的水样体积（20L）；C_{sed} 是未悬浮前初始沉积物中 0~300μm 粒径部分中多环芳烃的含量（ng/g），因为 >300μm 粒径的那部分沉积物在该体系不能悬浮进入水相；$[SPS]_i$ 是第 i 次悬浮期间上覆水中 SPS 浓度（g/L）；C_{FWi} 是第 i 次悬浮期间上覆水中多环芳烃的自由溶解态浓度（ng/L）；K_{Pi} 是第 i 次悬浮期间悬浮泥沙-水分配系数（L/kg）。由于其他参数均已知，可用上式计算水相浓度以自由溶解态浓度表征的三种多环芳烃的 K_P 值。与 $\lg K_{DOC}$ 值的结果类似，首次再悬浮-沉降过程中，三种多环芳烃在 6h 时的 $\lg K_P$ 值均小于 2h 时的值（表 9-3-1）。因为悬浮泥沙上的多环芳烃多被 OC 吸附，一些与 OC 结合的多环芳烃与 OC 作为一个整体从泥沙上解吸，从而导致 K_P 值降低。此外，一些多环芳烃

也可能从悬浮泥沙上颗粒态有机碳（POC）上解吸进入上覆水相成为自由溶解态，这也可能是 K_p 值下降的另一个原因。

9.4 沉积物首次再悬浮–沉降过程中水相多环芳烃和有机碳的来源

上覆水中的 HOCs 一般来源于孔隙水的快速释放和悬浮泥沙解吸。在首次悬浮期间，上覆水中总溶解态多环芳烃的质量平衡可表示为

$$C_{TW} \times (V+V_P) = M_{PW\text{-}release} + M_{DOC\text{-}release} + M_{POC\text{-}release} \tag{9-4-1}$$

其中，V_P 是释放到上覆水中的孔隙水体积（L）；$M_{PW\text{-}release}$ 是孔隙水释放的多环芳烃总量，包括自由溶解态和与 DOC 结合态；$M_{DOC\text{-}release}$ 是悬浮泥沙上解吸的 DOC 结合态多环芳烃的量；$M_{POC\text{-}release}$ 是从悬浮泥沙上不可溶有机碳中解吸的污染物量。根据前文结果，首次悬浮期间上覆水相悬浮泥沙浓度均值为（6.3±1.6）g/L，因此约有 127g 干重的泥沙悬浮进入水相。初始沉积物的含水率为 17.27%±1.63%，因而泥沙悬浮时有约 26.5mL 孔隙水与 20L 上覆水混合在一起。结合上覆水中多环芳烃的总溶解态浓度数据可知，首次悬浮时，有 5.04mg 菲、1.69mg 芘和 1.60mg 䓛释放进入上覆水相。

孔隙水释放的多环芳烃总量可用下式计算：

$$M_{PW\text{-}release} = C_{TW\text{-}P} \times V_P \tag{9-4-2}$$

其中，$C_{TW\text{-}P}$ 是悬浮前孔隙水中多环芳烃的总溶解态浓度（ng/L）。共有 26.5mL 的孔隙水进入上覆水相，共释放了 95.8ng 菲、50.4ng 芘和 5.35ng 䓛。因此，孔隙水只对上覆水相菲、芘和䓛的释放量分别贡献了 1.90%、2.98% 和 0.33%（表 9-4-1）。Morin 和 Morse（1999）认为沉积物再悬浮时释放的氨中有三分之二来自解吸释放，剩余三分之一来源于孔隙水释放。Schneider 等（2007）对哈德逊河沉积物进行了再悬浮室内模拟研究，发现孔隙水释放多氯联苯是瞬间完成的过程，并且孔隙水的贡献比悬浮泥沙解吸释放的贡献小得多。Feng 等（2008）也曾表明沉积物再悬浮过程中释放到上覆水相的大多数污染物来自悬浮泥沙的解吸，与本研究结果一致。

表 9-4-1 孔隙水和悬浮泥沙对上覆水中多环芳烃和 OC 的贡献 （单位:%）

多环芳烃和 OC	孔隙水释放	悬浮泥沙	
		可溶有机碳解吸	不可溶有机碳解吸
菲	1.90	≥61.6	约 36.5
芘	2.98	≥89.6	约 7.42
䓛	0.33	≥95.3	约 4.37
OC	0.27	99.7	

根据前面的结论，一部分多环芳烃是与悬浮泥沙中 OC 作为一个整体解吸到上覆水相，变成与 DOC 结合的多环芳烃，然后这些多环芳烃又从 DOC 相分离进入上覆水相成为自由溶解态。那么，这部分多环芳烃总量可以表示为

$$M_{\text{DOC-release}} \geq (C_{\text{TW}} - C_{\text{FW}}) \times (V + V_{\text{P}}) - (C_{\text{TW-P}} - C_{\text{FW-P}}) \times V_{\text{P}} \tag{9-4-3}$$

其中，$C_{\text{FW-P}}$ 是悬浮前孔隙水中多环芳烃的自由溶解态浓度（ng/L）。（$C_{\text{TW}} - C_{\text{FW}}$）×（$V + V_{\text{P}}$）是上覆水中总溶解态和自由溶解态多环芳烃的差值，也就是孔隙水和悬浮泥沙共同释放的与 DOC 结合的多环芳烃总量，约为 3.17mg 菲、1.56mg 芘和 1.53mg 䓛。（$C_{\text{TW-P}} - C_{\text{FW-P}}$）×$V_{\text{P}}$ 是孔隙水释放的多环芳烃总溶解态与自由溶解态之间的差值，也就是孔隙水释放的与 DOC 结合的多环芳烃总量，约为 63.2ng 菲、45.3ng 芘和 5.08ng 䓛。由于此结果是悬浮 2h 后的数据，这 2h 时间内与 OC 同时解吸下来的一部分多环芳烃在上覆水中进一步从 DOC 上分离。因此，根据悬浮 2h 的结果计算，悬浮泥沙上 DOC 释放的多环芳烃至少有 3.11mg 菲、1.52mg 芘和 1.53mg 䓛，相当于至少贡献了上覆水中多环芳烃释放量的 61.6%、89.6% 和 95.3%。除了孔隙水和悬浮泥沙上的 DOC 贡献外，剩余那部分多环芳烃则是由悬浮泥沙上不可溶的有机碳解吸。因此，不可溶有机碳释放大约贡献了 36.5% 的菲、7.42% 的芘和 4.37% 的䓛。

从图 9-3-1 可知，首次再悬浮-沉降期间，上覆水中的多环芳烃在 6h 时达到最大值。因此悬浮泥沙对菲、芘和䓛的最大解吸量分别为 67.1ng/g、19.0ng/g 和 16.1ng/g。与初始沉积物中的浓度相比，初始沉积物中约有 20% 的菲、12% 的芘和 14% 的䓛解吸进入上覆水中。Schneider 等（2007）的研究结果表明再悬浮的沉积物中约有 22% 的多氯联苯在悬浮 2h 后释放进入上覆水相，与本研究结果基本一致。然而，Chalhoub 等（2013）则报道以法国布尔歇（Bourget）湖采集的沉积物进行室内模拟实验，悬浮的沉积物中仅有 0.04% 的多氯联苯在沉积物悬浮 1h 后释放，这是由于再悬浮持续时间短且悬浮泥沙的浓度较低（<200mg/L），因此导致污染物释放量偏小。

与首次再悬浮-沉降期间多环芳烃的释放类似，OC 的释放也主要包括孔隙水释放和悬浮泥沙解吸两部分。根据上覆水中 DOC 浓度 [（2.55±1.86）mg/L] 和孔隙水中的 DOC 浓度（5.2mg/L），共有 51.0mg OC 释放进入上覆水相，孔隙水只释放了 0.11mg OC，相当于贡献了上覆水中 DOC 释放量的 0.27%。剩余 50.9mg OC 均为悬浮泥沙解吸释放。根据上文结果，共有 127g 沉积物变成悬浮泥沙，而悬浮泥沙中的 OC 含量约为 0.84%±0.02%。悬浮泥沙中共有 1.07g OC，只有 50.9mg 进入上覆水相成为溶解态。所以，此研究结果表明黄河小浪底处悬浮泥沙中的 OC 仅有不到 5% 是可溶的，这与 Sun 等（2009）的研究结果一致，他们发现黄河沉积物中只有 2% 左右的 OC 是可溶的。

9.5　沉积物多次再悬浮-沉降过程中水相多环芳烃的变化规律

9.5.1　水相多环芳烃总溶解态浓度的变化规律

如图 9-3-1 所示，第一次再悬浮-沉降之后，上覆水中的多环芳烃浓度在 28~72h 之间虽然趋于稳定但仍然很高。在第二次再悬浮时，已经沉降的泥沙再次悬浮进入水相释放多环芳烃,导致上覆水相浓度再次升高。在第二次沉降阶段,上覆水中的多环芳烃又被沉降的悬浮泥沙再次吸附,使得水相中污染物浓度锐减。沉降 26h 后逐渐趋于稳定。第三次再悬浮-沉降阶段多环芳烃浓度的变化规律与第二次相似。

三次悬浮期间水相多环芳烃总溶解态浓度之间没有明显差异(p>0.05,图 9-5-1)。以高取样口为例,第一次、第二次和第三次悬浮期间,菲的总溶解态浓度分别为(197±8.9)ng/L、(179±67.3)ng/L 和(187±41.9)ng/L。虽然三次悬浮期间水相悬浮泥沙含

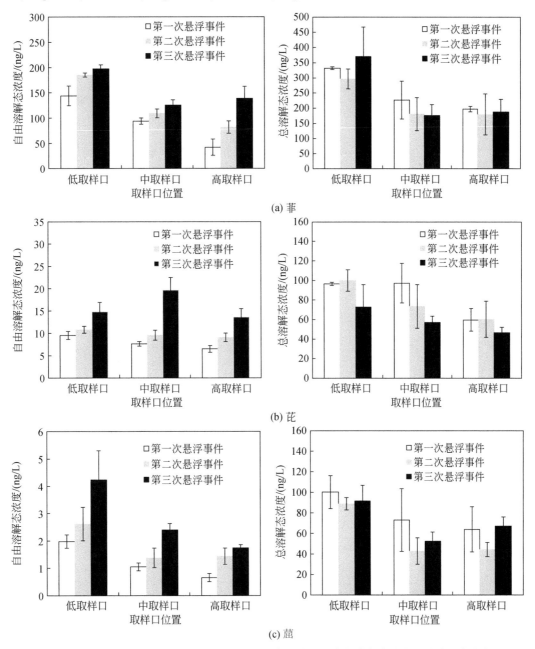

图 9-5-1 沉积物三次悬浮期间不同取样口处多环芳烃的自由溶解态浓度和总溶解态浓度

量在增加，但主要是悬浮泥沙中 50～150μm 粒径部分的比例和总量随悬浮次数的增多而增大（图9-2-2），这部分新形成的大颗粒絮体吸附的污染物含量少，且会通过遮蔽作用减少新悬浮的细颗粒与水相的交换频次，因此可能会影响沉积物多次再悬浮–沉降事件中多环芳烃的解吸和再吸附，导致三次悬浮期间的多环芳烃浓度相近。与首次再悬浮–沉降期间多环芳烃浓度的整体垂向分布相同，第二次和第三次再悬浮–沉降期间也表现出低取样口多环芳烃总溶解态浓度最高，中取样口次之，高取样口最低的规律（图9-5-1）。

将沉降期间五个取样时刻（沉降 4h、8h、26h、47h 和 70h）的数据作为整体来看，三次沉降过程中多环芳烃的总溶解态浓度之间也无明显差异（$p > 0.05$，图9-5-2）。对于

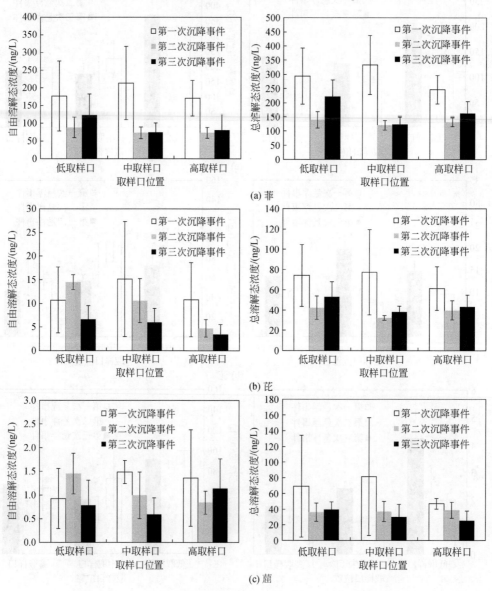

图9-5-2　悬浮泥沙三次沉降期间不同取样口处多环芳烃的自由溶解态浓度和总溶解态浓度
沉降期间五个取样时刻的均值，每个时刻三个平行样

每次沉降过程来说，沉降 70h 后悬浮泥沙浓度均接近 0.01g/L，然而此时仍有相当于悬浮期间 60% 的多环芳烃存在于上覆水相中（图 9-5-3）。以第三次再悬浮–沉降过程为例，与悬浮期间的浓度相比，沉降 70h 后仍有 81%±13% 的菲、79%±32% 的芘和 61%±25% 的䓛存在于上覆水中。

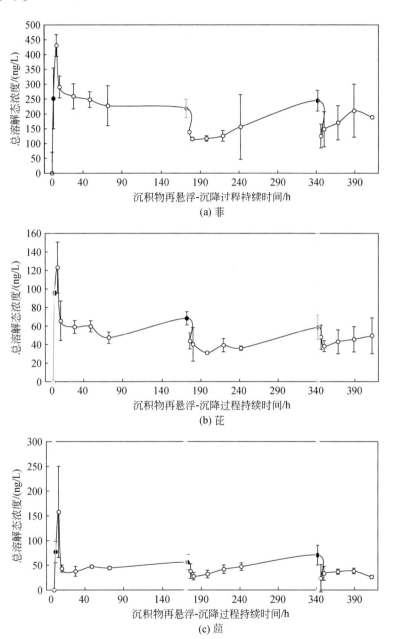

图 9-5-3　沉积物三次再悬浮–沉降期间多环芳烃总溶解态浓度随时间的变化
三个取样口的均值

9.5.2　水相多环芳烃自由溶解态浓度的变化规律

在三次悬浮期间，多环芳烃的自由溶解态浓度表现为第三次最高，第二次次之，第一次最低（图9-5-1）。以中取样口为例，菲的自由溶解态浓度由第一次悬浮的（94±8.4）ng/L上升为第二次悬浮时的（109±6.1）ng/L，再到第三次悬浮时的（125±10.3）ng/L。原因分析如下：总溶解态的多环芳烃包括自由溶解态和 DOC/胶体结合态。对所有取样口来说，上覆水中 DOC 浓度随悬浮次数的增加而减小，第一次最高（图9-2-2）。因此，与 DOC 结合的污染物也会表现为第一次悬浮期间最多，第三次悬浮期间最少。所以，尽管三次悬浮期间多环芳烃总溶解态浓度间没有明显差异，自由溶解态浓度则表现为第一次悬浮期间<第二次悬浮期间<第三次悬浮期间。不仅如此，对所有取样口来说，多环芳烃用自由溶解态浓度来表征的悬浮泥沙相-水相分配系数（K_P）也是第一次悬浮期间最高，第二次次之，第三次最低（表9-5-1），表明多次悬浮有利于多环芳烃在悬浮泥沙和水相之间达到平衡。与悬浮过程不同的是，多环芳烃自由溶解态浓度在二次沉降之间无明显差异（图9-5-2）。第二次和第三次再悬浮-沉降过程中，沉降4h时的多环芳烃总溶解态和自由溶解态浓度均小于悬浮时期的浓度，明显不同于首次再悬浮-沉降过程。这是由于在第二次和第三次悬浮之前，上覆水相中的多环芳烃浓度已经为第一次悬浮期间浓度的60%~80%（图9-5-3和图9-5-4），因此2h的悬浮时间足以使上覆水中的污染物达到其最大值。

表 9-5-1　三次悬浮期间多环芳烃的 lgK_{DOC} 值和 lgK_P 值

PAHs	lgK_{DOC}			lgK_P		
	第一次悬浮	第二次悬浮	第三次悬浮	第一次悬浮	第二次悬浮	第三次悬浮
菲	5.86	5.76	5.58	3.72	3.39	3.21
芘	6.72	6.59	6.29	4.42	4.32	4.12
䓛	7.60	7.40	7.31	4.87	4.74	4.60

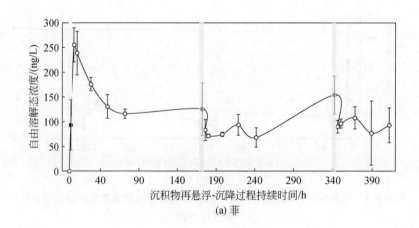

(a) 菲

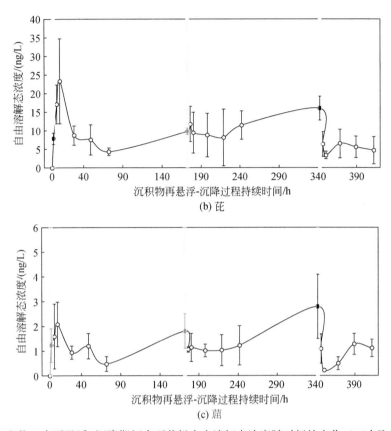

图 9-5-4　沉积物三次再悬浮–沉降期间多环芳烃自由溶解态浓度随时间的变化（三个取样口的均值）

9.6　沉积物多次再悬浮–沉降过程对多环芳烃生物有效性的影响

在水环境中，疏水性有机污染物的自由溶解态浓度通常可反映其生物有效性（Bao and Zeng，2011；Booij et al.，2003；Xia et al.，2013）。在本章中，沉积物三次再悬浮–沉降中每次沉降 70h 后的多环芳烃自由溶解态浓度没有显著差异（$p>0.05$），而且沉降 70h 后菲、芘和䓛的值却仍然为悬浮期间相应浓度的 85%±14%、75%±21% 和 73%±15%。也就是说，每次悬浮结束之后 70h，多环芳烃的自由溶解态浓度仍高达悬浮时期的一半以上，这表明即使三次再悬浮–沉降过后，上覆水中仍然存在很高浓度的生物可利用性多环芳烃。这也进一步说明沉积物悬浮期间释放的污染物对水生生物的潜在风险不但没有随悬浮泥沙的沉降而消失，这种影响还将会在悬浮之后持续很长的时间（大约一周）。此外，不论哪次悬浮事件，低取样口的多环芳烃自由溶解态浓度均大于高取样口的浓度。例如，在首次悬浮期间，低取样口的自由溶解态菲浓度是高取样口的 3.4 倍（图 9-5-1）。由此表明在沉积物悬浮期间多环芳烃对底栖生物的潜在风险可能大于对表层浮游生物的风险。

三次再悬浮-沉降后，在 412h 时，泥沙上约有 4.7%±2.2% 的多环芳烃解吸进入上覆水体。我们实验模拟的是同一沉积物的多次再悬浮-沉降过程，这与相对静止的湖泊环境比较相似，但与自然河流存在差异，因为自然河流沉积物再悬浮后可能被水流带到下游，那么下一次悬浮过程中悬浮起来的泥沙与上一次的不同。但是，由于河流是连续体，沿程存在沉积物的再悬浮和沉降作用，上游再悬浮的泥沙在下游发生沉降，然后又发生再悬浮，再在下游沉降，如此反复进行，相当于这部分泥沙在反复发生再悬浮-沉降过程。从这个角度来说，我们的实验能在一定程度上模拟自然河流中沉积物的再悬浮-沉降作用对污染物生物有效性的影响。另外，我们对黄河小浪底调水调沙期间水体多环芳烃时空分布特征的研究发现，小浪底调沙时，悬浮泥沙中约有 4.0% 的多环芳烃释放进入河水中，这与本章研究结果吻合。因此，本章模拟研究所得到的规律和结论可以反映实地环境下沉积物多次再悬浮-沉降过程对多环芳烃赋存形态的影响，说明自然水体中沉积物多次再悬浮-沉降过程会增加水体疏水性有机污染物的生物有效性，加大污染物对水生生物的生态风险甚至对人类的健康风险。

9.7 小　结

本章以典型疏水性有机污染物多环芳烃为例，模拟研究了沉积物再悬浮-沉降作用对水环境中多环芳烃赋存形态和生物有效性的影响。所得主要结论如下：

（1）沉积物再悬浮-沉降过程模拟研究结果表明，多环芳烃的溶解性有机碳（DOC）-水分配系数值在再悬浮事件中随时间降低，表明多环芳烃和有机碳作为一个整体从悬浮泥沙上解吸，以与 DOC 结合的形式存在于上覆水中，然后一部分多环芳烃又从 DOC 上分离成为自由溶解态。在 2h 的悬浮中，上覆水中 1.90% 的菲、2.98% 的芘和 0.33% 的蒀来自于孔隙水释放；至少有 61.6% 的菲、89.6% 的芘和 95.3% 的蒀是与 DOC 作为整体从悬浮泥沙解吸而来；剩余的多环芳烃来自悬浮泥沙中颗粒态有机碳的解吸。在第一次悬浮-沉降期间，悬浮泥沙上菲、芘和蒀的最大解吸量分别可达 20%、12% 和 14%。悬浮结束后，悬浮泥沙便开始沉降，但沉降 4h 时上覆水体的多环芳烃浓度竟高于悬浮期间的浓度。这是因为上覆水体的多环芳烃初始浓度极低，2h 悬浮尚不足以填平上覆水相和悬浮泥沙间的浓度梯度，泥沙在沉降过程中仍然向水相释放污染物。

（2）对同一沉积物在同一剪切力作用下连续进行了三次再悬浮-沉降过程模拟，结果表明，水相悬浮泥沙浓度逐次增加。这是由于多次再悬浮改变了悬浮泥沙的粒径分布，促进了小颗粒絮凝，形成的絮体密度小且蓬松，在随后的搅拌中更易悬浮。多环芳烃的总溶解态浓度在三次悬浮期间无显著差异（$p>0.05$），其自由溶解态浓度则表现为第一次<第二次<第三次，说明沉积物多次再悬浮事件会增大水环境中疏水性有机污染物的生物有效性。多环芳烃的总溶解态和自由溶解态浓度在三次沉降期间均无显著差异。但沉降 70h 后，上覆水相的多环芳烃浓度仍然高达悬浮时上覆水中浓度的一半以上，表明沉降期间疏水性有机污染物的生态风险可能依然很大。因此，沉积物的再悬浮作用增大了上覆水体污染物的生物有效性和生态环境风险。

参 考 文 献

Alkhatib E, Weigand C. 2002. Parameters affecting partitioning of 6 PCB congeners in natural sediment. Environmental Monitoring and Assessment, 78: 1-17.

Bao L, Zeng E Y. 2011. Passive sampling techniques for sensing freely dissolved hydrophobic organic chemicals in sediment porewater. TrAC Trends in Analytical Chemistry, 30: 1422-1428.

Bi N, Yang Z, Wang H, et al. 2014. Impact of artificial water and sediment discharge regulation in the Huanghe (Yellow River) on the transport of particulate heavy metals to the sea. Catena, 121: 232-240.

Bianchi T S, Mitra S, McKee B A. 2002. Sources of terrestrially-derived organic carbon in lower Mississippi River and Louisiana shelf sediments: implications for differential sedimentation and transport at the coastal margin. Marine Chemistry, 77: 211-223.

Booij K, Hoedemaker J R, Bakker J F. 2003. Dissolved PCBs, PAHs, and HCB in pore waters and overlying waters of contaminated harbor sediments. Environmental Science and Technology, 37: 4213-4220.

Chalhoub M, Amalric L, Touzé S, et al. 2013. PCB partitioning during sediment remobilization: a 1D column experiment. Journal of Soils and Sediments, 13: 1284-1300.

de Madron X D, Ferre B, Le Corre G, et al. 2005. Trawling-induced resuspension and dispersal of muddy sediments and dissolved elements in the Gulf of Lion (NW Mediterranean). Continental Shelf Research, 25: 2387-2409.

Eyrolle F, Radakovitch O, Raimbault P, et al. 2012. Consequences of hydrological events on the delivery of suspended sediment and associated radionuclides from the Rhône River to the Mediterranean Sea. Journal of Soils and Sediments, 12 (9): 1479-1495.

Feng J, Shen Z, Niu J, et al. 2008. The role of sediment resuspension duration in release of PAHs. Chinese Science Bulletin, 53: 2777-2782.

Feng J, Yang Z, Niu J, et al. 2007. Remobilization of polycyclic aromatic hydrocarbons during the resuspension of Yangtze River sediments using a particle entrainment simulator. Environmental Pollution, 149 (2): 193-200.

Fernandez L A, Lao W, Maruya K A, et al. 2012. Passive sampling to measure baseline dissolved persistent organic pollutant concentrations in the water column of the Palos Verdes shelf superfund site. Environmental Science and Technology, 46: 11937-11947.

Ferré B, de Madron X D, Estournel C, et al. 2008. Impact of natural (waves and currents) and anthropogenic (trawl) resuspension on the export of particulate matter to the open ocean: application to the Gulf of Lion (NW Mediterranean). Continental Shelf Research, 28: 2071-2091.

Guo L, He Q. 2011. Freshwater flocculation of suspended sediments in the Yangtze River, China. Ocean Dynamics, 61: 371-386.

Hudjetz S, Herrmann H, Cofalla C, et al. 2014. An attempt to assess the relevance of flood events—biomarker response of rainbow trout exposed to resuspended natural sediments in an annular flume. Environmental Science and Pollution Research, 21 (24): 13744-13757.

Je C H, Hayes D F, Kim K S. 2007. Simulation of resuspended sediments resulting from dredging operations by a numerical flocculent transport model. Chemosphere, 70: 187-195.

Kalnejais L H, Martin W R, Signell R P, et al. 2007. Role of sediment resuspension in the remobilization of particulate-phase metals from coastal sediments. Environmental Science and Technology, 41: 2282-2288.

Luo X, Mai B, Yang Q, et al. 2004. Polycyclic aromatic hydrocarbons (PAHs) and organochlorine pesticides in water columns from the Pearl River and the Macao harbor in the Pearl River Delta in South China. Marine Pollution Bulletin, 48: 1102-1115.

Morin J, Morse J W. 1999. Ammonium release from resuspended sediments in the Laguna Madre estuary. Marine Chemistry, 65: 97-110.

Pusceddu A, Grémare A, Escoubeyrou K, et al. 2005. Impact of natural (storm) and anthropogenic (trawling) sediment resuspension on particulate organic matter in coastal environments. Continental Shelf Research, 25: 2506-2520.

Qian J, Zheng S, Wang P, et al. 2011. Experimental study on sediment resuspension in taihu lake under different hydrodynamic disturbances. Journal of Hydrodynamics B, 23: 826-833.

Schneider A R, Porter E T, Baker J E. 2007. Polychlorinated biphenyl release from resuspended Hudson River sediment. Environmental Science and Technology, 41: 1097-1103.

Schoellhamer D H. 1996. Anthropogenic sediment resuspension mechanisms in a shallow microtidal estuary. Estuarine Coastal and Shelf Science, 43: 533-548.

Siadatmousavi S M, Jose F. 2015. Winter storm-induced hydrodynamics and morphological response of a shallow transgressive shoal complex: Northern Gulf of Mexico. Estuarine Coastal and Shelf Science, 154: 58-68.

Ståhlberg C, Bastviken D, Svensson B H, et al. 2006. Mineralisation of organic matter in coastal sediments at different frequency and duration of resuspension. Estuarine Coastal and Shelf Science, 70: 317-325.

Sun L, Sun W, Ni J. 2009. Partitioning of water soluble organic carbon in three sediment size fractions: effect of the humic substances. Journal of Environmental Sciences, 21: 113-119.

Superville P J, Prygiel E, Mikkelsen O, et al. 2015. Dynamic behaviour of trace metals in the Deûle River impacted by recurrent polluted sediment resuspensions: from diel to seasonal evolutions. Science of the Total Environment, 506-507: 585-593.

Tengberg A, Almroth E, Hall P. 2003. Resuspension and its effects on organic carbon recycling and nutrient exchange in coastal sediments: in situ measurements using new experimental technology. Journal of Experimental Marine Biology and Ecology, 285-286: 119-142.

Wang L, Shen Z, Wang H, et al. 2009. Distribution characteristics of phenanthrene in the water, suspended particles and sediments from Yangtze River under hydrodynamic conditions. Journal of Hazardous Materials, 165: 441-446.

Wang L, Yang Z. 2010. Simulation of polycyclic aromatic hydrocarbon remobilization in typical active regions of river system under hydrodynamic conditions. Journal of Soils and Sediments, 10: 1380-1387.

Xia X, Zhai Y, Dong J. 2013. Contribution ratio of freely to total dissolved concentrations of polycyclic aromatic hydrocarbons in natural river waters. Chemosphere, 90: 1785-1793.

Yang Z, Feng J, Niu J, et al. 2008. Release of polycyclic aromatic hydrocarbons from Yangtze River sediment cores during periods of simulated resuspension. Environmental Pollution, 155: 366-374.

Zeng E Y, Tsukada D, Diehl D W, et al. 2005. Distribution and mass inventory of total dichlorodiphenyldichloro-ethylene in the water column of the Southern California Bight. Environmental Science and Technology, 39: 8170-8176.

第10章　水利工程引起的沉积物再悬浮−沉降作用对水沙条件及污染物生物有效性的影响

10.1　引　　言

疏水性有机污染物在河流中不同相之间的分配和迁移会显著影响其生物有效性和河水水质。一旦疏水性有机污染物进入河流水体，将易与悬浮泥沙结合，随之沉降进入底部沉积物。如果水动力条件发生改变，底部沉积物可再悬浮释放其中的疏水性有机污染物进入上覆水体。因此，底部沉积物在河流体系中同时扮演着"源"和"汇"的角色，而水动力条件引起的水沙条件变化则是控制"源"和"汇"角色相互转变的关键因素。在众多人为因素中，水利工程运行是控制河流水动力条件及水沙条件的一个关键因素。为有效利用水资源，世界许多河流上分别建造了水电站、水库和大坝等水利设施。这些设施对水力调节和泥沙截留有着很重要的影响（Nilsson et al.，2005；Syvitski et al.，2005）。但目前鲜有文献报道水利工程运行对疏水性有机污染物赋存形态和河流水质的影响。

为调节黄河水沙关系，小浪底水库于 2002 年开始实行调水调沙。调水调沙分为两个阶段：调水期间，小浪底水库大量清水下泄冲刷下游河道以减少下游泥沙淤积；调沙期间，水库下泄高含沙水以减少库区泥沙淤积（Hu et al.，2012）。2002～2013 年以来，小浪底已经进行了 14 次调水调沙，平均每次调水调沙期间下泄的水量和沙量分别为 38 亿 m³ 和 0.62 亿 t（张宏先和王帅都，2012）。目前来看，调水调沙是解决黄河水沙不平衡问题及地上悬河的有效措施。可是，有关小浪底调水调沙对下游沿程水质和疏水性有机污染物浓度、形态及生态风险的影响还未见报道。

因此，本章以黄河小浪底调水调沙工程为例，研究水利工程引起的沉积物再悬浮−沉降作用对水沙条件及下游污染物（多环芳烃）时空分布及赋存形态的影响。分别于调水调沙前、调水调沙期间和调水调沙后采集沿程站点的水样和悬浮泥沙样品，同时测定多环芳烃在水相的总溶解态浓度和悬浮泥沙相的浓度，为了表征污染物的生物有效性，采用聚乙烯膜装置和固相微萃取方法（solid phase micro-extraction，SPME）现场测定多环芳烃的自由溶解态浓度。对调水调沙期间的水沙条件及各相污染物浓度的时空分布特征进行探讨，对比分析调水期间和调沙期间多环芳烃的自由溶解态浓度，并估算水、沙及污染物的入海通量以及调水调沙工程对下游的生态环境风险。具体研究方法如下。

10.1.1　样品采集与表征

黄河全长 5400km，流域面积为 752 443km²。流域总人口数为 1.14 亿，小浪底水库下游流域人口数为0.29亿。本研究分别在调水调沙前（6月15日）、调水期间（6月22日、24日、26日和28日）、调沙期间（7月4日和8日）和调水调沙后（9月20日）采集样品。采样点从小浪底大坝下游2km开始直到黄河最后一个水文站，共设置了6个位点（图10-1-1）。同时，为分析水库水质变化，分别于6月22日和7月4日在库区水面下0.5~1m处采集水样。为估算黄河全年多环芳烃的入海通量，采集入海口利津站的每日水沙样品。

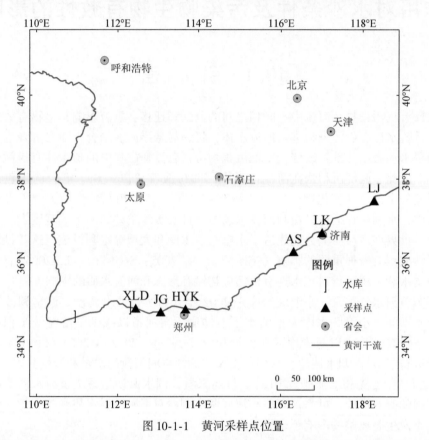

图 10-1-1　黄河采样点位置

采集河水样品的同时，现场测定水温、pH、电导率和氧化还原电位。水样在现场用0.45μm Whatman玻璃纤维滤膜（Whatman，Maidstone，England）进行过滤，上清液中多环芳烃的总溶解态浓度在现场用固相微萃取法富集，同时现场测定水样中多环芳烃的自由溶解态浓度。

10.1.2　多环芳烃自由溶解态浓度的测定方法

本章同时采用固相微萃取和聚乙烯膜装置两种方法来测定河水中多环芳烃的自由溶解态浓度。固相微萃取方法中多环芳烃的PDMS-水分配系数（K_{PDMS}，L/L）是测定水相中多环芳烃自由溶解态浓度的关键参数。因此，本章需要重新配制人工河水（artificial river water，ARW）来对该方法在黄河河水中的应用进行验证。具体操作方法是在超纯水中加入 0.75mmol/L NaHCO$_3$、1.50mmol/L CaCl$_2$、1.50mmol/L MgCl$_2$、0.20mmol/L KCl 和 0.50mmol/L NaN$_3$，使其电导率约为 940μS/cm。由于黄河调水调沙期间电导率实测值为 (947±37) μS/cm，因此人工河水可近似模拟黄河河水的主要离子组成。

为进一步确定实验体系的 K_{PDMS} 值，本研究在 4L 棕色广口瓶中加入 3.5L 人工河水，分别向瓶中注入含有多环芳烃混标的甲醇溶液，使其浓度分别为 5ng/L、20ng/L、100ng/L、500ng/L、1μg/L 和 5μg/L，并确保甲醇在整个体系中所占体积比小于 0.01%；混匀后将这些广口瓶封口并稳定 48h。然后，每瓶中加入 12 根 1cm 长的 PDMS 纤维，用聚四氟乙烯盖封好瓶口，放于室温下（25℃）每日间隔一定时间手动摇晃。根据之前固相微萃取静态平衡预实验结果，25℃时静止状态下，四天时间足够使多环芳烃在 PDMS 和水相间达到平衡。因此四天后取出人工河水中的纤维，擦干后加入 200μL 含有 10ng 内标的正己烷溶液萃取 PDMS 纤维中吸附的多环芳烃，24h 后上机测定。由于人工河水中无胶体或溶解性有机质存在，因此可用固相微萃取测定水相中多环芳烃的总溶解态浓度即为自由溶解态浓度。最后，用平衡后测定的水相自由溶解态浓度和纤维上的多环芳烃含量来计算 K_{PDMS} 值。

$$K_{PDMS} = \frac{C_{PDMS}}{C_{free} \times 10^9} \tag{10-1-1}$$

其中，C_{PDMS} 是当实际水样中多环芳烃在 PDMS 和水相达到平衡时 PDMS 相的多环芳烃浓度（μg/μL）。表 10-1-1 和表 10-1-2 列出了 16 种多环芳烃的理化性质和 12 种多环芳烃的 K_{PDMS} 值，本研究中所得到的 K_{PDMS} 值与其他研究中使用相同类型的固相微萃取报道的 K_{PDMS} 值基本一致。

表 10-1-1 十六种多环芳烃的理化性质

多环芳烃名称	缩写	中文名称	苯环数（总环数）	分子质量/(g/mol)	水溶解度（25℃）[a]/(mg/L)	lgK_{ow}[b]
naphthalene	Nap	萘	2	128	32.2	3.3
acenaphthylene	Acy	苊烯	2	152	16.1	3.94
acenaphthene	Ace	苊	2	154	4.16	4.03
fluorene	Fle	芴	2 (3)	166	1.9	4.18
phenanthrene	Phe	菲	3	178	1.29	4.57
anthracene	Ant	蒽	3	178	0.0698	4.54
fluoranthene	Flu	荧蒽	3 (4)	202	0.199	5.22
pyrene	Pyr	芘	4	202	0.133	5.18
benz [a] anthracene	B [a] A	苯并 [a] 蒽	4	228	0.0168	5.61
chrysene	Chr	䓛	4	228	0.00327	5.91
benzo [b] fluoranthene	B [b] F	苯并 [b] 荧蒽	4 (5)	252	0.0015	6.6
benzo [k] fluoranthene	B [k] F	苯并 [k] 荧蒽	4 (5)	252	0.00081	6.6
benzo [a] pyrene	B [a] P	苯并 [a] 芘	5	252	0.0038	6.04
indeno[1,2,3-cd]pyrene	Ind	茚并(1,2,3-cd)芘	5 (6)	276	0.00019	7.1

多环芳烃名称	缩写	中文名称	苯环数 （总环数）	分子质量 /（g/mol）	水溶解度（25℃）[a] /（mg/L）	lgK_{ow}[b]
dibenz［ah］anthracene	DBA	二苯并蒽	5	278	0.00056	7.19
benzo［ghi］perylene	B［ghi］P	苯并［ghi］苝	6	276	0.00083	7.1

a 每种 PAHs 在水相的溶解度数据摘自 Mackay et al.（1992）。

b K_{ow} 是辛醇–水分配系数，摘自 Mackay et al.（1992）。

表 10-1-2　十六种多环芳烃的 PDMS-水分配系数实测值与文献值对比

化合物名称	简写	K_{PDMS} （人工河水）	lgK_{PDMS} （人工河水）	lgK_{PDMS} （超纯水）	lgK_{PDMS}[a]	lgK_{PDMS}[b]	lgK_{ow}[c]
naphthalene	Nap	—	—	—	2.91	—	3.30
acenaphthylene	Acy	2398.8	3.38	2.91	—	—	3.94
acenaphthene	Ace	4897.8	3.69	3.36	—	—	4.03
fluorene	Fle	5495.4	3.74	3.40	3.72	—	4.18
phenanthrene	Phe	8128.3	3.91	3.56	3.83	3.71	4.57
anthracene	Ant	10964.8	4.04	3.75	3.84	—	4.54
fluoranthene	Flu	19498.5	4.29	4.07	4.26	—	5.22
pyrene	Pyr	22908.7	4.36	4.18	4.32	4.26	5.18
benz［a］anthracene	B［a］A	37153.5	4.57	4.20	4.77	4.75	5.61
chrysene	Chr	47863.0	4.68	4.45	4.69	4.76	5.91
benzo［b］fluoranthene	B［b］F	128825	5.11	4.68	5.23	4.92	6.60
benzo［k］fluoranthene	B［k］F	138039	5.14	4.83	5.23	4.96	6.60
benzo［a］pyrene	B［a］P			4.74	5.24	5.14	6.04
indeno［123-cd］pyrene	Ind						7.10
dibenz［ah］anthracene	DBA						7.19
benzo［ghi］perylene	B［ghi］P						7.10

a lgK_{PDMS} 值摘自 ter Laak et al.（2006）。

b lgK_{PDMS} 值摘自 Lu et al.（2011）。

c lgK_{ow} 值（辛醇–水分配系数）摘自 Mackay et al.（1992）。

在人工河水中测得的 K_{PDMS} 值被用来计算实际水体中多环芳烃的自由溶解态浓度（C_{free}）。具体公式如下：

$$C_{free}=\frac{C_{PDMS}}{（K_{PDMS}\times10^{9}）} \tag{10-1-2}$$

向每个 1L 的蓝盖瓶中加入一根 1cm 的 PDMS 纤维和 800mL 的滤后水样。封口后的瓶子被放置在振荡培养箱（120r/min，25℃）中 24h。平衡后，取出纤维，加入 200μL 含有 5ng 内标物的正己烷来萃取其上的多环芳烃，待上机测定。

聚乙烯膜装置的具体方法见第 9 章。每次现场采样前，聚乙烯膜被分成质量约为

25mg 的长条以便萃取河水中的自由溶解态多环芳烃。每个位点放置 5 条聚乙烯膜，分别用鱼竿和铜丝使其浸泡在河水之中（约水下 0.5m 处），且不与岸边或河床接触；8h 后取下聚乙烯膜，用超纯水冲洗干净后，放入事先用铝箔纸和滤纸折叠好的盒子中，并迅速运回实验室待后续测定。

在测定多环芳烃自由溶解态浓度的两种方法中，聚乙烯膜直接浸泡在河水中，而固相微萃取方法中的纤维则是放在现场过滤后的清水样中。图 10-1-2 的结果表明：基于聚乙烯膜方法测定的多环芳烃自由溶解态浓度和固相微萃取方法的测定值间无显著差异，说明固相微萃取方法测得的多环芳烃浓度可代表当时河流的真实水平。

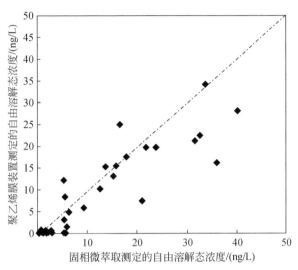

图 10-1-2　聚乙烯膜装置和固相微萃取测定的多环芳烃自由溶解态浓度对比

10.1.3　水、沙和污染物入海通量计算

入海水量和沙量采用如下公式计算：

$$D_W = \sum_{j=1}^{365} Q_{Wj} \tag{10-1-3}$$

$$D_{SPS} = \sum_{j=1}^{365} Q_{SPSj} \tag{10-1-4}$$

其中，Q_{Wj} 和 Q_{SPSj} 分别是利津站点每次测得的水量和沙量。根据上式也可以计算调水调沙前（1 月 1 日~6 月 18 日）、调水调沙期间（6 月 19 日~7 月 10 日）以及调水调沙后（7 月 10 日~12 月 31 日）的入海水量（D_{Wb}、D_{Wd} 和 D_{Wa}）和沙量（D_{SPSb}、D_{SPSd} 和 D_{SPSa}）。黄河全年多环芳烃的入海通量可采用下式估算：

$$F_T = F_D + F_B + F_A \tag{10-1-5}$$

其中，F_D、F_B 和 F_A 分别为调水调沙期间、调水调沙前和调水调沙后多环芳烃的入海通量。调水调沙期间（历时 22 天）多环芳烃的通量可用下式计算：

$$F_D = \sum_{i=1}^{22}(C_{Wi} \times Q_{Wi}) + \sum_{i=1}^{22}(C_{SPSi} \times Q_{SPSi}) \qquad (10\text{-}1\text{-}6)$$

其中，C_{Wi} 和 C_{SPSi} 分别是第 i 天水相和悬浮泥沙相的多环芳烃浓度；Q_{Wi} 和 Q_{SPSi} 分别是第 i 天的入海水量和沙量。由于多环芳烃浓度并非每日测定一次，因此使用外推法近似认为 6 月 22 日的测定值可代表 6 月 19 日~23 日的平均值，其余时间段的依次类推。调水调沙前和调水调沙后多环芳烃的入海通量则采用下式估算：

$$F_B = C_{Wb} \times D_{Wb} + C_{SPSb} \times D_{SPSb} \qquad (10\text{-}1\text{-}7)$$

$$F_A = C_{Wa} \times D_{Wa} + C_{SPSa} \times D_{SPSa} \qquad (10\text{-}1\text{-}8)$$

其中，C_{Wb} 和 C_{Wa} 分别是调水调沙前和调水调沙后河水中多环芳烃的总溶解态浓度；C_{SPSb} 和 C_{SPSa} 分别是调水调沙前和调水调沙后悬浮泥沙中的多环芳烃浓度。此处，6 月 15 日和 9 月 20 日测定的多环芳烃数据分别用来代表调水调沙前和调水调沙后的相应值。

10.1.4 质量控制与质量保证

GC-MS 上 16 种多环芳烃的标准曲线相关系数均高于 0.99。空白实验表明使用前 SPE 萃取柱和 SPME 纤维上多环芳烃均低于仪器检出限。16 种多环芳烃的加标回收率在水样中的范围为 80.5%~105.4%（$N=36$）、在悬浮泥沙样品中的范围为 72.1%~95.9%（$N=36$）。菲、芘和䓛在聚乙烯膜中的加标回收率为 62.1%~75.9%（$N=24$）。回收率指示剂的回收率在实际水样中为 74.8%~90.2%，在悬浮泥沙中为 65.9%~89.3%，在聚乙烯膜中为 60.2%~79.8%。所有数据均进行了回收率校正。SPME 方法中，纤维上富集的多环芳烃自由溶解态浓度占水样中的 1.8%，满足微耗要求（小于 5%）。

10.2 黄河小浪底调水调沙工程对悬浮泥沙含量和粒径的影响

10.2.1 小浪底调水调沙工程对悬浮泥沙含量的影响

与世界其他大河一样，为满足日益增加的用电需求，同时兼顾供水、灌溉、防洪等要求，黄河先后建成大坝数十座。其中，小浪底水库上距三门峡水利枢纽 130km，是黄河最后一个峡谷河段水库。小浪底调水调沙是为了缓解黄河水少沙多、水沙不平衡的严峻形势，调水过程是以大流量清水下泄冲刷下游河道，调沙过程是水库下泄高含沙浑水将水库中的泥沙送入大海以维持小浪底水库库容。我们于 2013 年对小浪底库区和水库下游进行了现场观测和分析，下面分析调水调沙工程对水沙条件的影响。

黄河悬浮泥沙浓度在调水期间为 0.04~10.0g/L，均值为 3.48g/L；在调沙期间范围为 15.1~54.8g/L，均值为 29.4g/L。显然，调沙期间悬浮泥沙浓度远高于调水期间。从空间变化来看，调水期间悬浮泥沙浓度从小浪底水库开始沿程升高，而调沙期间浓度则沿程下降（图 10-2-1）。这是因为调水期间大量清水下泄导致沿程沉积物再悬浮，从而使得悬浮泥沙浓度升高；调沙期间高含沙水从水库下泄，沿程泥沙发生沉降导致悬浮泥沙浓度降低。

调水调沙期间的悬浮泥沙浓度均值远大于调水调沙后（0.01~0.48g/L，均值0.24g/L）和调水调沙前（均值为0.43g/L）。本研究中调水调沙期间利津站点的悬浮泥沙浓度（3.02~19.0g/L）与Wang等（2012）的报道值（6.3~10.6g/L）相当。同时，调水期间黄河小浪底下游悬浮泥沙浓度均值约为世界其他河流均值的10倍（表1-1-1）；调沙期间悬浮泥沙浓度约为世界其他河流均值的70倍之多（表1-1-1）。这主要是由于黄土高原土壤侵蚀严重，向黄河输入了大量的泥沙（Zhang et al.，1990），尽管黄土高原水土保持措施已成效显著，仍然有可观的泥沙进入河流。

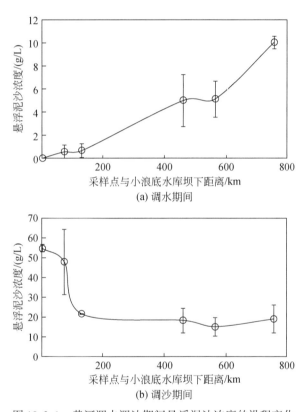

图 10-2-1　黄河调水调沙期间悬浮泥沙浓度的沿程变化

10.2.2　小浪底调水调沙工程对悬浮泥沙粒径的影响

调水期间，黄河小浪底下游的悬浮泥沙粒径均在500μm以下，其中粒径<2μm、2~50μm、50~100μm、>100μm的泥沙分别占0.87%、67.1%、18.5%、13.5%（表10-2-1）。调沙期间，河水中的悬浮泥沙粒径均在200μm以下，粒径<2μm、2~50μm、50~100μm、>100μm的泥沙分别为9.64%、84.03%、5.35%、0.96%。非调水调沙期间，河水中的

悬浮泥沙粒径均在 $200\mu m$ 以下，粒径<$2\mu m$、$2\sim50\mu m$、$50\sim100\mu m$、>$100\mu m$ 的泥沙分别为 10.0%、65.6%、16.9%、7.48%。综上，黄河悬浮泥沙中粒径为 $0\sim50\mu m$ 的部分占 67.88%~93.67%。Yu 等（2013）曾报道 2002~2012 年间黄河下游 50% 以上悬浮泥沙的粒径在 $25\mu m$ 以下，与本研究结果一致。此外，一些学者对世界其他河流悬浮泥沙的粒径分布也进行了研究，长江悬浮泥沙中粒径<$2\mu m$ 和 $2\sim63\mu m$ 的部分分别为 48.1% 和 51.9%（Yu et al.，2011）。美国红河、Maple 河、雪延尼河和 Wild Rice 河中 75%~99% 的悬浮泥沙粒径都小于 $62\mu m$（Blanchard et al.，2011）。英国亨伯河和特威德河中粒径小于 $63\mu m$ 的悬浮泥沙占比大于 95%（Walling et al.，2000）。根据 Davide 等（2003）的研究结果，意大利波河在平水期和丰水期期间悬浮泥沙中粒径为 $0\sim63\mu m$ 的部分为 64%~99%。因此，综上所述，河流中悬浮泥沙粒径多在 $200\mu m$ 以下，且悬浮泥沙中粒径<$50\mu m$ 的细颗粒平均占比为 64%~99%。

黄河下游悬浮泥沙中粒径<$50\mu m$ 的比例从大到小依次为调沙期间（93.67%）>调水调沙后（75.60%）>调水期间（67.88%）（表 10-2-1）。黄河调沙期间悬浮泥沙的中值粒径为 $15.8\mu m$，小于调水期间的中值粒径（$37.9\mu m$）。其他研究也报道黄河调沙期间的悬浮泥沙粒径可能要小于调水期间的泥沙粒径（Zhang et al.，2013）。这是由于调水调沙后的河水流速小于调水期间的河水流速，被水挟带的泥沙粒径较小。

表 10-2-1　黄河下游调水调沙和非调水调沙期间悬浮泥沙的粒径组成

时期	粒径	占比/%						
		XLD	JG	HYK	AS	LK	LJ	均值
调水期间（四次均值）	黏土（<$2\mu m$）	0.19	0.67	0.07	0.28	3.01	0.98	0.87
	粉砂（$2\sim50\mu m$）	30.8	71.4	64.5	80.4	68.6	87.1	67.1
	细沙（$50\sim100\mu m$）	33.9	21.8	23.1	11.9	16.9	3.49	18.5
	粗沙（>$100\mu m$）	35.1	6.15	12.4	7.42	11.5	8.42	13.5
	中值粒径/μm	77.6	36.6	37.5	27.0	31.9	17.0	37.9
调沙期间（两次均值）	黏土（<$2\mu m$）	6.43	8.93	14.1	9.01	7.74	11.6	9.64
	粉砂（$2\sim50\mu m$）	83.5	87.7	78.2	85.1	83.1	86.6	84.03
	细沙（$50\sim100\mu m$）	8.63	2.96	5.57	4.68	8.50	1.77	5.35
	粗沙（>$100\mu m$）	1.47	0.40	2.07	1.16	0.62	0.02	0.96
	中值粒径/μm	25.4	20.2	11.4	12.7	13.2	11.7	15.8
调水调沙后	黏土（<$2\mu m$）	0		4.95	9.93	14.2	20.9	10.0
	粉砂（$2\sim50\mu m$）	17.1		84.1	71.4	76.5	79.1	65.6
	细沙（$50\sim100\mu m$）	53.0		8.54	15.9	6.96	0	16.9
	粗沙（>$100\mu m$）	29.9		2.43	2.78	2.28	0	7.48
	中值粒径/μm	79.4		21.8	16.7	8.78	4.95	26.3

注：XLD、JG、HYK、AS、LK 和 LJ 是黄河干流小浪底水库坝下、焦巩大桥、花园口、艾山、泺口和利津采样点。

10.2.3 黄河悬浮泥沙与河水流速的关系

黄河下游河段河水流速范围为 0.6~3.2m/s，不论是调水调沙期间还是非调水调沙期间，悬浮泥沙含量（［SPS］，g/L）随河水流速（V，m/s）的增加以幂函数的形式增大，如式（10-2-1）所示（$N=144$，$r=0.95$，$p<0.01$）。

$$［SPS］=1.348V^{2.519} \tag{10-2-1}$$

如图 10-2-2 所示，在调水期间、调沙期间、调水调沙后三个时期，河流悬浮泥沙浓度均随河水流速增加以幂函数形式（［SPS］$=a \cdot V^b$）增加。三阶段拟合的 b 值从大到小依次为调水调沙后（2.493）>调沙期间（2.188）>调水期间（0.975），表明水动力条件对悬浮泥沙含量的影响在调水调沙后最为显著，这是由于调水调沙后为自然的河流过程。该公式与张瑞瑾（1989）通过对黄河不同河段的观测结果拟合得出的半经验理论公式极为接近。Ding 等（2004）也曾报道长江悬浮泥沙含量的主要控制因素是河水的流速。黄建枝等（2012）也报道过在室内模拟体系中悬浮泥沙含量（0.165~4.22g/L）随流速（0.15~0.35m/s）增加以幂函数形式增加，与本研究结果一致。以上结果表明，当河流泥沙来源丰富时，河水流速是悬浮泥沙含量的控制因素。

调水期间、调沙期间、调沙后黄河悬浮泥沙粒径从小浪底坝下沿程减小（表 10-2-2）。这是因为调水期间，河水流速沿程减小，越来越多的细泥沙颗粒悬浮并进入上覆水相。调沙期间，悬浮泥沙中的大颗粒沿程沉降，因而造成从小浪底至利津段河水中悬浮泥沙的粒径沿程减小。调沙后，由于河水流速在沿程下降，粒径较大的悬浮泥沙也沿程沉降。由图 1-2-1 可知，不论调水调沙期间还是非调水调沙期，悬浮泥沙粒径与河水流速间存在显著的正相关关系（$p<0.01$），表明悬浮泥沙的粒径会随河水流速的减小而减小。

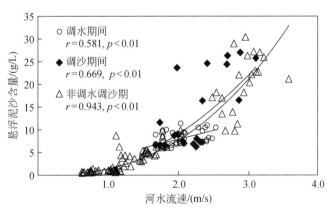

图 10-2-2　河水流速与悬浮泥沙含量的关系

10.3　黄河小浪底调水调沙工程对河流有机质含量和组成的影响

黄河泥沙有机质含量极低，显著低于世界河流（亚马孙河、密西西比河和波河等）的平均水平（表 1-1-2），这是由于黄河泥沙主要来自黄土高原，而黄土高原土壤中 20～200μm 组分占 75%～90%，其有机碳（OC）含量仅为 0.22%～0.58%（张孝中，2002；任广琦等，2018）。在调水和调沙期间，悬浮泥沙中的有机碳（OC）含量从小浪底至花园口段（XLD—HYK）沿程增加，在花园口至利津段（HYK—LJ）几乎保持稳定（图 10-3-1）。如表 10-3-1 所示，黄河调沙期间悬浮泥沙的总有机碳含量为 0.48%±0.07%，显著高于调水期间（0.25%±0.10%）和调水调沙后（0.18%±0.07%）（$p < 0.01$）。悬浮泥沙中总有机碳含量的时空分布与悬浮泥沙的粒径显著相关。由 10.2 节可知，黄河调沙期间悬浮泥沙的粒径小于调水期间，不论调水还是调沙期间，小浪底水库以下悬浮泥沙的粒径均沿程减小（表 10-2-1）。进一步分析发现悬浮泥沙粒径与悬浮泥沙中总有机碳含量呈显著负相关关系（$r = 0.749$，$p < 0.01$）[图 10-3-2（a）]，该结果也与其他学者的报道结果一致。美国 Erie 湖、Huron 湖、Michigan 湖和 West Bearskin 湖中沉积物总有机碳的 59.9%～94.5% 存在于粒径 <63μm 的细颗粒中（Kukkonen et al.，2005）。根据我们之前的研究结果（Li et al.，2006），调水调沙前黄河悬浮泥沙中的总有机碳含量为 0.15%～0.30%，与调水调沙后的水平接近。

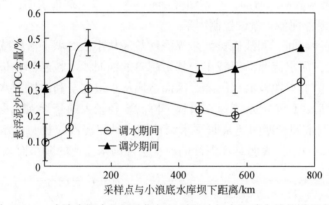

图 10-3-1　小浪底调水和调沙期间悬浮泥沙相有机碳含量的沿程变化

表 10-3-1　调水调沙和调水调沙后悬浮泥沙中有机碳的含量和组成

采样阶段	OC	XLD	JG	HYK	AS	LK	LJ	均值
调水期间（N=12）	悬浮泥沙中 TOC/%	0.11±0.09	0.17±0.05	0.34±0.04	0.259±0.02	0.23±0.04	0.37±0.07	0.25±0.10
	悬浮泥沙中 BC/%	0.03±0.01	0.07±0.02	0.05±0.00	0.08±0.03	0.19±0.03	0.35±0.12	0.13±0.12
	河水中 DOC /(mg/L)	6.84±0.19	6.88±0.16	7.03±0.44	6.76±0.43	6.82±0.44	7.12±0.41	6.91±1.89
调沙期间（N=6）	悬浮泥沙中 TOC/%	0.36±0.01	0.44±0.13	0.61±0.08	0.45±0.04	0.45±0.11	0.59±0.01	0.48±0.07
	悬浮泥沙中 BC/%	0.03±0.01	0.04±0.00	0.04±0.00	0.05±0.01	0.04±0.01	0.05±0.00	0.04±0.01
	河水中 DOC /(mg/L)	6.95±0.05	6.69±0.14	6.80±0.33	6.39±0.62	7.13±1.03	6.00±0.51	6.66±0.56

续表

采样阶段	OC	XLD	JG	HYK	AS	LK	LJ	均值
调水 调沙后 （N=3）	悬浮泥沙中 TOC/%	0.17	0.229	0.09	0.20	0.11	0.26	0.18±0.07
	悬浮泥沙中 BC/%	0.03	0.03	0.04	0.07	0.04	0.12	0.06±0.03
	河水中 DOC /（mg/L）	7.58	7.15	7.45	6.61	7.28	6.33	7.07±0.49

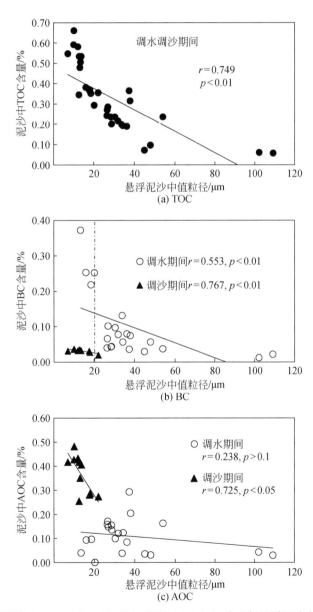

图 10-3-2　悬浮泥沙中 TOC（a）、BC（b）以及 AOC（c）含量与悬浮泥沙中值粒径间的关系

为便于与河水中溶解性有机碳（DOC）浓度进行比较，我们根据悬浮泥沙含量及悬浮泥沙中的总有机碳含量计算了颗粒态有机碳含量（POC_{water}，mg/L）。

$$POC_{water} = TOC_{SPS} \times [SPS] \tag{10-3-1}$$

其中，TOC_{SPS}指悬浮泥沙中的总有机碳含量（%）；[SPS]指河水中的悬浮泥沙含量（mg/L）。根据每个位点的悬浮泥沙含量和悬浮泥沙中总有机碳含量计算可知，调水期间河水中颗粒态有机碳含量范围为0.02~19.7mg/L，调沙期间为43.9~318mg/L，调水调沙后为0.01~0.95mg/L。与悬浮泥沙含量呈现的结果相同，河水中颗粒态有机碳含量表现为调沙期间>调水期间>调水调沙后（$p<0.01$）。

在调水和调沙期间，小浪底水库下游河水中的溶解性有机碳含量沿程无显著变化（$p>0.1$，图10-3-3）。根据表10-3-1中的结果显示，河水中的溶解性有机碳含量在调水期间、调沙期间与调水调沙后三个阶段之间无显著差异（$p>0.1$）。该结果表明沉积物再悬浮-沉降对溶解性有机碳含量的影响不显著。根据小浪底位点获得的数据分析可知，调沙期间从小浪底水库下泄的高含沙水中的溶解性有机碳含量为（6.95±0.05）mg/L，与调水期间下泄清水中的溶解性有机碳含量水平［（6.84±0.19）mg/L］相当。该结果表明水库中表层水、底部水和孔隙水中溶解性有机碳含量几乎达到平衡。在调水期间，小浪底水库清水下泄冲刷下游河道，导致下游河道沉积物再悬浮，河水中的悬浮泥沙含量沿程增加，从0.04g/L增加至10.0g/L（图10-2-1），但河水中的溶解性有机碳含量仅在（6.84±0.19）~（7.12±0.41）mg/L之间波动（图10-3-3）。此外，不论调水期间还是调沙期间，河水悬浮泥沙含量与溶解性有机碳含量间无显著关系（$p>0.1$）。可能原因如下：黄河中的悬浮泥沙和沉积物主要来自黄土高原，一旦黄土被冲刷进入河道，黄土中的溶解性有机碳能很快溶解进入河水中。因此，对于河道中的沉积物，当其再发生悬浮-沉降对河水中的溶解性有机碳含量已无显著影响。虽然我们之前在长江的研究结果表明河流沉积物孔隙水中的溶解性有机碳含量比上覆水相中的溶解性有机碳含量高，但由于小浪底调水期间孔隙水量很小，因此从孔隙水中释放的溶解性有机碳对上覆水相中溶解性有机碳含量的贡献并不明显。

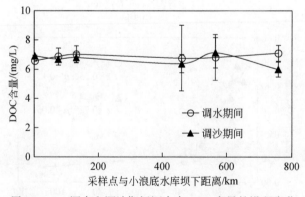

图10-3-3　调水和调沙期间河水中DOC含量的沿程变化

溶解性有机碳与颗粒态有机碳之间的比值可以反映河流中有机碳的主导形态。世界河流的平均比值为大于 1 或接近 1 (Degens et al., 1991)。对于黄河, 溶解性有机碳与颗粒态有机碳之间的比值在调水期间为 0.38 ~ 434, 在调沙期间为 0.03 ~ 0.21 (表 10-3-2)。这表明调沙期间河水中有机碳的主导形态为颗粒态有机碳; 调水期间在小浪底至花园口段为溶解性有机碳, 在花园口以下则为颗粒态有机碳。而且, 溶解性有机碳与颗粒态有机碳之间比值的对数与悬浮泥沙含量的对数间存在显著负相关关系, 公式如下:

$$\lg[DOC/POC] = -1.13\lg[SPS] + 0.40 \quad (r = 0.974, N = 40, p < 0.01) \quad (10\text{-}3\text{-}2)$$

其中, [SPS] 是河水中的悬浮泥沙含量 (g/L); [DOC/POC] 是溶解性有机碳与颗粒态有机碳之间的比值 (无量纲), 当悬浮泥沙含量为 2.24g/L, 该比值等于 1。

表 10-3-2 调水调沙期间和调水调沙后 DOC 与 POC 的比值

阶段	采样时间	DOC/POC					
		XLD	JG	HYK	AS	LK	LJ
调水期间	6 月 22 日	14.1	8.32	—	0.88	1.08	1.00
	6 月 24 日	393	17.5	37.4	0.38	0.58	0.45
	6 月 26 日	317	2.93	—	0.83	0.53	0.80
	6 月 28 日	434	13.1	19.9	0.64	0.70	1.19
	均值	290	10.5	28.6	0.68	0.72	0.86
调沙期间	7 月 4 日	0.04	0.03	0.06	0.11	0.21	0.05
	7 月 8 日	0.04	0.07	0.07	0.09	0.08	0.10
	均值	0.04	0.05	0.07	0.10	0.15	0.08
调水调沙后	9 月	836	321	27.6	6.99	13.8	13.0

根据操作定义, 泥沙中的总有机碳可分为无定形有机碳 (amorphous organic carbon, AOC, 375℃条件下加热能被氧化的有机碳) 和黑炭 (black carbon, BC, 375℃条件下加热后能保存下来的有机碳)。黄河调沙期间悬浮泥沙中的黑炭含量为 0.04% ±0.01%, 低于调水调沙后 (0.06% ±0.03%) 和调水期间 (0.13% ±0.12%) (表 10-3-1)。悬浮泥沙中的黑炭含量在调水期间表现为沿程快速升高, 在调沙期间为沿程略有升高 (表 10-3-1)。调水期间, 小浪底水库下游河段的悬浮泥沙来自下游河道中沉积物的再悬浮, 调沙期间的悬浮泥沙则是直接从水库下泄, 这是导致调水和调沙期间黑炭含量不同的主要原因。如图 10-3-2 (b) 所示, 调水期间和调沙期间悬浮泥沙的黑炭含量均与悬浮泥沙的中值粒径呈显著负相关。不论在调水期间还是调沙期间, 悬浮泥沙的黑炭含量随悬浮泥沙中粒径 >50μm 组分含量的降低而增加 [图 10-3-4 (c)]。调水期间悬浮泥沙的黑炭含量随粒径 2 ~ 50μm 组分含量的增加而增加 [图 10-3-4 (b)], 而调沙期间悬浮泥沙的黑炭含量随粒径 <2μm 组分含量的增加而增加 [图 10-3-4 (a)]。这表明调水期间悬浮泥沙中 2 ~ 50μm 粒径组分 (30.8% ~ 87.1%) 对黑炭含量影响显著, 而调沙期间悬浮泥沙中粒径 <2μm 组分 (6.43% ~ 14.1%) 对黑炭含量影响显著。以上结果也间接表明黄河泥沙中的黑炭主要存在于粒径 <50μm 的细颗粒中。荷兰和芬兰的湖泊沉积物中 50% ~ 90% 的黑炭也存在于粒径 <63μm 的组分中 (Cornelissen et al., 2004)。然而, 一些学者也发现了与之相反的结果。

Oen 等（2006）发现 Oslo 海港和 Bergen 海港沉积物中粒径>75μm 的组分中黑炭含量最高。Rockne 等（2002）观测到 Piles 和 Newtown 溪流沉积物中黑炭含量最高的组分分别是 63~125μm 和 300~500μm。以上所有研究中黑炭的分析方法都是采用 CTO-375 法，本研究与其他研究所得结果的差异主要是由黑炭来源不同所导致。值得注意的是，如图 10-3-2（b）所示，悬浮泥沙的黑炭含量为调沙期间低于调水期间，而泥沙粒径也表现为调沙期间低于调水期间。这是由于这两个时期的悬浮泥沙来源不同。因此，本研究结果表明悬浮泥沙来源和性质均是影响悬浮泥沙黑炭含量的主要因素。此外，悬浮泥沙中无定形有机碳含量与悬浮泥沙粒径呈显著负相关 [$r=0.725$，$p<0.05$，见图 10-3-2（c）]。

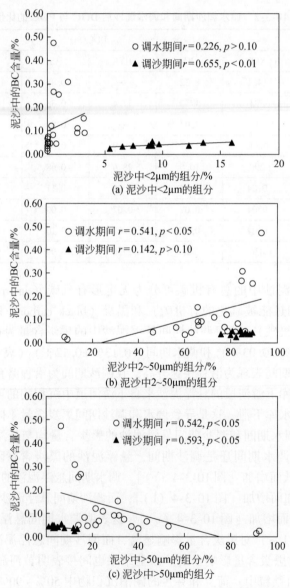

图 10-3-4　调水和调沙期间悬浮泥沙中 BC 含量与悬浮泥沙不同粒径组分之间的关系

　　调水期间，悬浮泥沙中黑炭占总有机碳含量的比例从小浪底站点的 23.4% 增加到利津站的 94.6%，仅在花园口站有所波动。调沙期间，悬浮泥沙中黑炭占总有机碳含量的比例沿程几乎稳定（8.3% ±1.1%）。调水调沙后，悬浮泥沙中黑炭占总有机碳含量的比例在 12.5% ~46% 之间（图 10-3-5）。因为黑炭对污染物的吸附性强，当沉积物发生再悬浮时，与黑炭结合的疏水性有机污染物很难重新释放进入水相。在调沙期间，黄河悬浮泥沙的黑炭含量低、无定形有机碳含量高，这些悬浮泥沙进入水体后可能会释放更多的污染物进入水体，导致水体中疏水性有机污染物的风险更高，这也在我们后面的研究中得到了证实。

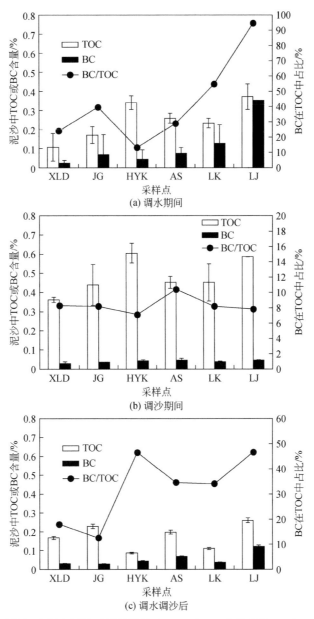

图 10-3-5　调水调沙期间和调水调沙后悬浮泥沙中 TOC 和 BC 含量以及 BC 占 TOC 比例的沿程变化

10.4　黄河水、沙和有机碳入海通量及其变化趋势

10.4.1　黄河水、沙和有机碳入海通量

黄河的入海水量和沙量可根据从利津站获得的每日水沙通量利用式（10-1-3）和式（10-1-4）估算。分别计算了调水调沙前、调水调沙期间和调水调沙后 3 个阶段的入海水量（D_{Wb}、D_{Wd}、D_{Wa}）和沙量（D_{SPSb}、D_{SPSd}、D_{SPSa}）。根据计算，2013 年调水调沙期间，黄河入海水量为 52.5 亿 m³，入海沙量为 0.561 亿 t。2013 年全年入海水量与入海沙量分别为 235 亿 m³ 和 1.73 亿 t，这与根据 2002～2013 年《黄河泥沙公报》报道的数据计算所得均值（年均入海水量为 165 亿 m³，入海沙量为 1.60 亿 t）相符。Wang 等（2012）报道黄河 2008 年的入海水量为 193 亿 m³，与本研究结果基本吻合。进一步计算得到，小浪底调水调沙期间入海水量和沙量分别占当年入海水量和沙量的 22.6% 和 32.5%。

为更好地与世界其他河流比较，本研究计算了黄河和世界其他河流单位流域面积上的水量 [km³/(km²·a)，mm/a] 和沙量 [t/(km²·a)，g/m²/a]。从表 10-4-1 可以看出，黄河 2013 年单位流域面积的产水量为 31.3mm，与 20 世纪报道的黄河单位流域面积的产水量（Zhang et al.，1992；Meybeck and Ragu，1995）相比，下降了大约一半。与其他河流相比，黄河 2013 年单位流域面积的产水量比世界其他河流如长江（Wang et al.，2012）、密西西比河（Bianchi et al.，2007）、亚马孙河（Moreira-Turcq et al.，2003）和刚果河（Coynel et al.，2005）等低一个数量级，仅与尼罗河（Coynel et al.，2005）水平相当。黄河 2013 年单位流域面积的产沙量为 230t/km²，约为 20 世纪报道的黄河单位流域面积产沙量的六分之一。尽管如此，黄河 2013 年单位流域面积的产沙量仍比世界其他河流高 1～2 个数量级，仅有湄公河和雅鲁藏布江的产量（Le et al.，2007；Milliman and Syvitski，1992）与其相当。根据 Milliman 和 Farnsworth（2011）的报道结果，黄河入海沙量对世界河流总入海沙量的贡献约为 0.96%，远大于黄河入海水量占世界河流总入海水量的贡献值（0.07%）。

根据本研究实测的河水中 DOC 浓度和悬浮泥沙上的 OC 含量，可以估算出调水调沙期间的 DOC（F_{DOC-D}）和 POC（F_{POC-D}）入海通量，具体公式如下：

$$F_{DOC-D} = \sum_{i=1}^{22} (C_{DOCi} \times Q_{Wi}) \tag{10-4-1}$$

$$F_{POC-D} = \sum_{i=1}^{22} (P_{TOCi} \times Q_{SPSi}) \tag{10-4-2}$$

其中，C_{DOCi} 是第 i 天利津站河水中的 DOC 浓度（mg/L）；P_{TOCi} 是第 i 天利津站悬浮泥沙中的 TOC 含量（%）；Q_{Wi} 和 Q_{SPSi} 分别是第 i 天的入海水量和沙量。结果表明：调水调沙期间的 DOC 和 POC 入海通量分别为 3 万 t 和 27 万 t（表 10-4-1），其中调水期间 DOC 和 POC 入海通量分别为 2 万 t 和 10 万 t，调沙期间分别为 1 万 t 和 17 万 t。

表 10-4-1 世界河流的水、沙、DOC 和 POC 入海通量

河流名称	流域面积/Mkm²	Qw		Qs		DOC		POC		DOC/POC	参考文献
		km³	mm	Mt	t/km²	Mt	t/km²	Mt	t/km²		
亚马孙河	6.4	6600	1031	600~1150	93~180	37.6	5.88	6.1	0.95	6.16	Moreira-Turcq et al., 2003
刚果河	3.7	1325	358	31.7	8.57	12.4	3.35	2.0	0.54	6.20	Coynel et al., 2005
鄂毕河	2.99	404	135	15.5	5.18	3.1	1.0	0.3	0.10	10.3	Köhler et al., 2003; Holmes et al., 2002
密西西比河	2.98	547	184	500	168	3.1	1.04	0.93	0.31	3.33	Bianchi et al., 2007
尼罗河	2.90	83	28.6	120	41.4	0.3	0.10	0.4	0.14	0.75	Coynel et al., 2005
勒拿河	2.5	525	210	20.7	8.28	3.5	1.40	0.6	0.24	5.83	Gordeev et al., 1996
长江	1.70	794	467	118.1	69.4	1.58	0.93	1.52	0.89	1.04	Wang et al., 2012
奥里诺科河	1.1	1135	1032	107	97.3	5.0	4.55	1.7	1.55	2.94	Coynel et al., 2005
多瑙河	0.82	63.85	77.9	3.01	3.67						Onderka and Pekárová, 2008
渭公河	0.795	470	591	160	201	4.2	5.28	4.7	5.91	0.89	Le et al., 2007
黄河	0.75	23.5	31.3	172.8	230	0.11	0.15	0.55	0.67	0.20	本研究
黄河(调水调沙)	0.75	5.25		56.1		0.03	0.04	0.27	0.29	0.11	本研究
黄河	0.75	19.3	25.7	167	223	0.032	0.04	0.39	0.52	0.08	Wang et al., 2012
黄河	0.75	48	64.0	900	1200	0.2	0.27	6.1	8.13	0.03	Zhang et al., 1992
黄河	0.75	48	64.0	900	1200	0.1	0.13	6.3	8.40	0.02	Meybeck and Ragu, 1995
雅鲁藏布江	0.65	510	785	540	831	1.6	2.46	1.3	2.0	1.23	Milliman and Syvitski, 1992
珠江	0.45	280	622	25	55.6	0.38	1.20	0.54	0.84	0.70	Ni et al., 2008
哥达瓦里河	0.31	105	339	1.365	4.40	0.76	2.45	0.76	2.45	1.00	Balakrishna and Probst, 2005
罗纳河	0.10	53.8	538	9.9±6.4	99	0.13	1.30	0.19	1.90	0.68	Sempéré et al., 2000
埃布罗河	0.08	6.3	78.8	0.11	1.375	0.027	0.33	6.6	0.08	0.004	Muñoz and Prat, 1989; Négrel et al., 2007
世界河流均值	61.67	38600	626			200	3.24	200	3.24	1.00	Aufdenkampe et al., 2011

进而可用下式计算全年的 DOC 和 POC 入海通量：

$$F_{DOC-T} = F_{DOC-D} + F_{DOC-B} + F_{DOC-A} \qquad (10\text{-}4\text{-}3)$$

$$F_{POC-T} = F_{POC-D} + F_{POC-B} + F_{POC-A} \qquad (10\text{-}4\text{-}4)$$

其中，F_{DOC-B} 和 F_{DOC-A} 分别是调水调沙前和调水调沙后的 DOC 入海通量；F_{POC-B} 和 F_{POC-A} 分别是调水调沙前和调水调沙后的 POC 入海通量。用下式进行估算：

$$F_{DOC-B} = C_{DOCb} \times D_{Wb} \qquad (10\text{-}4\text{-}5)$$

$$F_{DOC-A} = C_{DOCa} \times D_{Wa} \qquad (10\text{-}4\text{-}6)$$

$$F_{POC-B} = P_{TOCb} \times D_{SPSb} \qquad (10\text{-}4\text{-}7)$$

$$F_{POC-A} = P_{TOCa} \times D_{SPSa} \qquad (10\text{-}4\text{-}8)$$

其中，C_{DOCb} 和 C_{DOCa} 分别是调水调沙前和调水调沙后河水中的 DOC 浓度；P_{TOCb} 和 P_{TOCa} 分别是调水调沙前和调水调沙后悬浮泥沙中的 TOC 含量。此处，我们仅用 6 月 15 日和 9 月 29 日采集的样品实测数据来分别代表调水调沙前和调水调沙后的相应值。计算得到黄河 2013 年的 DOC 和 POC 入海通量分别为 11 万 t 和 55 万 t。仅用两次采样结果外推的非调水调沙阶段 OC 通量会导致 OC 入海通量存在不确定性，但根据前人研究报道（Wang et al., 2012；Zhang et al., 2013），非调水调沙阶段 OC 的浓度没有显著变化，因此由于采样次数过少导致的 OC 入海通量的不确定性可以基本忽略。调水调沙期间 DOC 入海通量对全年入海通量的贡献为 27.3%，与入海水量的贡献（22.6%）接近。然而，调水调沙期间 POC 入海通量对全年的贡献为 49.5%，高于调水调沙阶段入海水量的贡献量（22.6%）。这也进一步表明在非调水调沙阶段小浪底水库是水库上游 POC 的"汇"，而在调水调沙时期则成为水库下游 POC 的"源"。

如表 10-4-1 所示，2013 年黄河单位流域面积上的 DOC 产量为 0.15t/km²，低于世界其他河流如鄂毕河（Köhler et al., 2003；Holmes et al., 2002）和勒拿河（Gordeev et al., 1996）等，仅有尼罗河（Coynel et al., 2005）和埃布罗河（Négrel et al., 2007）与之相当。2013 年黄河单位流域面积上的 POC 产量为 0.67t/km²，略低于长江、珠江、亚马孙河，远低于湄公河（Le et al., 2007；Lu and Siew, 2006）的产量，但高于密西西比河（0.31t/km²）和埃布罗河（0.08t/km²）的产量。由 10.3 节可知，黄河 2013 年单位流域面积的产沙量仍高于世界其他河流，而黄河悬浮泥沙上的 TOC 含量低于世界其他河流。由于高含沙量和悬浮泥沙上的低 TOC 含量两者之间相互抵消，黄河单位流域面积上的 POC 产量处于世界河流的中等水平。同时，可进一步估算得出黄河 TOC 入海通量大约占世界河流的 0.15%。

10.4.2 黄河入海沙量及有机碳入海通量减少原因初探

根据黄河水利委员会每年发布的《黄河泥沙公报》报道的相关数据可得，与 1950~2001 年小浪底水库未投入运行时相比，2013 年黄河全年入海沙量减少了 80.1%（图 10-4-1）。除小浪底水库的作用外，其他因素如黄土高原的水土保持工程和气候变化等也是黄河入海沙量锐减的原因。根据 Wang 等（2007a）的研究结果，气候变化特别是降水量减少会影响流域的土壤侵蚀情况，约造成入海沙量30%的减少量；三门峡水库上游的水土保持工程包括修建梯田、植草、造林以及淤地坝等，在20世纪70年代后期开始效果显著，大约可导致黄河入海沙量40%的减少量。

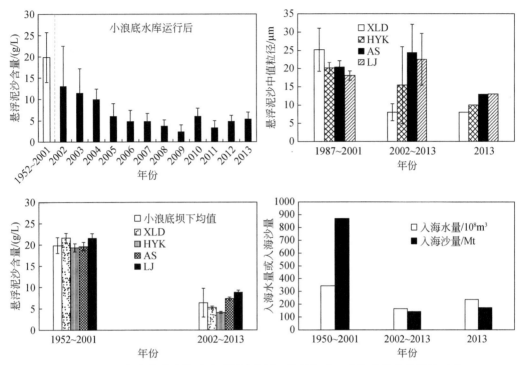

图 10-4-1 小浪底建库前后悬浮泥沙含量、粒径组成、入海水量和沙量的对比

根据《黄河泥沙公报》的多年数据进行泥沙收支平衡计算可知（表10-4-2），三门峡向下游的年均输沙量从1980~2001年的7.94亿t下降为2002~2013年的3.41亿t，小浪底向下游的年均输沙量从1980~2001年的7.43亿t下降为2002~2013年的0.79亿t。小浪底输沙量减少幅度（89.4%）远大于三门峡的输沙量减少幅度（57.1%），说明小浪底水库存在泥沙淤积，预估每年为2.62亿t。有研究者也发现自从建成运行以来小浪底水库的有效库容在逐年减少（Miao et al.，2016）。据2002年《黄河泥沙公报》报道，1999~2001年小浪底水库的淤沙量为9.33亿t，即年均3.11亿t，高于2002~2013年的年均淤沙量（2.62亿t），这进一步表明小浪底水库调水调沙有利于库区淤积的泥沙下泄入海以维持库容（Sui et al.，2015）。此外，小浪底站、花园口站和利津站2002~2013年年均输沙量分别为0.79亿t、1.10亿t和1.60亿t，输沙量从小浪底至利津段沿程增加，证明沿程河道存在冲刷，部分沉积物被挟带入海。因此，小浪底调水调沙不仅有利于库区泥沙下泄入海而且也有利于冲刷水库下游河道。值得注意的是，小浪底水库每年仍有2.62亿t的粗颗粒被淤积在库区内，在小浪底库容后期维护中需采取更积极的措施应对这一严峻问题。

表 10-4-2　小浪底水库上下游各水文站点历年输沙量（Mt）

时期		SMX	XLD	HYK	LJ	SMX-LJ*	SMX-XLD*	XLD-LJ*
小浪底建库后	2002 年	448	75.3	116	54.3	+394	+373	+21.0
	2003 年	777	113	197	369	+408	+664	-256
	2004 年	272	142	204	258	+15	+131	-116
	2005 年	461	44.9	105	191	+270	+416	-146
	2006 年	232	40.0	83.7	149	+83	+192	-109
	2007 年	312	70.5	84.3	147	+165	+242	-76.5
	2008 年	134	46.2	61.4	56.1	+77.9	+87.8	-9.9
	2009 年	198	3.6	26.9	77.1	+121	+194	-73.5
	2010 年	351	109	124	167	+184	+242	-58
	2011 年	175	32.9	60.9	92.6	+82.4	+142	-60.3
	2012 年	333	130	138	183	+150	+203	-53
	2013 年	395	142	117	173	+222	+253	-31
小浪底建库后均值（2002~2013 年）		341	79.1	110	160	+181	+262	-80.7
建库前 1950~1980 年均值		1630	1625	1489	1265	+365	+5	+360
建库前 1980~2001 年均值		794	743	698	491	+303	+51	+252
从 20 世纪 60 年代到 80 年代减少率/%		32.2	34.8	33.7	41.5			
从 20 世纪 80 年代到建库后减少率/%		57.1	89.4	84.3	67.4			

注：SMX、XLD、HYK 和 LJ 分别表示三门峡、小浪底、花园口和利津站点。

* "+" 表示泥沙沿程沉积，"-" 表示发生沉积物侵蚀。

SMX-XLD：三门峡站点和小浪底站点间的差值，近似等于小浪底库区的淤积量。

根据 Zhang 等（1992）的研究结果，小浪底水库运行前黄河 DOC 和 POC 的入海通量分别为 20 万 t 和 610 万 t。与该结果相比，2013 年黄河 DOC 和 POC 入海通量下降为水库运行前的 55.0% 和 8.2%，表明小浪底水库运行后 OC 入海通量大幅下降，这可归因于黄河入海沙量锐减。同时，DOC 通量下降幅度与入海水量的下降幅度相当，POC 通量下降幅度则与入海沙量的下降幅度相当，且 DOC 通量下降幅度小于 POC 通量下降幅度。这是因为小浪底水库对下游 DOC 浓度的影响小于对下游 POC 浓度的影响。

10.5　调水调沙对水相多环芳烃总溶解态和自由溶解态浓度的影响

如图 10-5-1 所示，所有采样点河水中 16 种多环芳烃的总溶解态浓度之和均表现为：调水调沙前<调水期间<调沙期间。以 JG 点的数据为例，16 种多环芳烃的总溶解态浓度之和由调水调沙前的（149±56.3）ng/L 上升为调水期间的（256±32.6）ng/L，再上升为调

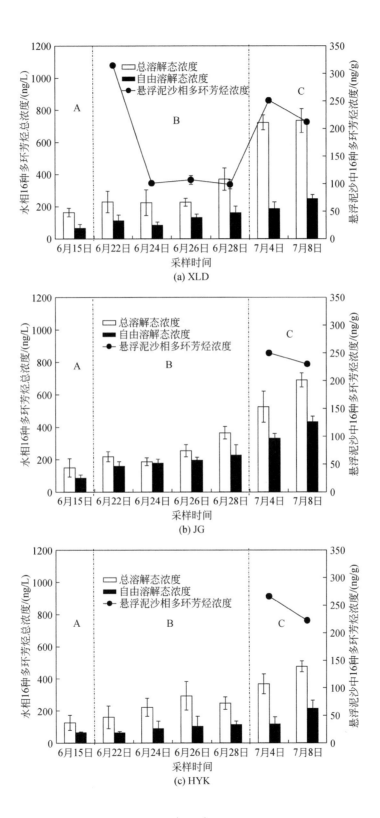

(a) XLD

(b) JG

(c) HYK

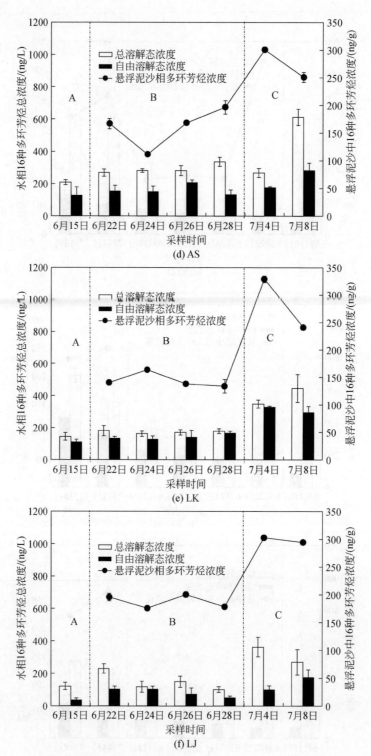

图 10-5-1　调水调沙前和调水调沙期间各点水相和悬浮泥沙相 16 种多环芳烃的总浓度

A：调水调沙前，B：调水期间，C：调沙期间，HYK 和 JG 点悬浮泥沙相部分数据缺失
是由于调水调沙前和调水期间悬浮泥沙含量不足导致

沙期间的（608±69.7）ng/L。调水期间，小浪底下泄的清水导致下游沉积物再悬浮。调沙期间，小浪底沉积物直接下泄入海。调水调沙期间再悬浮的沉积物均能释放污染物进入河水中，导致调水调沙期间污染物的总溶解态浓度大于调水调沙前的浓度。此外，调沙期间悬浮泥沙浓度和各组分浓度大于调水期间（表 10-5-1）。因此，与调水期间相比，调沙期间的悬浮泥沙能释放更多的多环芳烃进入水相，导致调沙期间水相多环芳烃总溶解态浓度比调水期间高。而且，多环芳烃总溶解态浓度与悬浮泥沙含量间呈显著正相关（图 10-5-2），说明悬浮泥沙的含量越大，水相中多环芳烃浓度越高。

表 10-5-1　悬浮泥沙中不同粒径组分的绝对含量

泥沙不同组分		含量/（g/L）					
		XLD	JG	HYK	AS	LK	LJ
调水期间	黏土（<2μm）	$7.60×10^{-5}$	$3.89×10^{-3}$	$6.30×10^{-5}$	$1.40×10^{-2}$	0.155	0.985
	粉砂（2~50μm）	0.0123	0.414	0.0581	4.03	3.53	8.75
	细沙（50~100μm）	0.0136	0.0126	0.0208	0.596	0.869	0.351
	粗沙（>100μm）	0.0140	0.0357	0.0112	0.372	0.591	0.846
调沙期间	黏土（<2μm）	3.52	4.27	2.91	1.65	1.17	2.21
	粉砂（2~50μm）	45.7	42.0	16.1	15.6	12.6	16.5
	细沙（50~100μm）	4.72	1.42	1.15	0.856	1.28	0.337
	粗沙（>100μm）	0.805	0.191	0.427	0.212	0.0937	0.0038

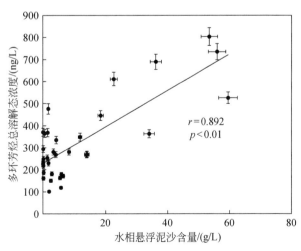

图 10-5-2　调水调沙期间多环芳烃总溶解态浓度与悬浮泥沙含量间的关系

16 种多环芳烃的自由溶解态浓度也表现为：调沙期间>调水期间>调水调沙前（图 10-5-1）。

调沙期间和调水期间菲的自由溶解态浓度分别是调水调沙前的 7 倍和 2 倍。疏水性有机污染物的自由溶解态浓度是其生物有效性的重要表征参数，因此小浪底调水调沙使得水库下游多环芳烃的生物有效浓度增加。如图 10-5-3 所示，调水调沙前 16 种多环芳烃自由溶解态浓度占总溶解态浓度的比例为 53.6%±16.2%，调水期间的比例为 60.5%±16.3%，调沙期间的比例为 52.4%±18.4%，该比例在三个阶段之间无显著差异（$p > 0.05$）。同时，菲、芘和蒽的自由溶解态浓度占总溶解态浓度的比例分别为 60.6%±11.6%、39.8%±25.6% 和 23.7%±8.1%，与我们之前报道的在海河、永定河和黄河的观测结果相当。

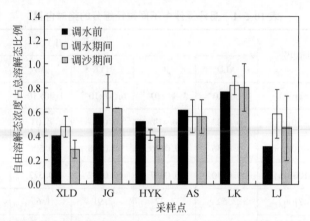

图 10-5-3　调水调沙前和调水调沙期间多环芳烃自由溶解态浓度占总溶解态浓度的比例

10.6　调水调沙对悬浮泥沙相多环芳烃浓度的影响

如图 10-5-1 所示，各采样点调沙期间悬浮泥沙相的多环芳烃浓度大于调水期间的浓度。调水期间的悬浮泥沙来源于水库下游的沉积物，调沙期间的悬浮泥沙来自小浪底水库，这两种泥沙来源不同，且所含多环芳烃含量也不同，表现为库区泥沙中多环芳烃的含量大于调水期间下游悬浮泥沙中多环芳烃的含量（图 10-6-1）。不仅如此，调沙期间的悬浮泥沙粒径小于调水期间的粒径（表 10-2-1），且悬浮泥沙中的 TOC 含量也表现为调沙期间大于调水期间（表 10-3-1）。也就是说，调沙期间的悬浮泥沙具有较大的比表面积和更

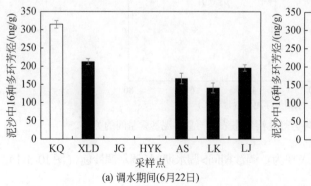

(a) 调水期间(6月22日)

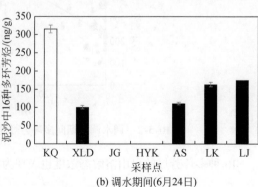

(b) 调水期间(6月24日)

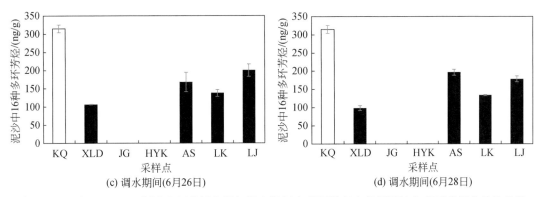

图 10-6-1　库区（KQ）泥沙多环芳烃含量与调水期间水库下游各点悬浮泥沙上多环芳烃含量的比较

多的吸附位点，且含有远大于调水期间的多环芳烃，即使在沉积物再悬浮导致部分多环芳烃从悬浮泥沙上解吸之后，调沙期间单位悬浮泥沙上的多环芳烃含量仍然大于调水期间的含量。因此导致调沙期间悬浮泥沙相的多环芳烃浓度大于调水期间的浓度。Feng 等（2008）和 Yang 等（2008）也通过模拟实验研究了沉积物再悬浮期间多环芳烃的释放规律，发现悬浮泥沙中多环芳烃含量随悬浮泥沙粒径的减小而增加。

10.7　调水调沙期间多环芳烃在悬浮泥沙相和水相间的分配作用

每一种多环芳烃在悬浮泥沙相和水相之间的分配系数（K_d，L/kg）用下式计算：

$$K_d = C_s / C_w \tag{10-7-1}$$

通常该分配系数基于污染物总溶解态浓度计算，此时，C_s 是悬浮泥沙相多环芳烃的含量（ng/kg），C_w 是水相多环芳烃的总溶解态浓度（ng/L）。当计算以自由溶解态浓度表征的分配系数时，C_s 为悬浮泥沙相和第三相（与溶解性有机质或胶体）结合的多环芳烃含量（ng/kg），C_w 则是水相多环芳烃的自由溶解态浓度（ng/L）。显然，基于自由溶解态浓度计算的分配系数会大于常规基于总溶解态浓度计算的分配系数。用 OC 标化后的分配系数（K_{oc}）如下：

$$K_{oc} = K_d / f_{oc} \tag{10-7-2}$$

其中，f_{oc} 是悬浮泥沙上的 TOC 含量（kg_{oc}/kg_{SPS}）。如图 10-7-1 所示，每种多环芳烃的 K_d 值在调水期间和调沙期间无显著差异（$p > 0.1$）。但是，调沙期间每种多环芳烃的 $\lg K_{oc}$ 值均小于调水期间的相应值（表 10-7-1）。通常认为，K_d 值受悬浮泥沙上 TOC 含量、组成和多环芳烃性质的影响，而 K_{oc} 值仅受悬浮泥沙有机质组成（如 BC 含量等）和多环芳烃性质的影响。本研究中，悬浮泥沙中的 BC 含量在调水期间沿程增加，而在调沙期间基本保持不变（表 10-3-1）。同时，调沙期间悬浮泥沙中的 BC 含量小于调水期间的含量，由于 BC 的吸附能力一般远大于无定形有机碳的吸附能力，从而导致调水期间的 $\lg K_{oc}$ 值均大于调沙期间的值。

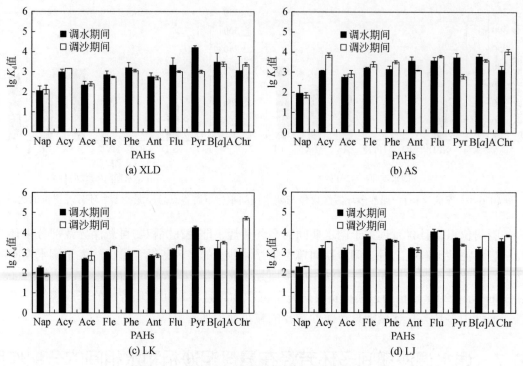

图 10-7-1　调水期间和调沙期间多环芳烃的 $\lg K_d$ 值

表 10-7-1　调水调沙期间各采样点多环芳烃的 $\lg K_{oc}$ 值

PAHs	$\lg K_{ow}$	$\lg K_{oc}$（调水期间）					$\lg K_{oc}$（调沙期间）						
		XLD	AS	LK	LJ	均值	XLD	JG	HYK	AS	LK	LJ	均值
Nap	3.3	4.78	4.36	4.90	4.73	4.69	4.52	4.15	4.04	4.26	4.48	4.72	4.36
Acy	3.94	5.73	5.17	5.42	5.60	5.48	5.71	5.62	5.83	5.35	5.31	5.66	5.58
Ace	4.03	5.43	4.95	5.25	5.51	5.28	5.23	4.79	5.15	4.92	5.01	5.35	5.08
Fle	4.18	5.47	5.14	5.37	5.66	5.41	5.32	4.99	5.33	5.35	5.24	5.71	5.32
Phe	4.57	6.14	5.54	5.78	5.99	5.86	5.77	5.29	5.49	5.63	5.50	5.88	5.59
Ant	4.54	5.61	5.27	5.33	5.71	5.48	5.00	4.72	5.23	5.19	5.02	5.07	5.04
Flu	5.22	6.18	5.61	5.63	6.11	5.88	5.52	5.15	5.45	5.40	5.36	6.08	5.49
Pyr	5.18	6.23	6.28	6.39	6.07	6.24	5.91	4.72	4.46	5.40	5.82	5.69	5.33
B [a]	5.61	6.54	5.69	5.41	5.39	5.76	6.15	5.68	5.79	5.61	5.59	5.38	5.70
Chr	5.91	6.04	5.06	5.30	5.86	5.56	5.92	5.86	5.82	5.47	5.63	5.70	5.73

　　不论是调水期间还是调沙期间，基于自由溶解态浓度和基于总溶解态浓度计算的各多环芳烃 $\lg K_d$ 值都与其对应的 $\lg K_{ow}$ 值呈显著正相关（$p<0.01$，图 10-7-2）。基于自由溶解态

浓度计算的 $\lg K_d$ 值与 $\lg K_{ow}$ 值拟合的趋势线斜率均大于基于总溶解态浓度计算的 $\lg K_d$ 值与 $\lg K_{ow}$ 值拟合的趋势线斜率。以调沙期间为例，基于自由溶解态浓度的拟合趋势线斜率为 0.5431，拟合度 r 为 0.683，高于基于总溶解态浓度的拟合趋势线斜率（0.3592）和拟合度（0.513）。这是因为将溶解性有机质及胶体（即第三相）结合态和悬浮泥沙结合态看作整体时，以自由溶解态浓度表征的水沙分配系数能更好地反映污染物的疏水性。同时，与调水期间相比，调沙期间基于自由溶解态浓度计算的分配系数与基于总溶解态浓度计算的分配系数的差值随多环芳烃的辛醇–水分配系数（K_{ow}）值增大而增加的幅度明显。也就是说调沙期间，K_{ow} 值越大的多环芳烃，其在河水中多吸附于悬浮泥沙上，以溶解态形式存在的比例越小，且自由溶解态占总溶解态的比例也越来越小，这也与 10.5 节中的结果相吻合。

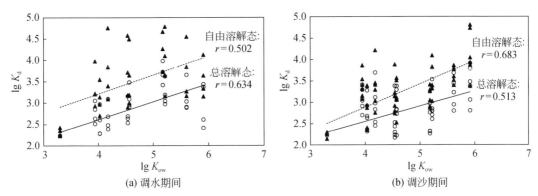

图 10-7-2　调水期间和调沙期间多环芳烃的 $\lg K_d$ 值与 $\lg K_{ow}$ 值之间的关系

本研究中得到的 OC 标化后的多环芳烃在悬浮泥沙和水相间的分配系数与 Deng 等（2006）报道的在西江（Xijiang）中得到的 K_{oc} 值相近。从图 10-7-3 可以看出，多环芳烃的 $\lg K_{oc}$ 值与 $\lg K_{ow}$ 值之间存在显著正相关关系（$p<0.01$），说明在实际自然水体中，多环芳烃的性质仍是影响其在悬浮泥沙和水相间分配的关键性因素。此外，由于黑炭对多环芳烃的吸附能力更强，调水期间黑炭含量沿程增加的趋势也意味着与调沙期间相比，调水期间与悬浮泥沙结合的多环芳烃具有更低的生物有效性。

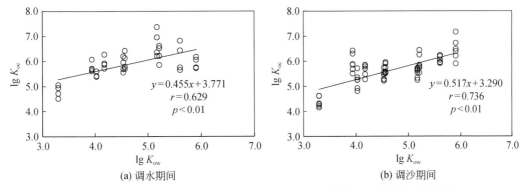

图 10-7-3　调水期间和调沙期间多环芳烃的 $\lg K_{oc}$ 值与 $\lg K_{ow}$ 值之间的关系

10.8　调水调沙期间多环芳烃浓度的空间分布特征

调水期间，除了 6 月 28 日的利津（LJ）位点，小浪底水库库区水相多环芳烃的自由溶解态浓度小于水库下游各点多环芳烃的相应浓度。不论多环芳烃的总溶解态浓度还是自由溶解态浓度，每次采样时水库下游 6 个位点的均值均大于库区的相应值（图 10-8-1）。调沙期间，多环芳烃的总溶解态浓度和自由溶解态浓度也表现为库区中的值小于 6 个采样点的均值（图 10-8-1）。同时，在调水期间（6 月 26 日和 28 日）和调沙期间（7 月 4 日和 8 日），多环芳烃的总溶解态浓度和自由溶解态浓度沿程下降（$p <$ 0.05），仅在花园口或艾山位点有波动。在花园口或艾山位点有所波动的原因之一是小浪底水库下游至利津段有个别支流汇入。其中，伊洛河和蟒沁河在焦巩和花园口点位间汇入黄河，金堤河和大汶河则在花园口和艾山点位间汇入黄河。这些支流对黄河全年入海水量和沙量的贡献为 8.3% 和 0.3%，且支流水相中多环芳烃的浓度略高于干流的浓度（Li et al., 2006），因而可能导致干流河水中的多环芳烃浓度在花园口或艾山位点有所增加。除此之外，调水调沙期间河水中多环芳烃浓度的空间变化与悬浮泥沙的性质和沉积物再悬浮–沉降过程紧密相关。

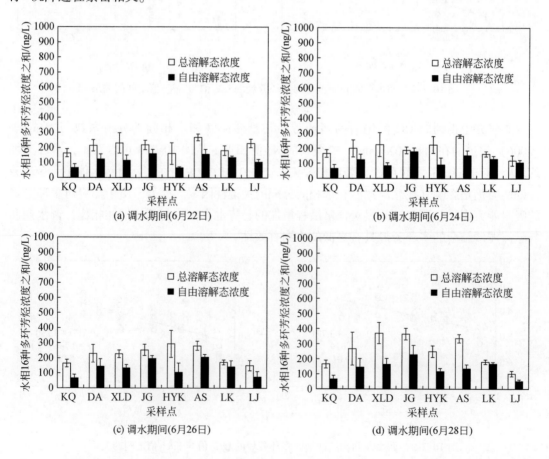

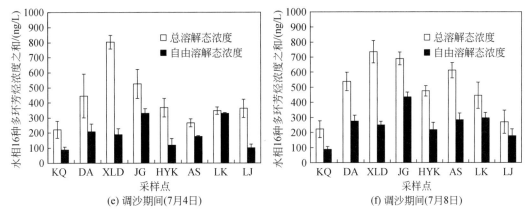

图10-8-1　调水期间和调沙期间水相多环芳烃浓度的沿程变化

KQ：库区水中多环芳烃的浓度，DA：沿程6个采样点多环芳烃浓度的均值

　　由前文所述的沉积物再悬浮-沉降过程中污染物在各相间的迁移机理及相关模型可知，调水期间，小浪底大坝下泻清水，其流速相比库区来说急剧上升，之后由于水头损失等原因河水流速沿程略有下降；与流速变化相似，上覆水相的污染物在坝下出水口处的含量显著大于库区中的含量，而后又沿程下降。同时泥沙含量沿程增加，这表明自小浪底至利津河段呈现冲刷现象，尽管可能存在悬浮和沉降过程的交换，但表观上仍表现为泥沙再悬浮过程。但泥沙粒径沿程减小，进一步分析发现泥沙中黏土、粉砂部分的绝对值均沿程增加（表10-5-1），特别是粉砂（2~50μm）含量增加最多，且这部分泥沙的 BC 含量最高。在小浪底坝下位点时泥沙被冲起，悬浮于上覆水中，此时泥沙作为污染物的"源"，泥沙上的污染物向水相迁移并渐渐趋于平衡。在下游河段，尽管又有更多 2~50μm 的细颗粒泥沙悬浮进入上覆水体，但下游泥沙中的污染物含量并不高（图10-6-1），所以这些相对"干净"且 BC 含量高的泥沙进入上覆水体后，泥沙上污染物的含量并不高于与水相平衡时的含量，故泥沙不再是污染物的"源"，此时成为污染物的"汇"，导致一小部分污染物从水相向泥沙相迁移。由图10-6-1可知，调水期间，悬浮泥沙中的多环芳烃浓度沿程增加了17%~81%。因此，以上泥沙相多环芳烃含量的变化导致水相多环芳烃浓度在库区下游附近位点升高，随后又沿程下降，但下游水相污染物的整体水平仍大于库区中的污染物含量。

　　调沙期间，从小浪底库区直接下泄的泥沙到达小浪底采样点所需时间为十多分钟，泥沙粒径很小（表10-2-1），且所含污染物含量较高（图10-6-1），因此，泥沙在坝体排沙洞口至小浪底采样点之间作为上覆水相污染物的"源"，释放污染物。自小浪底采样点之后，悬浮泥沙从 54.8g/L 沿程沉降为 19.0g/L，表现为沉降过程。假定调沙期间大坝下泄的泥沙组成和含量几乎不变。根据之前的研究结果，由于颗粒浓度效应，不论水相浓度以自由溶解态浓度还是总溶解态浓度表征，多环芳烃在悬浮泥沙和水相间的分配系数 K_d 值随水相悬浮泥沙浓度增大以幂函数形式降低，调沙期间的结果也正是如此（图10-8-2）。

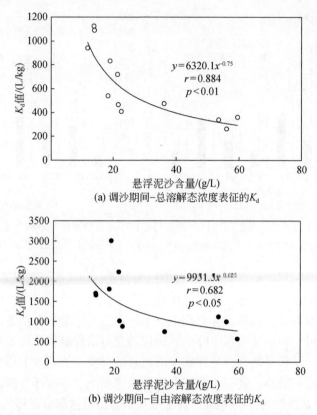

(a) 调沙期间–总溶解态浓度表征的 K_d

(b) 调沙期间–自由溶解态浓度表征的 K_d

图 10-8-2　水相浓度分别以总溶解态浓度和自由溶解态浓度表征的 K_d 值随悬浮泥沙含量的变化规律

因此，对某一位点 i 来说，t 时刻下该点水相多环芳烃的浓度可用下式来表示：

$$C_{t,i} = \frac{C_{s(t)}}{K_d} = \frac{C_{s(t)}}{\alpha \cdot [\mathrm{SPS}]_t^{-\beta}} \tag{10-8-1}$$

其中，$[\mathrm{SPS}]_t$ 是指该点 t 时刻时上覆水相悬浮泥沙的浓度（g/L）；α 表示悬浮泥沙对污染物的吸附能力，此值越大，吸附能力越大；β 反映颗粒浓度效应的程度，该值越大，颗粒浓度效应越显著。污染物的总溶解态浓度和自由溶解态浓度均可用以上公式计算，以调沙期间为例，α 和 β 值可从图 10-8-2 获知。当计算总溶解态浓度时，$C_{s(t)}$ 仅表示 t 时刻单位质量泥沙上吸附污染物的含量；当计算自由溶解态浓度时，$C_{s(t)}$ 表示将悬浮泥沙及 DOC 和胶体看作一个整体，该点 t 时刻单位质量颗粒物（包括胶体和 DOC）上污染物的浓度（ng/kg）。因此，基于自由溶解态浓度拟合的 α 值大于基于总溶解态浓度拟合的 α 值，而基于自由溶解态浓度拟合的 β 值小于基于总溶解态浓度拟合的 β 值。

对某一特定时刻 t，若该点处于距离小浪底大坝下游 x km，此处的水流流速为 V_x m/s。由前面研究可知，调沙期间，上覆水中悬浮泥沙浓度随水流流速增加以幂函数形式（$[\mathrm{SPS}] = 1.998 \times V^{2.188}$）增加。假定大坝出水口处为 x_0 处，水流流速为 V_0 m/s，悬浮泥沙浓度可认为等于 $1.998 \times V_0^{2.188}$，若 x 很小时（$x \leqslant 5\mathrm{km}$），该点处的流速可近似认为 V_0 m/s，大坝下泄的泥沙尚来不及沉降。因此，此时 x 处水相污染物的总溶解态浓度可用下式估算：

$$C_x = \frac{C_{s(t)}}{K_d} = \frac{C_{s(t)}}{\alpha \cdot [\text{SPS}]_t^{-\beta}} = \frac{C_{s(t)}}{\alpha \cdot (1.998 \times V_0^{2.188})^{-\beta}} \qquad (10\text{-}8\text{-}2)$$

其中，$C_{s(t)}$ 表示下泄泥沙中多环芳烃的浓度。

若 x 大于 5km 时，悬浮泥沙已经开始沿程沉降，中值粒径 D_{50} 沿程减小，且与泥沙相多环芳烃浓度间存在如下相关关系（$r = 0.796$，$p < 0.01$，图 10-8-3）：

$$\frac{C_{s(x)}}{C_{s(0)}} = 0.2297 \times \frac{D_{50(0)}}{D_{50(x)}} + 0.7898 \qquad (10\text{-}8\text{-}3)$$

其中，$C_{s(x)}$ 和 $C_{s(0)}$ 分别表示 x 处与 x_0 处悬浮泥沙上的污染物浓度（ng/g）；$D_{50(x)}$ 和 $D_{50(0)}$ 则分别是 x 处与 x_0 处悬浮泥沙的中值粒径（μm）。

此时 x 处水相的污染物浓度可表示为

$$C_x = \frac{C_{s(x)}}{K_{dx}} = \frac{C_{s(x)}}{\alpha \cdot [\text{SPS}]_x^{-\beta}} \qquad (10\text{-}8\text{-}4)$$

其中，K_{dx} 是 x 处污染物的水沙分配系数。将式（10-8-3）中的 $C_{s(x)}$ 代入式（10-8-4），可得

$$C_x = \frac{C_{s(x)}}{\alpha \cdot [\text{SPS}]_x^{-\beta}} = \frac{C_{s(0)} \times \left(0.2297 \times \frac{D_{50(0)}}{D_{50(x)}} + 0.7898 \right)}{\alpha \cdot [\text{SPS}]_x^{-\beta}} = \frac{C_{w(0)} \times \alpha \cdot [\text{SPS}]_0^{-\beta} \times \left(0.2297 \times \frac{D_{50(0)}}{D_{50(x)}} + 0.7898 \right)}{\alpha \cdot [\text{SPS}]_x^{-\beta}}$$

$$(10\text{-}8\text{-}5)$$

其中，$C_{w(0)}$ 为 x_0 处（$x_0 \leqslant 5$km）水相污染物的浓度（ng/L），可由式（10-8-2）计算得出。$[\text{SPS}]_0$ 和 $[\text{SPS}]_x$ 分别是 x_0 处和 x 处的悬浮泥沙含量（g/L）。其他参数 α 和 β 同上。而若需求得 x 处水相污染物的自由溶解态浓度也可用式（10-8-2）和式（10-8-5）计算，只是 α 和 β 不同。值得注意的是，以上模型中均假定：①所研究的河段中污染物的挥发量、光降解和微生物降解量极小，在此不予考虑；②所研究河段中污染物在每个断面基本达到均匀分布，不考虑深度的影响。调沙期间水相总溶解态浓度和自由溶解态浓度观测值和模拟值的比较见图 10-8-4。用 R^2 值判定后发现，模拟值和观测值较为吻合。

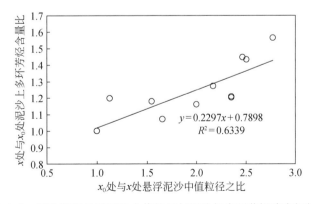

图 10-8-3　调沙期间悬浮泥沙中值粒径与泥沙相多环芳烃浓度间的关系

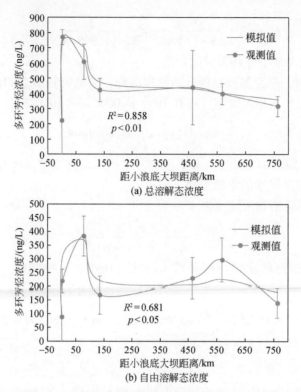

图 10-8-4 调沙期间水相总溶解态浓度和自由溶解态浓度模拟值和观测值间的比较

10.9 调水调沙对多环芳烃生物有效性及其生态环境风险的影响

根据前面的估算，调水调沙期间入海水量和沙量分别为 53 亿 m^3 和 0.561 亿 t，多环芳烃的入海通量为 11.1t，包括 10.03t 的颗粒态和 1.06t 的溶解态。由此可知，溶解态多环芳烃的入海通量占总通量的 9.5%。在调水调沙前（1 月 1 日~6 月 18 日），黄河入海水量和沙量分别为 65 亿 m^3 和 0.131 亿 t，多环芳烃的入海通量为 1.8t，其中溶解态为 0.8t。在调水调沙后，黄河入海水量和沙量分别为 115 亿 m^3 和 1.037 亿 t，多环芳烃的入海通量为 18.2t，其中溶解态为 2.7t。多环芳烃的全年入海通量为这三个阶段通量之和，即 31.1t。虽然计算非调水调沙期间的多环芳烃通量仅基于 2 次采样会导致结果有一定的不确定性，但根据我们之前的研究以及文献报道（郎印海等，2008），黄河多环芳烃的浓度在干湿两季之间无显著差异，因此由于少量采样次数导致的多环芳烃入海通量数值估算的不确定性应该不大。此外，Wang 等（2007b）根据河流通量与区域多环芳烃总排放量相关的估算方法得到黄河多环芳烃的入海通量约为 70.5t，该值与本研究的结果具有可比性。虽然调水调沙仅历时 22 天，相当于全年天数的 6.0%，但是在此期间多环芳烃的入海通量占到全年入海通量的 35.7%。

从表 10-9-1 可以看出，黄河 16 种多环芳烃的总溶解态浓度之和远小于嘉陵江的多环

表 10-9-1　黄河水相和悬浮泥沙相多环芳烃浓度与世界其他河流的比较

河流名称（国家）	河水中多环芳烃的浓度		悬浮泥沙相浓度	参考文献
	总溶解态/(ng/L)	自由溶解态/(ng/L)	SPS/(ng/g)	
黄河（中国）	101~803	66.2~468	98.1~329	本研究（调水调沙期间）
黄河（中国）	121~208	38.0~128		本研究（调水调沙前）
黄河（中国）	179~369		54.3~154.5	Li et al.，2006（黄河中下游段）
黄河（中国）	96.6~476.84		31~514	Zhang J and Zhang L，2010（黄河上中游段）
长江（中国）	320~630		1830~9150	Qi et al.，2014（长江大通站）
长江（中国）	242~6345		4677	Feng et al.，2007（长江武汉段）
嘉陵江（中国）	812~1586			Xu et al.，2012
珠江（中国）	10.8~323		100~3840	Wang et al.，2007b
布里斯班河（澳大利亚）	5~12			Shaw et al.，2004
密西西比河（美国）	12~77		1100~7000	Mitra and Bianchi，2003（密西西比河下游）
密西西比河（美国）	62.9~114.7			Zhang et al.，2007
尼亚加拉河（加拿大）	16.8			Michor et al.，1996
多瑙河河口	1.30		0.5~5.6	Maldonado et al.，1999
多瑙河（奥地利和斯洛伐克）		5~72		Vrana et al.，2014
塞纳河（法国）	8.9~271.8	3.5~105.9	4000~64000	Bourgeault and Gourlay-France，2013
摩拉瓦河（捷克）	25~203			Prokeš et al.，2012
威拉米特河（美国）	440±422			Sower and Anderson，2008

芳烃水平（Xu et al., 2012），与塞纳河（Bourgeault and Gourlay-Francé, 2013）和长江大通站的水平（Qi et al., 2014）相当。本研究中的多环芳烃浓度水平远高于珠江河口（Wang et al., 2007b）、尼亚加拉河（Michor et al., 1996）、多瑙河（Maldonado et al., 1999）、密西西比河下游（Mitra and Bianchi, 2003）以及布里斯班河下游（Shaw et al., 2004）的水平。黄河 16 种多环芳烃的自由溶解态浓度之和则远高于多瑙河（Vrana et al., 2014）和塞纳河（Bourgeault and Gourlay-Francé, 2013）的多环芳烃浓度水平，与摩拉瓦河的水平（Prokeš et al., 2012）相当，略低于美国威拉米特河的水平（Sower and Anderson, 2008）。

调水调沙期间悬浮泥沙相 16 种多环芳烃浓度之和范围为 98.1~329ng/g，与黄河上中游（Zhang J and Zhang L, 2010）的报道值（31~514ng/g）相当，仅高于多瑙河河口（Maldonado et al., 1999）报道值。本研究中黄河悬浮泥沙相 16 种多环芳烃浓度远远低于珠江三角洲（Wang et al., 2007b）、长江（Qi et al., 2014）和密西西比河（Mitra and Bianchi, 2003）的水平。因为黄土高原的土壤中 TOC 含量较低，黄河泥沙多来自黄土高原，因此本研究中的悬浮泥沙 TOC 含量远低于世界其他河流，这也许是造成黄河泥沙中多环芳烃含量小了世界其他河流的原因之一。

很多学者也报道了世界其他河流中多环芳烃的入海通量。如表 10-9-2 所示，黄河多环芳烃入海通量低于长江（Qi et al., 2014）和虎门潮汐水道（杨清书等，2004）多环芳烃的入海通量，但与黑龙江河（Wang et al., 2007b）、珠江（Wang et al., 2007b）、罗纳河（Lipiatou et al., 1997）和密西西比河（Mitra and Bianchi, 2003；Wang et al., 2004）的多环芳烃入海通量相当。同时，黄河溶解态多环芳烃的入海通量占总通量的比例很低，低于长江（Qi et al., 2014）和埃布罗河（Lipiatou et al., 1997）等河流的比例，但与密西西比河溶解态多环芳烃的入海通量占总通量的比例相当。黄河溶解态多环芳烃的入海通量占总通量比例低的原因是黄河水体的高含沙量，而密西西比河低的原因则是由于悬浮泥沙中多环芳烃的浓度高达 1100~7000ng/g。

根据上文结果可知，调水调沙期间入海水量、沙量和多环芳烃的入海通量分别贡献了全年通量的 22.6%、32.4% 和 35.7%。可见，调水调沙期间入海沙量和多环芳烃入海通量占全年通量的贡献高于入海水量的贡献。这表明调水调沙不仅有利于水库库区泥沙下泄，而且有利于库区及下游河道多环芳烃下泄入海。因此，从长远效应来讲，调水调沙可以减少泥沙和多环芳烃在库区的淤积和积累。

但是，从短期效应来讲，调水调沙期间沿程各点水相多环芳烃的浓度均高于调水调沙前和调水调沙后的水平，表明调水调沙会在此阶段导致下游甚至河口多环芳烃生物有效性的大幅度增加。此外，荷兰政府发布的多环芳烃最高许可浓度值（maximum permissible concentration, MPC）常被作为通用的环境质量基准（IWINS, 1997）。调水调沙期间黄河河水中的芘和苯并 [a] 蒽的总溶解态浓度在某些位点超过了它们的 MPC 值。综合考虑 6 个位点和 6 次采样，调水期间 16.7% 的苯并 [a] 蒽总溶解态浓度高于其 MPC 值；调沙期间 33.3% 的芘和 25.0% 的苯并 [a] 蒽的总溶解态浓度高于它们的 MPC 值（图 10-9-1）。调水调沙期间河水中多环芳烃的自由溶解态浓度是调水调沙前的 2~11 倍（图 10-9-2），表明在此阶段河水中多环芳烃对水生生物的潜在风险大大增加。

表 10-9-2 黄河多环芳烃的入海通量与世界其他河流的比较

河流名称（国家）	入海水量/(10⁹ m³/a)	SPS/(mg/L)	PAHs 通量/(t/a) 总通量	颗粒态	溶解态	溶解态占比/%	参考文献
黄河（中国）	5.25	20~5.96×10⁴	11.1	10.03	1.06	9.5	本研究（调水调沙期间）
黄河（中国）	23.5		31.1	26.6	4.5	14.4	本研究（全年）
黄河（中国）	57		70.5				Wang et al., 2007b
长江（中国）	980		368.9			~50	Qi et al., 2014
黑龙江河（中国）	350		30.2				Wang et al., 2007b
西江（珠江支流）（中国）			19.4				Deng et al., 2006
珠江（中国）	350		33.9				Wang et al., 2007b
珠江（虎门潮汐水道）（中国）			247.9	13.8	234.1	94.4	杨清书等, 2004
钱塘江（中国）	9.48				11.4		Chen et al., 2007
密西西比河（美国）	58		28.2	25.2	3.0	10.6	Mitra and Bianchi, 2003; Wang et al., 2004
塞纳河（法国）	13.7	9~17	8.4	0.27	8.14	96.8	Fernandes et al., 1997
罗纳河（法国）	53.9		7.4~33	5.8~29	1.6	5.2~21.6	Lipiatou et al., 1997; Gómez-Gutiérrez et al., 2006
圣劳伦斯河（加拿大）	18.9		6.5				Mackay and Hickie, 2000
尼亚加拉河（美国，加拿大）			3.2				Michor et al., 1996; Halfon and Allan, 1995
多瑙河（欧洲）	210		0.3				Humborg, 1997; Maldonado et al., 1999
埃布罗河（西班牙）	9.3		1.3	0.9	0.4	30.8	Lipiatou et al., 1997; Gómez-Gutiérrez et al., 2006
杰纳布河（巴基斯坦）	59		52.8				Farooq et al., 2011

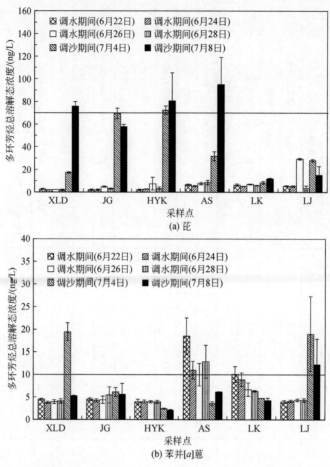

图 10-9-1　调水调沙期间芘和苯并 [a] 蒽在河水中的总溶解态浓度与它们的
MPC 值比较（图中实线表示该多环芳烃的 MPC 值）

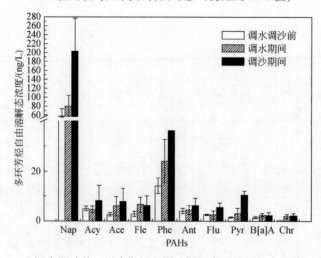

图 10-9-2　调水调沙前、调水期间和调沙期间多环芳烃的自由溶解态浓度

本研究结果表明调水调沙从长期效应来讲可降低库区多环芳烃的环境风险，但在调水调沙时期，大量泥沙再悬浮导致多环芳烃和其他疏水性有机污染物释放进入河水中，而且我们前面的研究也表明，悬浮泥沙结合态污染物也部分具有生物有效性，使得在此阶段下游河道及河口多环芳烃的生物有效性和对水生生物的潜在风险大大增加。因此，小浪底调水调沙工程对下游河道水质和多环芳烃生物有效性的影响不容忽视，在小浪底水库今后的管理和运行中应将此纳入考虑范围。

10.10　小　　结

本章通过现场观测，研究了黄河小浪底调水调沙工程对下游水沙条件及多环芳烃赋存形态的影响，得到的主要结论如下：

（1）调水期间，小浪底水库下游至河口段悬浮泥沙浓度沿程增加；调沙期间，悬浮泥沙浓度沿程降低。调沙期间各点悬浮泥沙浓度高于调水期间及调水调沙后。同时，在调水调沙前、调水调沙期间以及调水调沙后，河水中的悬浮泥沙含量均随河水流速增加以幂函数形式（$[SPS]=a \cdot V^b$）增加（$p<0.01$）。

（2）河流中悬浮泥沙粒径多在 $200\mu m$ 以下，且悬浮泥沙中 $<50\mu m$ 的细颗粒平均占比为 $64\%\sim99\%$。由于沿程河水流速下降，这些细颗粒含量在调水、调沙以及调水调沙后均沿程增加。同时，调水调沙期间及调水调沙后，悬浮泥沙粒径与河水流速也存在显著正相关关系（$p<0.01$）。

（3）调水和调沙期间，悬浮泥沙中的 TOC 和 BC 含量均随悬浮泥沙粒径的减小而增加。但是，调水和调沙阶段悬浮泥沙的来源不同导致调沙期间悬浮泥沙粒径和 BC 含量均小于调水阶段。进一步分析表明调水期间悬浮泥沙中的 BC 含量随悬浮泥沙中 $2\sim50\mu m$ 粒径部分的增加而增加，而调沙期间的 BC 含量则随悬浮泥沙中粒径 $<2\mu m$ 部分的增加而增加。以上结果表明黄河悬浮泥沙中的 BC 大多存在于 $<50\mu m$ 的细颗粒中，且受悬浮泥沙来源和性质的共同影响。河水中 DOC 浓度在调水期间、调沙期间和调水调沙后三个阶段之间无显著差异，表明沿程沉积物的再悬浮–沉降对 DOC 浓度的影响不显著。

（4）调水调沙期间 DOC 入海通量占全年入海通量的贡献（27.3%）与调水调沙期间入海水量占全年贡献值（22.6%）相当，但低于调水调沙期间入海沙量（32.5%）及 POC 入海通量（49.5%）占全年的贡献值，说明小浪底调水调沙对 DOC 浓度、性质以及通量的影响均小于对 POC 的影响。本章结果表明黄河小浪底调水调沙对 POC 和悬浮泥沙的含量及组成有显著影响，但对 DOC 的影响并不显著。

（5）河水中多环芳烃的自由溶解态浓度和总溶解态浓度均表现为调沙期间>调水期间>调水调沙前，调水调沙期间多环芳烃的自由溶解态浓度可高达调水调沙前的 $2\sim11$ 倍。小浪底调水期间库区清水以大流速下泄导致下游河道沉积物再悬浮，从而释放污染物；调沙期间含有高含量泥沙的浑水下泄导致下游沿程泥沙浓度远高于调水期间。由于调水期间再悬浮的沉积物和调沙期间的下泄泥沙均可以释放多环芳烃进入水相，因此调水调沙期间水相多环芳烃的浓度大于调水调沙前。同时，调沙期间的悬浮泥沙含量远大于调水期间，因此调沙期间的悬浮泥沙比调水期间的悬浮泥沙释放了更多的多环芳烃进入水相，从而导致调沙期间水相多环芳烃浓度大于调水期间。

（6）调水调沙期间的入海沙量和16种多环芳烃的入海通量分别占全年的32.4%和35.7%，大于入海水量的贡献（22.6%）。表明从长期效应来讲，调水调沙有利于库区泥沙和多环芳烃下泄入海。但从短期效应来看，在调水调沙期间，多环芳烃及其他污染物对库区下游及河口的环境风险可能增加。因此，在今后的小浪底水库运行和管理中，调水调沙对疏水性有机污染物生物有效性及环境风险的影响应当纳入考虑范围。

参 考 文 献

黄建枝，葛小鹏，杨晓芳，等.2012.利用环流槽研究再悬浮条件下凉水河底泥沉积物中重金属的迁移与分布.科学通报，57（21）：2015-2021.

郎印海，贾永刚，刘宗峰，等.2008.黄河口水中多环芳烃（PAHs）的季节分布特征及来源分析.中国海洋大学学报，38（4）：640-646.

任广琦，贾小旭，贾玉华，等.2018.黄土高原南北样带土壤有机碳空间变异及其影响因素 干旱区研究，35（3）：524-531.

杨清书，麦碧娴，傅家谟，等.2004.珠江虎门潮汐水道难降解有机污染物入海通量研究.地理科学，24（6）：704-709.

张宏先，王帅都.2012.小浪底水库调水调沙运用方式与实践.红水河，31（4）：102-105.

张瑞瑾.1989.河流泥沙动力学.北京：水利水电出版社.

张孝中.2002.黄土高原土壤颗粒组成及质地分区研究.中国水土保持，（3）：11-13.

Aufdenkampe A K, Mayorga E, Raymond P A, et al. 2011. Riverine coupling of biogeochemical cycles between land, oceans, and atmosphere. Frontiers in Ecology and the Environment, 9 (1): 53-60.

Balakrishna K, Probst J L. 2005. Organic carbon transport and C/N ratio variations in a large tropical river: Godavari as a case study, India. Biogeochemistry, 73 (3): 457-473.

Bianchi T S, Wysocki L A, Stewart M, et al. 2007. Temporal variability in terrestrially-derived sources of particulate organic carbon in the lower Mississippi River and its upper tributaries. Geochimica et Cosmochimica Acta, 71 (18): 4425-4437.

Blanchard R A, Ellison C A, Galloway J M, et al. 2011. Sediment concentrations, loads, and particle-size distributions in the Red River of the North and selected tributaries near Fargo, North Dakota, during the 2010 spring high-flow event. U. S. Geological Survey.

Bourgeault A, Gourlay-Francé C. 2013. Monitoring PAH contamination in water: comparison of biological and physico-chemical tools. Science of the Total Environment, 454: 328-336.

Chen Y, Zhu L, Zhou R. 2007. Characterization and distribution of polycyclic aromatic hydrocarbon in surface water and sediment from Qiantang River, China. Journal of Hazardous Materials, 141: 148-155.

Cornelissen G, Kukulska Z, Kalaitzidis S, et al. 2004. Relations between environmental black carbon sorption and geochemical sorbent characteristics. Environmental Science and Technology, 38 (13): 3632-3640.

Coynel A, Seyler P, Etcheber H, et al. 2005. Spatial and seasonal dynamics of total suspended sediment and organic carbon species in the Congo River. Global Biogeochemical Cycles, 19 (4): GB4019.

Davide V, Pardos M, Diserens J, et al. 2003. Characterisation of bed sediments and suspension of the river Po (Italy) during normal and high flow conditions. Water Research, 37 (12): 2847-2864.

Degens E T, Kempe S, Richey J E. 1991. Biogeochemistry of major world rivers. SCOPE 42. Scientific Committee on Problems of the Environment (SCOPE): 356.

Deng H, Peng P, Huang W, et al. 2006. Distribution and loadings of polycyclic aromatic hydrocarbons in the Xijiang River in Guangdong, South China. Chemosphere, 64: 1401-1411.

Ding T, Wan D, Wang C, et al. 2004. Silicon isotope compositions of dissolved silicon and suspended matter in the Yangtze River, China. Geochimica et Cosmochimica Acta, 68 (2): 205-216.

Farooq S, Eqani S A M A S, Malik R N, et al. 2011. Occurrence, finger printing and ecological risk assessment of polycyclic aromatic hydrocarbons (PAHs) in the Chenab River, Pakistan. Journal of Environmental Monitoring, 13: 3207-3215.

Feng C, Xia X, Shen Z, et al. 2007. Distribution and sources of polycyclic aromatic hydrocarbons in Wuhan section of the Yangtze River, China. Environmental Monitoring and Assessment, 133: 447-458.

Feng J, Shen Z, Niu J, et al. 2008. The role of sediment resuspension duration in release of PAHs. Chinese Science Bulletin, 53: 2777-2782.

Fernandes M, Sicre M A, Boireau A, et al. 1997. Polyaromatic hydrocarbon (PAH) distributions in the Seine River and its estuary. Marine Pollution Bulletin, 34: 857-867.

Gordeev V V, Martin J M, Sidorov I S, et al. 1996. A reassessment of the Eurasian river input of water, sediment, major elements, and nutrients to the Arctic Ocean. American Journal of Science, 296 (6): 664-691.

Gómez-Gutiérrez A I, Jover E, Bodineau L, et al. 2006. Organic contaminant loads into the Western Mediterranean Sea: estimate of Ebro River inputs. Chemosphere, 65: 224-236.

Halfon E, Allan R J. 1995. Modelling the fate of PCBs and MIREX in aquatic ecosystems using the TOXFATE model. Environment International, 21: 557-569.

Holmes R M, McClelland J W, Peterson B J, et al. 2002. A circumpolar perspective on fluvial sediment flux to the Arctic Ocean. Global Biogeochemical Cycles, 16 (4): 45-1-45-14.

Hu P, Cao Z, Pender G, et al. 2012. Numerical modelling of turbidity currents in the Xiaolangdi reservoir, Yellow River, China. Journal of Hydrology, 464: 41-53.

Humborg C. 1997. Primary productivity regime and nutrient removal in the Danube estuary. Estuarine Coastal and Shelf Science, 45: 579-589.

IWINS. 1997. Integrale Normstelling Stoffen. Milieukwaliteitsnormen bodem, water, lucht. Interdepartementale Werkgroep Integrale Normstelling Stoffen, VROM 97759/h/12-97 (In Dutch).

Kukkonen J V, Mitra S, Landrum P F, et al. 2005. The contrasting roles of sedimentary plant-derived carbon and black carbon on sediment-spiked hydrophobic organic contaminant bioavailability to *Diporeia* species and *Lumbriculus variegatus*. Environmental Toxicology and Chemistry, 24 (4): 877-885.

Köhler H, Meon B, Gordeev V V, et al. 2003. Dissolved organic matter (DOM) in the estuaries of Ob and Yenissei and the adjacent Kara Sea, Russia. Proceeding in Marine Science, 6: 281-309.

Le T V H, Nguyen H N, Wolanski E, et al. 2007. The combined impact on the flooding in Vietnam's Mekong River delta of local man-made structures, sea level rise, and dams upstream in the river catchment. Estuarine Coastal and Shelf Science, 71 (1-2): 110-116.

Li G, Xia X, Yang Z, et al. 2006. Distribution and sources of polycyclic aromatic hydrocarbons in the middle and lower reaches of the Yellow River, China. Environmental Pollution, 144: 985-993.

Lipiatou E, Tolosa I, Simo R, et al. 1997. Mass budget and dynamics of polycyclic aromatic hydrocarbons in the

Mediterranean Sea. Deep-Sea Research Part II，44：881-905.

Lu X X，Siew R Y. 2006. Water discharge and sediment flux changes over the past decades in the Lower Mekong River：possible impacts of the Chinese dams. Hydrology and Earth System Sciences Discussions，10（2）：181-195.

Lu X，Skwarski A，Drake B，et al. 2011. Predicting bioavailability of PAHs and PCBs with porewater concentrations measured by solid-phase microextraction fibers. Environmental Toxicology and Chemistry，30（5）：1109-1116.

Mackay D，Hickie B. 2000. Mass balance model of source apportionment，transport and fate of PAHs in Lac Saint Louis，Quebec. Chemosphere，41：681-692.

Mackay D，Shiu W Y，Ma K C. 1992. Illustrated Handbook of Physical-chemical Properties and Environmental Fate for Organic Chemicals. Volume II：Polynuclear Aromatic Hydrocarbons，Polychlorinated Dioxins，and Dibenzofurans. Boca Raton：Lewis Publishers：59.

Maldonado C，Bayona J M，Bodineau L. 1999. Sources，distribution，and water column processes of aliphatic and polycyclic aromatic hydrocarbons in the northwestern Black Sea water. Environmental Science and Technology，33：2693-2702.

Meybeck M，Ragu A. 1995. River Discharges to the Ocean：An Assessment of Suspended Solids，Major Ions and Nutrients. Paris，France：Laboratoire de Géologie Appliquée，Université P. et M. Curie.

Miao C，Kong D，Wu J，et al. 2016. Functional degradation of the water-sediment regulation scheme in the lower Yellow River：spatial and temporal analyses. Science of the Total Environmental，551：16-22.

Michor G，Carron J，Bruce S，et al. 1996. Analysis of 23 polynuclear aromatic hydrocarbons from natural water at the sub-ng/l level using solid-phase disk extraction and mass-selective detection. Journal of Chromatography A，732：85-99.

Milliman J D，Farnsworth K L. 2011. River Discharge to the Coastal Ocean：A Global Synthesis. Farnsworth：Cambridge University Press.

Milliman J D，Syvitski J P. 1992. Geomorphic/tectonic control of sediment discharge to the ocean：the importance of small mountainous rivers. Journal of Geology，100（5）：525-544.

Mitra S，Bianchi T. 2003. A preliminary assessment of polycyclic aromatic hydrocarbon distributions in the lower Mississippi River and Gulf of Mexico. Marine Chemistry，82：273-288.

Moreira-Turcq P，Seyler P，Guyot J L，et al. 2003. Exportation of organic carbon from the Amazon River and its main tributaries. Hydrological Processes，17（7）：1329-1344.

Muñoz I，Prat N. 1989. Effects of river regulation on the lower Ebro river（NE Spain）. River Research and Applications，3（1）：345-354.

Ni H，Lu F，Luo X，et al. 2008. Riverine inputs of total organic carbon and suspended particulate matter from the Pearl River Delta to the coastal ocean off South China. Marine Pollution Bulletin，56（6）：1150-1157.

Nilsson C，Reidy C A，Dynesius M，et al. 2005. Fragmentation and flow regulation of the world's large river systems. Science，308：405-408.

Négrel P，Roy S，Petelet-Giraud E，et al. 2007. Long-term fluxes of dissolved and suspended matter in the Ebro River Basin（Spain）. Journal of Hydrology，342（3-4）：249-260.

Oen A M，Cornelissen G，Breedveld G D. 2006. Relation between PAH and black carbon contents in size fractions of Norwegian harbor sediments. Environmental Pollution，141（2）：370-380.

Onderka M，Pekárová P. 2008. Retrieval of suspended particulate matter concentrations in the Danube River from

Landsat ETM data. Science of the Total Environmental, 397 (1-3): 238-243.

Prokeš R, Vrana B, Klánová J. 2012. Levels and distribution of dissolved hydrophobic organic contaminants in the Morava river in Zlin district, Czech Republic as derived from their accumulation in silicone rubber passive samplers. Environmental Pollution, 166: 157-166.

Qi W, Müller B, Pernet-Coudrier B, et al. 2014. Organic micropollutants in the Yangtze River: seasonal occurrence and annual loads. Science of the Total Environmental, 472: 789-799.

Rockne K J, Shor L M, Young L Y, et al. 2002. Distributed sequestration and release of PAHs in weathered sediment: the role of sediment structure and organic carbon properties. Environmental Science and Technology, 36 (12): 2636-2644.

Sempéré R, Charrière B, Van Wambeke F, et al. 2000. Carbon inputs of the Rhône River to the Mediterranean Sea: biogeochemical implications. Global Biogeochemical Cycles, 14 (2): 669-681.

Shaw M, Tibbetts I R, Müller J F. 2004. Monitoring PAHs in the Brisbane River and Moreton Bay, Australia, using semipermeable membrane devices and EROD activity in yellowfin bream, *Acanthopagrus australis*. Chemosphere, 56: 237-246.

Sower G J, Anderson K A. 2008. Spatial and temporal variation of freely dissolved polycyclic aromatic hydrocarbons in an urban river undergoing superfund remediation. Environmental Science and Technology, 42: 9065-9071.

Sui J, Yu Z, Jiang X, et al. 2015. Behavior and budget of dissolved uranium in the lower reaches of the Yellow (Huanghe) River: impact of water-sediment regulation scheme. Applied Geochemistry, 61: 1-9.

Syvitski J P, Vörösmarty C J, Kettner A J, et al. 2005. Impact of humans on the flux of terrestrial sediment to the global coastal ocean. Science, 308: 376-380.

ter Laak T L, Barendregt A, Hermens J L M. 2006. Freely dissolved pore water concentrations and sorption coefficients of PAHs in spiked, aged, and field-contaminated soils. Environmental Science and Technology, 40 (7): 2184-2190.

Vrana B, Klučárová V, Benická E, et al. 2014. Passive sampling: an effective method for monitoring seasonal and spatial variability of dissolved hydrophobic organic contaminants and metals in the Danube river. Environmental Pollution, 184: 101-112.

Walling D E, Owens P N, Waterfall B D, et al. 2000. The particle size characteristics of fluvial suspended sediment in the Humber and Tweed catchments, UK. Science of the Total Environmental, 251: 205-222.

Wang H, Yang Z, Saito Y, et al. 2007a. Stepwise decreases of the Huanghe (Yellow River) sediment load (1950-2005): impacts of climate change and human activities. Global and Planetary Change, 57 (3-4): 331-354.

Wang J, Guan Y, Ni H. et al. 2007b. Polycyclic aromatic hydrocarbons in riverine runoff of the Pearl River Delta (China): concentrations, fluxes, and fate. Environmental Science and Technology, 41: 5614-5619.

Wang X, Chen R F, Gardner G B. 2004. Sources and transport of dissolved and particulate organic carbon in the Mississippi River estuary and adjacent coastal waters of the northern Gulf of Mexico. Marine Chemistry, 89: 241-256.

Wang X, Ma H, Li R, et al. 2012. Seasonal fluxes and source variation of organic carbon transported by two major Chinese Rivers: the Yellow River and Changjiang (Yangtze) River. Global Biogeochemical Cycles, 26 (2): GB2025.

Xu X Y, Jiang Z Y, Wang J H, et al. 2012. Distribution and characterizing sources of polycyclic aromatic hydrocarbons of surface water from Jialing River. Journal of Central South University, 19: 850-854.

Yang Z, Feng J, Niu J, et al. 2008. Release of polycyclic aromatic hydrocarbons from Yangtze River sediment cores during periods of simulated resuspension. Environmental Pollution, 155: 366-374.

Yu H, Wu Y, Zhang J, et al. 2011. Impact of extreme drought and the Three Gorges Dam on transport of particulate terrestrial organic carbon in the Changjiang (Yangtze) River. Journal of Geophysical Research, 116: F04029.

Yu Y, Shi X, Wang H, et al. 2013. Effects of dams on water and sediment delivery to the sea by the Huanghe (Yellow River): the special role of water-sediment modulation. Anthropocene, 3: 72-82.

Zhang J, Huang W W, Shi M C. 1990. Huanghe (Yellow River) and its estuary: sediment origin, transport and deposition. Journal of Hydrology, 120 (1-4): 203-223.

Zhang J, Zhang L. 2010. Distribution and sources of polycyclic aromatic hydrocarbons in the upper and middle reaches of the Yellow River in summer. Environmental Science and Information Application Technology (ESIAT), 2010 International Conference on. IEEE, pp. 191-194.

Zhang L, Wang L, Cai W, et al. 2013. Impact of human activities on organic carbon transport in the Yellow River. Biogeosciences, 10: 2513-2524.

Zhang S, Gan W B, Ittekkot V. 1992. Organic matter in large turbid rivers: the Huanghe and its estuary. Marine Chemistry, 38 (1-2): 53-68.

Zhang S, Zhang Q, Darisaw S, et al. 2007. Simultaneous quantification of polycyclic aromatic hydrocarbons (PAHs), polychlorinated biphenyls (PCBs), and pharmaceuticals and personal care products (PPCPs) in Mississippi river water, in New Orleans, Louisiana, USA. Chemosphere, 66: 1057-1069.

附　　录

　　本书的写作基础是作者及其研究生们于 2005～2021 年发表的 40 余篇与污染物的水-沙界面过程及其环境效应有关的论文。这些论文除了个别外，在本书的写作中没有作为参考文献引用和列出，特附于此。

1. Lin Hui, Xia Xinghui[*], Zhang Qianru, Zhai Yawei, Wang Haotian. Can the hydrophobic organic contaminants in the filtrate passing through 0.45 μm filter membranes reflect the water quality? Science of the Total Environment, 2021, 752:141916.

2. Lin Hui, Xia Xinghui[*], Jiang Xiaoman, Bi Siqi, Wang Haotian, Zhai Yawei, Wen Wu, Guo Xuejun. Bioavailability of pyrene associated with different types of protein compounds: direct evidence for its uptake by *Daphnia magna*. Environmental Science & Technology, 2018, 52 (17): 9851-9860.

3. Lin Hui, Xia Xinghui[*], Bi Siqi, Jiang Xiaoman, Wang Haotian, Zhai Yawei, Wen Wu. Quantifying bioavailability of pyrene associated with dissolved organic matter of various molecular weights to *Daphnia magna*. Environmental Science & Technology, 2018, 52:644-653.

4. Dong Jianwei, Xia Xinghui[*], Zhang Zhining, Liu Zixuan, Zhang Xiaotian, Li Husheng. Variations in concentrations and bioavailability of heavy metals in rivers caused by water conservancy projects: insights from water regulation of the Xiaolangdi Reservoir in the Yellow River. Journal of Environmental Sciences, 2018, 74(12):79-87.

5. Dong Jianwei, Xia Xinghui[*], Bao Yimeng, Dong Jianwei, Wen Jiaojiao. Effect of recurrent sediment resuspension-deposition events on bioavailability of polycyclic aromatic hydrocarbons in aquatic environments. Journal of Hydrology, 2016, 540:934-946.

6. Xia Xinghui[*], Dong Jianwei, Wang Minghu, Xie Hui, Xia Na, Li Husheng, Zhang Xiaotian, Mou Xinli, Wen Jiaojiao, Bao Yimeng. Effect of water-sediment regulation of the Xiaolangdi reservoir on the concentrations, characteristics, and fluxes of suspended sediment and organic carbon in the Yellow River. Science of the Total Environment, 2016, 571:487-497.

7. Zhao Pujun, Xia Xinghui[*]. Short- and long-chain perfluoroalkyl substances in the water, suspended particulate matter, and surface sediment of a Turbid River. Science of the Total Environment, 2016, 568:57-65.

8. Xia Xinghui[*], Zhang Xiaotian, Zhou Dong, Bao Yimeng, Li Husheng, Zhai Yawei. Importance of suspended sediment (SPS) composition and grain size in the bioavailability of SPS-associated pyrene to *Daphnia magna*. Environmental Pollution, 2016, 214:440-448.

9. Zhu Baotong, Wu Shan, Xia Xinghui[*], Lu Xiaoxia, Zhang Xiaotian, Xia Na, Liu Ting.

Effects of carbonaceous materials on microbial bioavailability of 2,2',4,4'-tetrabromodiphenyl ether (BDE-47) in sediments. Journal of Hazardous Materials,2016,312:216-223.

10. Zhu Baotong, Xia Xinghui*, Wu Shan, Lu Xiaoxia, Yin Xin'an. Microbial bioavailability of 2,2',4,4'-tetrabromodiphenyl ether (BDE-47) in natural sediments from major rivers of China. Chemosphere,2016,153:386-393.

11. Zhai Yawei, Xia Xinghui*. Role of ingestion route in the perfluoroalkyl substance bioaccumulation by *Chironomus plumosus* Larvae in sediments amended with carbonaceous materials. Journal of Hazardous Materials,2016,302:404-414.

12. Zhang Xiaotian, Xia Xinghui*, Li Husheng, Zhu Baotong, Dong Jianwei. Bioavailability of pyrene associated with suspended sediment of different grain sizes to *Daphnia magna* as investigated by passive dosing devices. Environmental Science & Technology, 2015, 49(16): 10127-10135.

13. Dong Jianwei, Xia Xinghui*, Wang Minghu, Lai Yunjia, Zhao Pujun, Dong Haiyang, Zhao Yunling, Wen Jiaojiao. Effect of water-sediment regulation of the Xiaolangdi Reservoir on the concentrations, bioavailability, and fluxes of PAHs in the middle and lower reaches of the Yellow River. Journal of Hydrology,2015,527:101-112.

14. Zhang Xiaotian, Xia Xinghui*, Dong Jianwei, Bao Yimeng, Li Husheng. Enhancement of toxic effects of phenanthrene to daphnia magana due to the presence of suspended sediments. Chemosphere,2014,104:162-169.

15. Shen Mohai, Xia Xinghui*, Zhai Yawei, Zhang Xiaotian, Zhao Xiuli, Zhang Pu. Influence of carbon nanotubes with preloaded and coexisting dissolved organic matter on the bioaccumulation of polycyclic aromatic hydrocarbons to *Chironomus plumosus* Larvae in sediment. Environmental Toxicology and Chemistry,2014,33(1):182-189.

16. Zhao Xiuli, Xia Xinghui*, Zhang Shangwei, Wu Qiong, Wang Xuejun. Spatial and vertical variations of perfluoroalkyl substances in sediments of the Haihe River, China. Journal of Environmental Sciences,2014,26(8):1557-1566.

17. Dong Jianwei, Xia Xinghui*, Zhai Yawei. Investigating particle concentration effects of polycyclic aromatic hydrocarbon (PAH) sorption on sediment considering the freely dissolved concentrations of PAHs. Journal of Soils and Sediments,2013,13:1469-1477.

18. Xia Xinghui*, Zhou Chuanhui, Huang Jianhua, Wang Ran, Xia Na. Mineralization of phenanthrene sorbed on multi-walled carbon nanotubes. Environmental Toxicology and Chemistry, 2013,32(4):894-901.

19. Xia Xinghui*, Zhai Yawei, Dong Jianwei. Contribution ratio of freely to total dissolved concentrations of polycyclic aromatic hydrocarbons (PAHs) in natural river waters. Chemosphere, 2013,90(6):1785-1793.

20. Xia Xinghui*, Chen Xi, Zhao Xiuli, Chen Huiting, Shen Mohai. Effects of carbon nanotubes, chars, and ash on bioaccumulation of perfluorochemicals by *Chironomus plumosus*

Larvae in sediment. Environmental Science & Technology, 2012, 46 (22):12467-12475.

21. Xia Xinghui*, Zhang Ju, Sha Yujuan, Li Jianbing. Impact of irreversible sorption of phthalate acid esters on their sediment quality criteria. Journal of Environmental Monitoring, 2012, 14:258-265.

22. Shen Mohai, Xia Xinghui*, Wang Fan, Zhang Pu, Zhao Xiuli. Influences of multi-walled carbon nanotubes and plant residue chars on bioaccumulation of polycyclic aromatic hydrocarbons by *Chironomus plumosus* larvae in sediment. Environmental Toxicology and Chemistry, 2012, 31 (1):202-209.

23. Xia Xinghui*, Dai Zhineng, Zhang Ju. Sorption of phthalate acid esters on black carbon from different sources. Journal of Environmental Monitoring, 2011, 13:2858-2864.

24. Chen Xi, Xia Xinghui*, Wang Xilong, Qiao Jinping, Chen Huiting. A comparative study on sorption of perfluorooctane sulfonate (PFOS) by chars, ash and carbon nanotubes. Chemosphere, 2011, 83(10):1313-1319.

25. Xia Xinghui*, Dai Zhineng, Li Yiran. The role of black carbon in the sorption and desorption of phenanthrene on river sediments. Environmental Earth Sciences, 2011, 64:2287-2294.

26. Wang Fan, Bu Qingwei, Xia Xinghui*, Shen Mohai. Contrasting effects of black carbon amendments on PAH bioaccumulation by *Chironomus plumosus* Larvae in two distinct sediments: role of water absorption and particle ingestion. Environmental Pollution, 2011, 159 (7):1905-1913.

27. Xia Xinghui*, Zhou Zhui, Zhou Chuanfei, Jiang Guohua, Liu Ting. Effects of suspended sediment on the biodegradation and mineralization of phenanthrene in river water. Journal of Environmental Quality, 2011, 40:118-125.

28. Xia Xinghui*, Li Yiran, Zhou Zhui, Feng Chenglian. Bioavailability of adsorbed phenanthrene by black carbon and multi-walled carbon nanotubes to *Agrobacterium*. Chemosphere, 2010, 78(11):1329-1336.

29. Xia Xinghui*, Li Gongchen, Yang Zhifeng, Chen Yumin, Huang Gordon H. Effects of fulvic acids concentration and origin on photodegradation of polycyclic aromatic hydrocarbons in aqueous solution: importance of active oxygen. Environmental Pollution, 2009, 157 (4):1352-1359.

30. Wang Fan, Xia Xinghui*, Sha Yujuan. Distribution of phthalic acid esters in Wuhan section of the Yangtze River, China. Journal of Hazardous Materials, 2008, 154(1-3):317-324.

31. Xia Xinghui*, Wang Ran. Effect of sediment particle size on PAH biodegradation: importance of the sediment-water interface. Environmental Toxicology and Chemistry, 2008, 27(1):119-125.

32. Sha Yujuan, Xia Xinghui*, Yang Zhifeng, Huang Gordon H. Distribution of PAEs in the middle and lower reaches of the Yellow River, China. Environmental Monitoring and Assessment,

2007,124(1-3):277-287.

33. Feng Chenglian, Xia Xinghui*, Shen Zhenyao, Zhou Zhui. Distribution and sources of polycyclic aromatic hydrocarbons in the Wuhan section of the Yangtze River. Environmental Monitoring and Assessment,2007,133(1-3):447-458.

34. Li Gongchen, Xia Xinghui*, Yang Zhifeng, Wang Ran, Voulvoulis Nikolaos. Distribution and sources of polycyclic aromatic hydrocarbons in the middle and lower reaches of the Yellow River, China. Environmental Pollution,2006,144:985-993.

35. Xia Xinghui*, Yu Hui, Yang Zhifeng, Huang Gordon H. Biodegradation of polycyclic aromatic hydrocarbons in the natural waters of the Yellow River: effects of high sediment content on biodegradation. Chemosphere,2006,65:457-466.

36. 夏星辉*,翟亚威,李雅媛,林慧,王昊天. 水体疏水性有机污染物的形态和生物有效性. 北京师范大学学报,2016,52(6):754-764.

37. 文武,夏星辉*,陈曦,翟亚威,林慧. 碳质材料和溶解性有机质对沉积物中全氟化合物在摇蚊幼虫体内富集的影响. 生态毒理学报,2016,11(2):283-291.

38. 王然,夏星辉*,李恭臣,周追. 黄河水体多环芳烃降解菌的筛选及其降解性能研究. 北京师范大学学报(自然科学版),2009,45(3):284-289.

39. 李亦然,夏星辉*,冯承莲,呼丽娟,张平. 沉积物中吸附态菲的解吸和微生物降解过程的相互作用研究. 环境科学学报,2009,29(2):305-311.

40. 李恭臣,夏星辉*,周追,陈玉敏,李亦然. 富里酸在水体多环芳烃光化学降解中的作用. 环境科学学报,2008,28(8):1604-1611

41. 夏星辉*,张曦,杨志峰. 黄河水体颗粒物对3种多环芳烃光化学降解的影响研究. 环境科学,2006,27(1):115-120.